U0158545

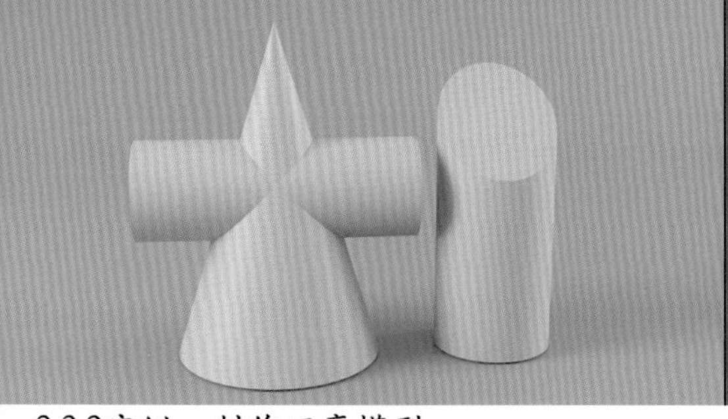

2.2.2实例：制作石膏模型

2.3.1实例：制作花瓶模型

2.3.2实例：制作儿童凳模型

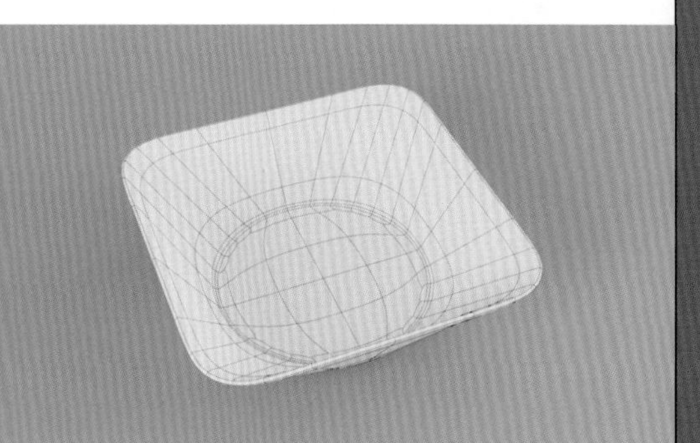

2.3.3实例：制作方盘模型

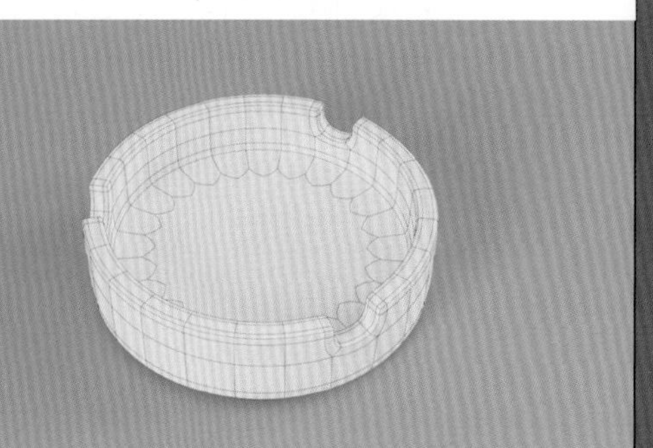

2.3.4实例：制作烟灰缸模型

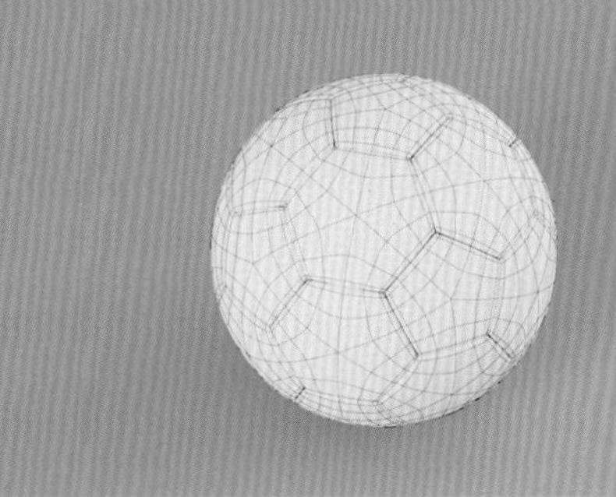

2.3.5实例：制作足球模型

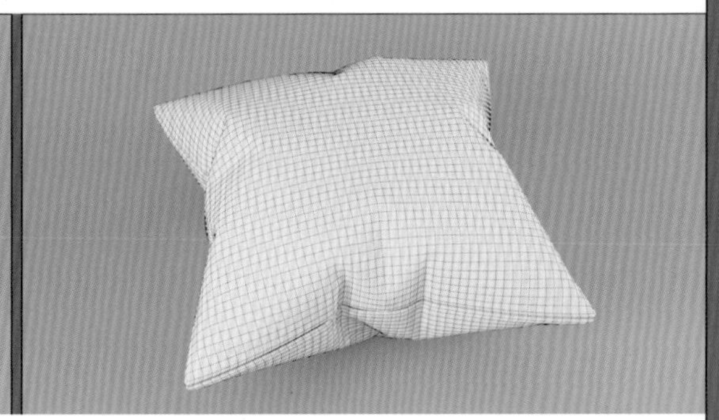

2.3.6实例：制作抱枕模型

2.3.7实例：制作文字模型

3.2.2实例：制作高脚杯模型

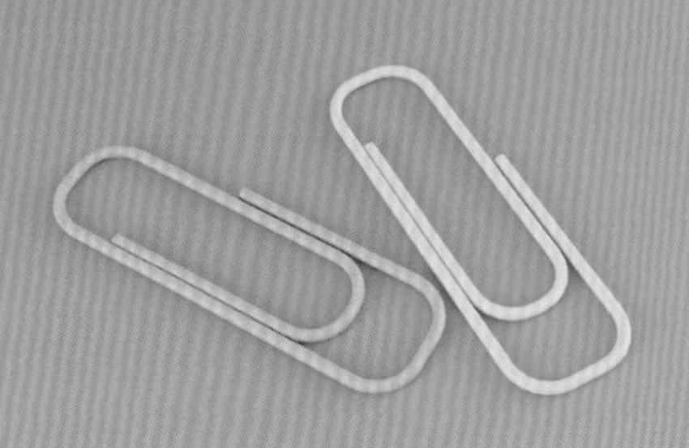

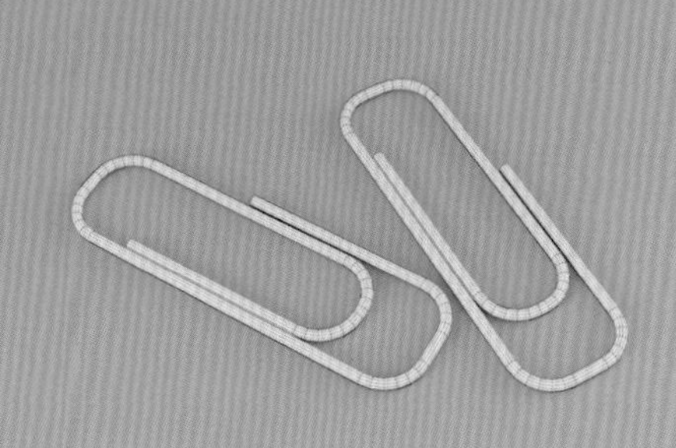

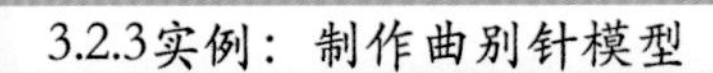

3.2.3实例：制作曲别针模型

3.2.4实例：制作长颈花瓶模型

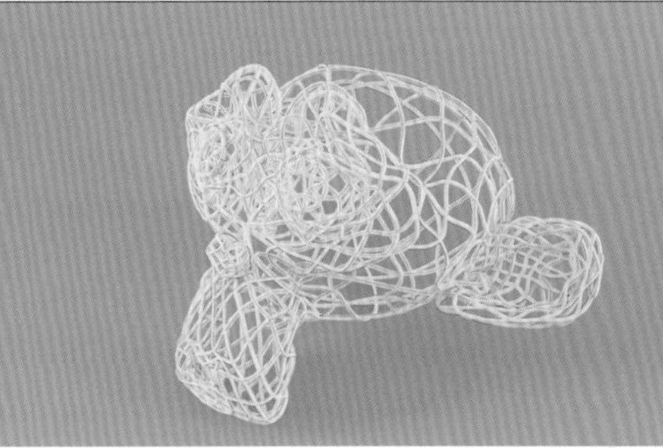

3.2.5实例：制作铁丝模型

4.2.2实例：制作静物表现照明效果

4.2.3实例：制作室内阳光照明效果

4.2.4实例：制作室内天光照明效果

4.2.5实例：制作室外天空照明效果

4.2.6实例：制作射灯照明效果

4.2.7实例：制作荧光照明效果

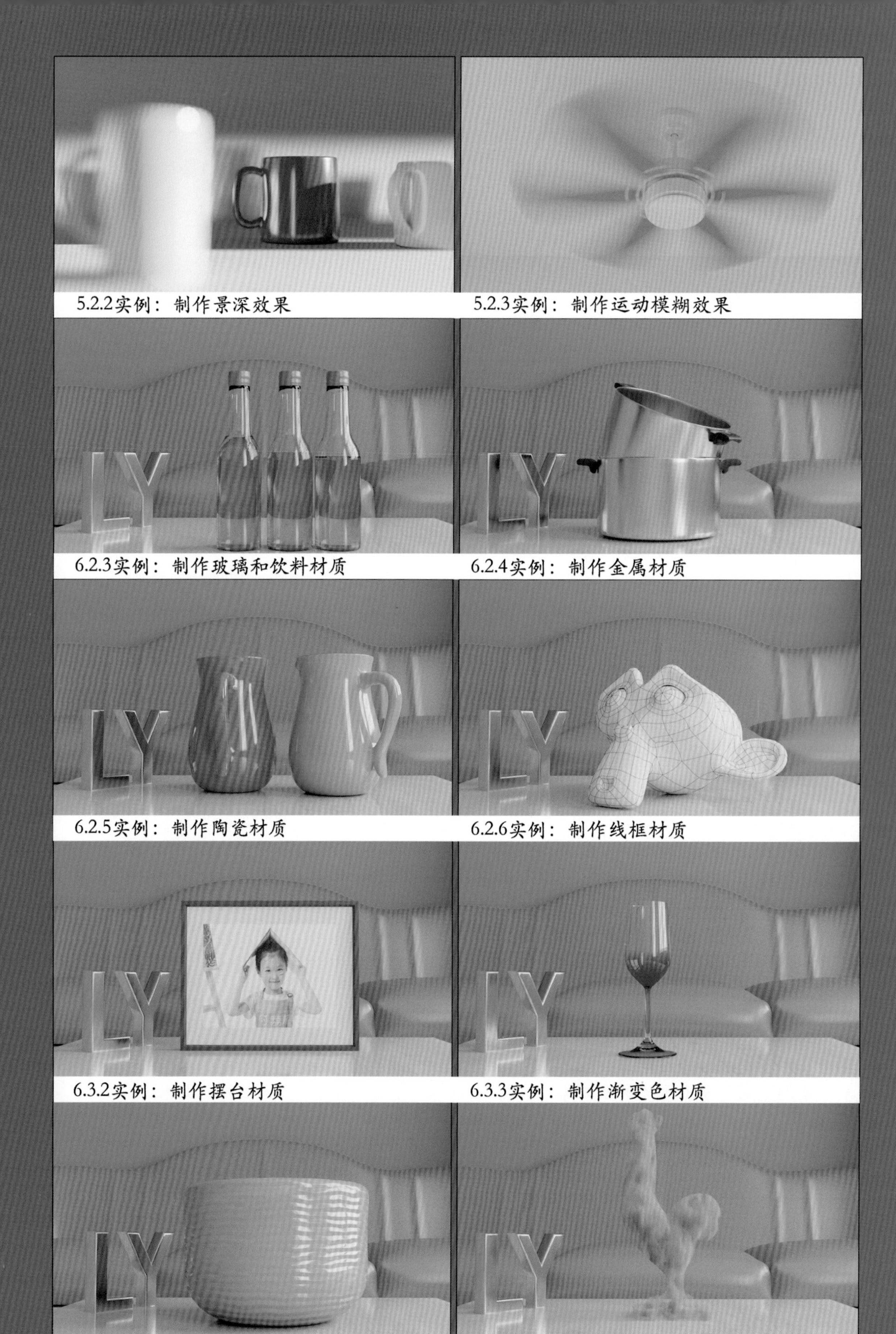

5.2.2实例：制作景深效果

5.2.3实例：制作运动模糊效果

6.2.3实例：制作玻璃和饮料材质

6.2.4实例：制作金属材质

6.2.5实例：制作陶瓷材质

6.2.6实例：制作线框材质

6.3.2实例：制作摆台材质

6.3.3实例：制作渐变色材质

6.3.4实例：制作凹凸花盆材质

6.3.5实例：制作烟雾材质

7.3综合实例：室内空间日光照明表现

7.4综合实例：沙漠场景日光照明表现

8.2.2实例：制作物体消失动画

8.2.3实例：制作电子屏动画

8.2.4实例：制作旋转循环动画

8.3.3实例：制作蜡烛燃烧动画

8.3.4实例：制作直升机飞行动画

8.3.5实例：制作方体滚动动画

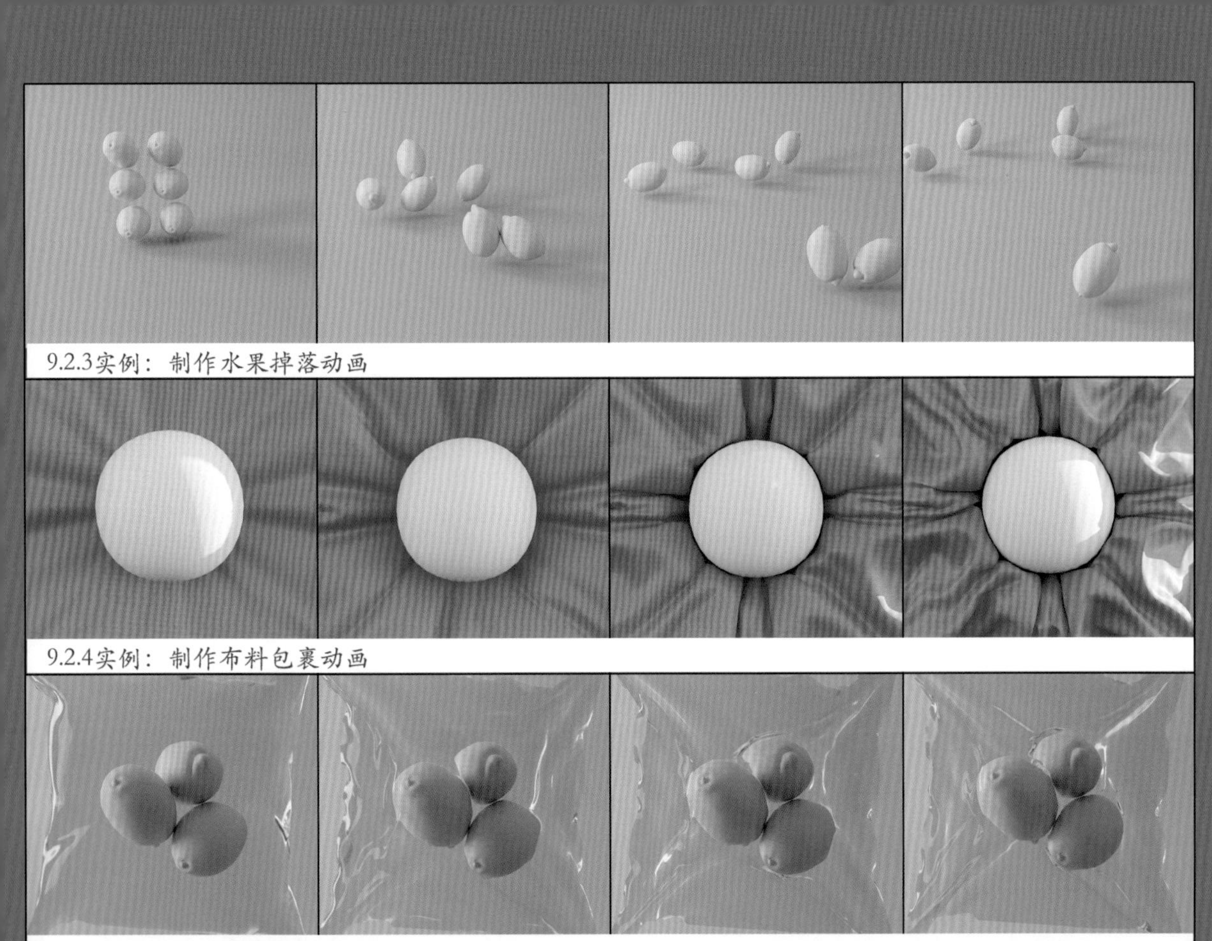

9.2.3实例：制作水果掉落动画

9.2.4实例：制作布料包裹动画

9.2.5实例：制作真空包装动画

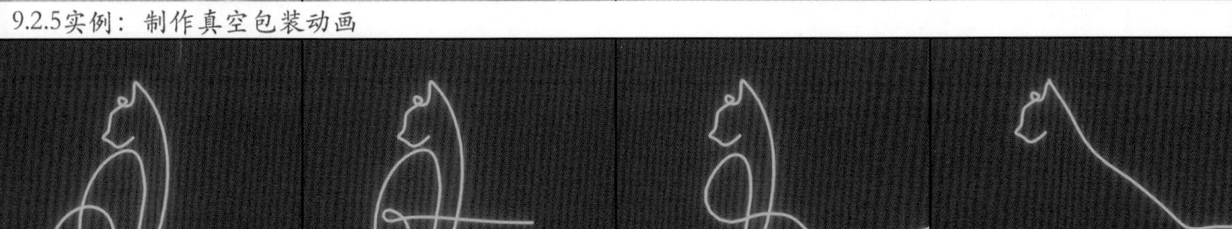

9.2.6实例：制作绳子拉扯动画

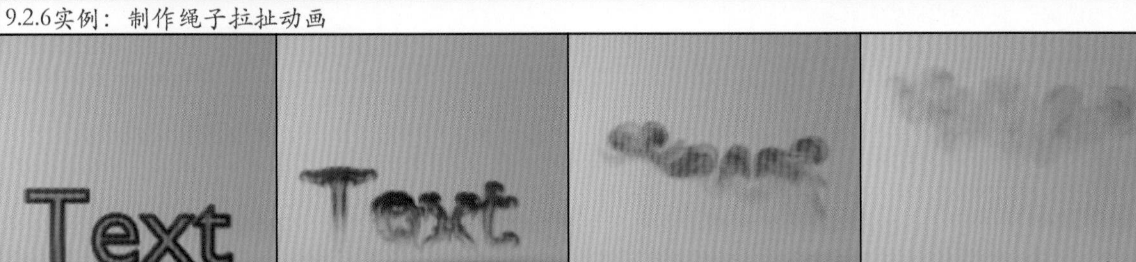


9.2.7实例：制作文字消散动画

9.2.8实例：制作烟雾填充动画

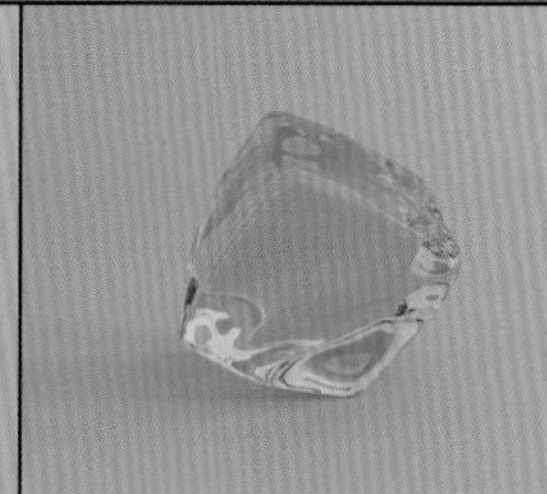

9.2.9实例：制作软体掉落动画

9.2.10实例：制作液体碰撞动画

10.2.2实例：制作文字破碎动画

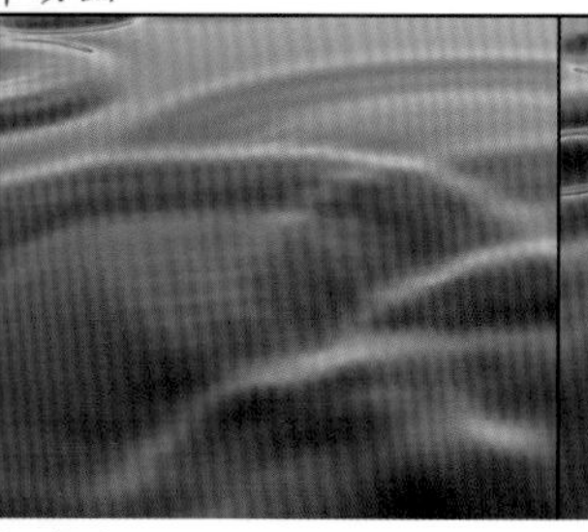

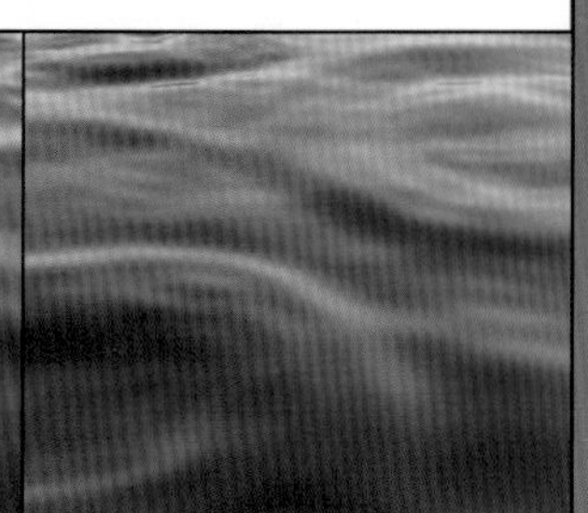

10.2.3实例：制作雨滴波纹动画

10.2.4实例：制作炮弹拖尾动画

10.2.5实例：制作气泡上升动画

来阳 / 编著

# Blender 4.0 从新手到高手

清華大学出版社
北 京

## 内 容 简 介

本书主讲如何使用中文版Blender软件进行三维动画制作。全书共10章，内容包含软件的界面组成、模型制作、灯光技术、摄像机技术、材质、贴图、渲染技术、关键帧动画、动力学特效等一系列三维动画制作技术。本书结构清晰、内容全面、通俗易懂，各章均设计了相对应的实用案例，并详细阐述了制作原理及操作步骤，注重提升读者的软件实际操作能力。另外，本书附带的教学资源内容丰富，包括本书所有案例的工程文件、贴图文件和多媒体教学文件，便于读者学以致用。

本书非常适合作为高校和培训机构动画专业的相关课程培训教材，也可以作为广大三维动画爱好者的自学参考用书。



**图书在版编目(CIP)数据**

Blender 4.0从新手到高手 / 来阳编著 . —北京：清华大学出版社，2024.4

（从新手到高手）

ISBN 978-7-302-66002-6

Ⅰ. ①B… Ⅱ. ①来… Ⅲ. ①三维动画软件 Ⅳ. ① TP391.414

中国国家版本馆CIP数据核字(2024)第069193号

**责任编辑**：陈绿春
**封面设计**：潘国文
**版式设计**：方加青
**责任校对**：徐俊伟
**责任印制**：宋　林

**出版发行**：清华大学出版社
**网　　址**：https://www.tup.com.cn，https://www.wqxuetang.com
**地　　址**：北京清华大学学研大厦A座　　**邮　　编**：100084
**社 总 机**：010-83470000　　**邮　　购**：010-62786544
**投稿与读者服务**：010-62776969，c-service@tup.tsinghua.edu.cn
**质 量 反 馈**：010-62772015，zhiliang@tup.tsinghua.edu.cn
**印 装 者**：三河市龙大印装有限公司
**经　　销**：全国新华书店
**开　　本**：188mm×260mm　　**印　　张**：13　　**插　　页**：4　　**字　　数**：490千字
**版　　次**：2024年5月第1版　　**印　　次**：2024年5月第1次印刷
**定　　价**：99.00元

---

产品编号：105240-01

# 前言 PREFACE

目前主流的四大三维动画软件3ds Max、Maya、Cinema 4D和Blender，究竟学习哪一款软件更好？是学生们常常向我提出的一个问题。在这里向大家给出我的看法。

这四个三维软件我都使用过，也都出版过相关的图书。从我个人的使用经验来说，这四款软件各有特色，都非常优秀。最重要的一点是，无论先学习了哪一款三维软件，再学习其他三款软件都会有似曾相识的感觉，很快就会得心应手起来。也就是说，当我们使用三维软件进行创作时，制作的原理是一样的。举个例子，当我要制作一个高脚杯时，在3ds Max中使用的命令是“车削”，在Maya中使用的命令是“旋转”，在Cinema 4D中使用的命令也是“旋转”，而在Blender中使用的命令则叫“螺旋”，虽然这些命令的名称不一样，但是使用方法是一样的。不仅在建模环节上，在材质、灯光和动画环节的制作上也都极其相似。所以，我个人觉得先学习哪一款软件，一是看自己所学专业先开设了哪款软件的课程，那么就先学习这款软件；二是看自己的个人喜好，自己对哪一款软件感兴趣，自己对哪一款软件的认可度高一点，那么就学习这款软件。在我看来，三维软件只掌握一款是不够的，因为越来越多的项目都需要多款软件相互配合、协同工作，随之，掌握了多款软件的人才也会被更多的公司所欢迎，所以先学习哪一款软件都可以。

从我个人的角度来讲，由于我有多年的3ds Max工作经验，使得我后来再学习Maya、Cinema 4D和Blender时感觉非常亲切，一点儿也没有感觉自己在学习另一款全新的三维软件。

中文版Blender 4.0软件相较于之前的版本来说更加成熟、稳定。本书共10章，从软件的基础操作到中、高级技术操作都进行了深入讲解，当然，有基础的读者可按照自己的喜好直接阅读自己感兴趣的章节进行学习制作。

写作是一件快乐的事情，在本书的出版过程中，清华大学出版社的编辑老师为本书的出版做了很多工作，在此表示诚挚的感谢。

由于作者的技术能力有限，书中难免有不足之处，还请读者朋友们海涵雅正。

本书的工程文件及视频教学文件请扫描下面的二维码进行下载，如果有技术性问题，请扫描下面的技术支持二维码，联系相关人员进行解决。如果在配套资源下载过程中碰到问题，请联系陈老师，联系邮箱：chenlch@tup.tsinghua.edu.cn。

工程文件

视频教学

技术支持

来　阳

2024年3月

# CONTENTS 目录

## 第 1 章　初识 Blender

## 第 2 章　网格建模



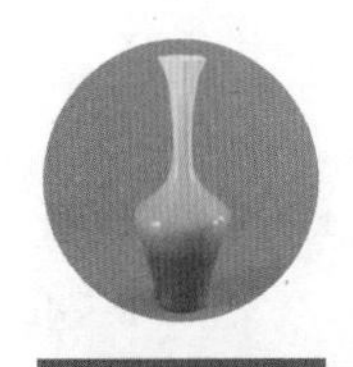

## 第 3 章　曲线建模

## 第 4 章　灯光技术

## 第 5 章 摄像机技术



## 第 6 章 材质与纹理



## 第 7 章 渲染技术

## 第 8 章　动画技术



## 第 9 章　物理动力学

## 第 10 章　粒子动力学

# 第1章
# 初识 Blender

## 1.1
## Blender 4.0 概述

随着科技的更新和时代的进步，计算机应用已经渗透至各行业的发展中，它们无处不在，俨然已经成为人们工作和生活中无法取代的重要电子产品。多种多样的软件技术配合不断更新换代的计算机硬件，使得越来越多的可视化数字媒体产品飞速地融入到人们的生活中来。越来越多的艺术专业人员也开始使用数字技术来进行工作，诸如绘画、雕塑、摄影等传统艺术学科也都开始与数字技术融会贯通，形成了一个全新的学科交叉创意工作环境。

中文版Blender 4.0软件是一款专业且免费的三维动画软件，这意味着该软件可以被艺术家及工作室用于商业用途，也可以被教育机构的学生学习使用。该软件旨在为广大三维动画师提供功能丰富、强大的动画工具来制作优秀的动画作品。当我们安装好Blender 4.0并第一次开启该软件时，系统会自动弹出“启动画面”，我们可以在此设置软件的“语言”为“简体中文（简体中文）”、“主题”为Blender Light，如图1-1所示。单击“下一个”按钮后，转到下一页，再单击“常规”按钮，如图1-2所示，即可新建一个常规场景文件。

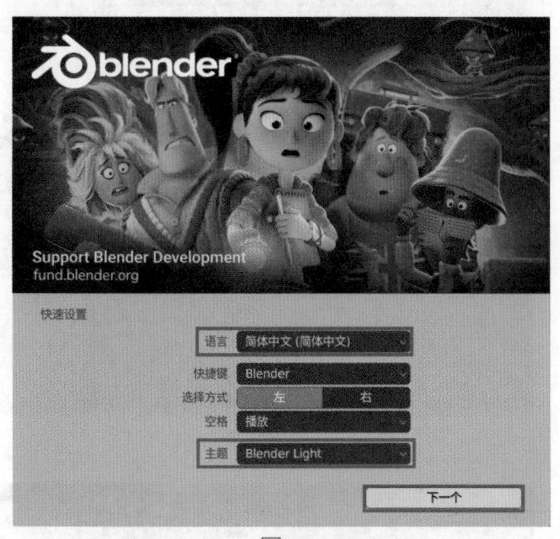


图1-1

图1-2

## 1.2
## Blender 4.0 的应用范围

计算机图形技术始于20世纪50年代早期，用于计算机辅助设计与制造等专业领域，到了20世纪90年代，计算机图形图像技术开始被越来越多的视觉艺术专业人员所关注、学习。Blender作为一款旗舰级别的动画软件，使用其可以为产品展示、建筑表现、园林景观设计、游戏、电影和运动图形的设计人员提供一套全面的 3D 建模、动画、渲染以及合成的解决方案，应用领域非常广泛。图1-3和图1-4所示为使用Blender软件制作出来的一些三维图像作品。

图1-3

图1-4

## 1.3 Blender 4.0 的工作界面

学习使用Blender时，首先应熟悉软件的操作界面与布局，为以后的创作打下基础。图1-5所示为中文版Blender 4.0软件打开之后的界面截图。

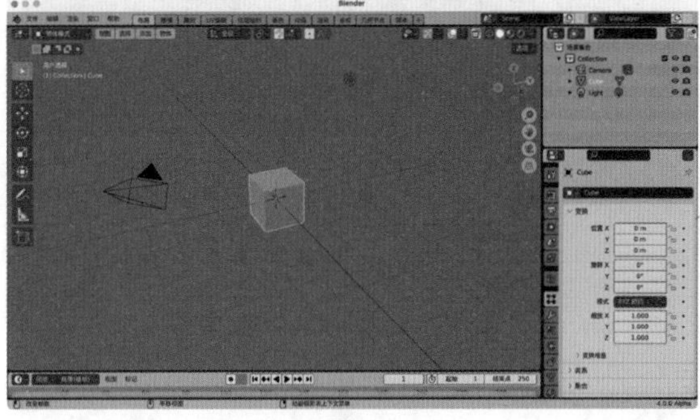

图1-5

**技巧与提示**

安装在macOS系统上的Blender软件与安装在Windows系统上的Blender软件在软件界面及使用方法上基本没有区别。

### 1.3.1 工作区

Blender软件为用户提供了多个不同的工作区界面，以帮助用户可以得到更好的操作体验，这些工作区有“布局”“建模”“雕刻”“UV编辑”“贴图绘制”“着色”“动画”“渲染”“合成”“几何节点”以及“脚本”，我们可以通过单击软件界面上方中心位置处的这些工作区名称来进行工作区界面的切换。图1-6～图1-16所示为不同工作区的软件界面布局显示。

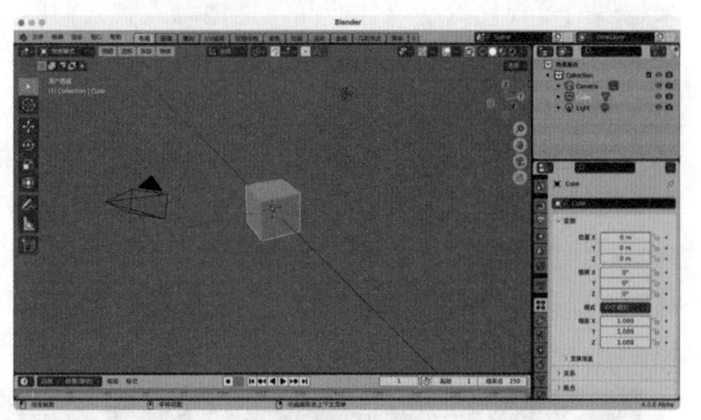

图1-6

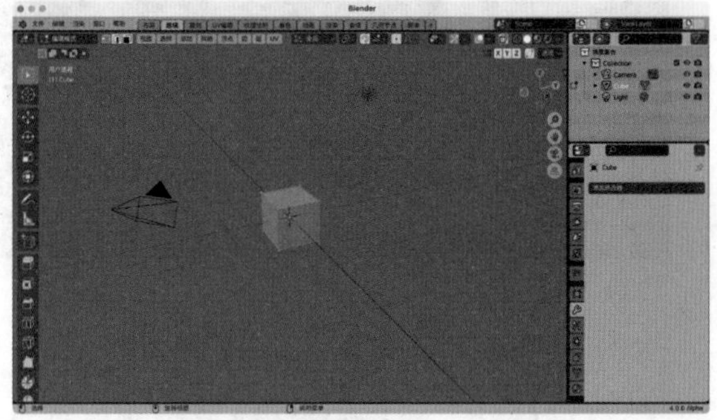

图1-7

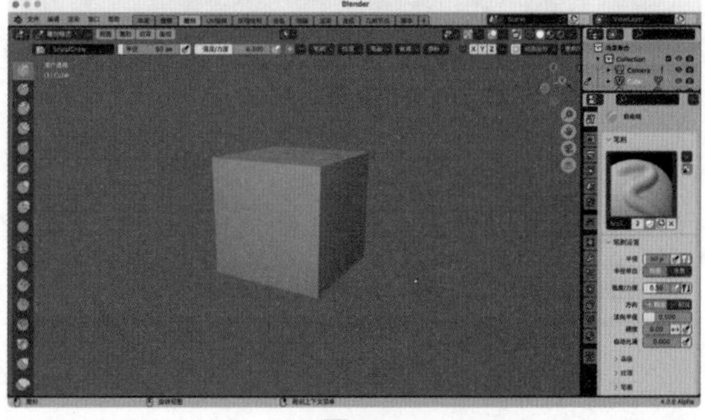

图1-8

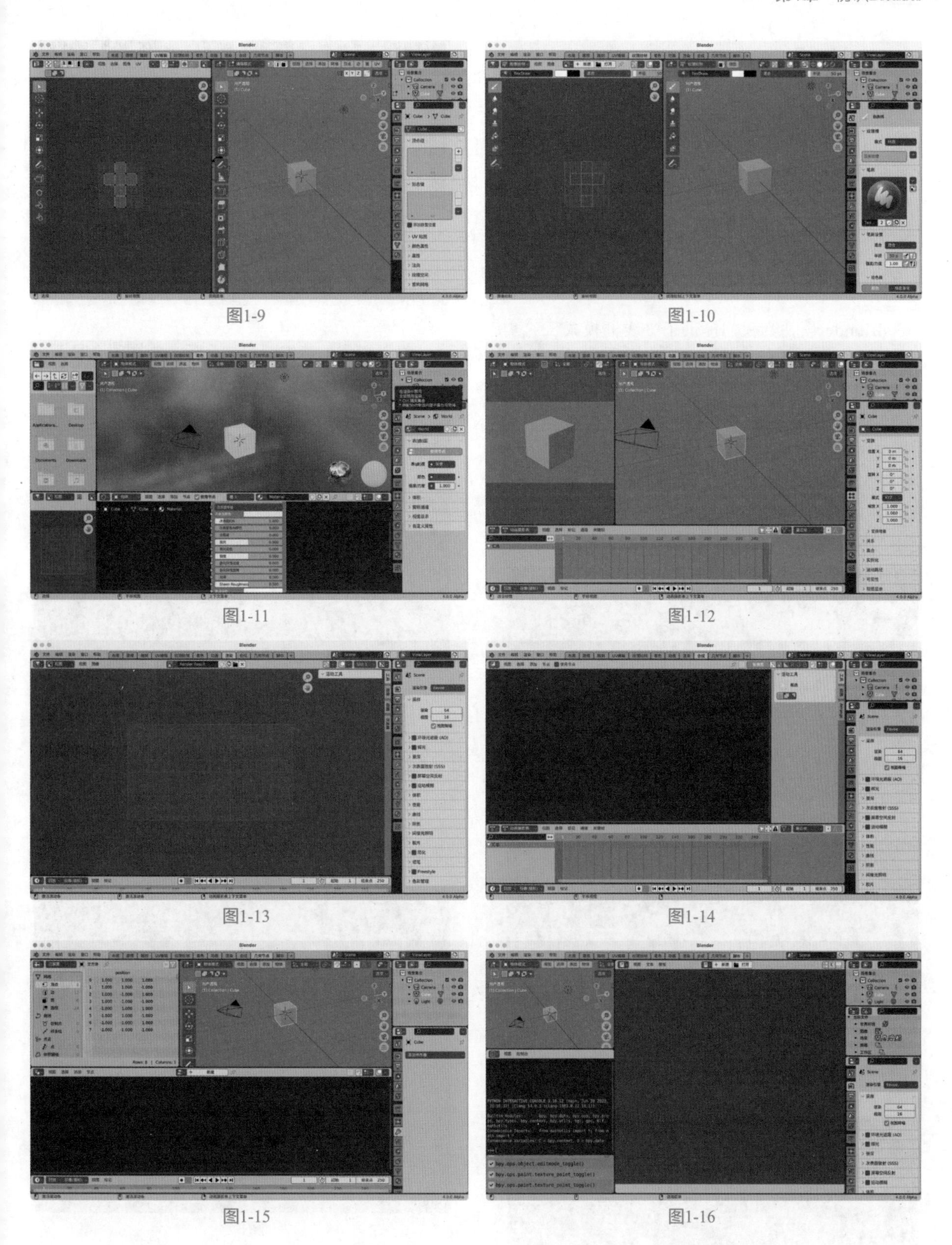

图1-9

图1-10

图1-11

图1-12

图1-13

图1-14

图1-15

图1-16

## 1.3.2　菜单

Blender软件为用户提供了多个菜单命令，这些菜单命令有一部分固定于软件界面上方左侧位置处，一部分则分别位于不同的工作区界面中，如图1-17所示。

图1-17

## 1.3.3 视图

Blender软件为我们提供了“线框模式”“实体模式”“材质预览”和“渲染预览”4种视图显示方式。单击视图右侧上方对应的按钮即可进行视图显示模式的切换，如图1-18所示。图1-19～图1-22所示分别为4种视图的显示方式。

图1-18

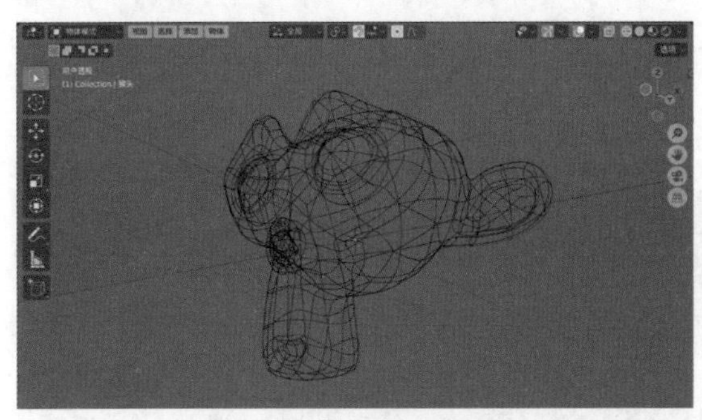

图1-19

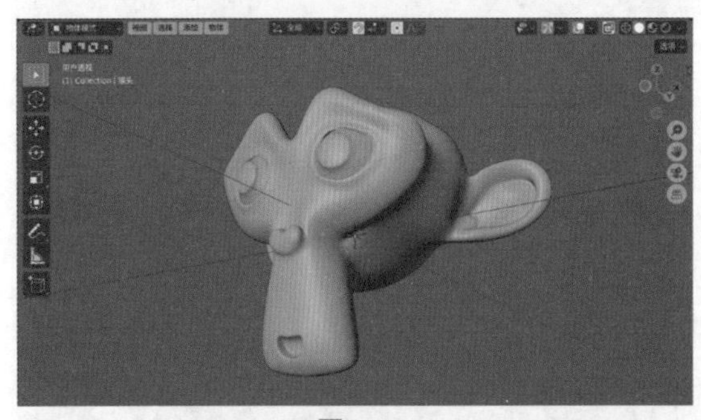

图1-20

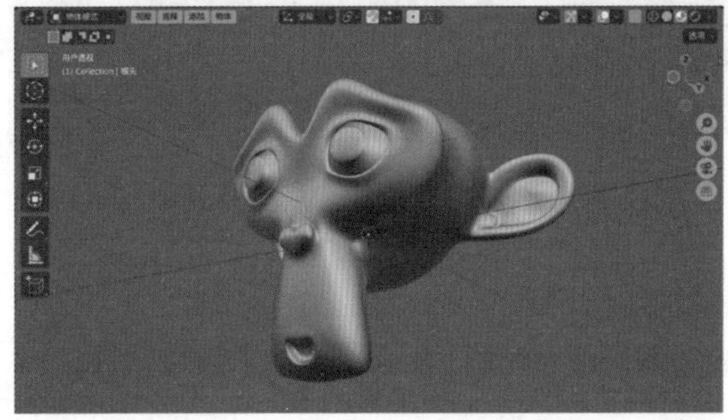

图1-21

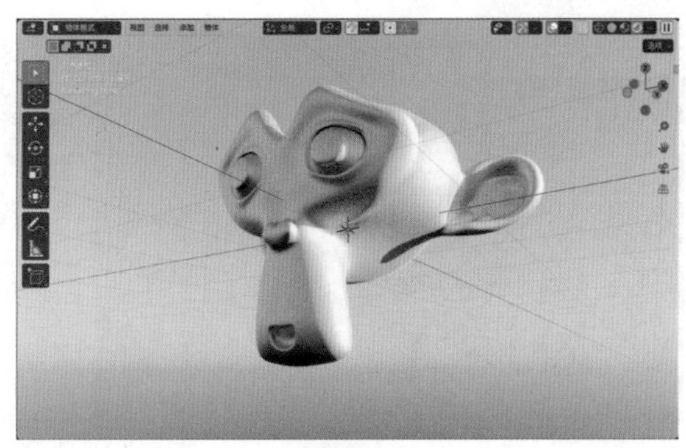

图1-22

进入模型的“编辑模式”后，视图还会显示出构成模型的边线结构，如图1-23所示。

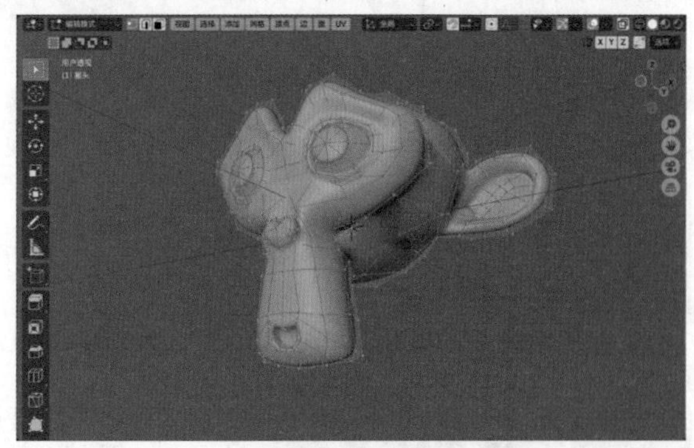

图1-23

### 技巧与提示

按Shift+Z组合键，视图可以在“线框模式”与“实体模式”之间切换。按Z键，则可以弹出菜单，我们可以执行菜单上的命令来进行视图显示的切换，如图1-24所示。

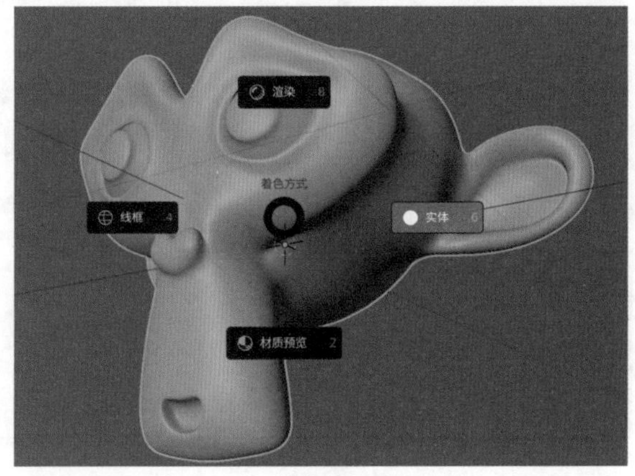


图1-24

## 1.3.4 大纲视图

与3ds Max、Maya这些三维软件相似的是，Blender软件也为用户提供了“大纲视图”面板，方便用户观察场景中都有哪些对象，并显示出这些对象的类型及名称，如图1-25所示。可以看到，当我们新建一个场景文件时，场景内默认会有一个摄像机、一个立方体模型和一个灯光。在建模时，可以通过单击“大纲视图”内对象名称后面的眼睛形状的按钮来隐藏摄像机或灯光对象。

图1-25

### 1.3.5　属性面板

“属性”面板位于软件界面右侧下方，由“工具”“渲染”“输出”“视图层”“场景”“世界环境”“集合”“物体”“修改器”“粒子”“物理”“约束”“数据”“材质”和“纹理”这些面板组成，如图1-26所示。用户可以单击该面板左侧的工具图标来访问这些不同的属性面板。

图1-26

## 1.4 软件基本操作

### 1.4.1　设置主题及语言

【知识点】设置主题及软件显示语言。

01 启动Blender软件，在“启动画面”上单击“常规”按钮，如图1-27所示，即可进入Blender软件的工作界面。

图1-27

02 默认状态下，Blender软件的默认主题为Blender Dark，该主题界面颜色较暗，如图1-28所示。

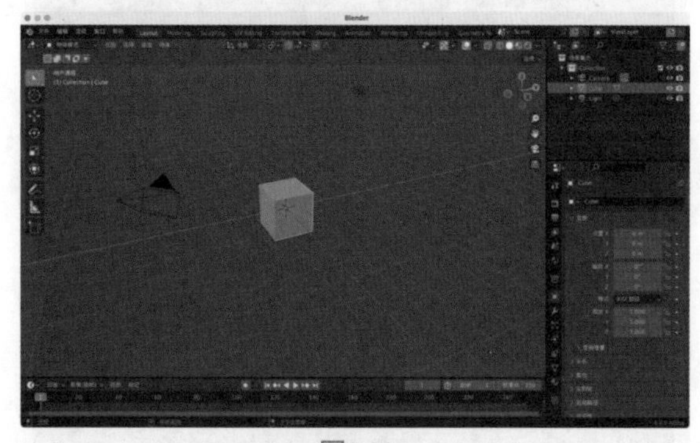

图1-28

03 执行菜单栏中的“编辑”|“偏好设置”命令，如图1-29所示。

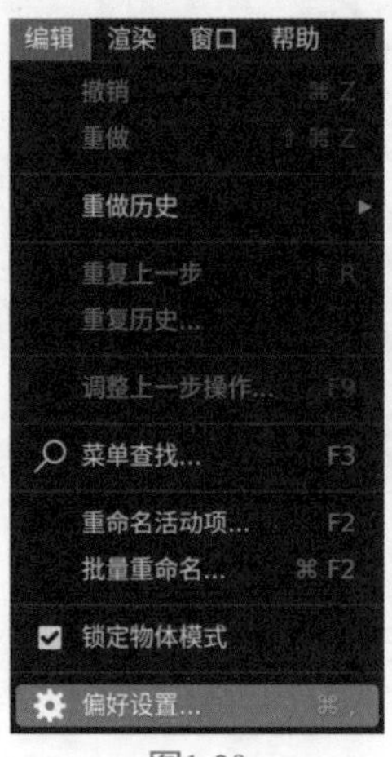


图1-29

04 在弹出的“Blender偏好设置”面板中，在“界面”选项卡中展开“翻译”卷展栏，可以设置软件显示的“语言”，如图1-30所示。

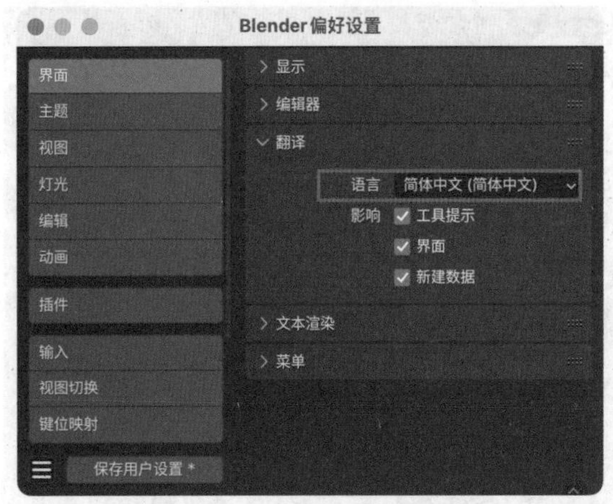


图1-30

05 在“主题”选项卡中，设置“预设”为Blender Light，如图1-31所示，则Blender界面的显示结果如图1-32所示。

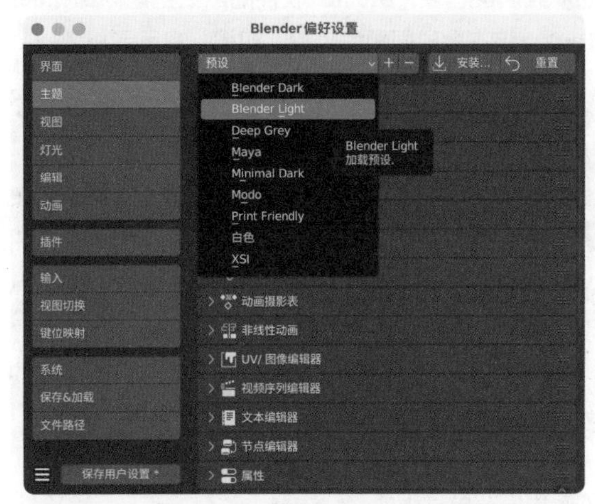


图1-31

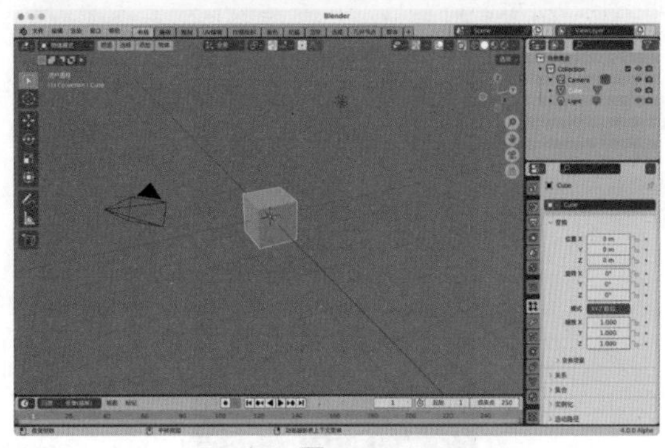

图1-32

06 在“Blender偏好设置”面板中，设置“预设”为Maya，如图1-33所示，则Blender界面的显示结果如图1-34所示。

图1-33

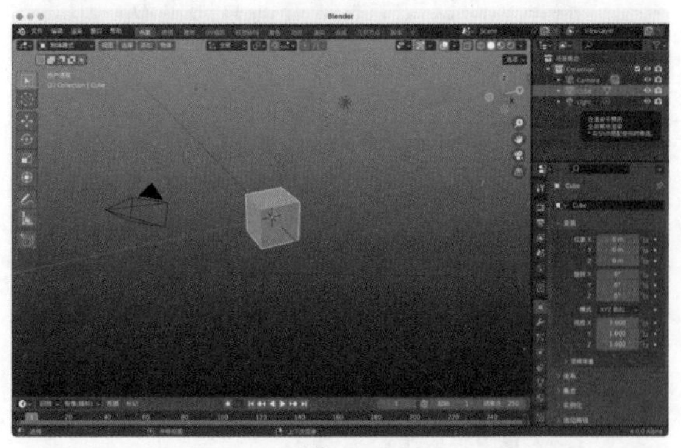

图1-34

07 在“Blender偏好设置”面板中，设置“预设”为“白色”，如图1-35所示，则Blender界面的显示结果如图1-36所示。

## 技巧与提示

由于在实际的教学工作过程中，Blender Light主题使用较多，且印刷效果较好，故本书采用该主题来进行软件的讲解。

图1-35

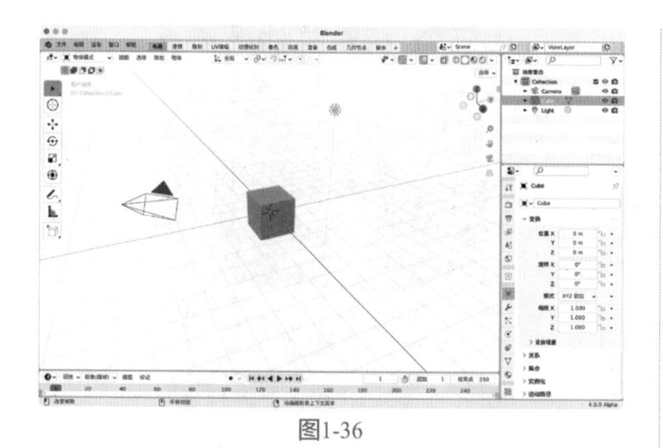

图1-36

## 1.4.2　创建对象

**【知识点】删除对象、创建对象、修改对象、线框显示、半透明显示、平移视图、推近拉远视图、旋转视图。**

01 启动Blender软件，可以看到新建场景中有一个立方体模型、一个摄像机和一个灯光，如图1-37所示。

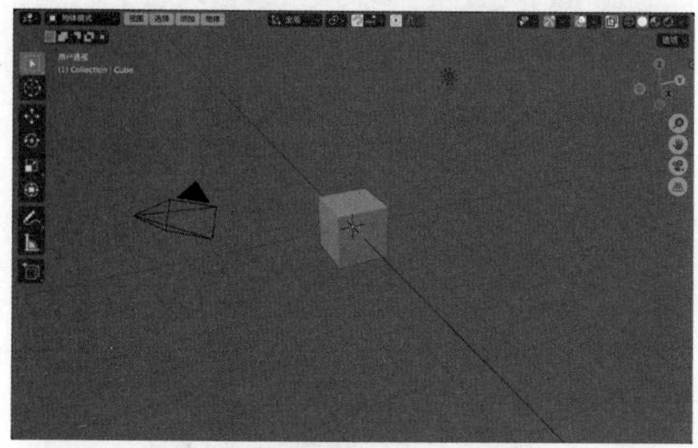

图1-37

02 选择场景中的立方体模型，按X键，在弹出的菜单中执行“删除”命令，如图1-38所示，可将所选择的对象删除。

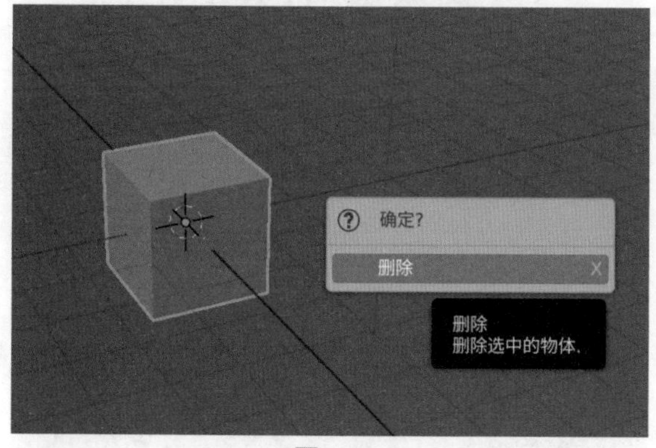


图1-38

03 用户还可以在“大纲视图”面板中选择立方体的名称，如图1-39所示。按X键，则可直接将其删除。

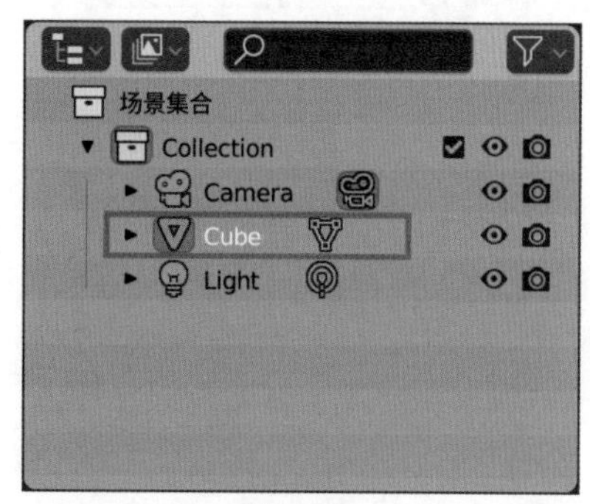


图1-39

### 技巧与提示

在场景中选择的对象，还可以按Delete键来进行删除。如果是苹果小键盘，则需要按fn+Delete组合键来删除物体。

04 执行菜单栏中的“添加”｜“网格”｜“柱体”命令，如图1-40所示，可以在场景中“游标”位置处创建一个柱体模型，如图1-41所示。

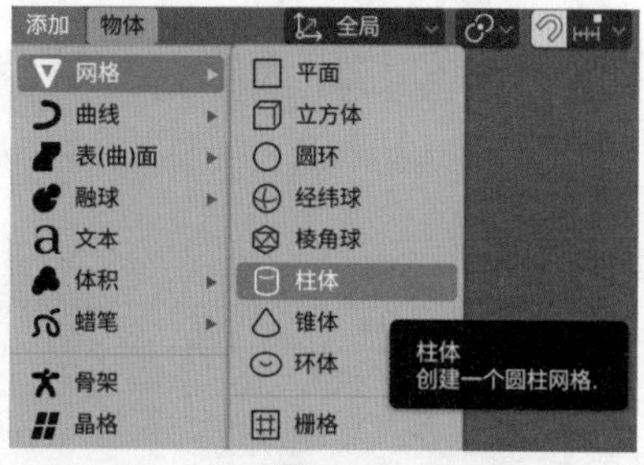


图1-40

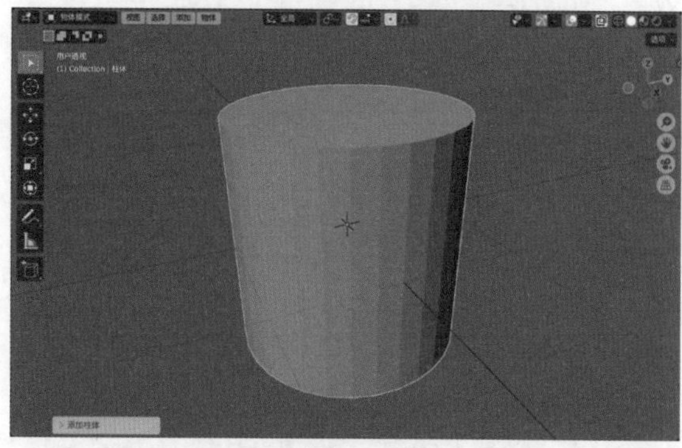

图1-41

### 技巧与提示

“游标”的作用及设置将会在下一节中详细讲解。

05 在“添加柱体”卷展栏中，设置“顶点”为64，如图1-42所示，则可以得到更加圆滑的柱体模型，如图1-43所示。

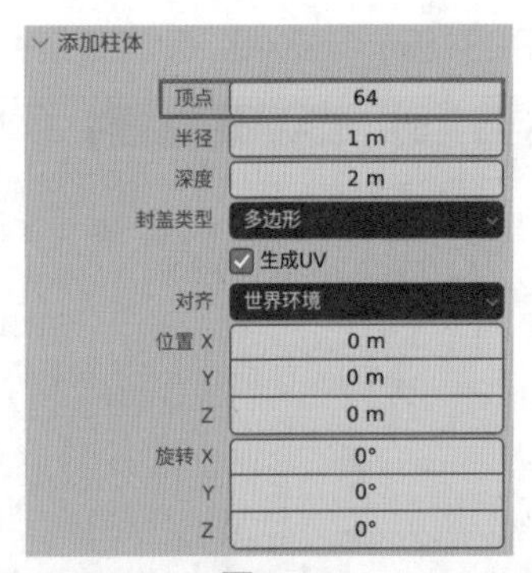


图1-42

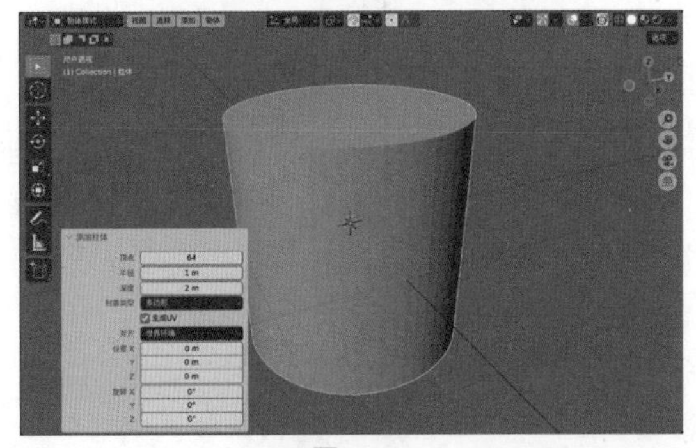

图1-43

06 在“视图叠加层”面板中，勾选“线框”复选框，如图1-44所示，则可以在视图中观察柱体模型的线框效果，如图1-45所示。

图1-44

07 在“视图着色方式”面板中，设置“线框颜色”为“物体”，如图1-46所示，则柱体线框的视图显示结果如图1-47所示。

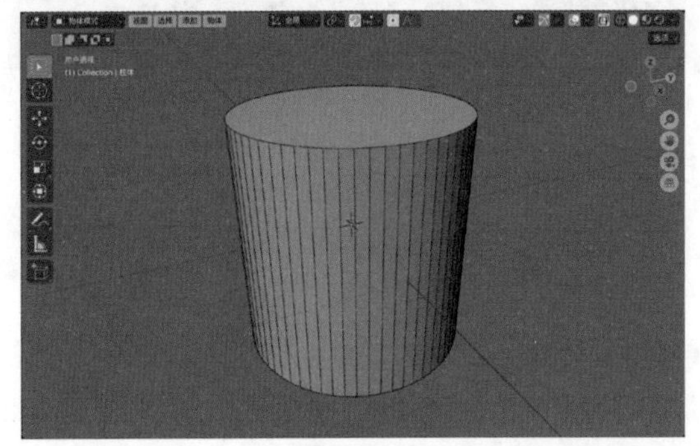

图1-45

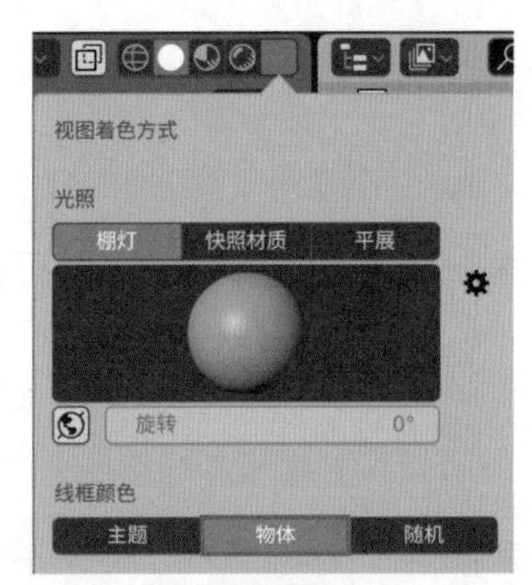


图1-46

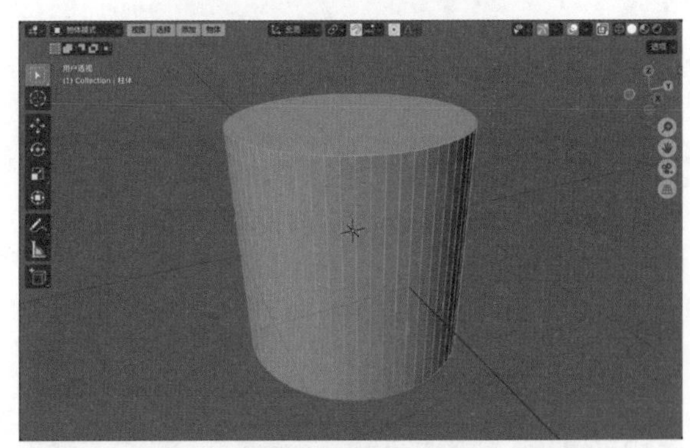

图1-47

08 在“视图着色方式”面板中，设置“线框颜色”为“随机”，如图1-48所示，则柱体线框的视图显示结果如图1-49所示。

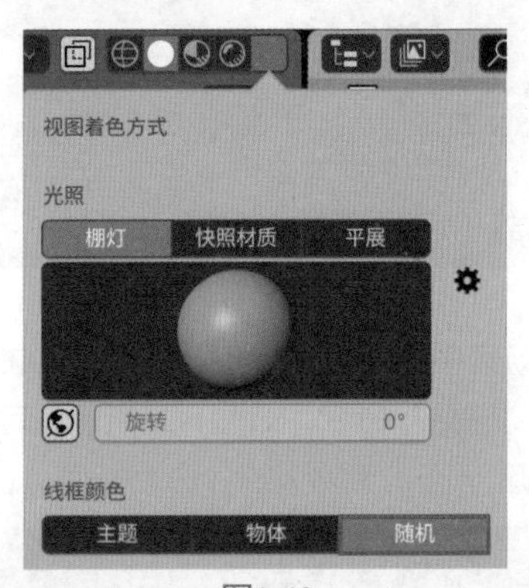


图1-48

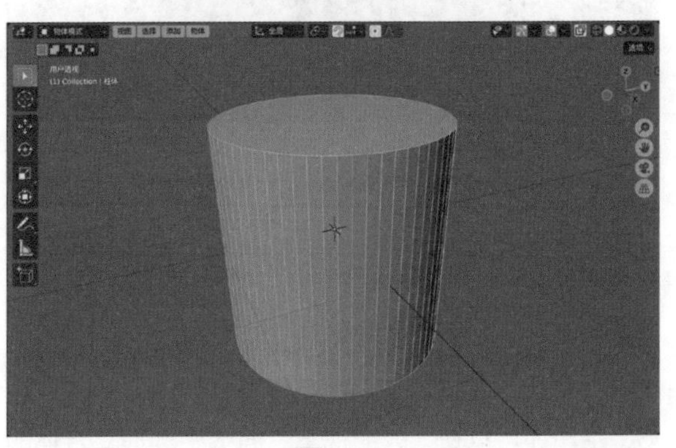

图1-49

09 将场景中的柱体模型删除，按Shift+A组合键，则可以在视图中弹出“添加”菜单，执行“网格”|“经纬球”命令，如图1-50所示，即可在场景中创建一个经纬球模型，如图1-51所示。

图1-50

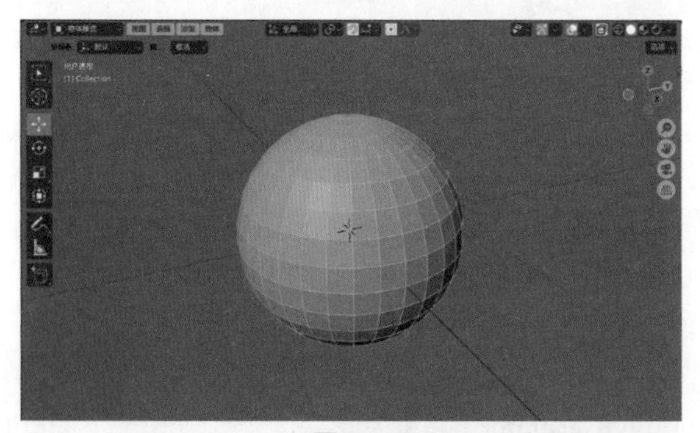

图1-51

10 在“工具栏”上将光标放置于“添加立方体”按钮上按住，在弹出的按钮组中单击“添加锥体”按钮，如图1-52所示，即可在场景中的经纬球模型表面创建一个锥体模型，如图1-53所示。

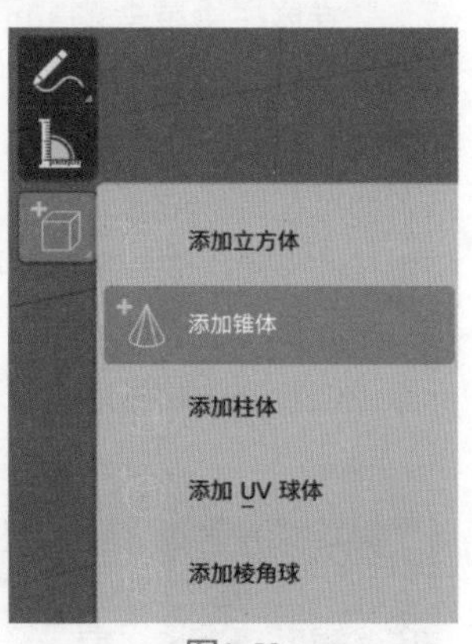


图1-52

11 在“视图着色方式”面板中，勾选“透视模式”复选框，如图1-54所示，则场景中的模型显示为半透明效果，如图1-55所示。

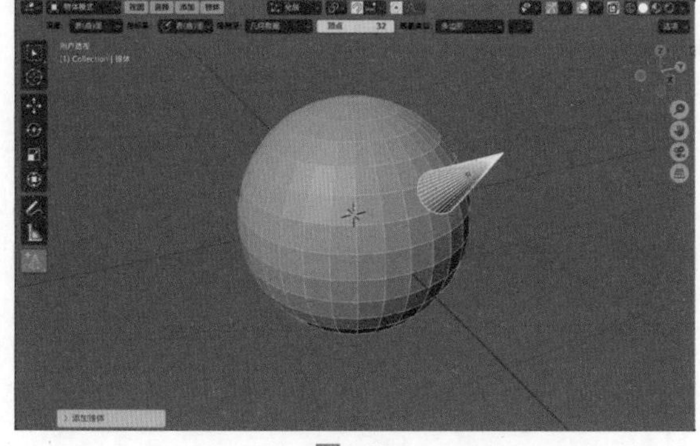

图1-53

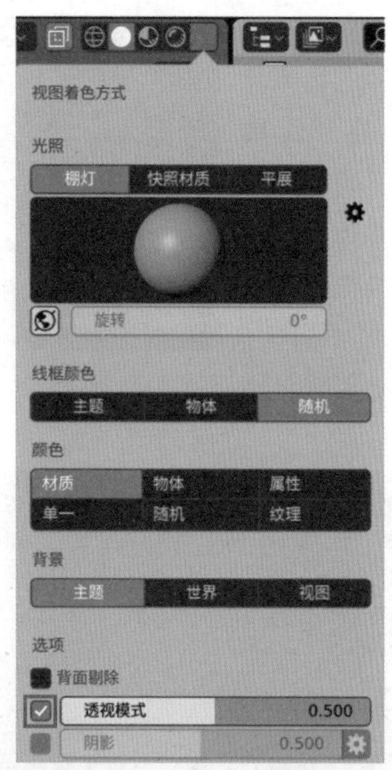


图1-54

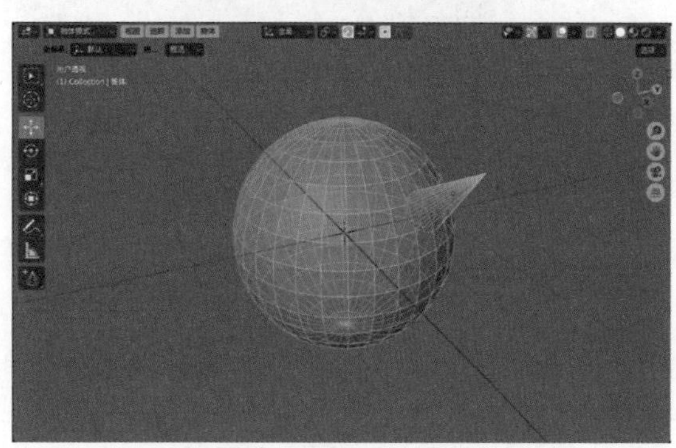

图1-55

### 1.4.3　设置游标

**【知识点】游标的作用、更改游标位置、还原游标位置、制作藤蔓模型。**

01 启动Blender软件，将场景中自带的立方体模型删除，可以看到坐标原点位置处有一个图标，即游标，如图1-56所示。

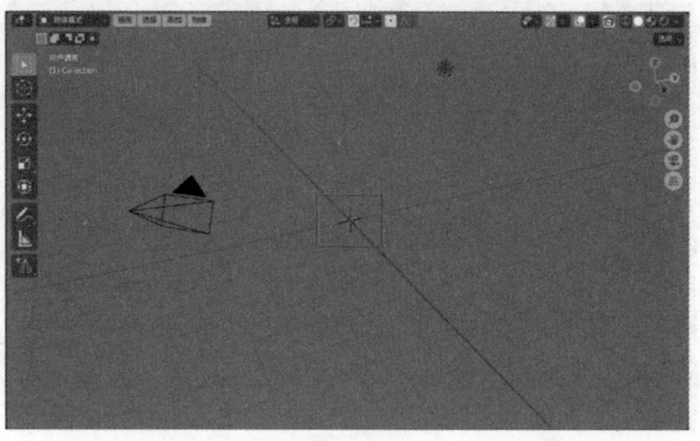

图1-56

02 游标的位置在哪里，我们创建的物体就会在哪里。在“工具栏”上单击“游标”按钮，使其呈被按下的状态，如图1-57所示，即可通过单击的方式更改游标的位置，如图1-58所示。

图1-57

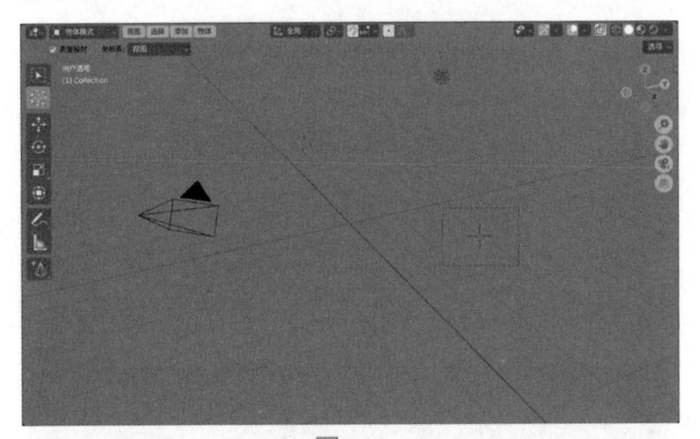
图1-58

## 技巧与提示

我们还可以按Shift+鼠标右键组合键来更改游标的位置。

03 执行菜单栏中的“添加”|“网格”|“棱角球”命令，如图1-59所示，可以在场景中游标位置处创建一个棱角球模型，如图1-60所示。

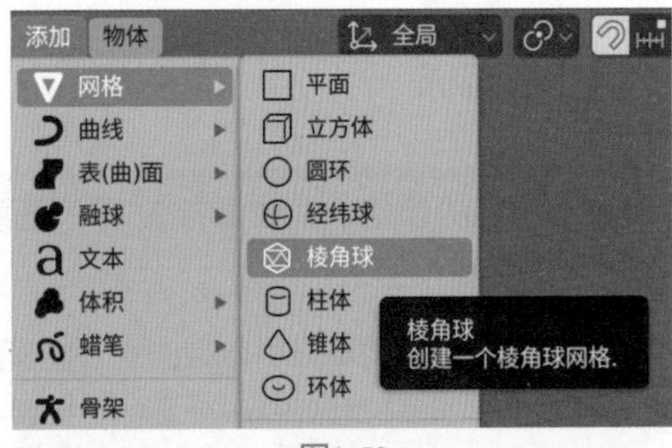

图1-59

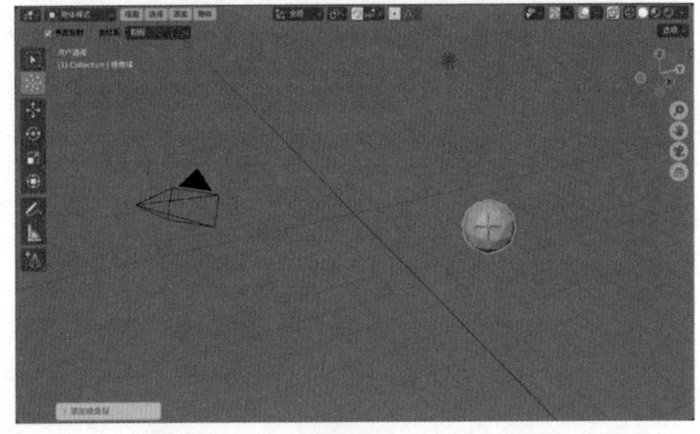
图1-60

04 在棱角球上任意位置处单击，则可以将游标放置在棱角球的表面，如图1-61所示。

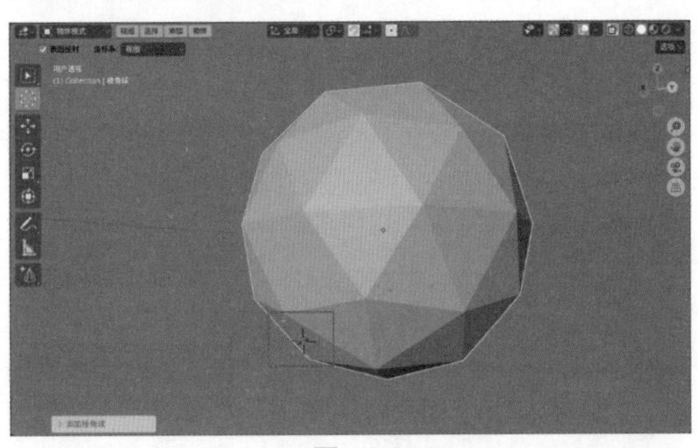
图1-61

05 执行菜单栏中的“编辑”|“偏好设置”命令，如图1-62所示。

图1-62

06 在弹出的“Blender偏好设置”面板中，勾选“添加曲线：IvyGen”插件，如图1-63所示。

07 按N键，打开侧栏。在“Ivy Generator（藤蔓生成器）”卷展栏中单击“Add New Default Ivy（添加新藤蔓）”按钮，如图1-64所示，即可在游标位置处，沿棱角球的表面生成一株藤蔓模型，如图1-65所示。

08 按Shift+C组合键，则可以将游标还原至场景中坐标原点位置处，如图1-66所示。

图1-63

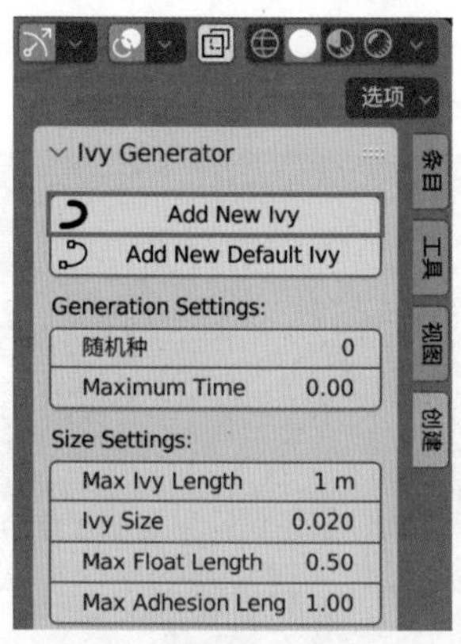


图1-64

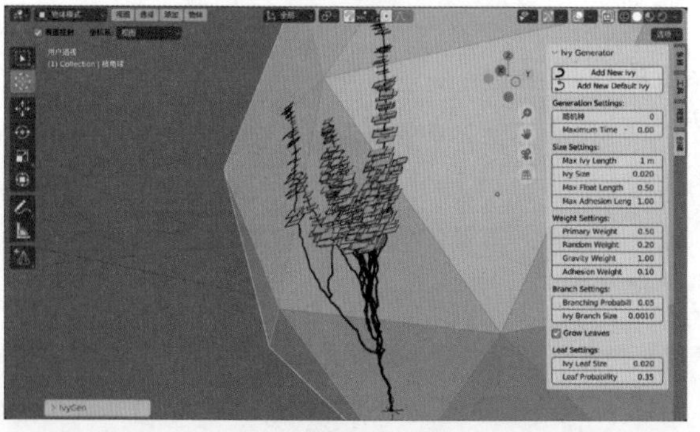

图1-65

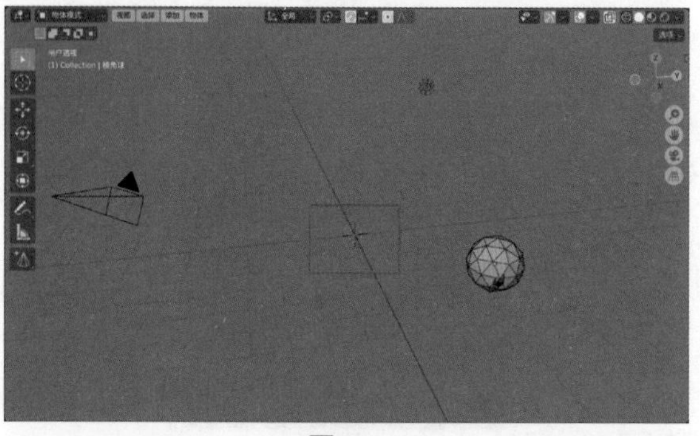

图1-66

### 技巧与提示

一般情况下，我们不需要更改场景中游标的位置。在本实例中，因为藤蔓模型较为特殊，其生长形状受依附物体的表面形态所影响，故需要设置游标位置。

## 1.4.4　物体变换

**【知识点】移动物体、旋转物体、缩放物体、缩放罩体。**

01 启动Blender软件，选择场景中自带的立方体模型，如图1-67所示。

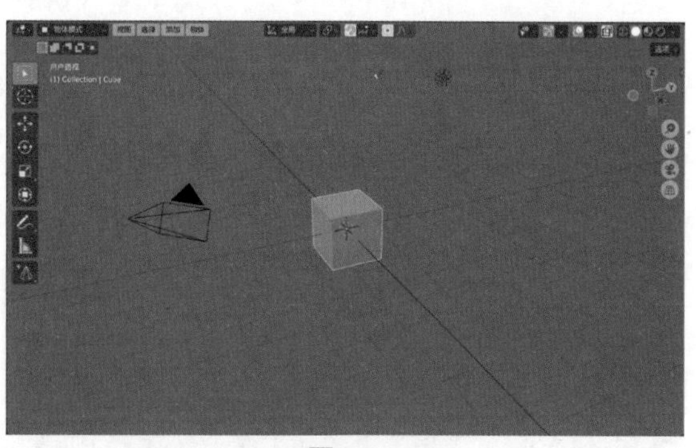

图1-67

02 注意当前视图左上角的“框选”按钮处于被按下的状态，如图1-68所示。

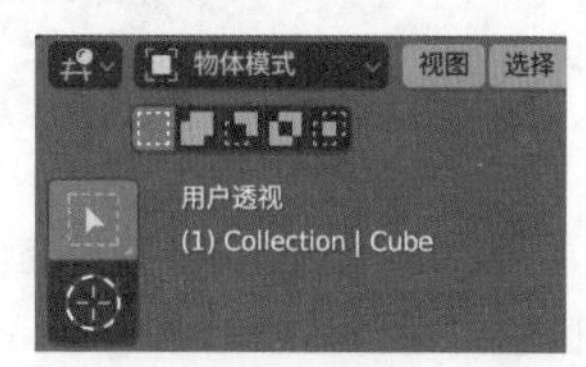


图1-68

03 按G键，即可看到所选择的立方体模型会跟随光标的位置产生移动，如图1-69所示。

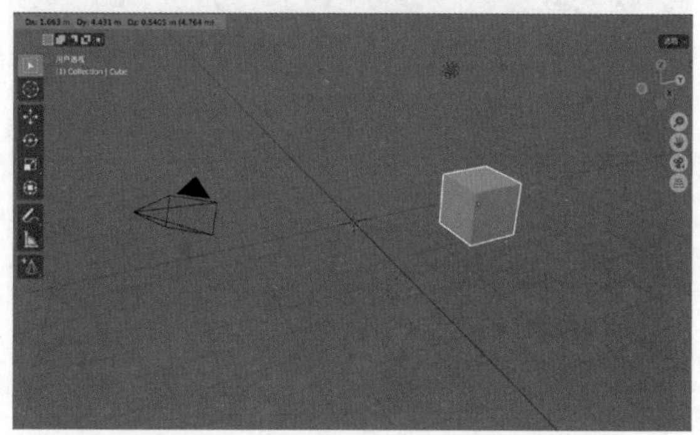

图1-69

04 按G键，再按Y键，则可以沿Y轴向移动立方体模型的位置，如图1-70所示。

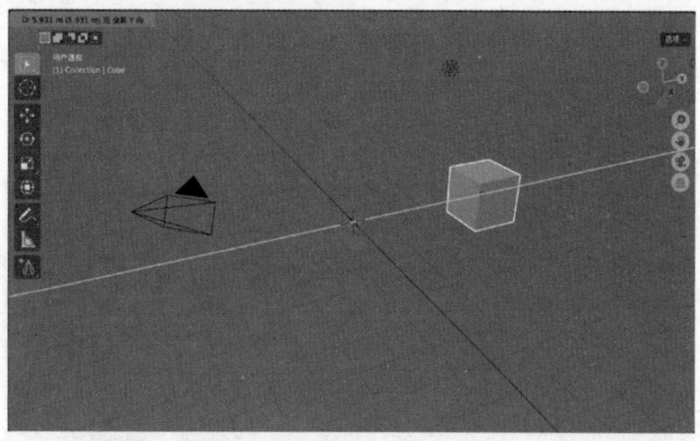

图1-70

### 技巧与提示

按G键，再按X键，则可以沿X轴向移动立方体模型的位置。

按G键，再按Z键，则可以沿Z轴向移动立方体模型的位置。

05 按R键，即可看到所选择的立方体模型会跟随光标的位置产生旋转，如图1-71所示。

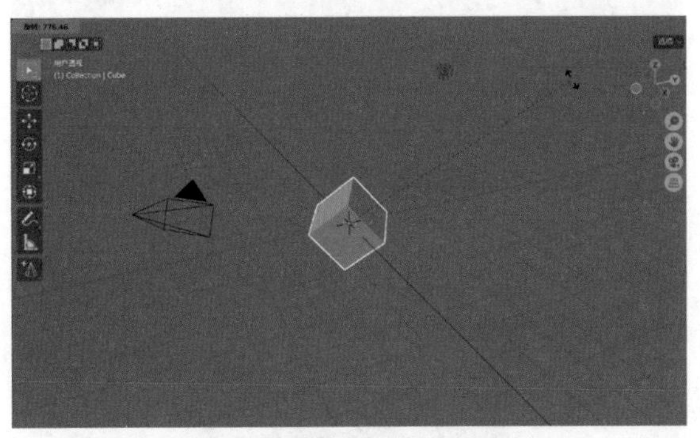

图1-71

06 按R键，再按Z键，则可以沿Z轴向旋转立方体模型的角度，如图1-72所示。

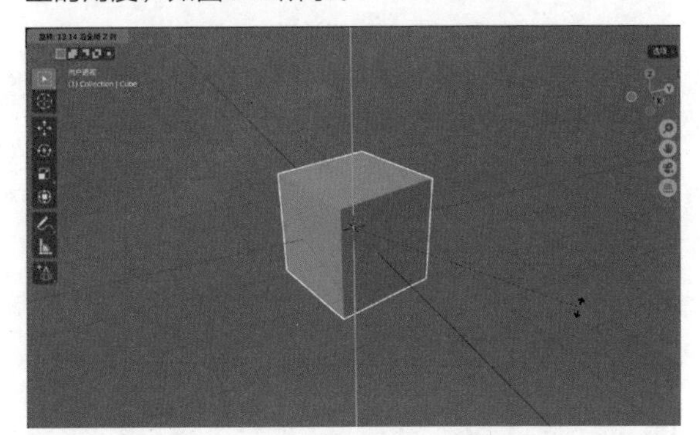

图1-72

## 技巧与提示

按R键，再按X键，则可以沿X轴向旋转立方体模型的角度。

按R键，再按Y键，则可以沿Y轴向旋转立方体模型的角度。

07 按S键，即可看到所选择的立方体模型会跟随光标的位置产生等比例缩放，如图1-73所示。

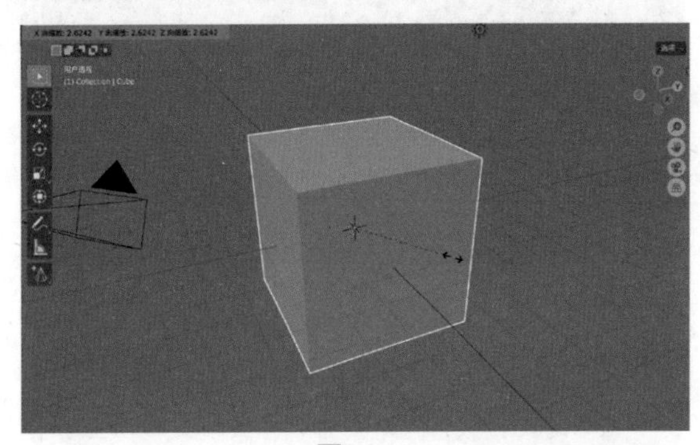

图1-73

08 按S键，再按X键，则可以沿X轴向拉伸立方体模型，如图1-74所示。

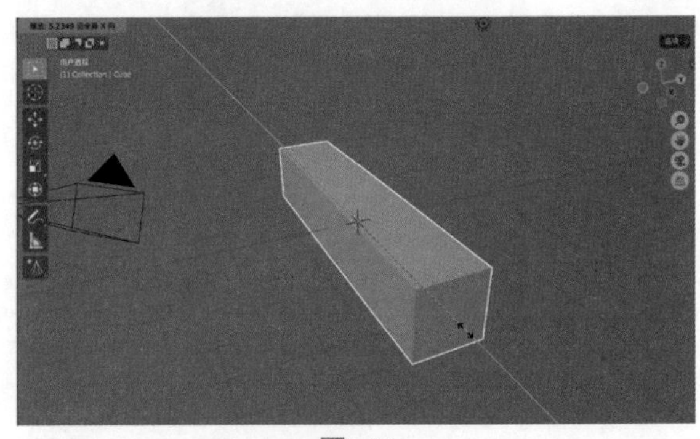

图1-74

## 技巧与提示

按S键，再按Y键，则可以沿Y轴向拉伸立方体模型。

按S键，再按Z键，则可以沿Z轴向拉伸立方体模型。

09 单击“工具栏”中的“移动”按钮，如图1-75所示，则会在物体上显示出移动坐标轴，如图1-76所示。

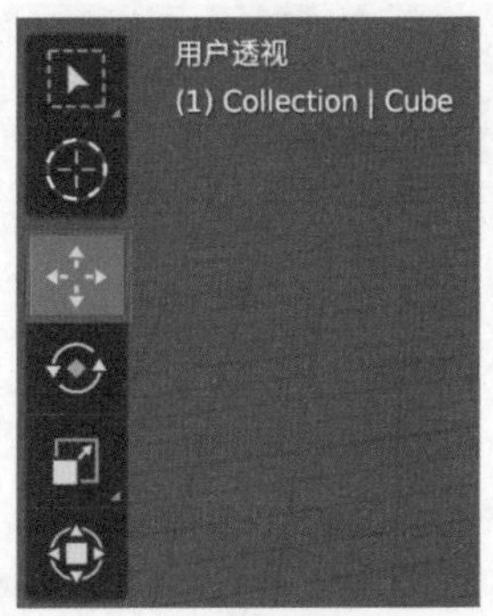


图1-75

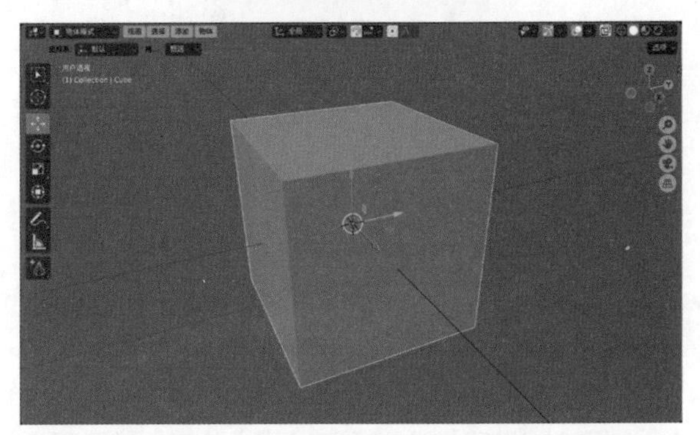

图1-76

10 单击“工具栏”中的“旋转”按钮，如图1-77所示，则会在物体上显示出旋转坐标轴，如图1-78所示。

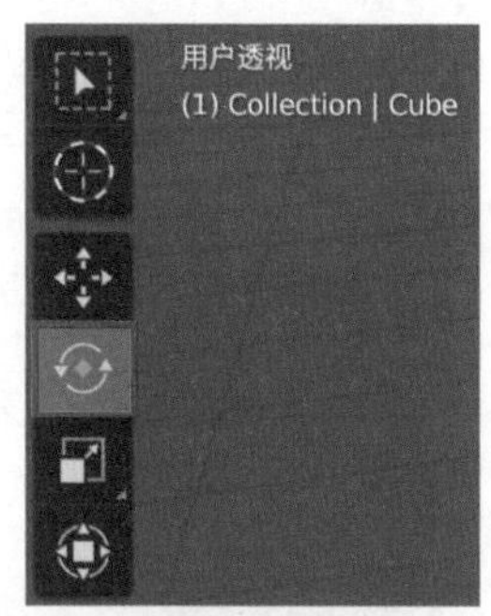


图1-77

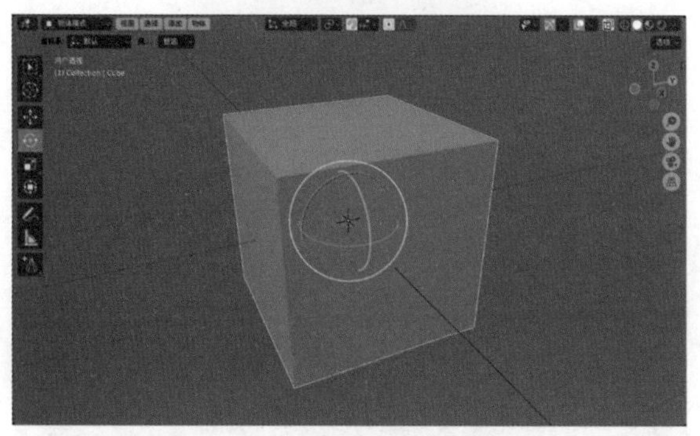

图1-78

⑪ 单击“工具栏”中的“缩放”按钮，如图1-79所示，则会在物体上显示出缩放坐标轴，如图1-80所示。

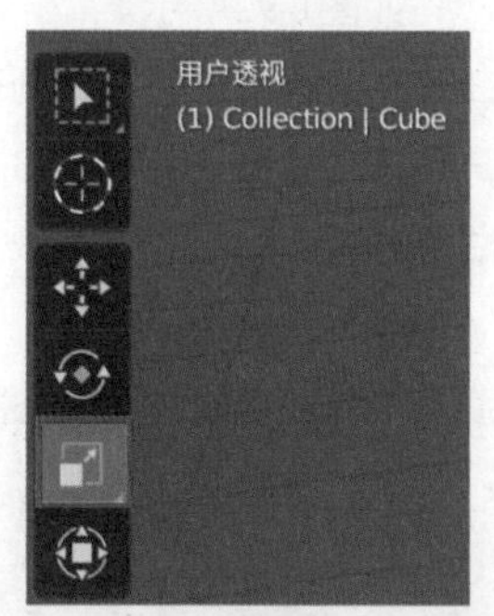


图1-79

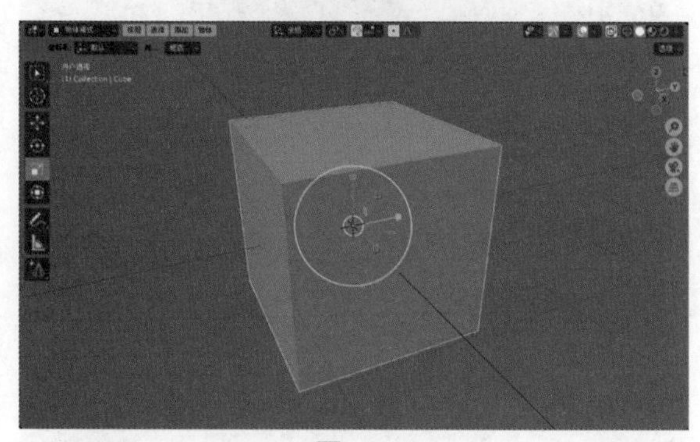

图1-80

⑫ 单击“工具栏”中的“缩放罩体”按钮，如图1-81所示，则会在物体上显示出罩体，如图1-82所示。

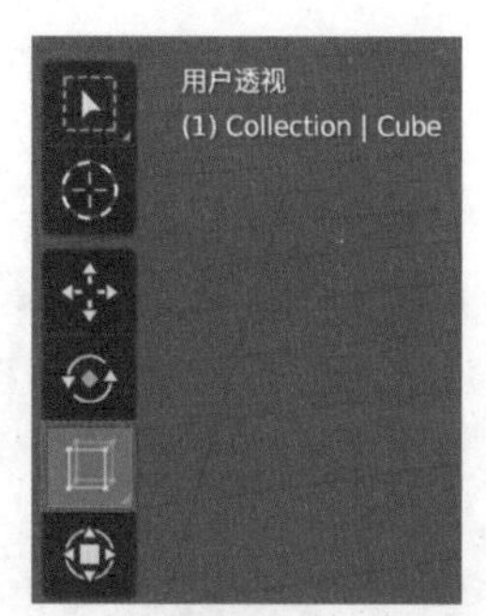


图1-81

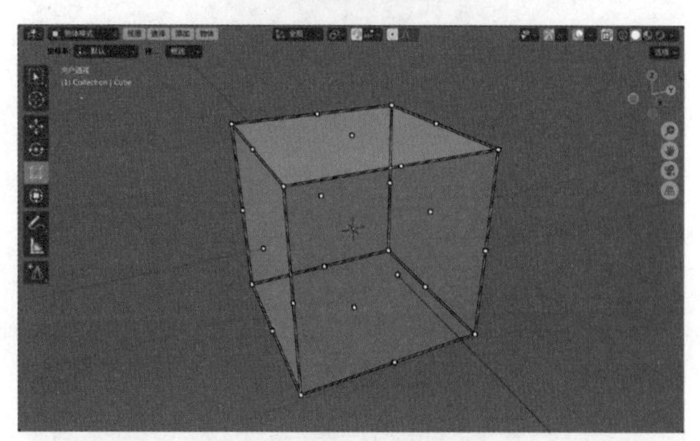

图1-82

⑬ 单击“工具栏”中的“变换”按钮，如图1-83所示，则会在物体上显示出变换坐标轴，如图1-84所示。

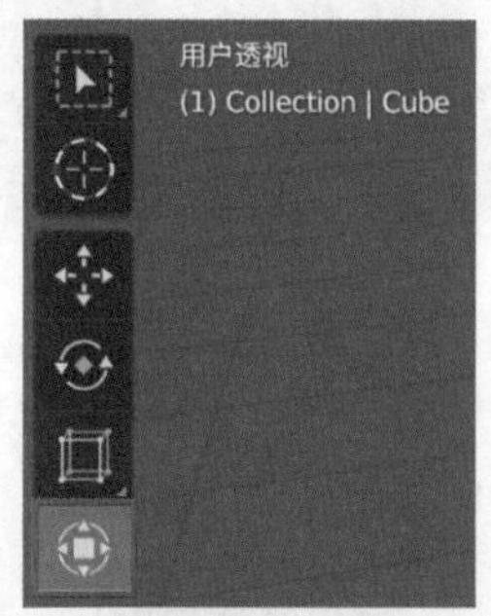


图1-83

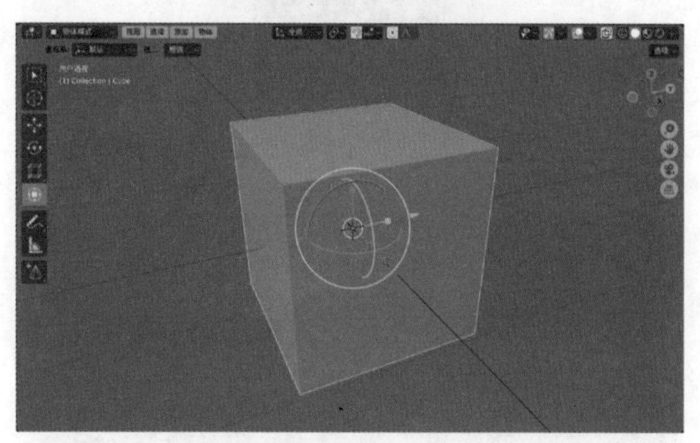

图1-84

## 1.4.5　视图切换

**【知识点】预设观察点、视图切换。**

01 启动Blender软件，可以看到新建场景中有一个立方体模型、一个摄像机和一个灯光，如图1-85所示。

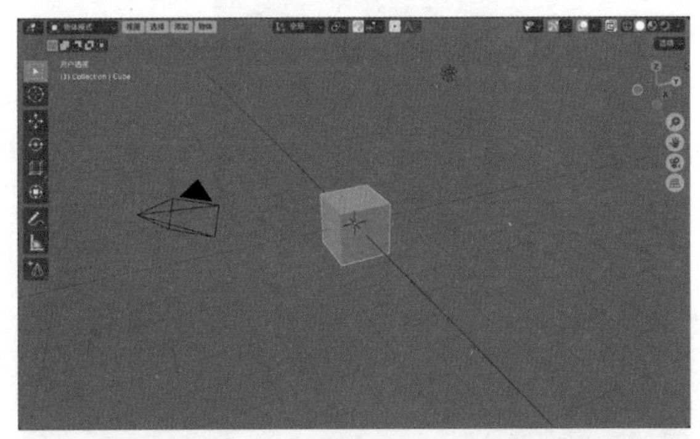

图1-85

02 将场景中的立方体模型删除后，执行菜单栏中的“添加”｜“网格”｜“猴头”命令，在场景中创建一个猴头模型，如图1-86所示。

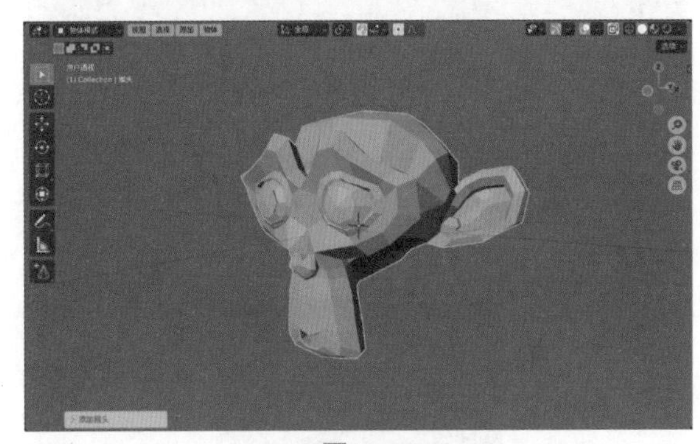

图1-86

03 单击视图上方右侧“预设观察点”上的Z点，如图1-87所示，即可将当前视图切换至“正交顶视图”，如图1-88所示。

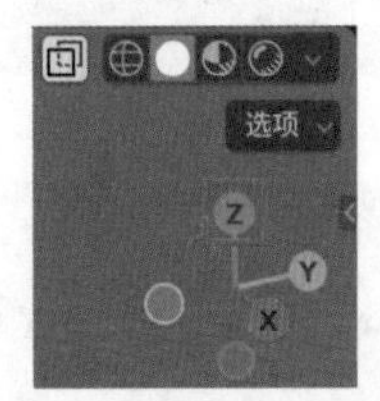


图1-87

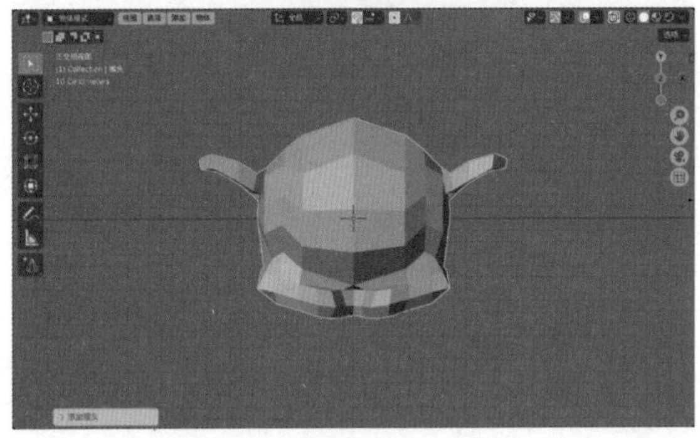

图1-88

04 单击视图上方右侧“预设观察点”上的X点，如图1-89所示，即可将当前视图切换至“正交右视图”，如图1-90所示。

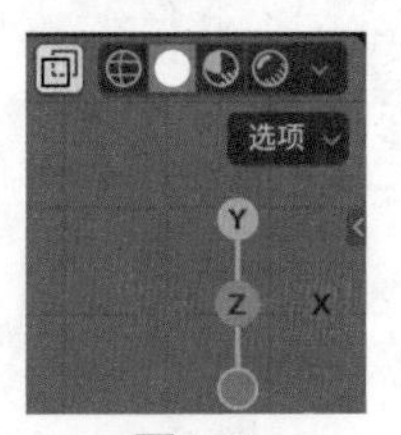


图1-89

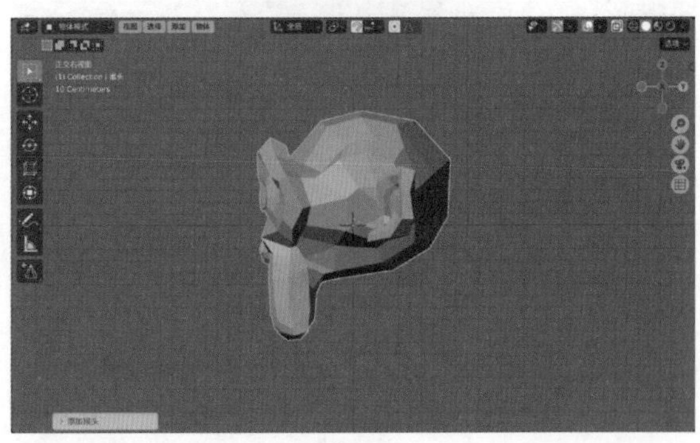

图1-90

05 执行菜单栏中的“视图”｜“视图”｜“前视图”命令，如图1-91所示，则可以将当前视图切换至“正交前视图”，如图1-92所示。

06 按住鼠标右键并缓缓拖动光标，则可以将当前视图切换回“用户透视”视图，如图1-93所示。

07 执行菜单栏中的“视图”｜“区域”｜“切换四格视图”命令，如图1-94所示。

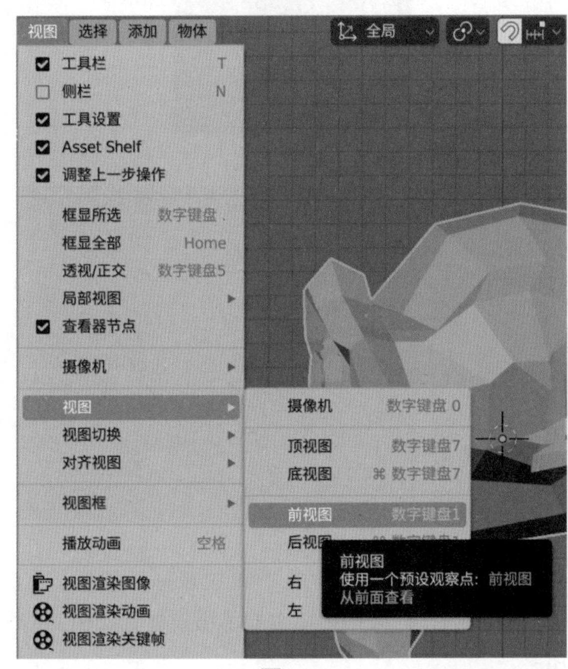


图1-91

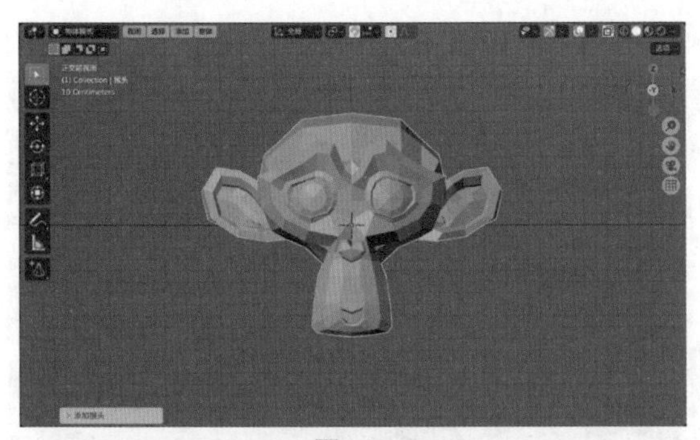

图1-92

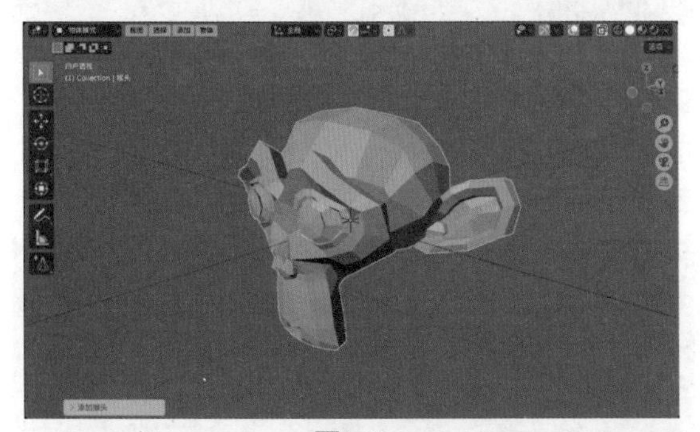

图1-93

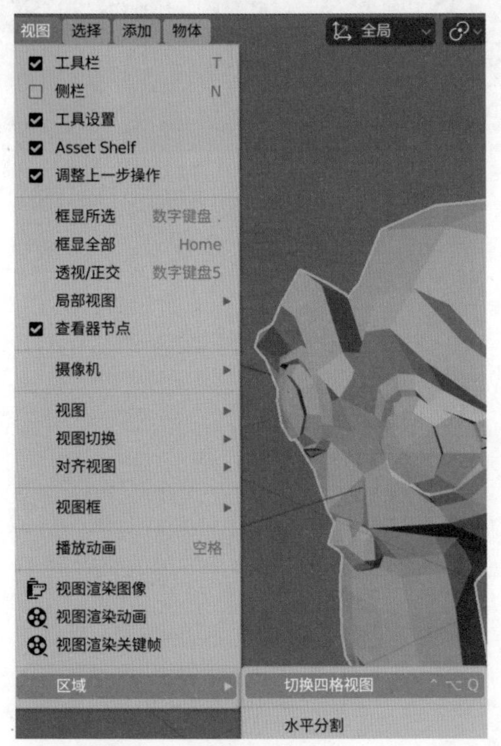


图1-94

08 这样，Blender软件将会显示为四格视图，如图1-95所示。

### 技巧与提示

切换四格视图的组合键为Ctrl+option（macOS）/Alt（Windows）+Q。

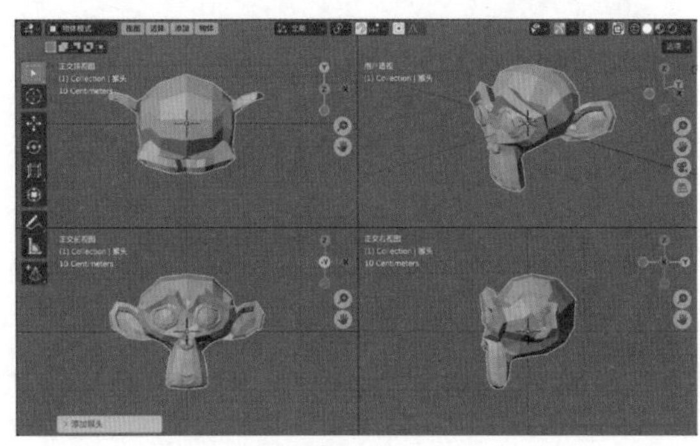

图1-95

## 1.4.6　复制对象

**【知识点】复制对象、关联复制、连续复制。**

01 启动Blender 软件，选择场景中自带的立方体模型，如图1-96所示。

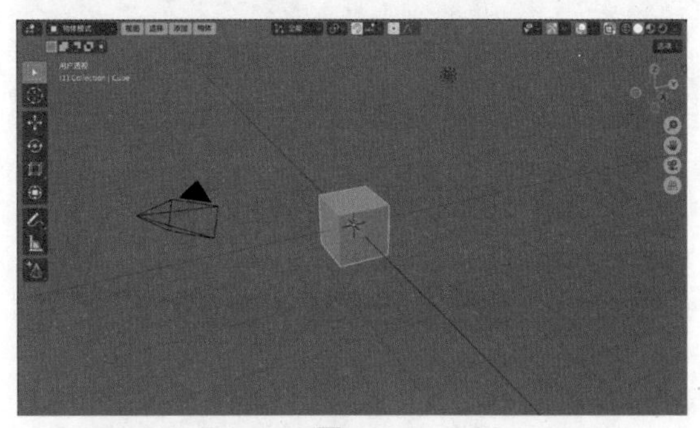

图1-96

02 按Shift+D组合键，再按Y键，即可复制选中的模型并沿Y轴向调整其位置，如图1-97所示。

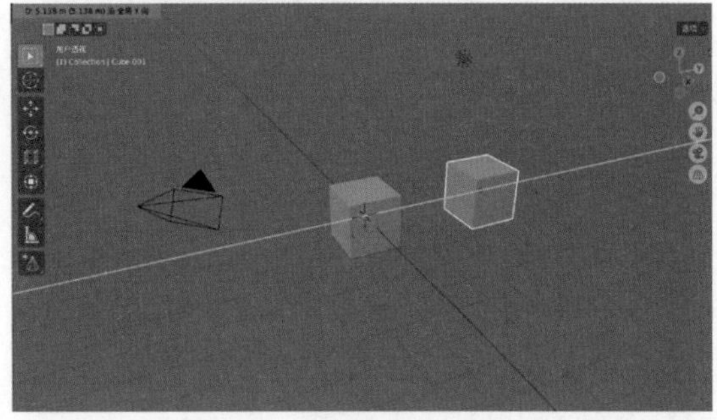

图1-97

03 在“复制物体”卷展栏中，勾选“关联”复选框，如图1-98所示，则复制出来的模型与原模型建立关联关系，即修改其中一个模型的属性也会影响另一个模型的形态。

### 技巧与提示

关联复制的组合键是option（macOS）/Alt（Windows）+D。

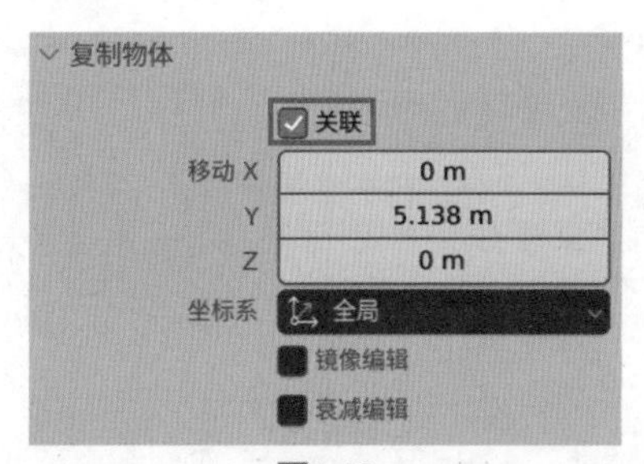

图1-98

04 连续多次按Shift+R组合键，复制出多个立方体模型，如图1-99所示。

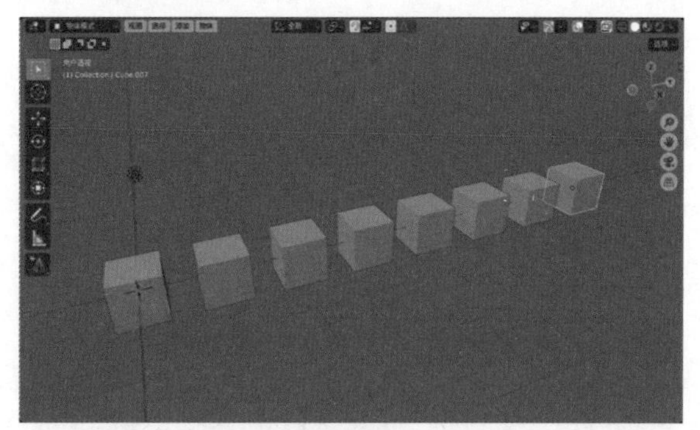
图1-99

05 选中任意一个立方体模型，进入“编辑模式”，如图1-100所示。

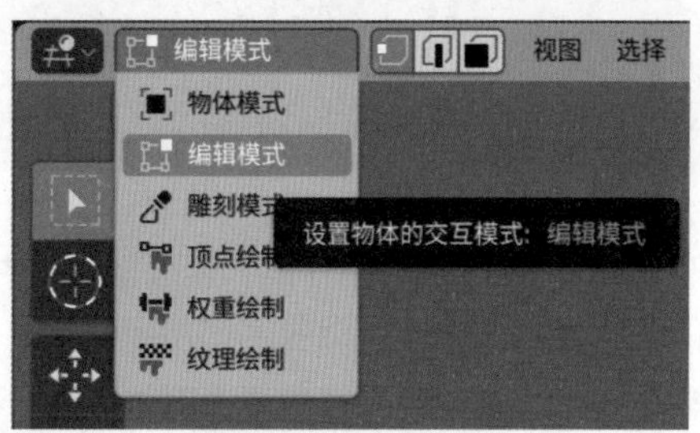

图1-100

06 选择如图1-101所示的顶点。

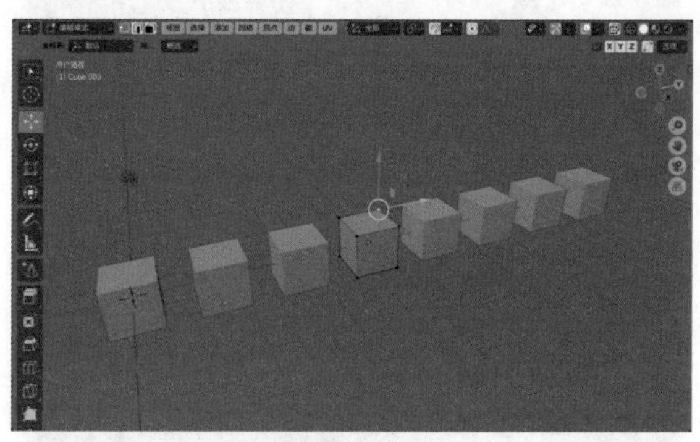
图1-101

07 使用“移动”工具调整其位置至图1-102所示，这样，我们可以看到另一个立方体模型的形态也发生了对应的变化。

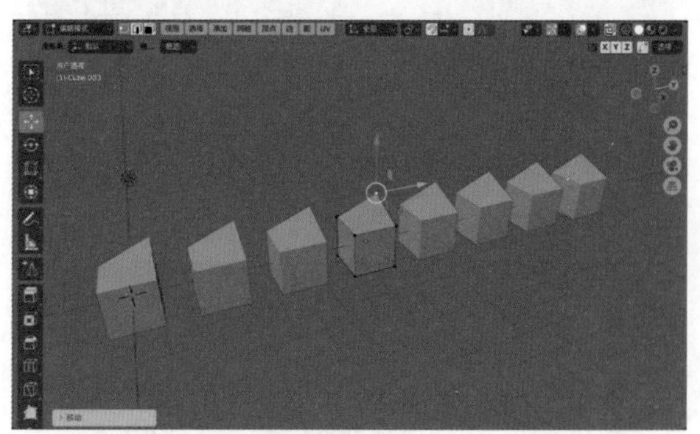
图1-102

# 第 2 章 网格建模

## 2.1 网格建模概述

网格由顶点和连接它们的边来定义，网格的内部区域则称为面，这些要素的命令编辑就构成了网格建模技术。网格建模是当前非常流行的一种建模方式，用户通过对网格的顶点、边以及面进行编辑，可以得到精美的三维模型，这项技术被广泛用于电影、游戏、虚拟现实等动画模型的开发制作中。中文版Blender 4.0软件提供了多种建模工具，帮助用户在软件中进行各种各样复杂形体模型的构建。我们选中模型并切换至“编辑模式”后，就可以使用这些建模工具。图2-1和图2-2所示为使用Blender制作出来的模型。

图2-1

图2-2

## 2.2 创建几何体

执行菜单栏中的“添加”|“网格”命令，可以看到Blender为用户提供的多种基本几何体的创建命令，如图2-3所示。

图2-3

### 工具解析

- 平面：用于创建平面模型。
- 立方体：用于创建立方体模型。
- 圆环：用于创建圆环模型。
- 经纬球：用于创建经纬球模型。
- 棱角球：用于创建棱角球模型。
- 柱体：用于创建柱体模型。
- 锥体：用于创建锥体模型。
- 环体：用于创建环体模型。
- 栅格：用于创建栅格模型。
- 猴头：用于创建猴头模型。

### 2.2.1 基础操作：创建及修改网格对象

【知识点】创建柱体、编辑模式、常用网格工具、应用修改器。

01 启动中文版Blender 4.0软件，将场景中自带的立方体模型删除后，执行菜单栏中的“添加”|“网

格”|“柱体”命令，如图2-4所示。在场景中创建一个柱体模型。

图2-4

02 在“添加柱体”卷展栏中，设置“半径”为0.05m、“深度”为0.12m，如图2-5所示。

添加柱体

| | |
|---|---|
| 顶点 | 32 |
| 半径 | 0.05 m |
| 深度 | 0.12 m |
| 封盖类型 | 多边形 |
| | 生成UV |
| 对齐 | 世界环境 |
| 位置 X | 0 m |
| Y | 0 m |
| Z | 0 m |
| 旋转 X | 0° |
| Y | 0° |
| Z | 0° |

图2-5

03 设置完成后，右击并在弹出的快捷菜单中执行“视图”|“框显所选”命令，如图2-6所示，即可在视图中最大化显示柱体模型，如图2-7所示。

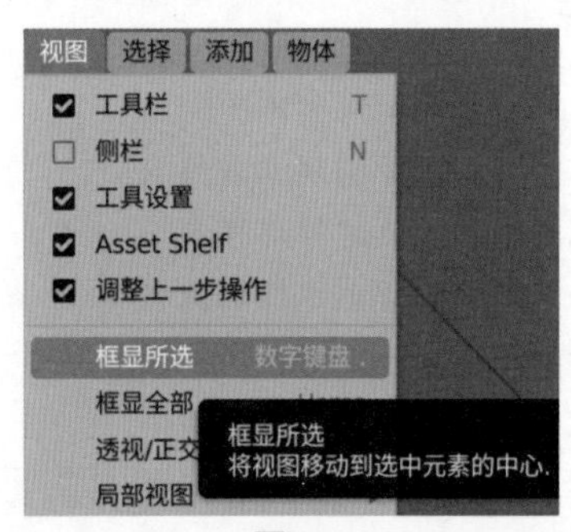


图2-6

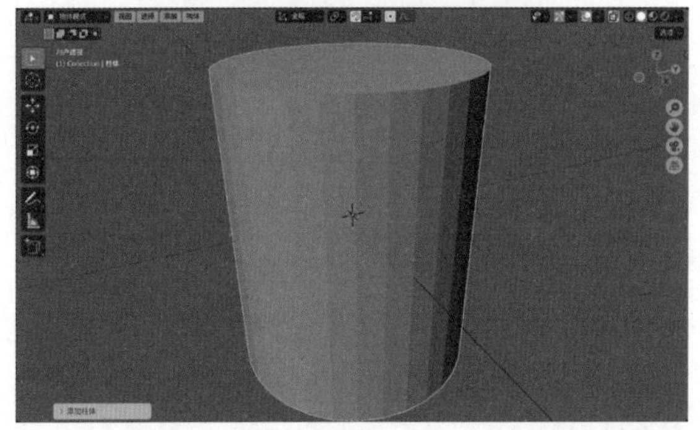

图2-7

04 按Tab键，将“物体模式”切换至“编辑模式”，柱体的视图显示结果如图2-8所示。

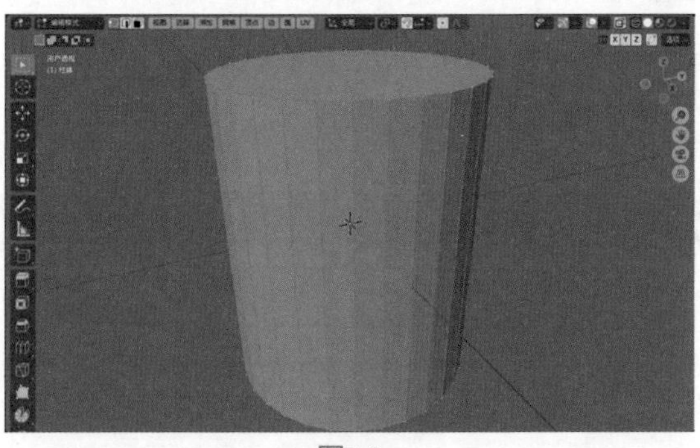

图2-8

05 选择如图2-9所示的面，使用“内插面”工具制作出如图2-10所示的模型结果。

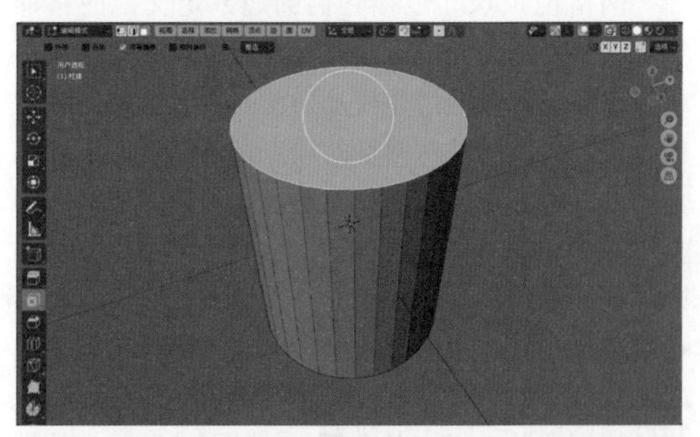

图2-9

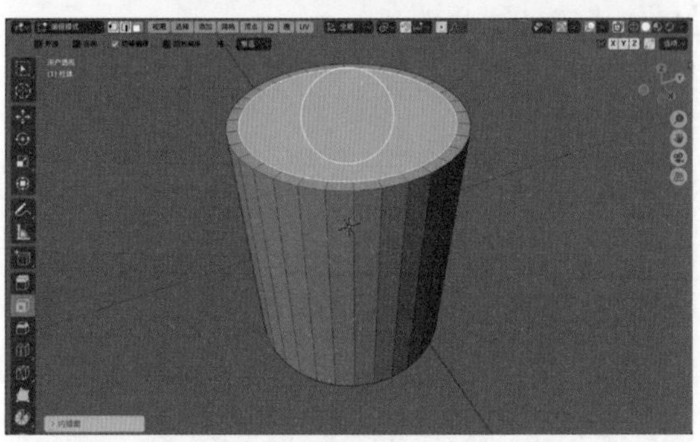

图2-10

06 使用“挤出选区”工具对所选择的面进行挤出，得到如图2-11所示的模型结果。

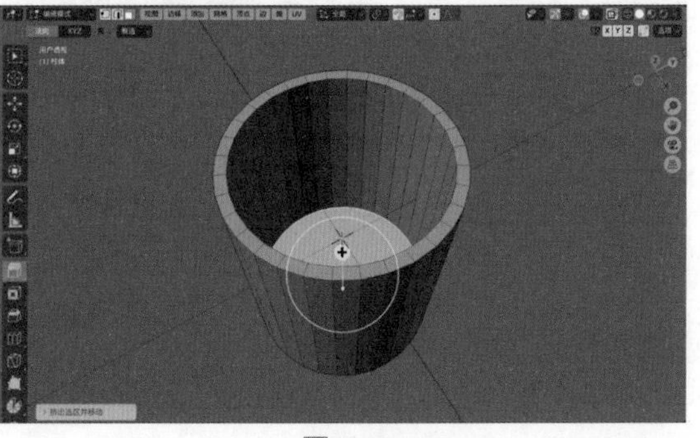

图2-11

07 选择如图2-12所示的顶点，使用“缩放”工具调整其位置至图2-13所示。

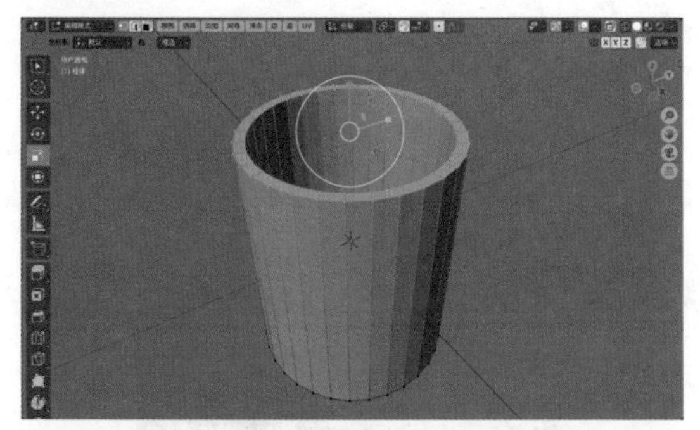

图2-12

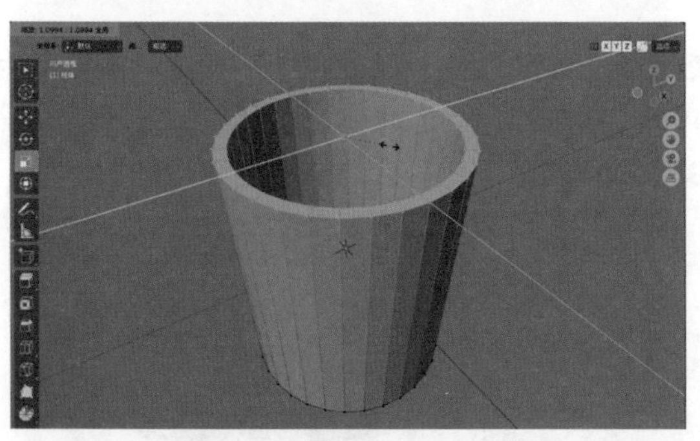

图2-13

08 使用“环切”工具为柱体模型添加边线，如图2-14所示。

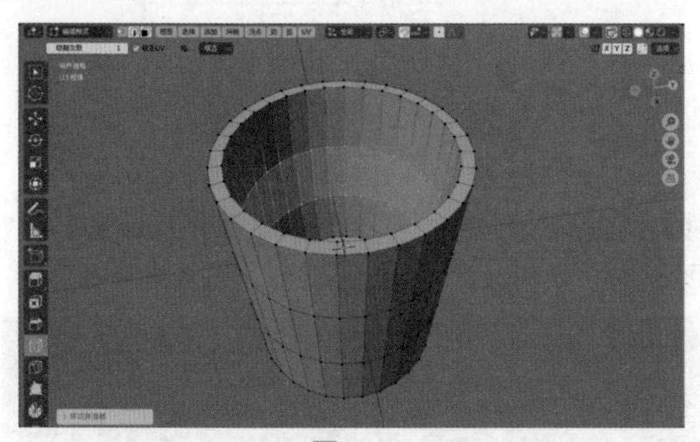

图2-14

09 选择如图2-15所示的面，右击并在弹出的快捷菜单中执行“尖分面”命令，得到如图2-16所示的模型结果。

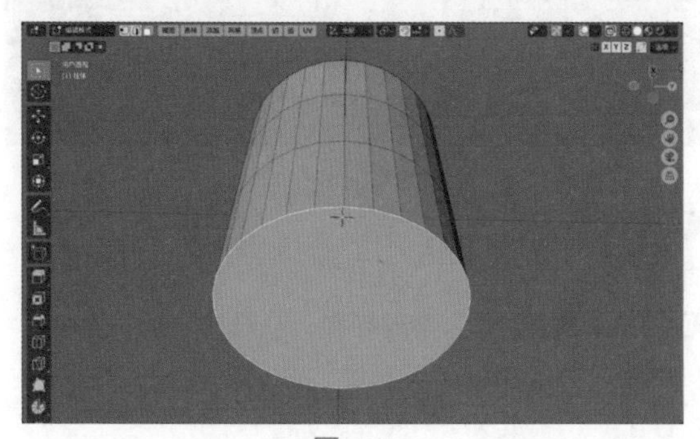

图2-15

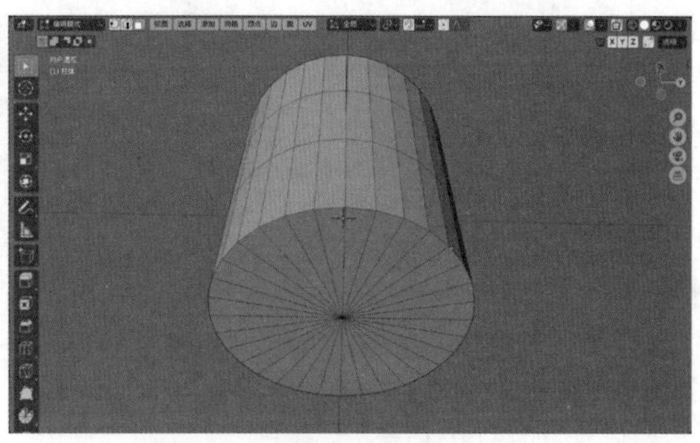

图2-16

10 再次按Tab键，退出“编辑模式”，在“添加修改器”面板中，为柱体模型添加“倒角”修改器，并设置“（数）量”为0.001m，如图2-17所示。

图2-17

11 设置完成后，柱体模型的视图显示结果如图2-18所示。

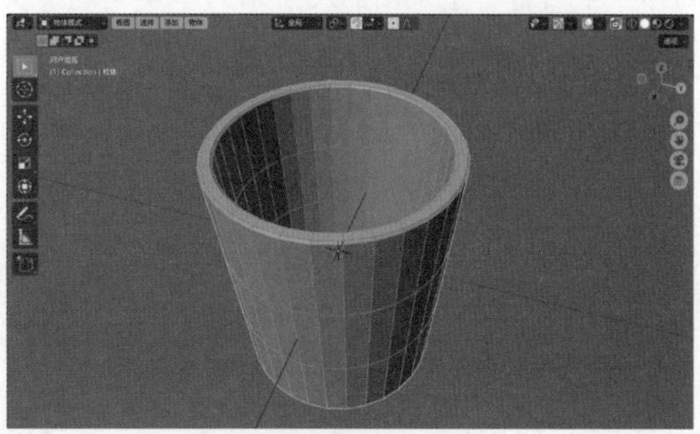

图2-18

12 在“添加修改器”面板中，单击“倒角”修改器后面的下拉按钮，在弹出的下拉列表中执行“应用”命令，如图2-19所示。

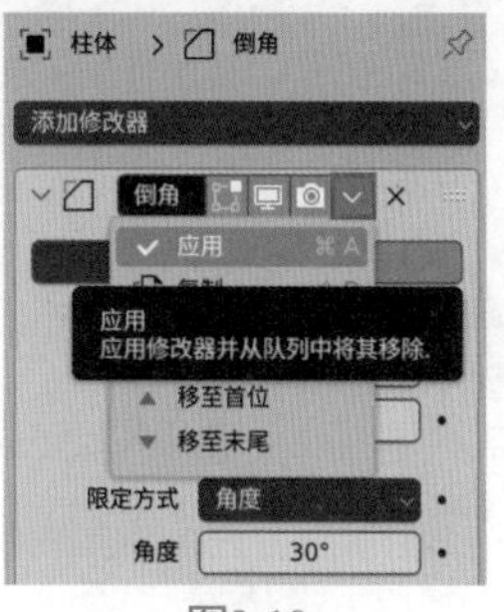


图2-19

图2-20

**13** 在“大纲视图”面板中，更改柱体模型的名称为“杯子”，如图2-20所示。

**14** 设置完成后，一个由柱体修改得到的杯子模型就制作完成了，如图2-21所示。

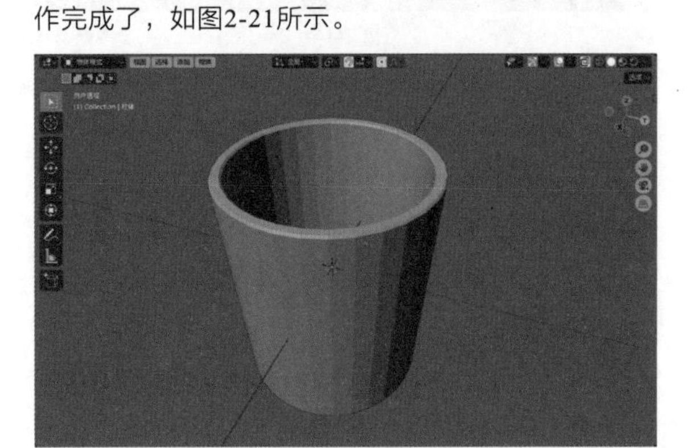
图2-21

## 2.2.2 实例：制作石膏模型

本实例将使用Blender软件提供的基本几何体制作一组石膏模型。图2-22所示为本实例的渲染效果。

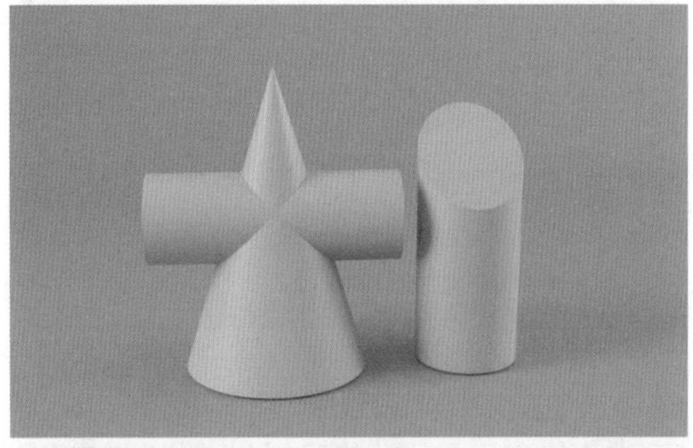
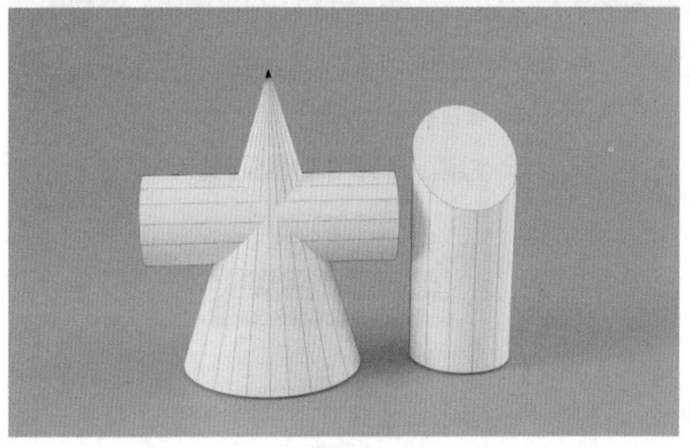
图2-22

**01** 启动中文版Blender 4.0软件。将场景中自带的立方体模型删除后，执行菜单栏中的“添加”｜“网格”｜“锥体”命令，如图2-23所示，在场景创建一个锥体模型。

图2-23

**02** 在“添加锥体”卷展栏中，设置“顶点”为128、“半径1”为0.07m、“半径2”为0m、“深度”为0.22m、“位置Z”为0.11m，如图2-24所示。

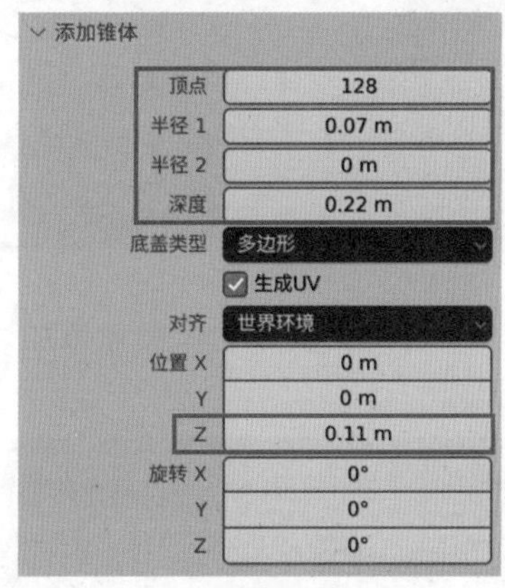

图2-24

**03** 设置完成后，锥体模型的视图显示结果如图2-25所示。

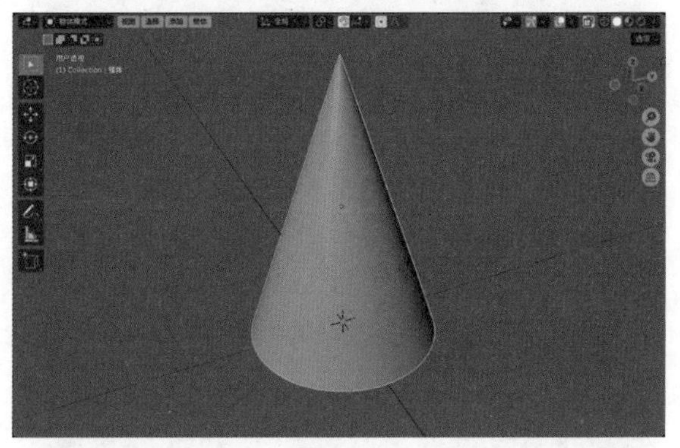
图2-25

**04** 执行菜单栏中的“添加”｜“网格”｜“柱体”命令，如图2-26所示，在场景创建一个柱体模型。

**05** 在“添加柱体”卷展栏中，设置“顶点”为128、“半径”为0.033m、“深度”为0.19m、“位置Z”为0.111m、“旋转X”为90°，如图2-27所示。

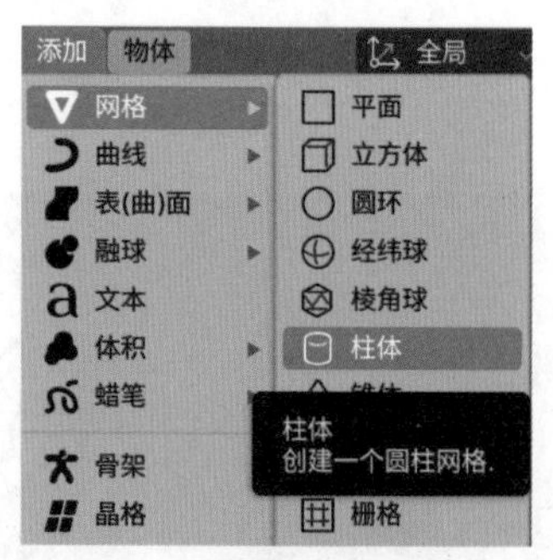


图2-26

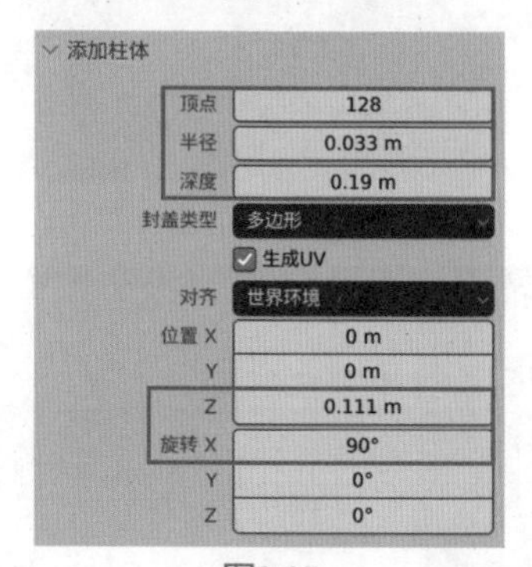


图2-27

06 设置完成后，柱体的视图显示结果如图2-28所示。这样，场景中的两个模型就组成了一个圆锥贯穿石膏模型。

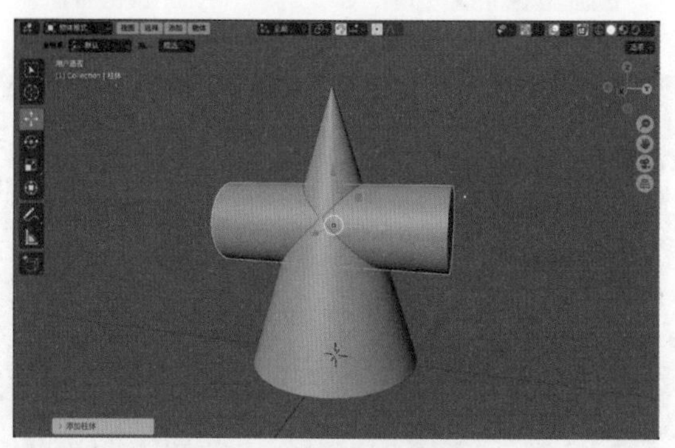

图2-28

07 将场景中的两个模型选中，右击并在弹出的快捷菜单中执行“合并”命令，如图2-29所示，将其合并为一个模型。

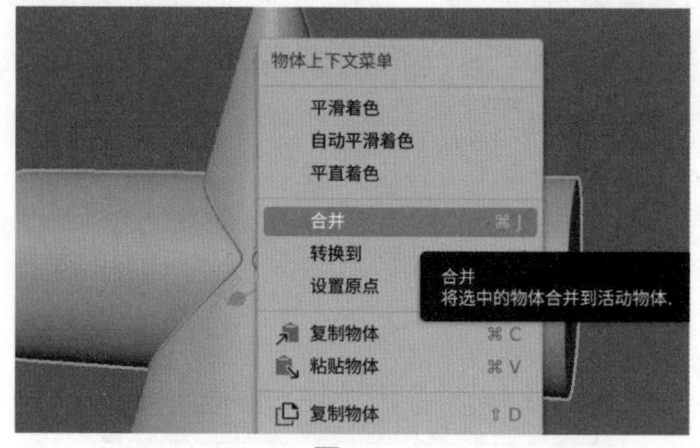


图2-29

08 在“大纲视图”面板中，将模型的名称更改为“圆锥贯穿石膏”，如图2-30所示。

图2-30

09 执行菜单栏中的“添加”|“网格”|“柱体”命令，再次创建一个柱体模型。在“添加柱体”卷展栏中，设置“顶点”为128、“半径”为0.04m、“深度”为0.2m、“位置Y”为0.15m、“位置Z”为0.1m，如图2-31所示。

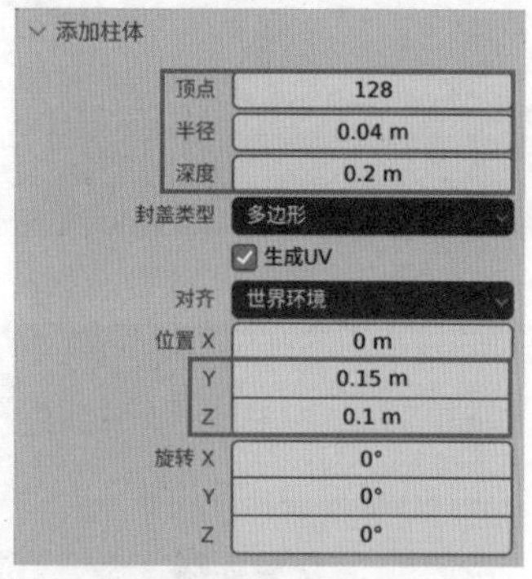


图2-31

10 设置完成后，柱体模型的视图显示结果如图2-32所示。

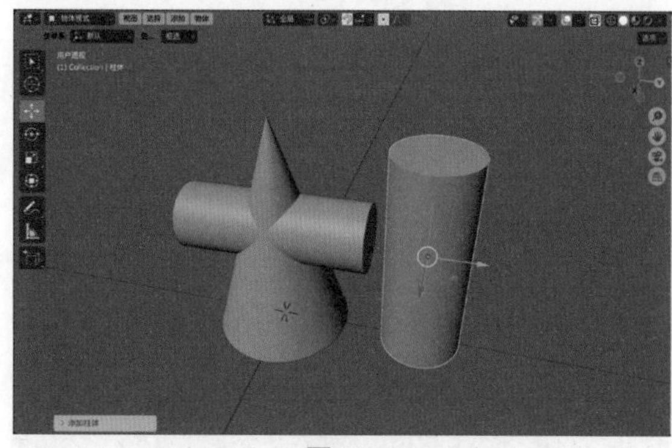

图2-32

11 按Tab键，进入“编辑模式”，在“正交后视图”中，使用“切分”工具对模型进行切分，如图2-33所示。

12 选择如图2-34所示的面，按X键，执行“删除”菜单中的“面”命令，如图2-35所示，得到如图2-36所示的模型结果。

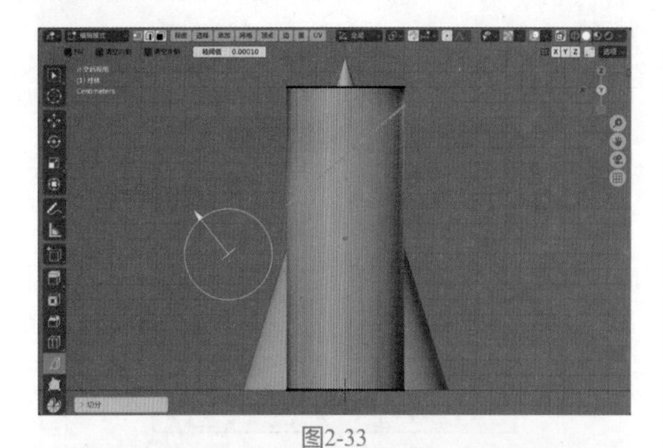

图2-33

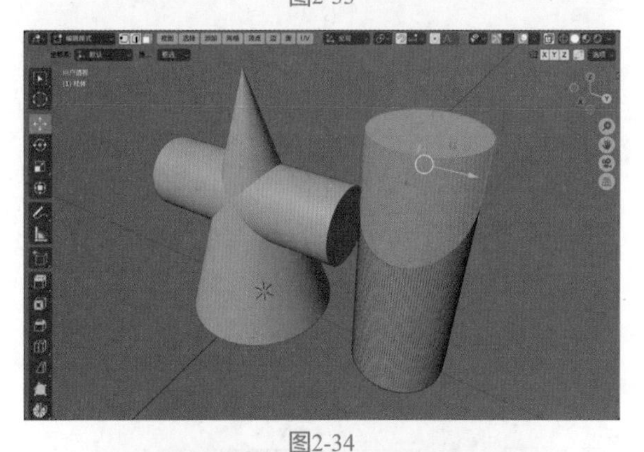

图2-34

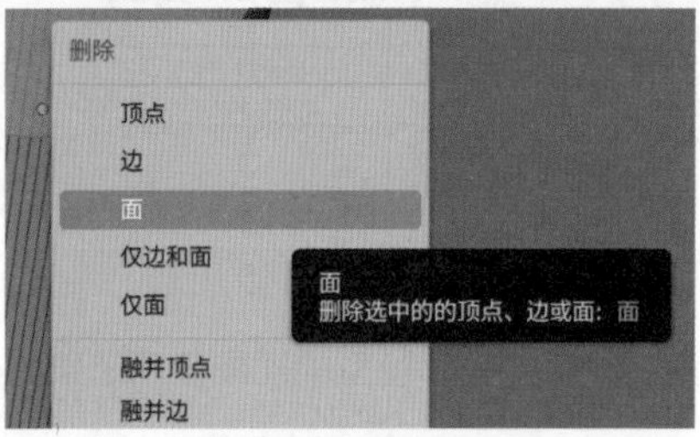

图2-35

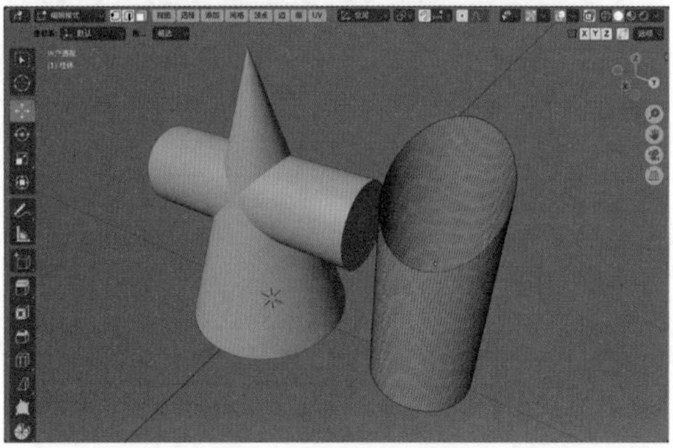

图2-36

13 选择如图2-37所示的边线，按F键，右击并在弹出的快捷菜单中执行“从边创建面”命令，如图2-38所示，即可将柱体缺失的面补上，如图2-39所示。

## 技巧与提示

按住option（macOS）/Alt（Windows）键，单击任意一条边线，则可以快速选择该边线所在的循环边线。

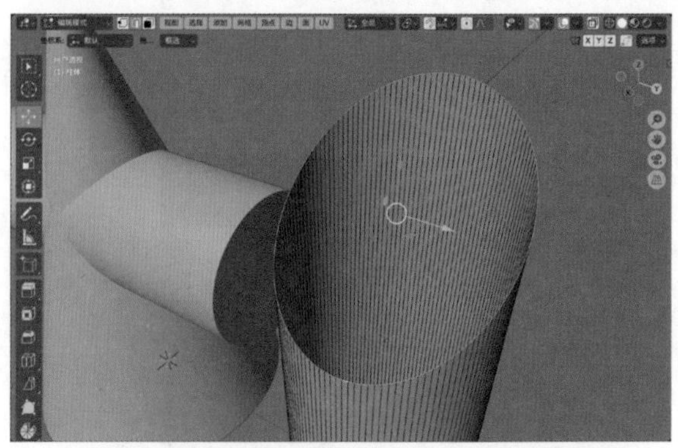

图2-37

图2-38

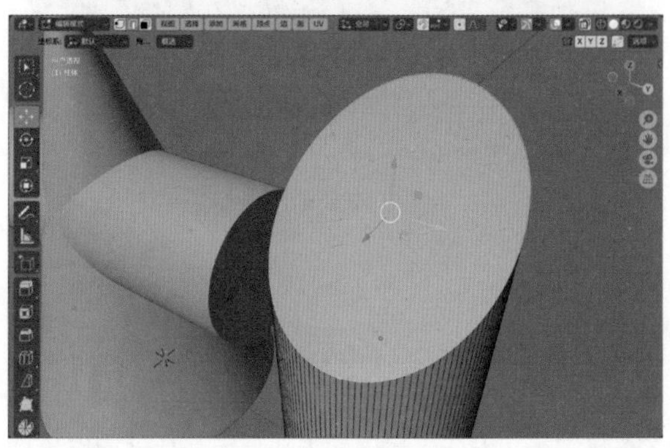

图2-39

14 退出“编辑模式”，在“大纲视图”面板中，将柱体模型的名称更改为“斜柱石膏”，如图2-40所示。

图2-40

15 本实例最终制作完成的模型效果如图2-41所示。

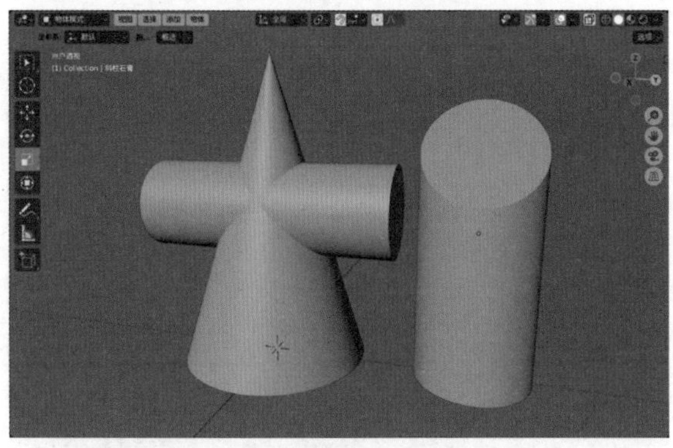

图2-41

### 技巧与提示

有关材质、灯光方面的设置读者可以阅读本书相关章节进行学习。

## 2.3 编辑网格

对场景中的模型进行编辑时，需要由默认的“物体模式”切换至“编辑模式”，在“编辑模式”中，我们不但可以清楚地看到构成模型的边线结构，还可以使用各种各样的建模工具。这些建模工具被集成在视图左侧的工具栏中，如图2-42所示。

图2-42

### 工具解析

- 挤出选区：将所选择的面进行挤出。
- 沿法向挤出：对所选择的面沿法线方向进行挤出。该按钮与“挤出选区”按钮叠加在一起。
- 挤出各面：对所选择的面沿面的朝向分别进行挤出。该按钮与“挤出选区”按钮叠加在一起。
- 挤出至光标：对所选择的面沿光标的位置进行挤出。该按钮与“挤出选区”按钮叠加在一起。
- 内插面：在所选择的面内插入一个新的面。
- 倒角：对所选择的面的边缘处进行倒角圆滑处理。
- 环切：对模型进行环形切割。
- 偏移环切边：对所选边线进行偏移处理。该按钮与“环切”按钮叠加在一起。
- 切割：对模型的面进行切割。
- 切分：对模型的面进行切分。该按钮与“切割”按钮叠加在一起。
- 多边形建形：通过调整网格顶点来修改模型的形态。
- 旋绕：对所选择的顶点进行旋转挤出而生成模型。
- 旋绕复制：对所选择的面进行复制并旋转其角度。该按钮与“旋绕”按钮叠加在一起。
- 光滑：光滑所选择顶点的边角。
- 随机：对所选择的顶点进行随机移动。该按钮与“光滑”按钮叠加在一起。
- 滑移边线：对选择的边线进行滑移。
- 顶点滑移：对选择的顶点进行滑移。该按钮与“滑移边线”按钮叠加在一起。
- 法向缩放：沿法向缩放选中的顶点。
- 推/拉：对选择的顶点进行推/拉操作。该按钮与“法向缩放”按钮叠加在一起。
- 切变：沿给定轴剪切选定项目。
- 球形化：对所选择的顶点进行移动，并使其最终形成为球形。该按钮与“切变”按钮叠加在一起。
- 断离区域：对模型的面进行断离计算。
- 断离边线：对模型的边线进行断离计算。该按钮与“断离区域”按钮叠加在一起。

### 2.3.1 实例：制作花瓶模型

本实例使用立方体模型制作一个花瓶模型。图2-43所示为本实例的渲染效果。

01 启动中文版Blender 4.0软件，选择场景中自带的立方体模型，如图2-44所示。

图2-43

图2-43（续）

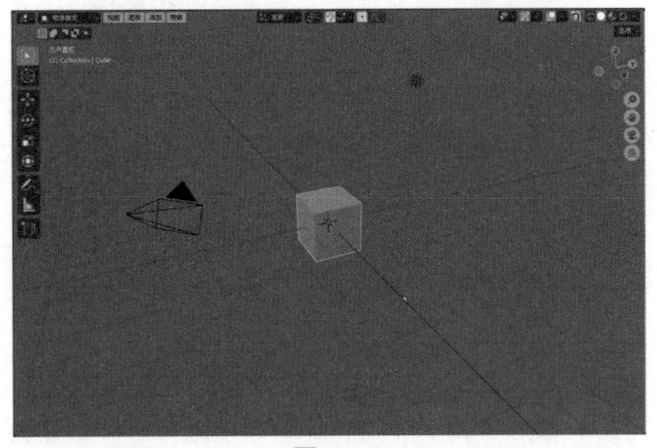

图2-44

**02** 按Tab键，进入“编辑模式”，选择如图2-45所示的点。

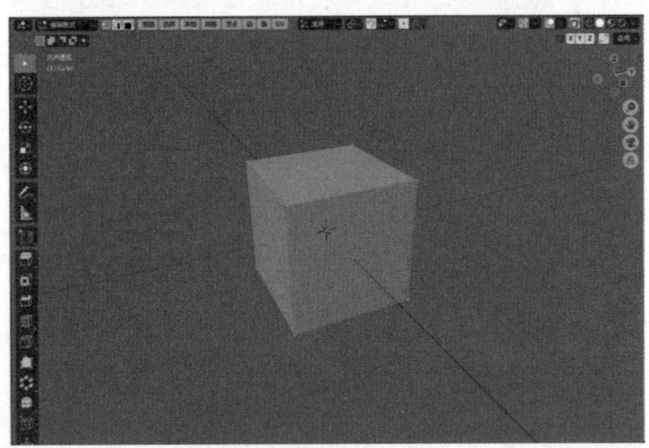

图2-45

**03** 按M键，在弹出的“合并”菜单中执行“到中心”命令，如图2-46所示。

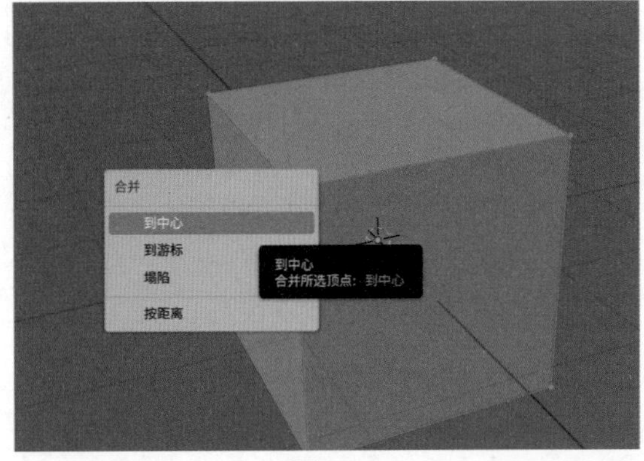


图2-46

**04** 这样，立方体模型就变成了一个顶点，如图2-47所示。

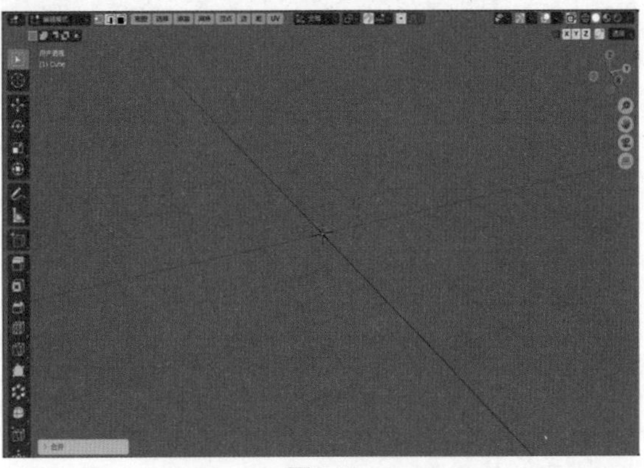

图2-47

**05** 在“正交前视图”中，选择场景中的唯一顶点，多次按E键，对顶点进行“挤出”操作，并调整顶点的位置至图2-48所示。制作出花瓶的剖面效果。

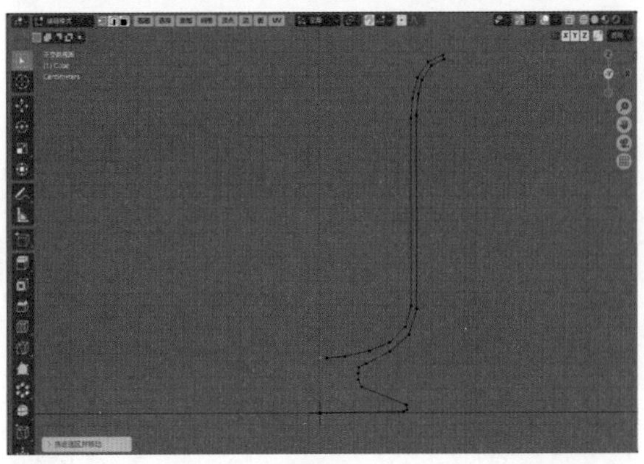

图2-48

**06** 选择如图2-49所示的两个顶点，使用“环切”工具可以在这两个顶点之间添加新的顶点，如图2-50所示。

**07** 如果这个顶点不需要了，可以选中该顶点，按X键，在弹出的“删除”菜单中执行“融并顶点”命令，如图2-51所示。

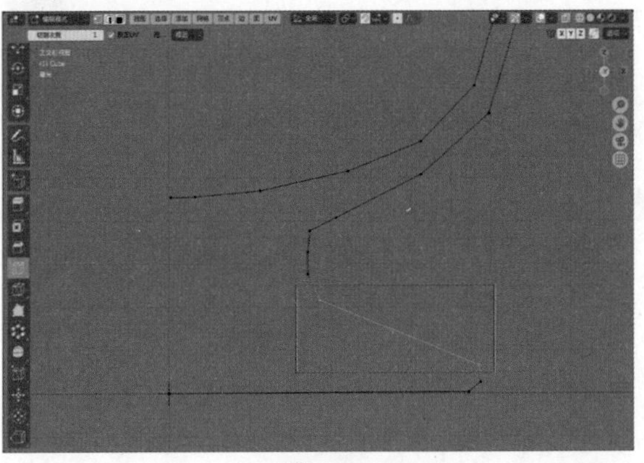

图2-49

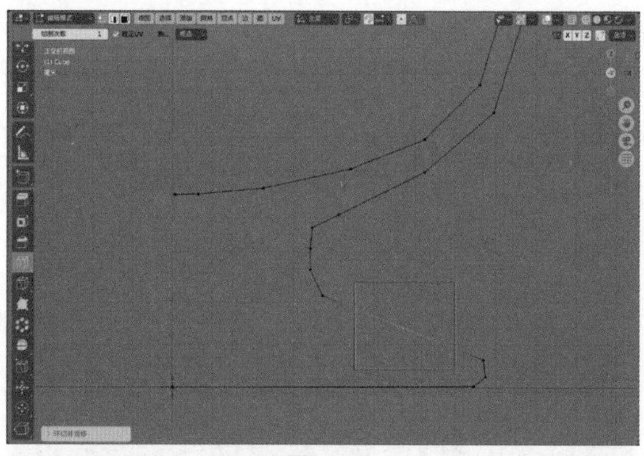
图2-50

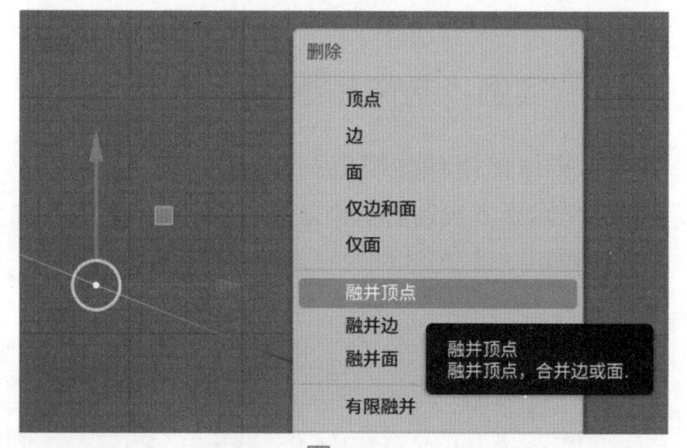

图2-51

### 技巧与提示

选中顶点，按X键，如果在弹出的“删除”菜单中执行“顶点”命令，则会导致边线断开。

08 在“用户透视”视图中，选中所有顶点，如图2-52所示。

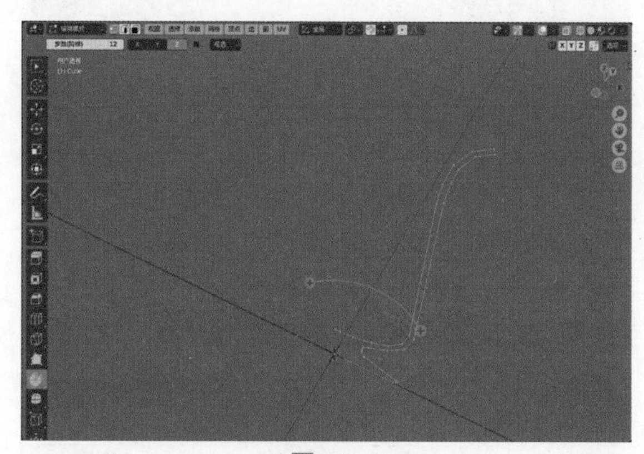
图2-52

09 使用“旋绕”工具制作出如图2-53所示的模型效果。

10 在“旋绕”卷展栏中，设置“步数（阶梯）”为12、“角度”为360°，如图2-54所示。

11 再次按Tab键，退出“编辑模式”，花瓶模型的视图显示结果如图2-55所示。

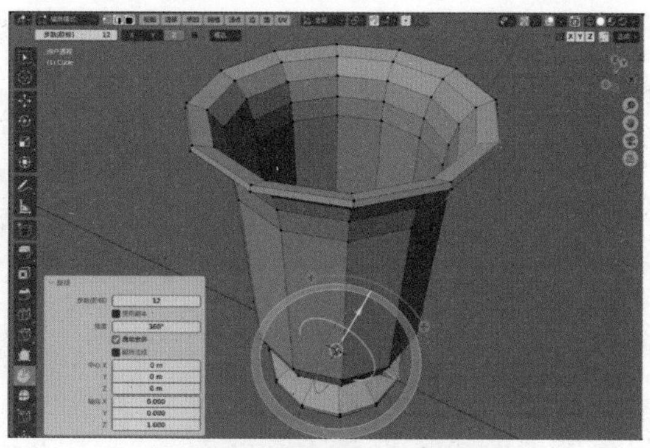
图2-53

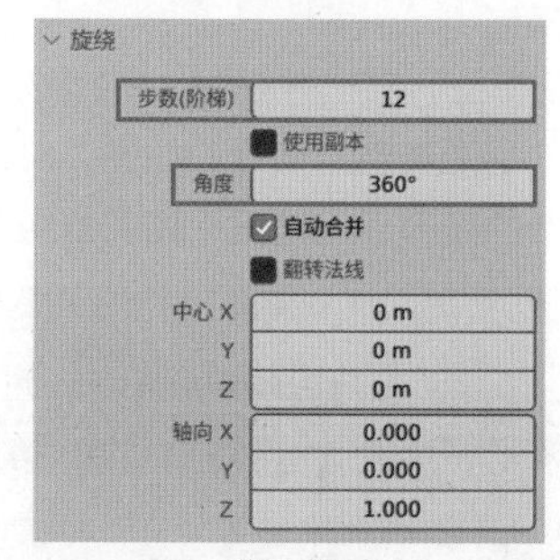

图2-54

图2-55

12 在“修改器”面板中，为花瓶模型添加“多级精度”修改器。在“细分”卷展栏中，单击“细分”按钮两次，如图2-56所示。得到如图2-57所示的模型结果。

图2-56

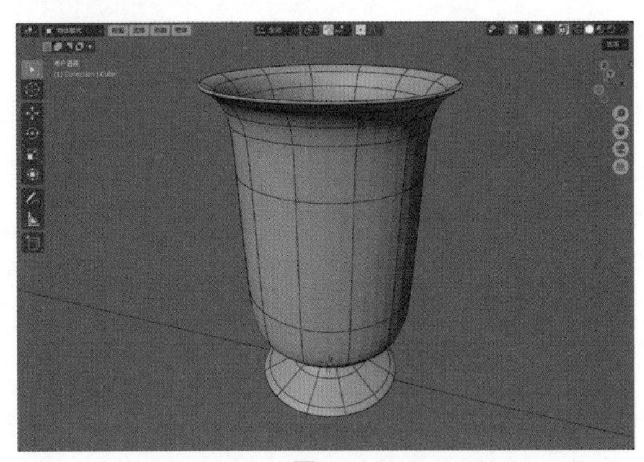

图2-57

13 选择花瓶模型，右击并在弹出的“物体上下文菜单”中执行“平滑着色”命令，如图2-58所示，即可得到更加平滑的模型显示结果，如图2-59所示。

图2-58

图2-59

14 在“添加修改器”面板中，单击“多级精度”修改器后面的下拉按钮，在弹出的下拉列表中执行“应用”命令，如图2-60所示。

图2-60

15 本实例最终制作完成的模型效果如图2-61所示。

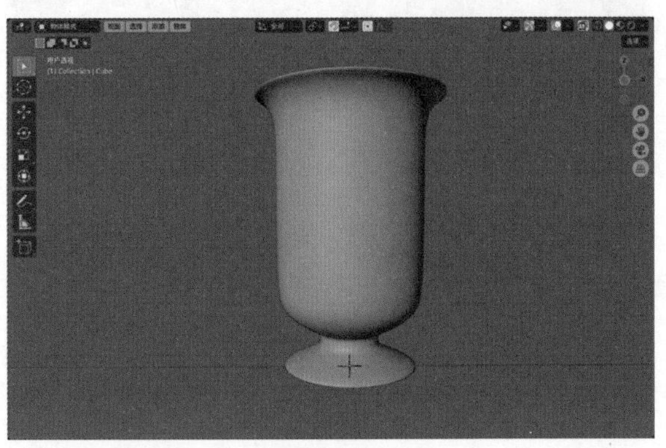

图2-61

## 2.3.2　实例：制作儿童凳模型

本实例使用柱体模型制作一把儿童凳模型。图2-62所示为本实例的渲染效果。

图2-62

01 启动中文版Blender 4.0软件，将场景中自带的立方体模型删除后，执行菜单栏中的“添加”|“网格”|“柱体”命令，如图2-63所示。在场景中创建一个柱体。

图2-63

02 在“添加柱体”卷展栏中，设置“顶点”为16、“半径”为0.15m、“深度”为0.04m、“位置Z”为0.24m，如图2-64所示。

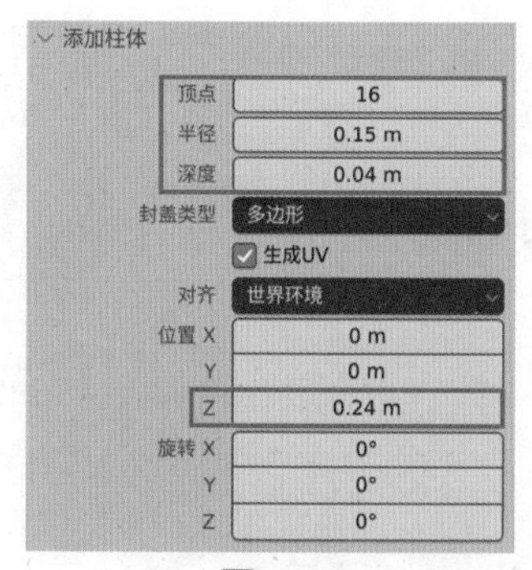


图2-64

03 设置完成后，柱体模型的视图显示结果如图2-65所示。

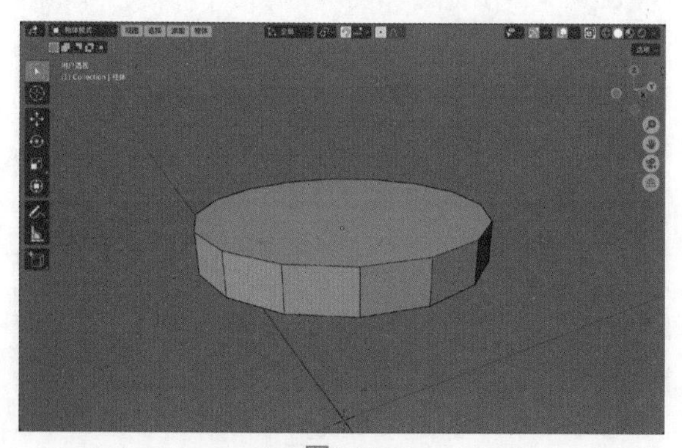

图2-65

04 选择柱体模型，按Tab键，在“编辑模式”中选择如图2-66所示的循环边线，使用“倒角”工具制作出如图2-67所示的模型结果。

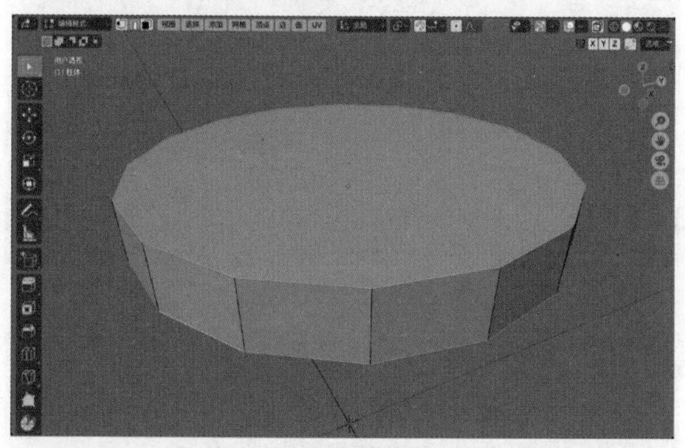

图2-66

图2-67

05 再次按Tab键，退出“编辑模式”，在“添加修改器”面板中，为其添加“表面细分”修改器，设置“视图层级”为2，如图2-68所示。

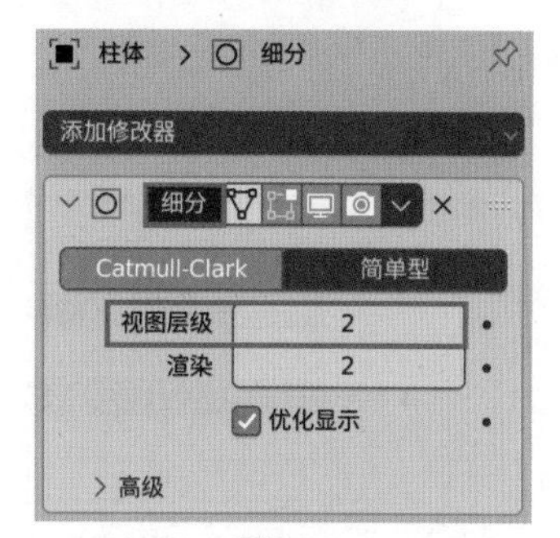


图2-68

## 技巧与提示

“表面细分”修改器在菜单中的名称显示为“表面细分”，添加到模型上后其名称则显示为“细分”。

06 选择柱体模型，右击并在弹出的“物体上下文菜单”中执行“平滑着色”命令，如图2-69所示，即可得到更加平滑的模型显示结果，如图2-70所示。制作出儿童凳的凳面模型。

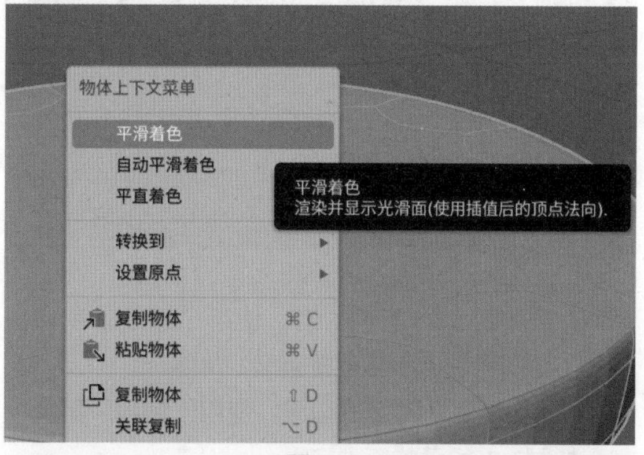


图2-69

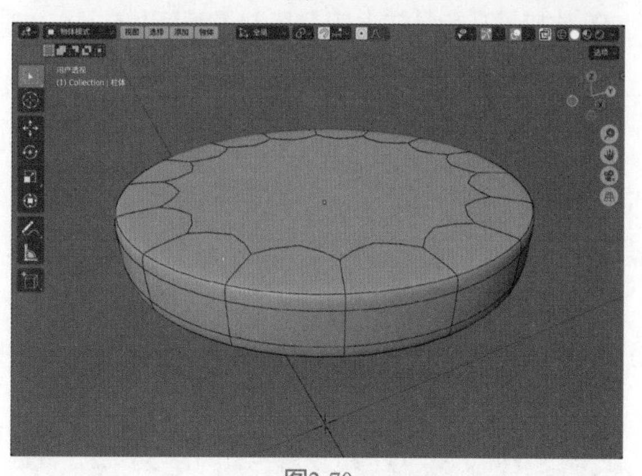

图2-70

07 执行菜单栏中的“添加”｜“网格”｜“柱体”

命令，再次在场景中创建一个柱体模型。在“添加柱体”卷展栏中，设置“顶点”为12、“半径”为0.03m、“深度”为0.22m、“位置Z”为0.11m，如图2-71所示。

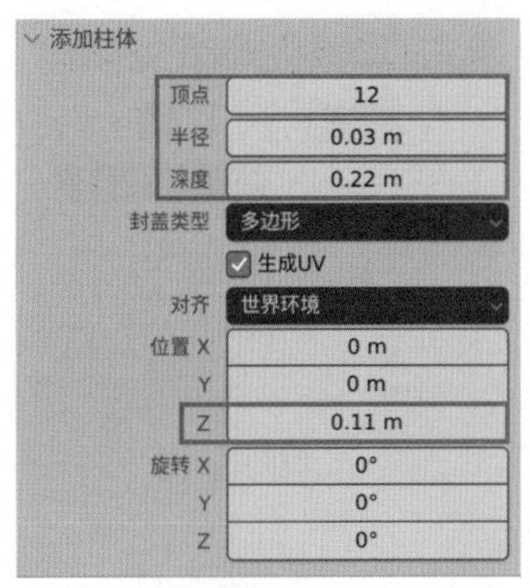


图2-71

08 设置完成后，在“编辑模式”中，移动柱体模型的位置至图2-72所示。我们使用这个柱体来制作儿童凳的凳子腿。

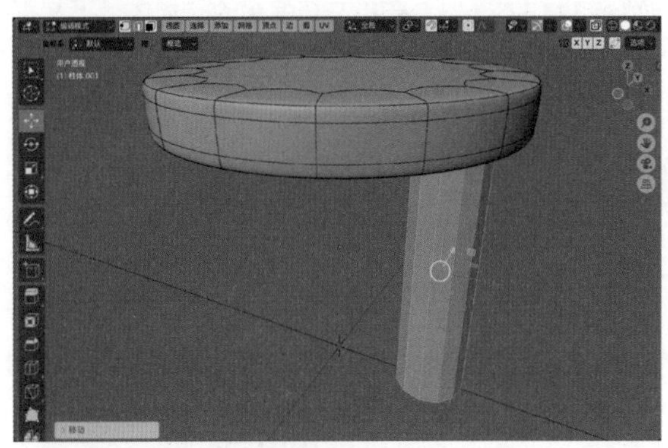

图2-72

09 选择如图2-73所示的面，使用“缩放”和“移动”工具调整其大小和位置至图2-74所示。

10 选择如图2-75所示的边线，使用“倒角”工具制作出如图2-76所示的模型结果。

11 使用“环切”工具为凳子腿模型添加边线，如图2-77所示。

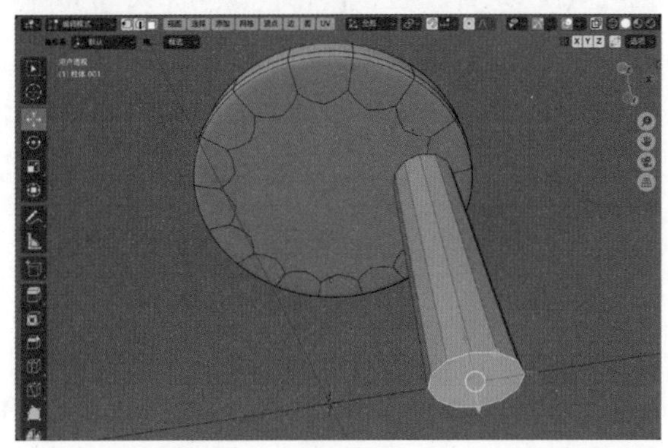

图2-73

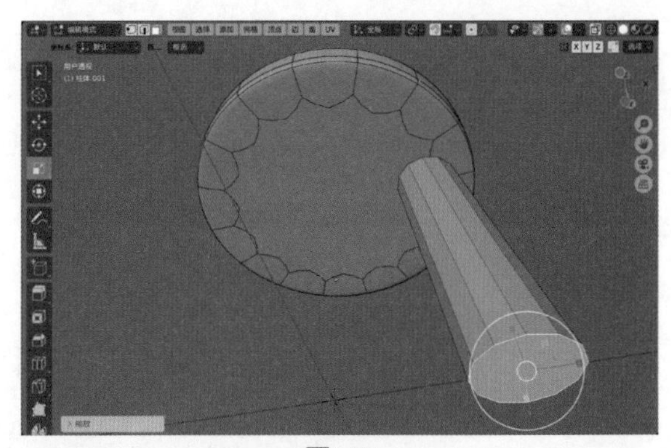

图2-74

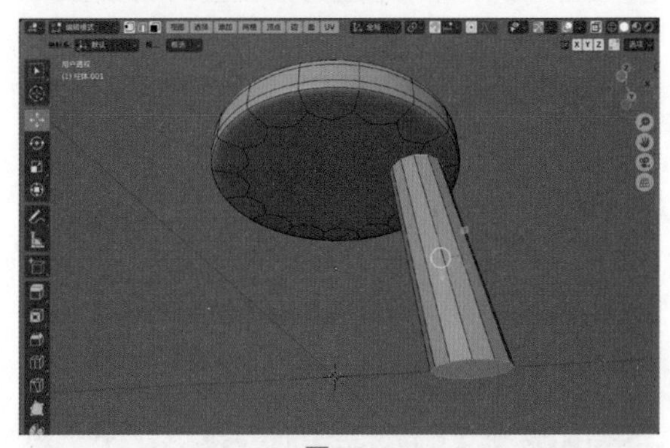

图2-75

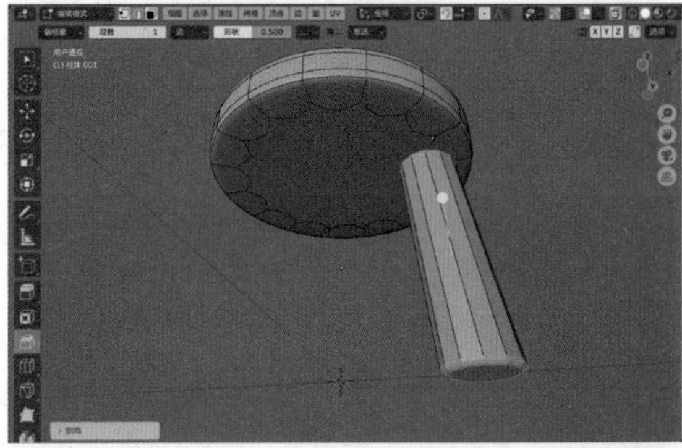

图2-76

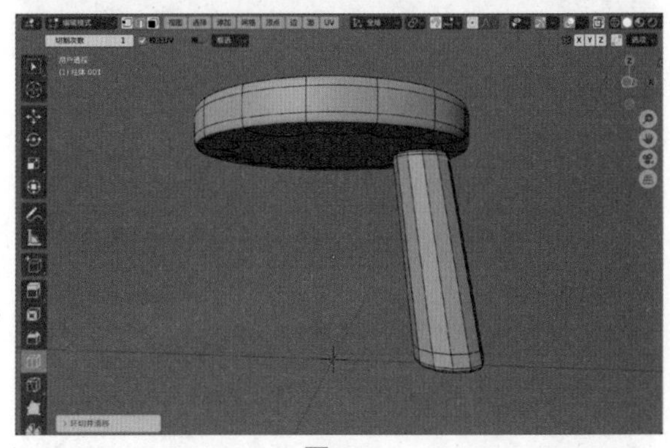

图2-77

12 在“物体模式”中，执行菜单栏中的“添加”|“空物体”|“纯轴”命令，如图2-78所示。在场景中创建一个名称默认为“空物体”的纯轴。

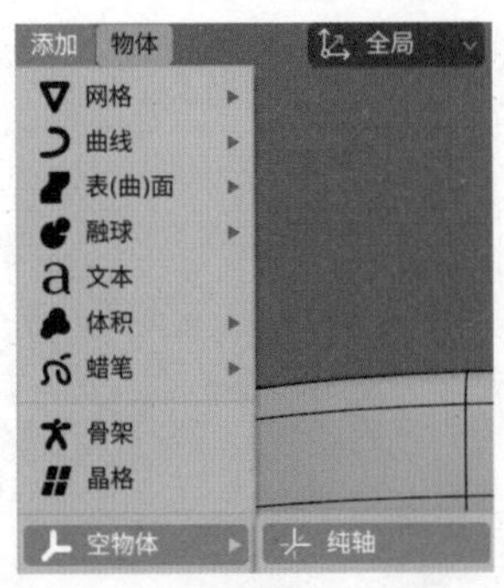


图2-78

13 在“添加空物体”卷展栏中，设置“半径”为0.1m，如图2-79所示。

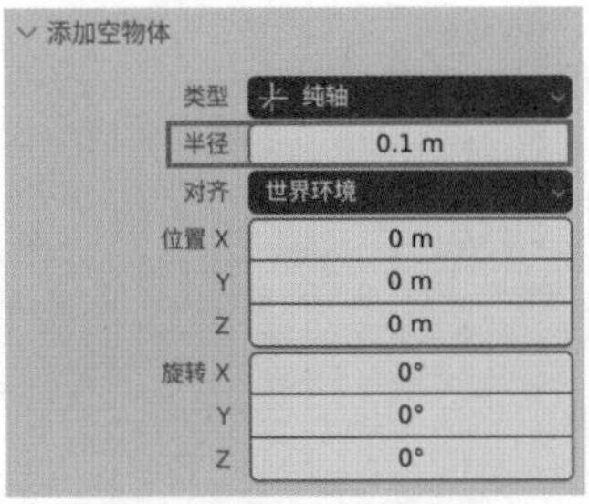

图2-79

14 设置完成后，纯轴的大小如图2-80所示。

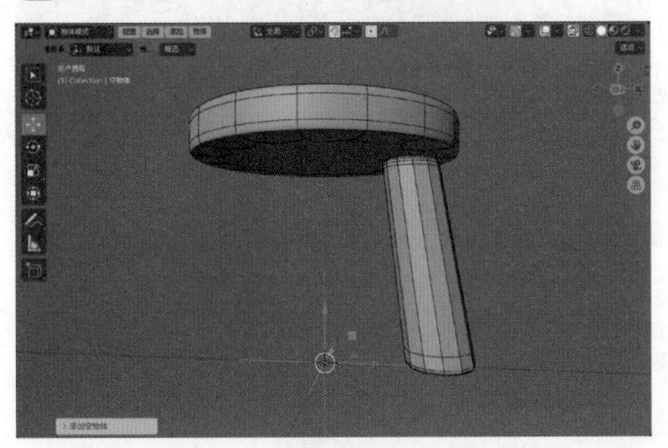

图2-80

15 为凳子腿模型添加“镜像”修改器，设置“轴向”为X和Y、“镜像物体”为“空物体”，如图2-81所示。

图2-81

16 设置完成后，凳子腿模型的视图显示结果如图2-82所示。

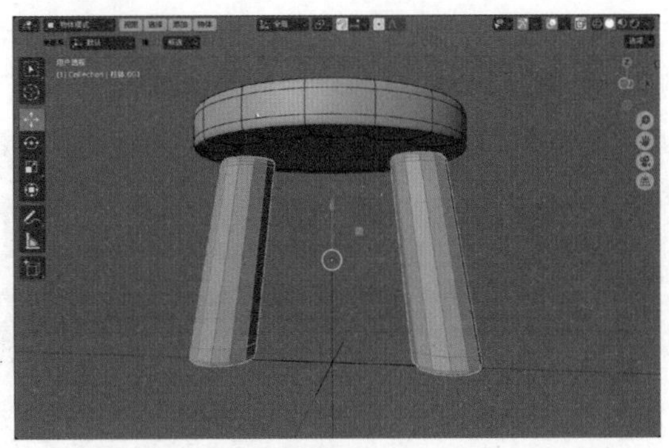

图2-82

17 选择场景中的纯轴，在“旋转”卷展栏中，设置“角度”为45°，如图2-83所示。

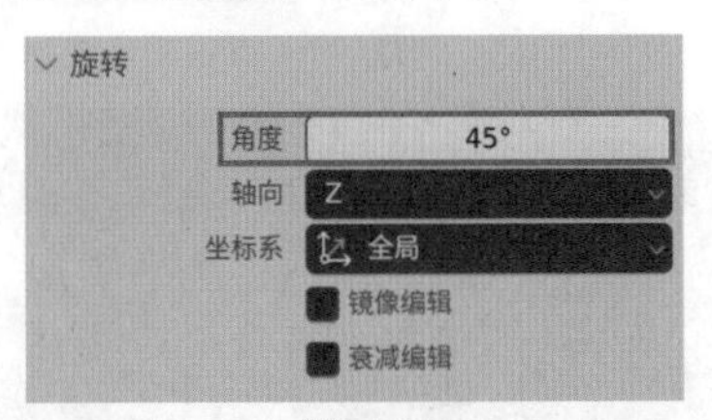


图2-83

18 设置完成后，凳子腿模型的视图显示结果如图2-84所示。

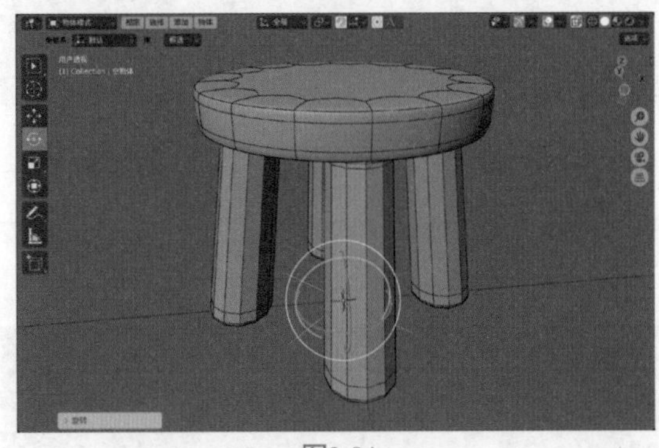

图2-84

19 在“添加修改器”面板中，为凳子腿模型添加“表面细分”修改器，设置“视图层级”为2，如图2-85所示。

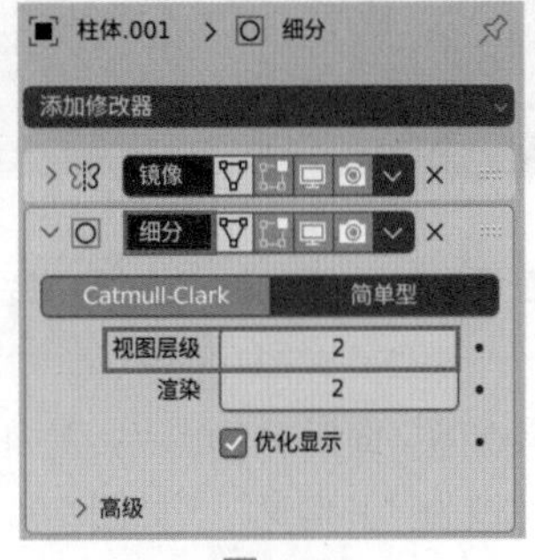


图2-85

⑳ 选择凳子腿模型，右击并在弹出的“物体上下文菜单”中执行“平滑着色”命令，如图2-86所示，即可得到更加平滑的模型显示结果，如图2-87所示。

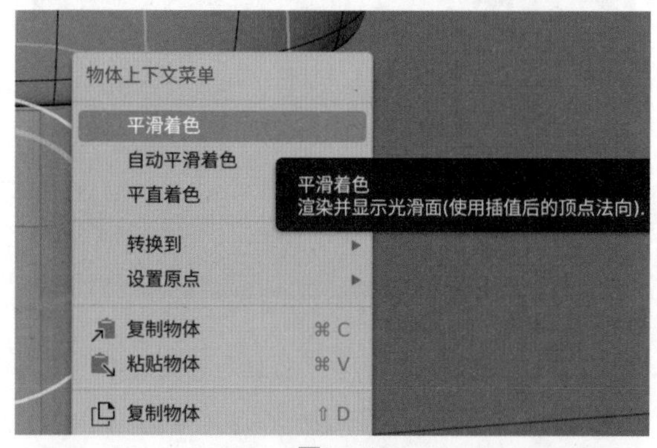


图2-86

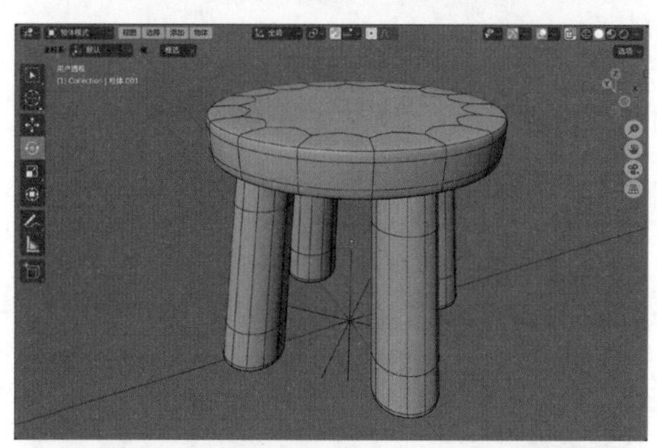

图2-87

㉑ 在“添加修改器”面板中，选择“镜像”修改器，按Ctrl+A组合键，对其进行“应用”操作。再按Shift键，加选凳面模型，如图2-88所示。

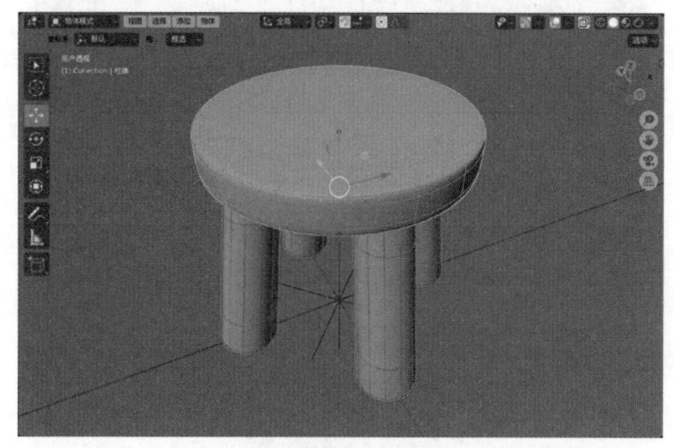

图2-88

㉒ 右击并在弹出的快捷菜单中执行“合并”命令，将其合并为一个模型，如图2-89所示。

㉓ 在“大纲视图”面板中，删除场景中的纯轴，并将模型的名称改为“儿童凳”，如图2-90所示。

㉔ 本实例最终制作完成的模型效果如图2-91所示。

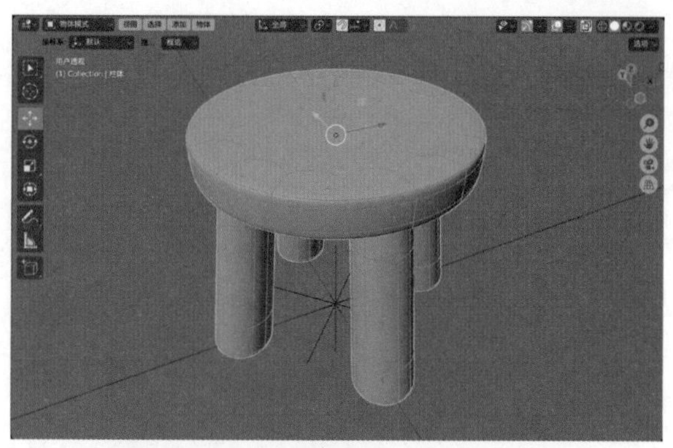

图2-89

图2-90

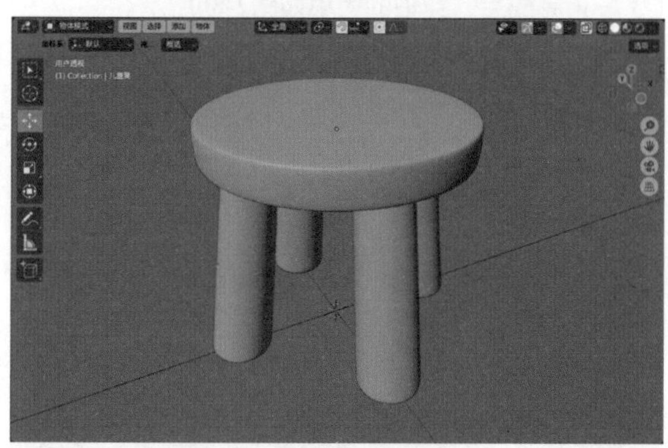

图2-91

### 2.3.3 实例：制作方盘模型

本实例使用立方体模型制作一个方盘模型。图2-92所示为本实例的渲染效果。

图2-92

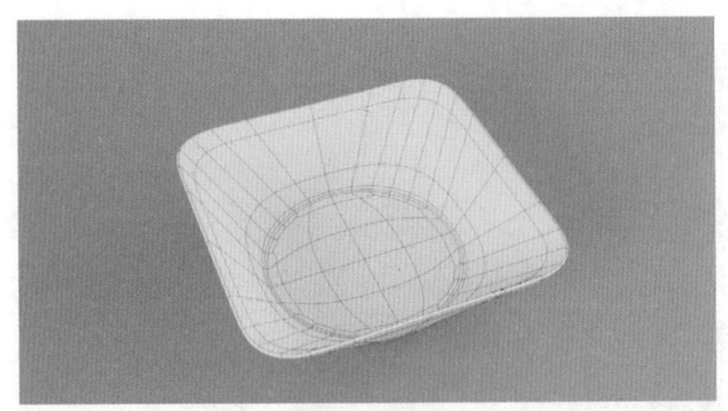

图2-92（续）

**01** 启动中文版Blender 4.0软件，执行菜单栏中的“编辑”｜“偏好设置”命令，如图2-93所示。

编辑　渲染　窗口　帮助
撤销　⌘ Z
重做　⇧ ⌘ Z
重做历史
重复上一步　⇧ R
重复历史...
调整上一步操作...　F9
菜单查找...　F3
重命名活动项...　F2
批量重命名...　⌘ F2
锁定物体模式
偏好设置...　⌘ ,

图2-93

**02** 在“Blender偏好设置”面板中，勾选“网格：LoopTools”插件，如图2-94所示。

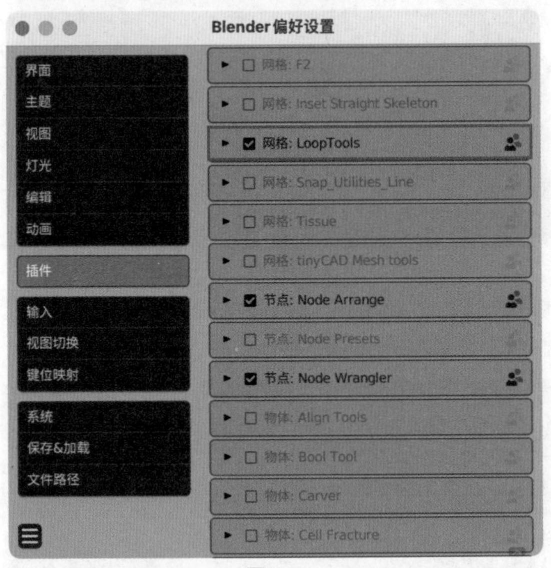


图2-94

## 技巧与提示

“网格：LoopTools”插件是Blender软件自带的插件，需要用户手动勾选才可以启用。

**03** 选择场景中自带的立方体模型，如图2-95所示。

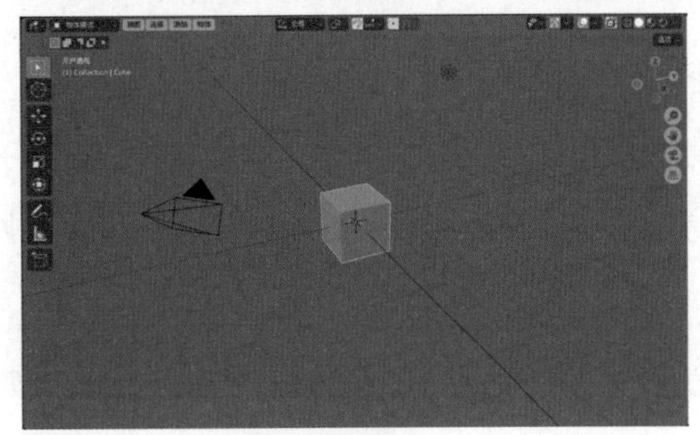

图2-95

**04** 按Tab键，在“编辑模式”中，使用“移动”工具调整立方体模型的形态至图2-96所示。

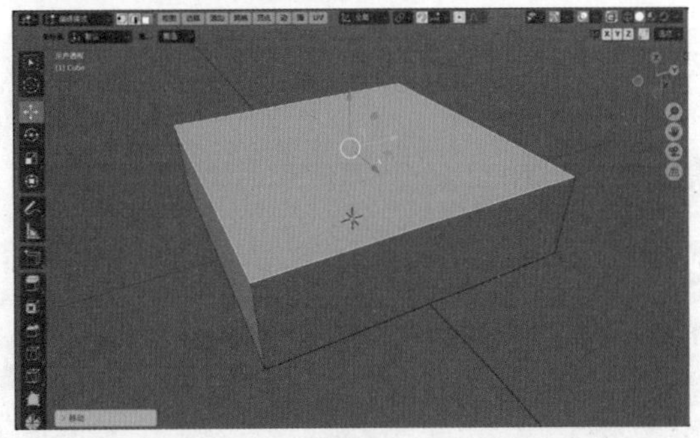

图2-96

**05** 使用“环切”工具为立方体模型添加边线，如图2-97所示。

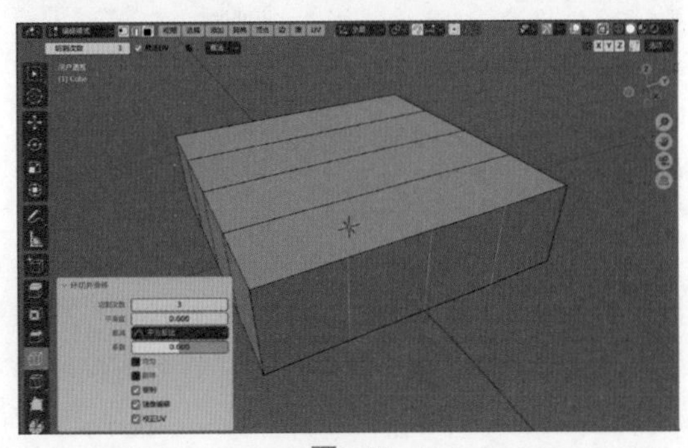

图2-97

**06** 选择如图2-98所示的边线，使用“倒角”工具制作出如图2-99所示的模型结果。

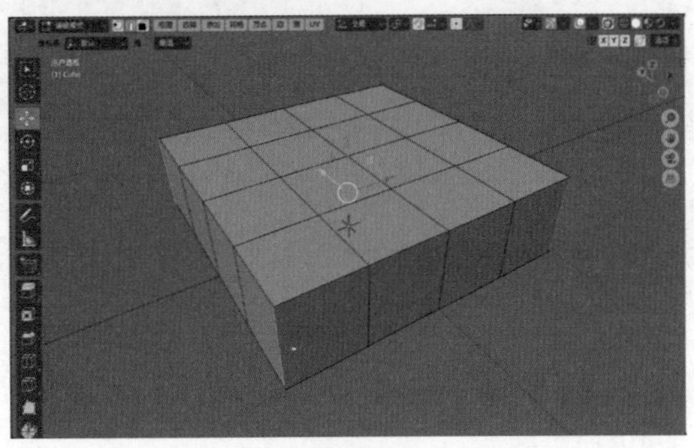

图2-98

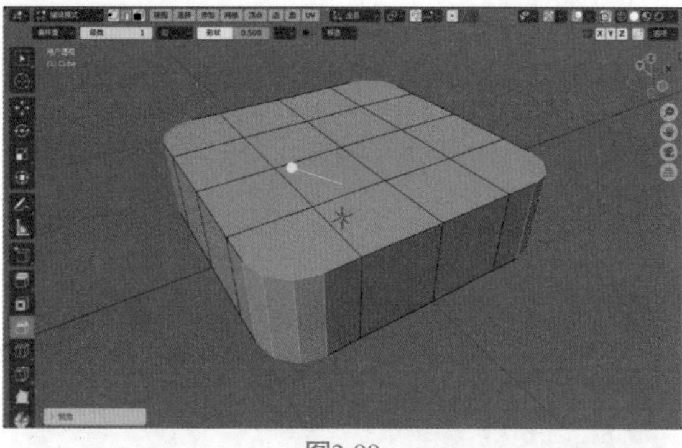

图2-99

07 选择如图2-100所示的面，右击并在弹出的快捷菜单中执行LoopTools｜“圆环”命令，如图2-101所示，得到如图2-102所示的模型结果。

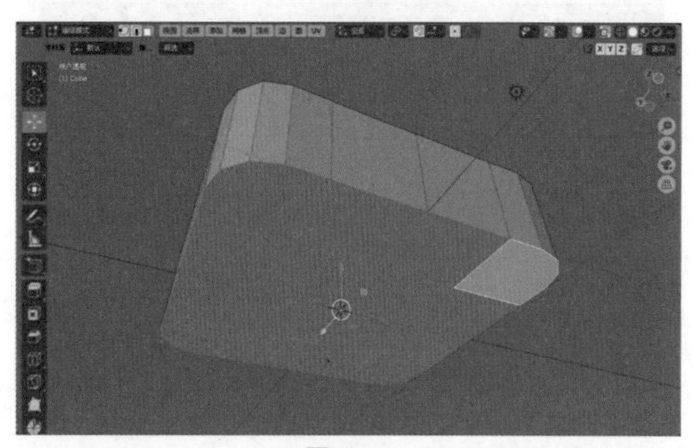

图2-100

图2-101

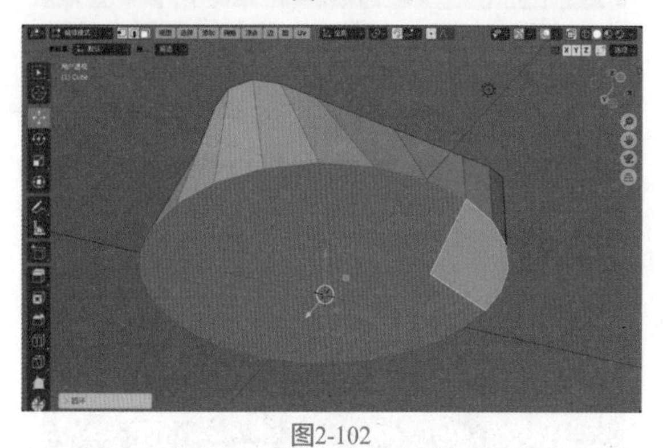

图2-102

08 使用“缩放”工具调整所选择面的大小至图2-103所示。

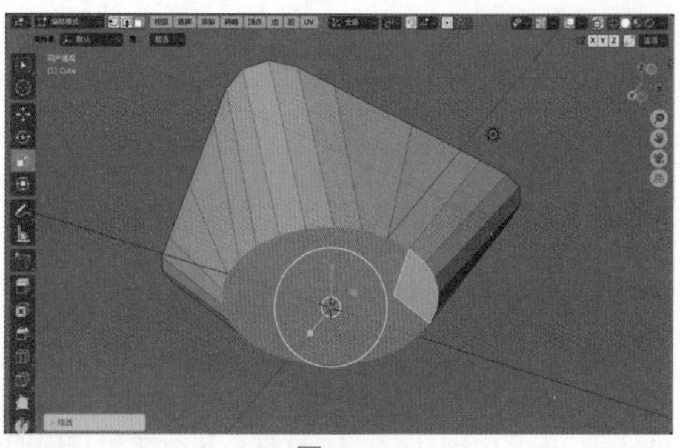

图2-103

09 选择如图2-104所示的面，将其删除，得到如图2-105所示的模型结果。

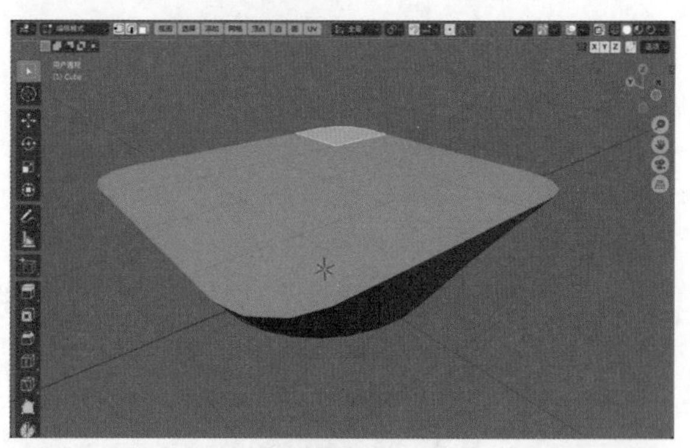

图2-104

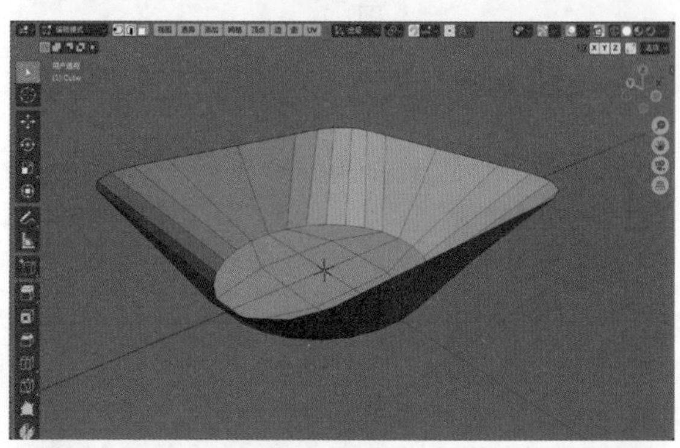

图2-105

10 选择如图2-106所示的边线，使用“倒角”工具制作出如图2-107所示的模型结果。

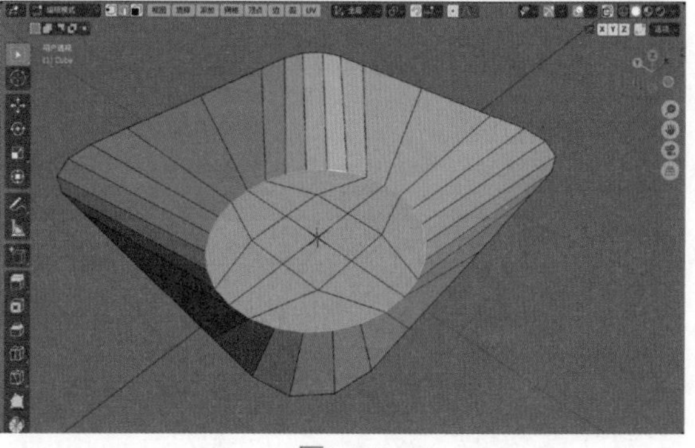

图2-106

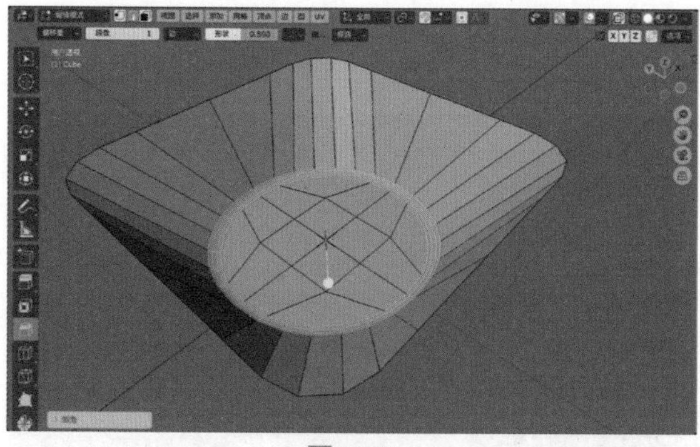

图2-107

⑪ 使用“环切”工具为方盘模型添加边线，如图2-108所示。

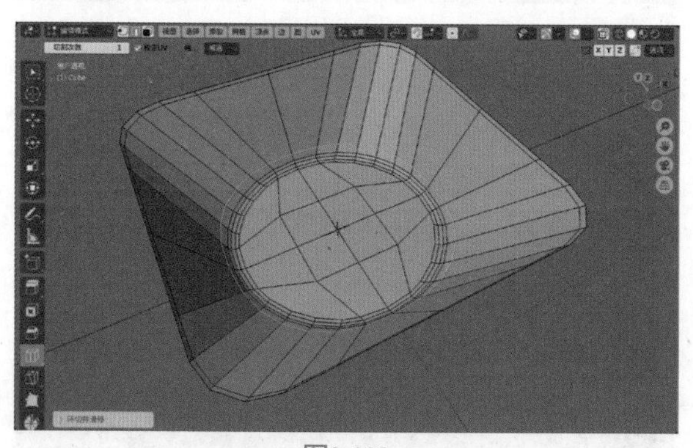

图2-108

⑫ 在“添加修改器”面板中，为方盘模型添加“实体化”修改器，设置“厚（宽）度”为0.03m，如图2-109所示，得到如图2-110所示的模型结果。

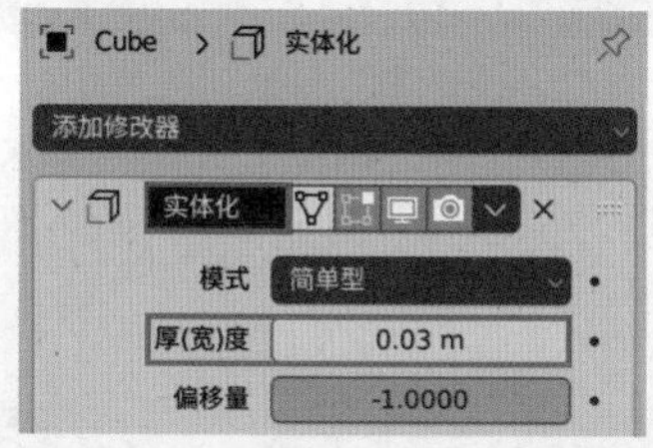


图2-109

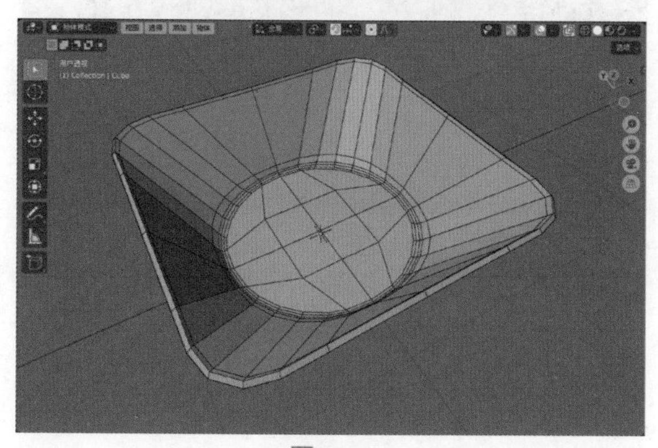

图2-110

⑬ 在“添加修改器”面板中，为方盘模型添加“表面细分”修改器，设置“视图层级”为2，如图2-111所示。得到如图2-112所示的模型结果。

图2-111

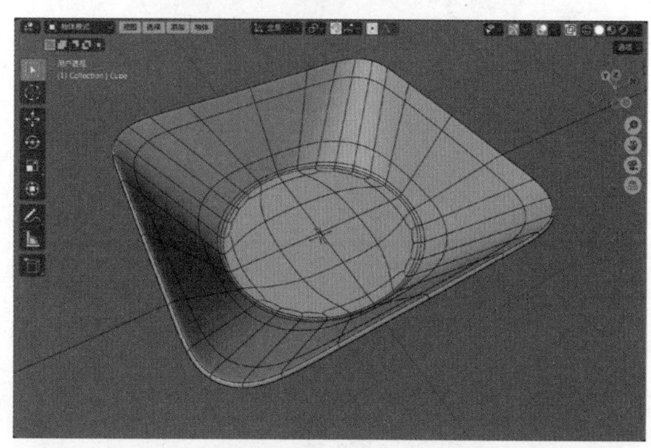

图2-112

⑭ 在“大纲视图”面板中，将模型的名称改为“方盘”，如图2-113所示。

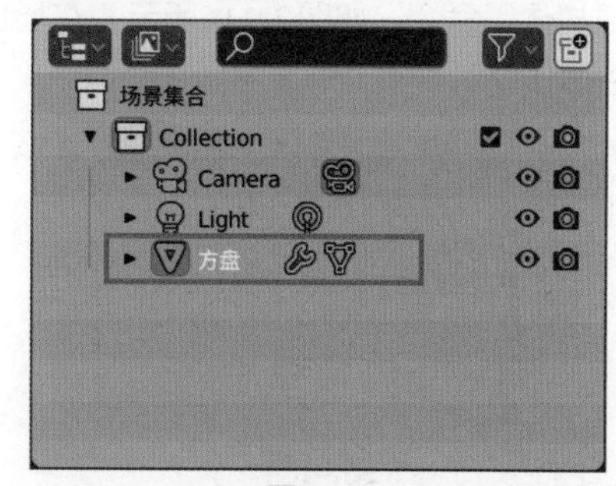


图2-113

⑮ 本实例最终制作完成的模型效果如图2-114所示。

图2-114

## 2.3.4 实例：制作烟灰缸模型

本实例使用柱体模型制作一个烟灰缸模型。图2-115所示为本实例的渲染效果。

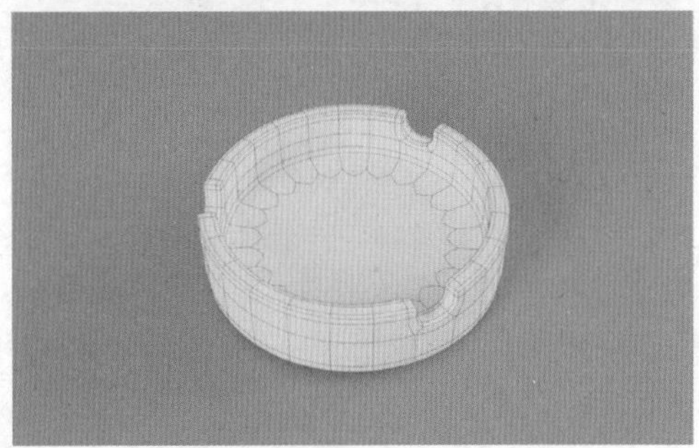

图2-115

01 启动中文版Blender 4.0软件，将场景中自带的立方体模型删除后，执行菜单栏中的“添加”|“网格”|“柱体”命令，如图2-116所示。在场景中创建一个柱体。

图2-116

02 在“添加柱体”卷展栏中，设置“顶点”为24、“半径”为0.035m、“深度”为0.02m、“位置Z”为0.01m，如图2-117所示。

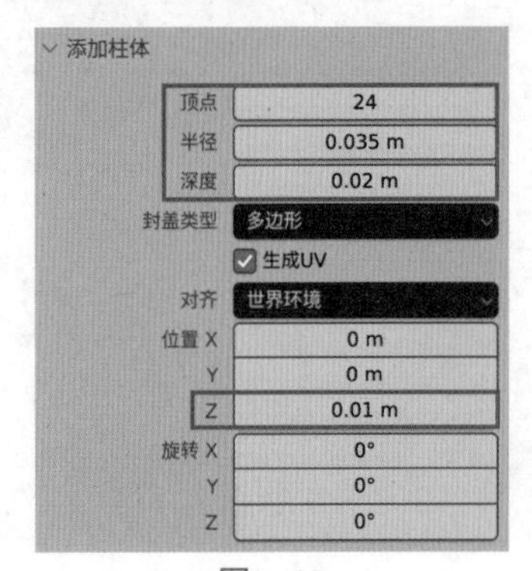


图2-117

03 设置完成后，柱体模型的视图显示结果如图2-118所示。

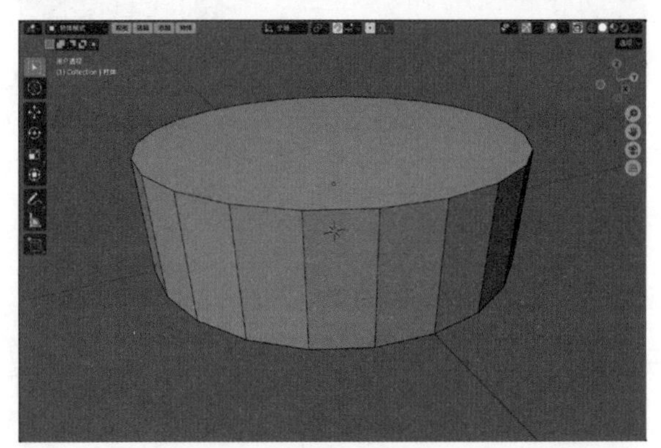

图2-118

04 在“编辑模式”中，选择如图2-119所示的面，使用“内插面”工具制作出如图2-120所示的模型结果。

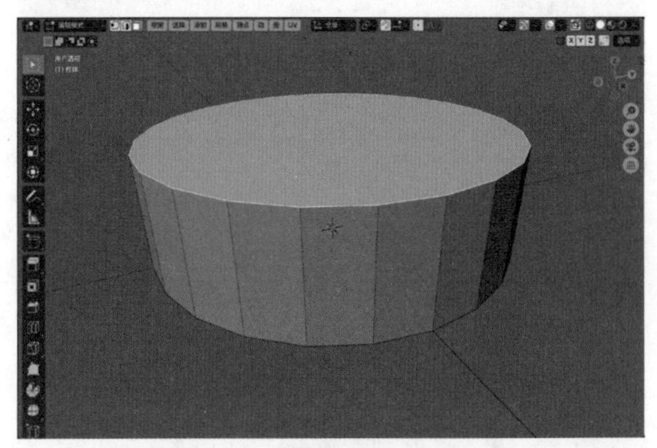

图2-119

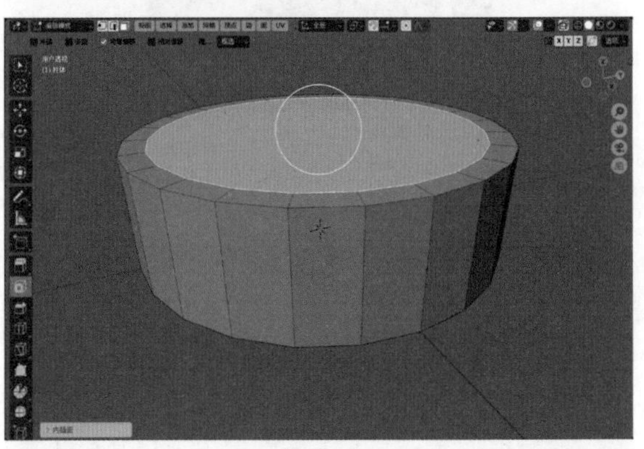

图2-120

05 使用“挤出选区”工具对所选择的面进行挤出，得到如图2-121所示的模型结果。

06 选择如图2-122所示的面，使用“挤出选区”工具对所选择的面进行挤出，得到如图2-123所示的模型结果。

07 在“正交前视图”中，调整烟灰缸模型的高度至图2-124所示。

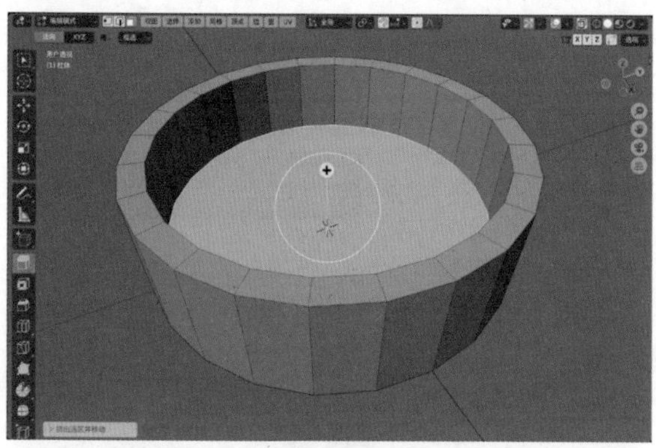

图2-121

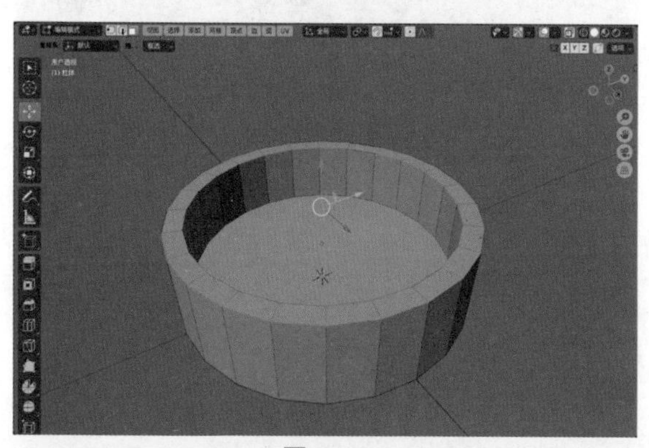

图2-122

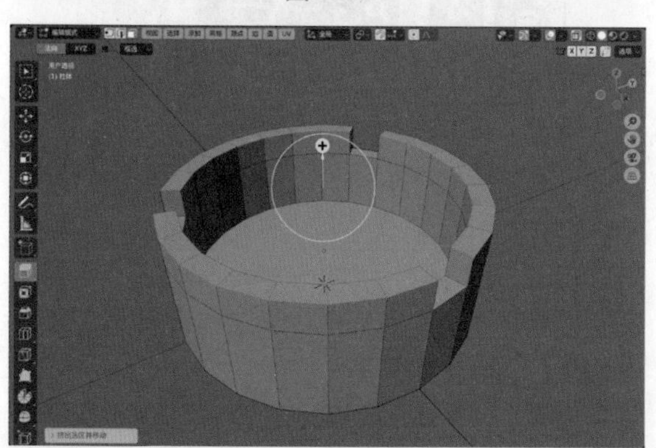

图2-123

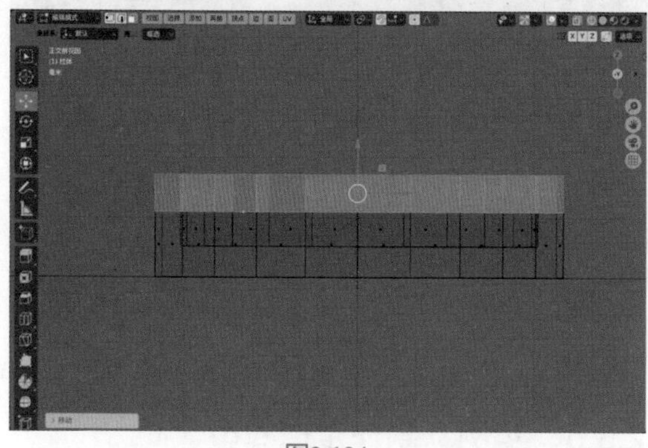

图2-124

08 选择如图2-125所示的边线，使用“倒角”工具制作出如图2-126所示的模型结果。

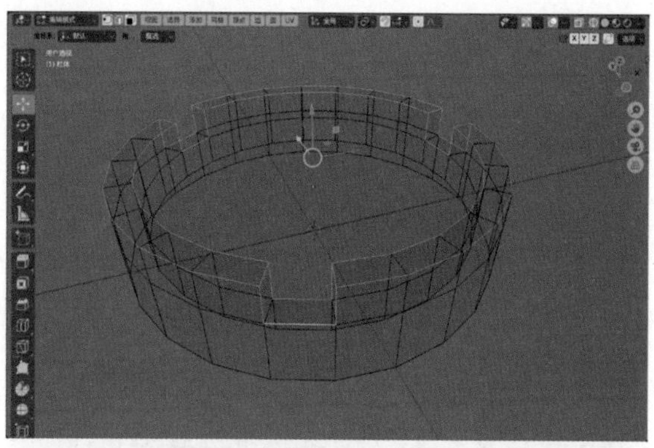

图2-125

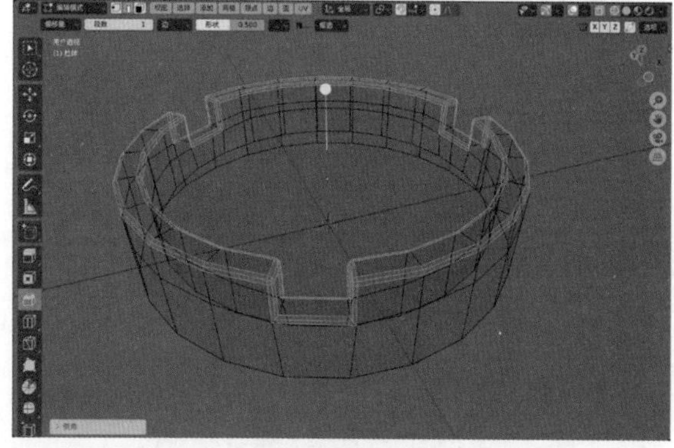

图2-126

09 选择如图2-127所示的边线，使用“倒角”工具制作出如图2-128所示的模型结果。

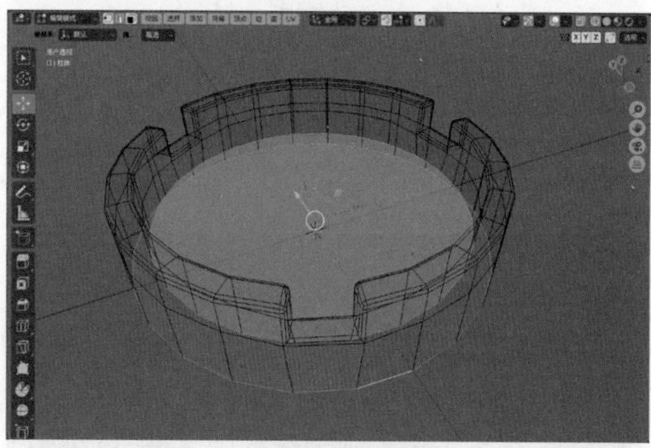

图2-127

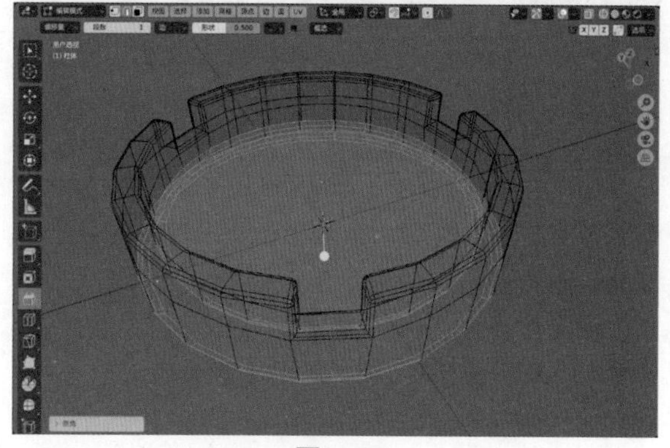

图2-128

10 退出“编辑模式”，烟灰缸模型的视图显示结果如图2-129所示。

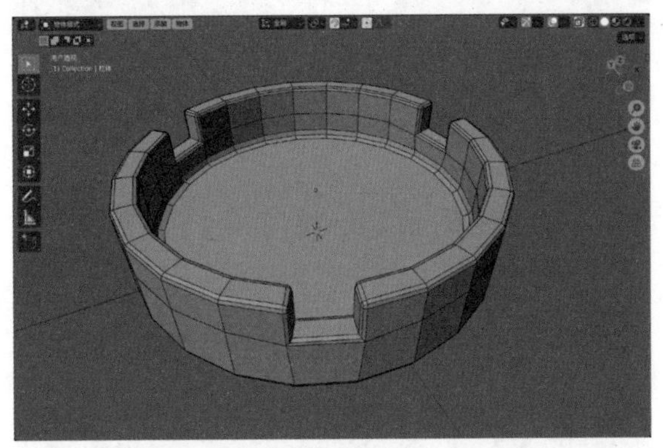

图2-129

11 在“添加修改器”面板中，为烟灰缸模型添加“多级精度”修改器。在“细分”卷展栏中，单击“细分”按钮两次，如图2-130所示。得到如图2-131所示的模型结果。

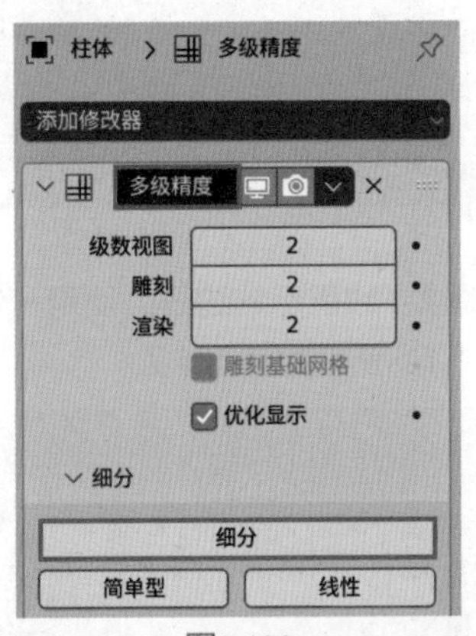


图2-130

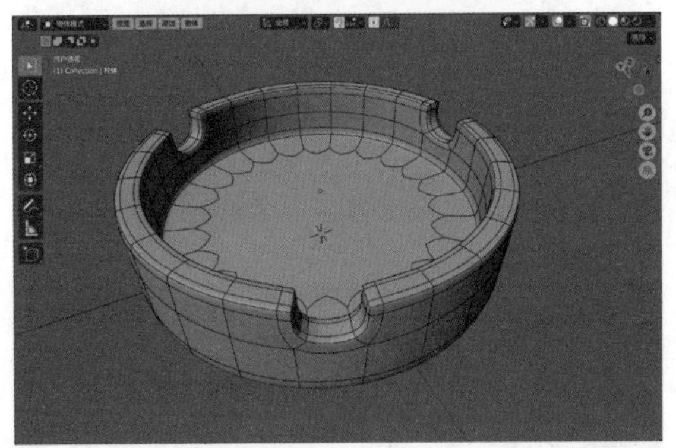

图2-131

12 选择烟灰缸模型，右击并在弹出的“物体上下文菜单”中执行“平滑着色”命令，如图2-132所示，即可得到更加平滑的模型显示结果，如图2-133所示。

13 在“大纲视图”面板中，将模型的名称改为“烟灰缸”，如图2-134所示。

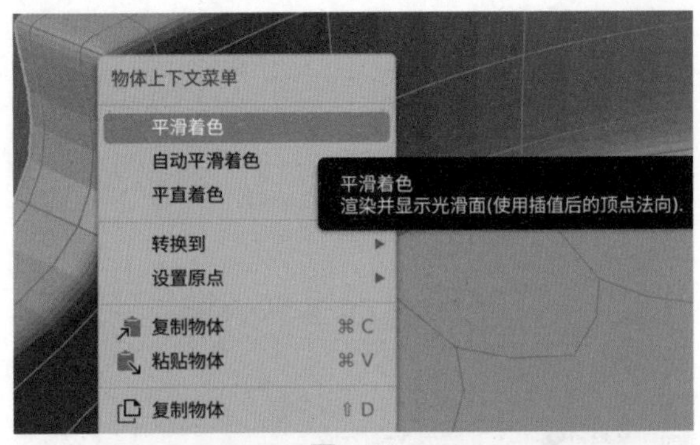


图2-132

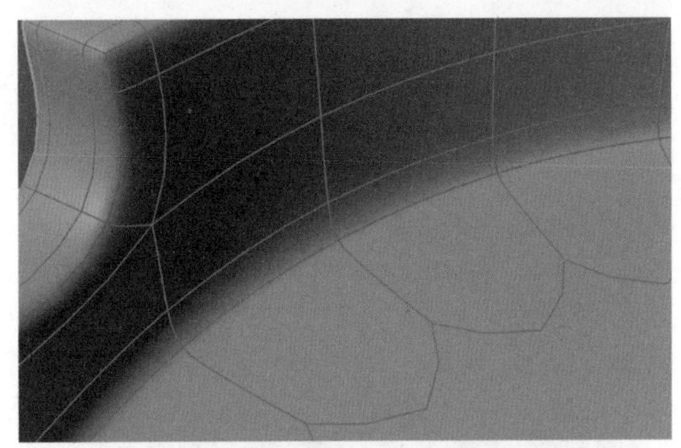

图2-133

图2-134

14 本实例最终制作完成的模型效果如图2-135所示。

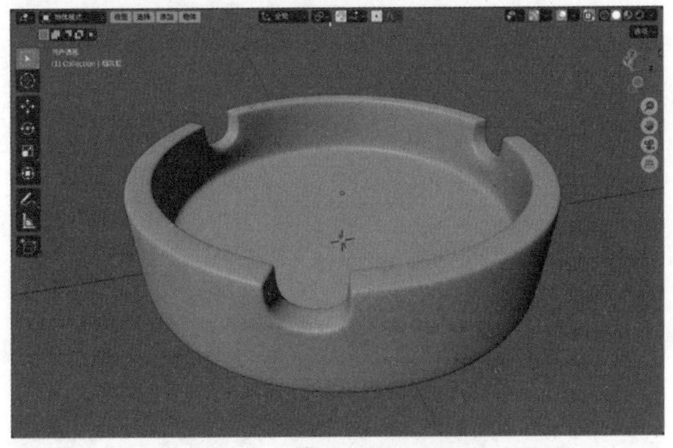

图2-135

## 2.3.5 实例：制作足球模型

本实例使用棱角球模型制作一个足球模型。图2-136所示为本实例的渲染效果。

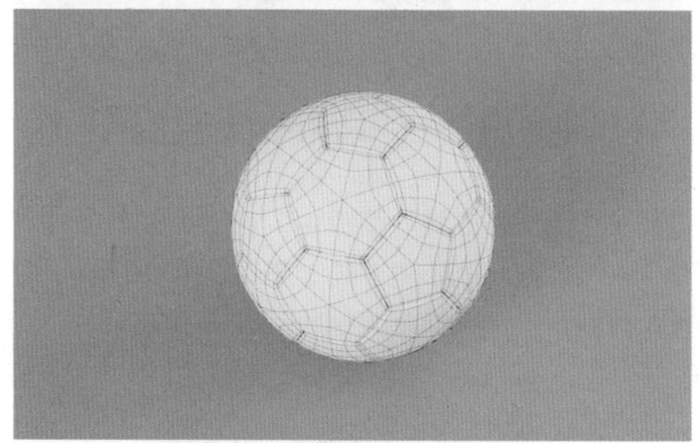

图2-136

01 启动中文版Blender 4.0软件，将场景中自带的立方体模型删除后，执行菜单栏中的“添加”|“网格”|“棱角球”命令，如图2-137所示。在场景中创建一个棱角球。

添加 物体 全局
网格 平面
曲线 立方体
表(曲)面 圆环
融球 经纬球
文本 棱角球

图2-137

02 在“添加棱角球”卷展栏中，设置“细分”为1、“半径”为0.1m，如图2-138所示。

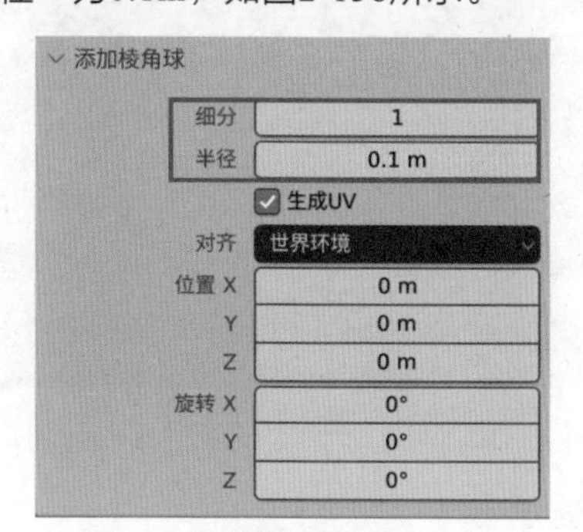


图2-138

03 设置完成后，棱角球的视图显示结果如图2-139所示。

04 在“添加修改器”面板中，为其添加“倒角”修改器，单击“顶点”按钮，设置“宽度类型”为“百分比”、“宽度百分比”为33.33%，如图2-140所示。

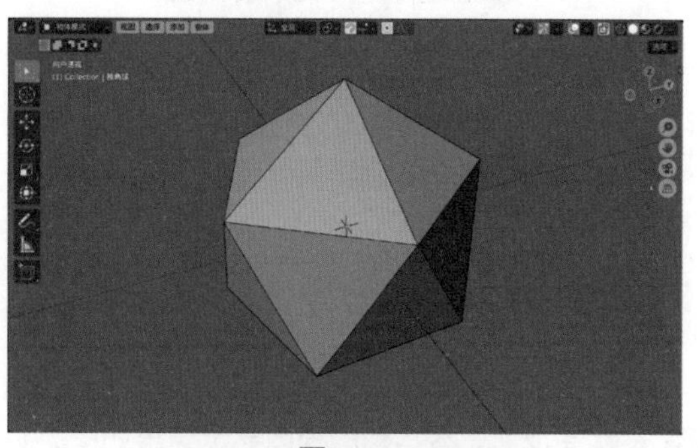

图2-139

图2-140

05 设置完成后，棱角球的视图显示结果如图2-141所示。

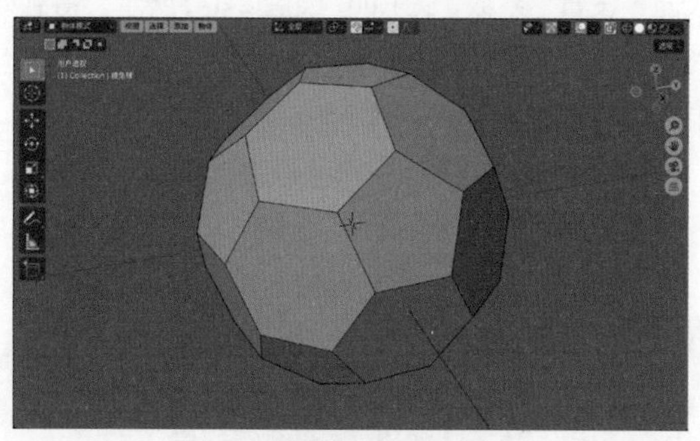

图2-141

06 在“添加修改器”面板中，为其添加“拆边”修改器，如图2-142所示。

图2-142

07 在“添加修改器”面板中，为其添加“表面细分”修改器，并单击“简单型”按钮，设置“视图层级”为2，如图2-143所示。

图2-143

**08** 设置完成后，棱角球的视图显示结果如图2-144所示。

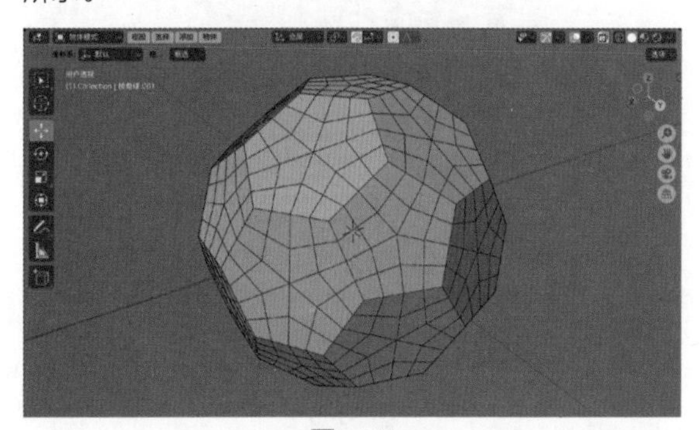

图2-144

**09** 在“添加修改器”面板中，为其添加“铸型”修改器，设置“系数”为1.00，如图2-145所示，得到如图2-146所示的模型结果。

图2-145

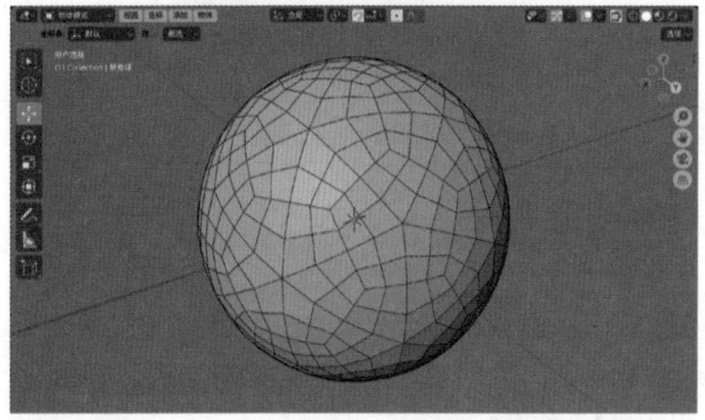

图2-146

**10** 在“添加修改器”面板中，为其添加“实体化”修改器，设置“厚（宽）度”为0.01m，如图2-147所示。

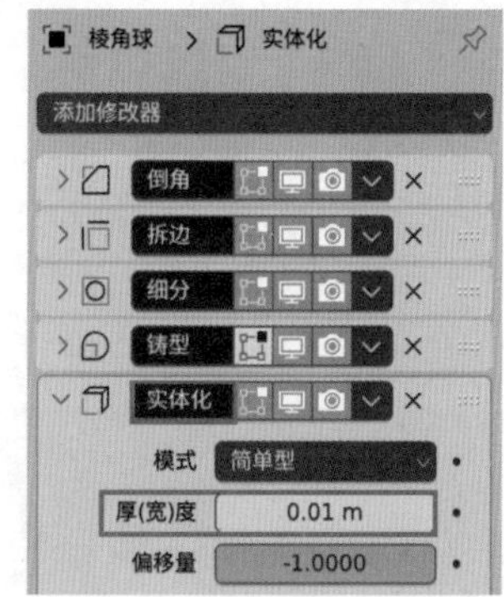


图2-147

**11** 在“添加修改器”面板中，再次为其添加“倒角”修改器，设置“（数）量”为0.001m，如图2-148所示。得到如图2-149所示的模型结果。

图2-148

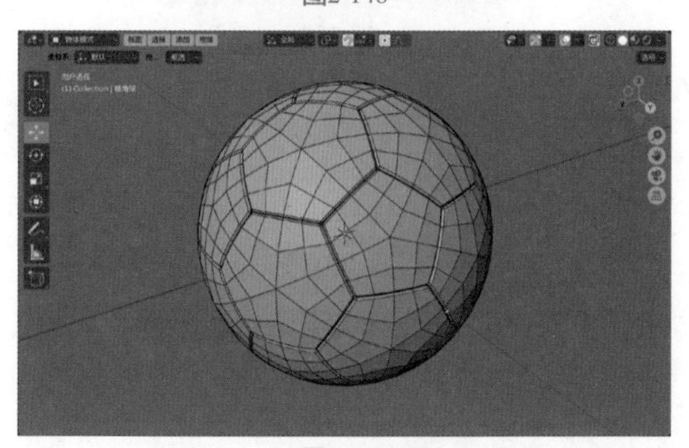

图2-149

## 技巧与提示

因为之前已经添加了一个“倒角”修改器，所以这一次添加的“倒角”修改器，系统会自动重命名为“倒角.001”。

**12** 在“添加修改器”面板中，再次为其添加“表面细分”修改器，设置“视图层级”为2，如图2-150所示。

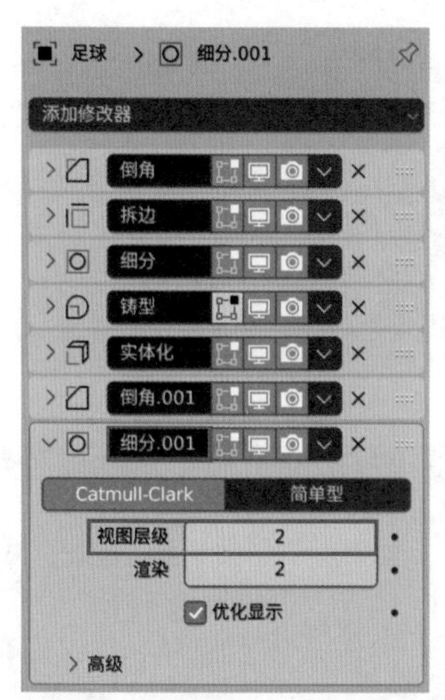


图2-150

13 选择足球模型，右击并在弹出的“物体上下文菜单”中执行“平滑着色”命令，如图2-151所示，即可得到更加平滑的模型显示结果，如图2-152所示。

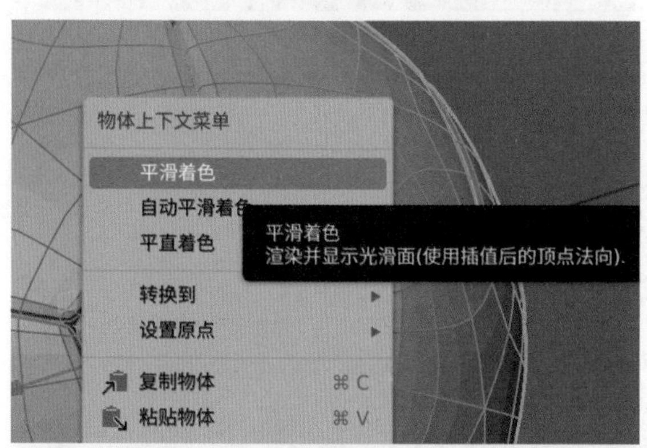


图2-151

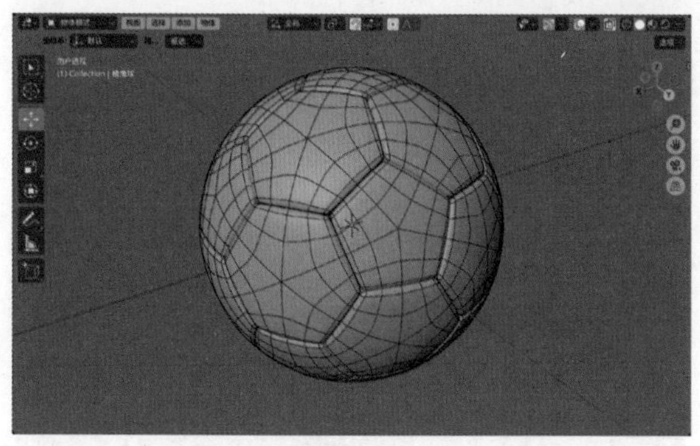

图2-152

14 在“大纲视图”面板中，将模型的名称改为“足球”，如图2-153所示。

15 本实例最终制作完成的模型效果如图2-154所示。

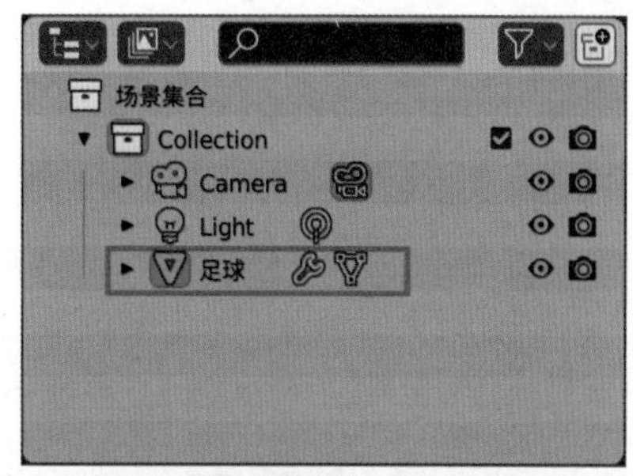


图2-153

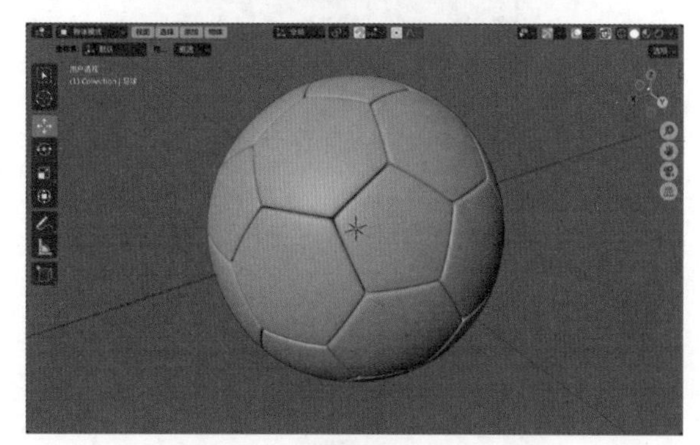

图2-154

## 2.3.6　实例：制作抱枕模型

本实例使用栅格模型制作一个抱枕模型。图2-155所示为本实例的渲染效果。

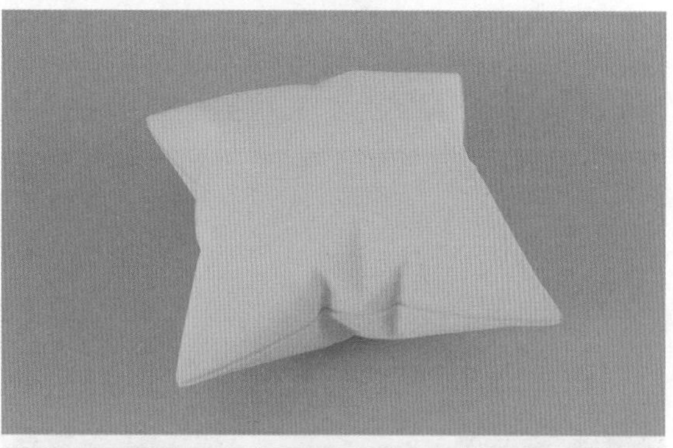

图2-155

01 启动中文版Blender 4.0软件，将场景中自带的立方体模型删除后，执行菜单栏中的“添加”|“网

格”｜“栅格”命令，如图2-156所示。在场景中创建一个栅格。

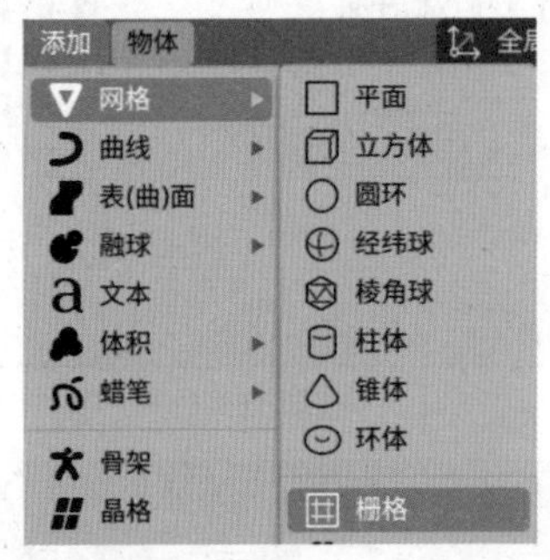


图2-156

02 在“添加栅格”卷展栏中，设置“X向细分”为50、“Y向细分”为50、“尺寸”为0.5m，如图2-157所示。

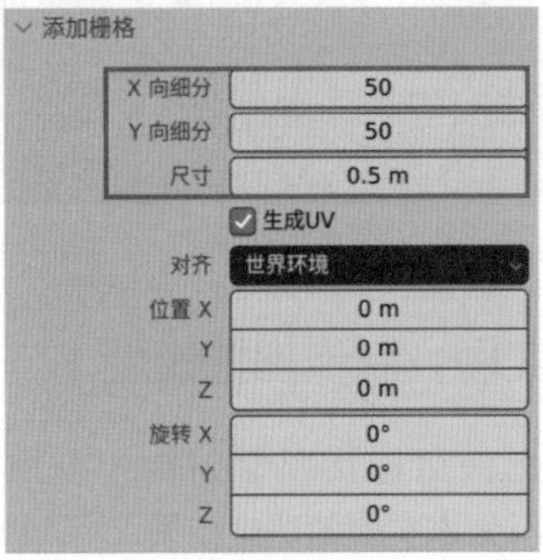

图2-157

03 设置完成后，栅格的视图显示结果如图2-158所示。

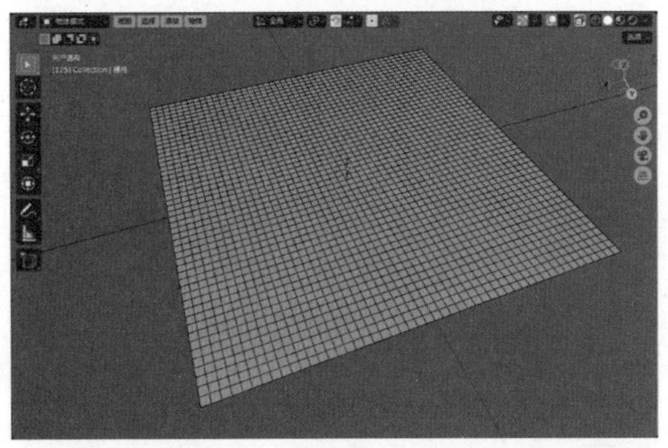

图2-158

04 在“编辑模式”中，选择栅格上的所有面，如图2-159所示。

05 使用“挤出选区”工具对其进行挤出，得到如图2-160所示的模型结果。

06 选择如图2-161所示的边线，使用“缩放”工具调整其位置至图2-162所示。

07 退出“编辑模式”后，在“栅格”面板中，单击“布料”按钮，将其设置为布料，如图2-163所示。

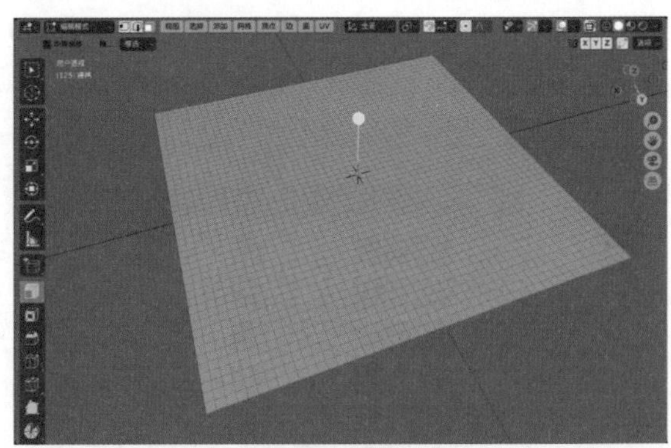

图2-159

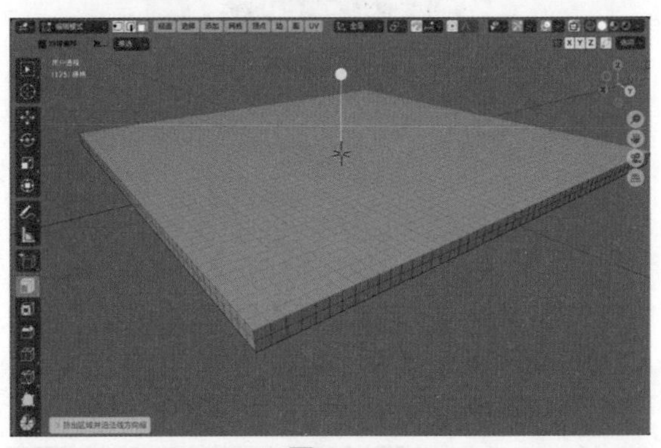

图2-160

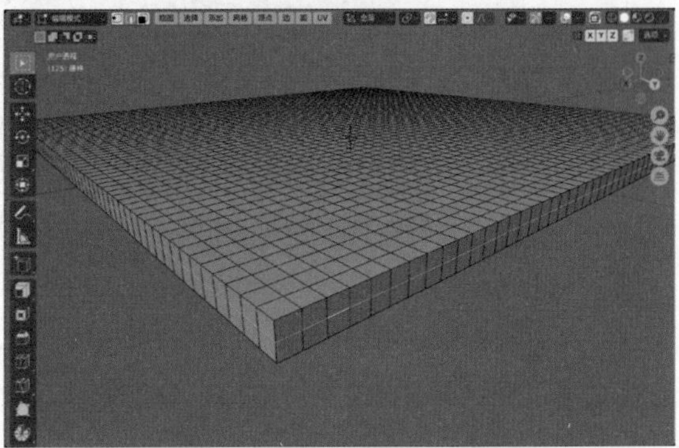

图2-161

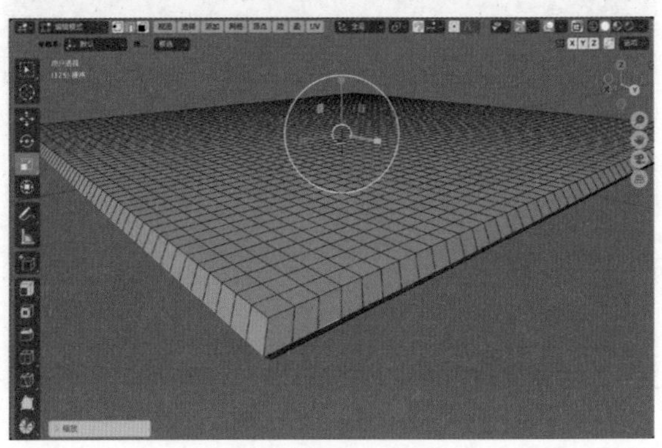

图2-162

08 在“物理”面板中，勾选“压力”复选框，并设置“压力”为3.000。在“力场权重”卷展栏中，设置“重力”为0.000，如图2-164所示。

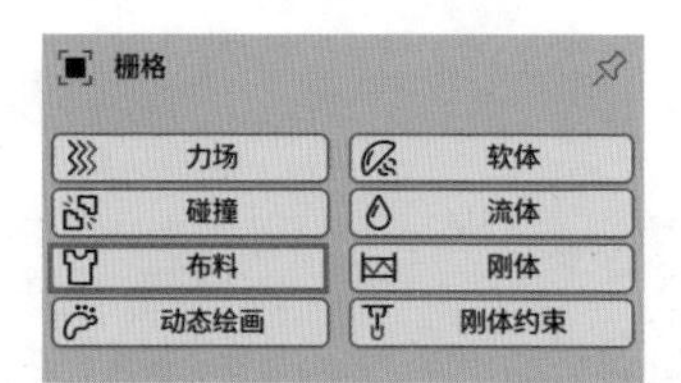


图2-163

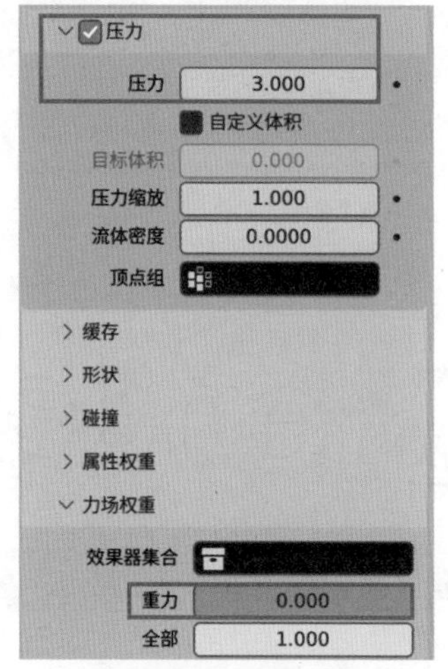


图2-164

09 设置完成后，播放场景动画，模拟出来的抱枕模型结果如图2-165所示。

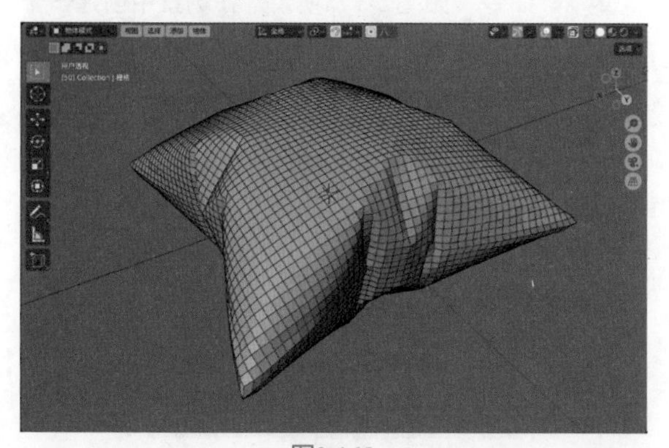

图2-165

10 在“添加修改器”面板中，单击“布料”修改器后面的下拉按钮，在弹出的下拉列表中执行“应用”命令，如图2-166所示。设置完成后，抱枕模型的形状就会保留下来，不再发生改变。

图2-166

11 在“编辑模式”中，选择如图2-167所示的边线。使用“倒角”工具制作出如图2-168所示的模型结果。

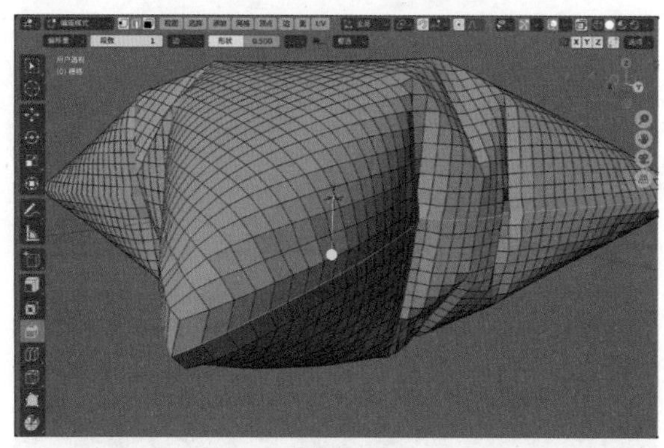

图2-167

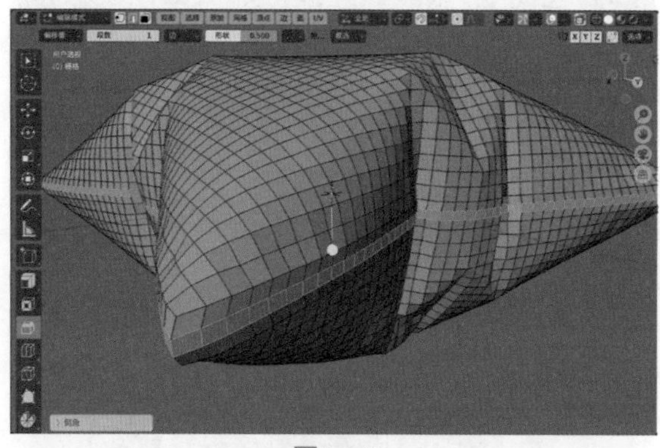

图2-168

12 使用“沿法向挤出”工具对所选择的面进行挤出，得到如图2-169所示的模型结果。

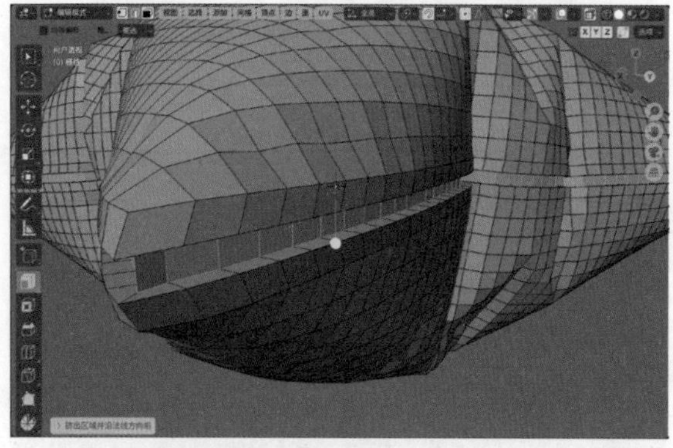

图2-169

13 退出“编辑模式”，在“添加修改器”面板中，为抱枕模型添加“表面细分”修改器，设置“视图层级”为2，如图2-170所示。得到如图2-171所示的模型结果。

14 在“大纲视图”面板中，将模型的名称改为“抱枕”，如图2-172所示。

15 本实例最终制作完成的模型效果如图2-173所示。

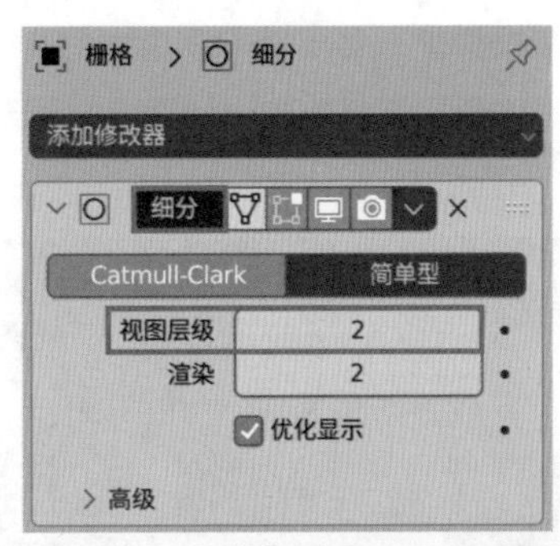


图2-170

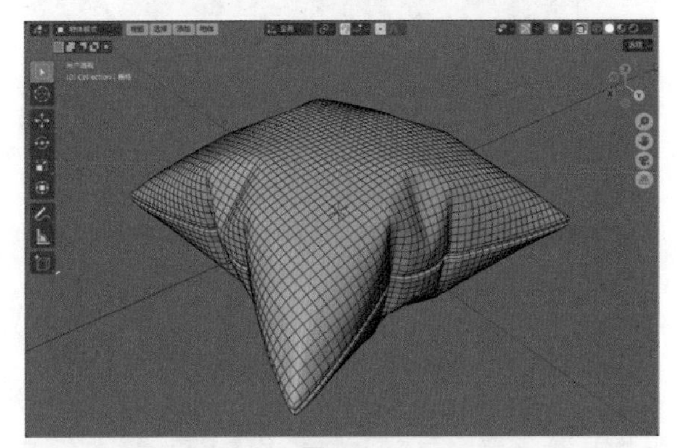

图2-171

图2-172

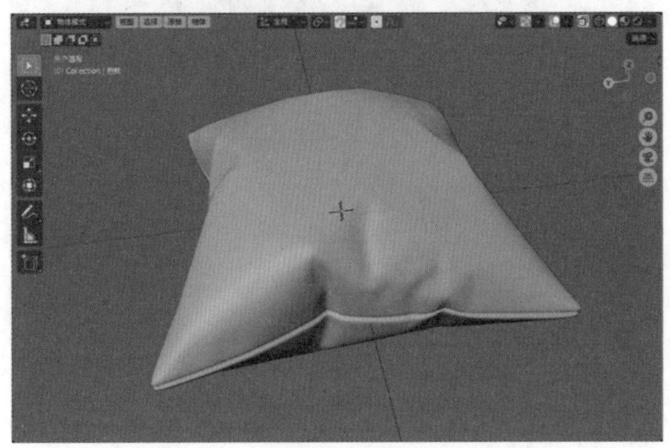

图2-173

## 2.3.7 实例：制作文字模型

本实例使用文本制作一个文字模型。图2-174所示为本实例的渲染效果。

图2-174

01 启动中文版Blender 4.0软件，将场景中自带的立方体模型删除后，执行菜单栏中的“添加”|“文本”命令，如图2-175所示。在场景中创建一个文本。

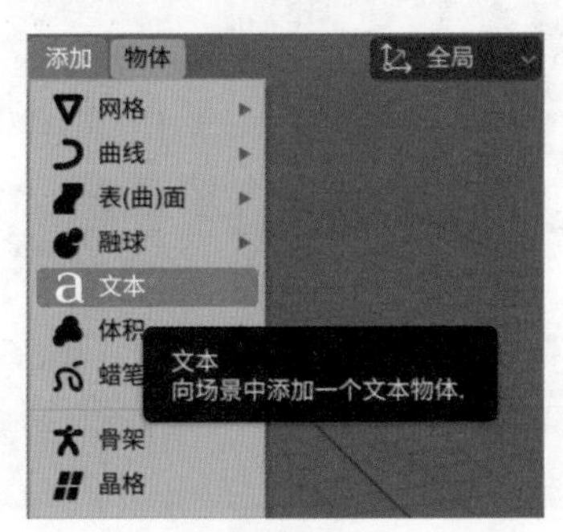


图2-175

02 在“添加文本”卷展栏中，设置“旋转X”为90°，如图2-176所示。

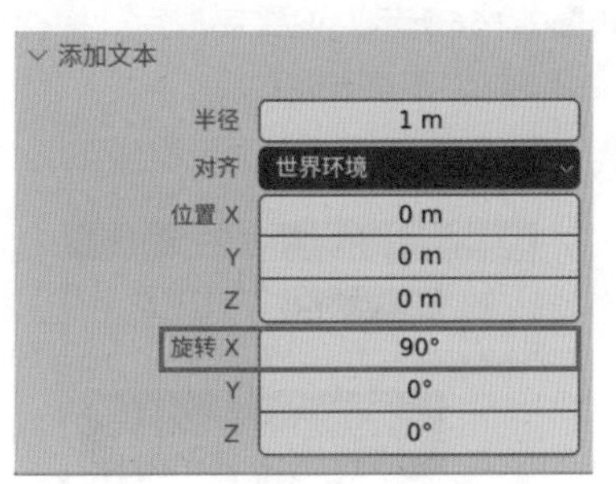


图2-176

03 设置完成后，文本模型的视图显示结果如图2-177所示。

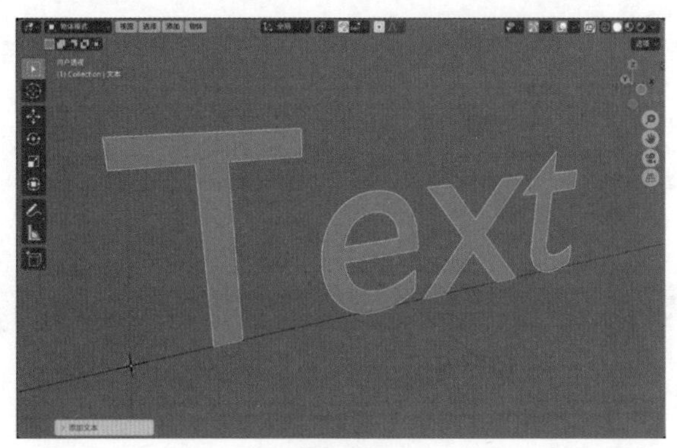
图2-177

04 按Tab键，进入“编辑模式”，这时，可以看到文本字母的后方会出现一条蓝色竖线，如图2-178所示，这代表用户此时可以更改文本的内容。

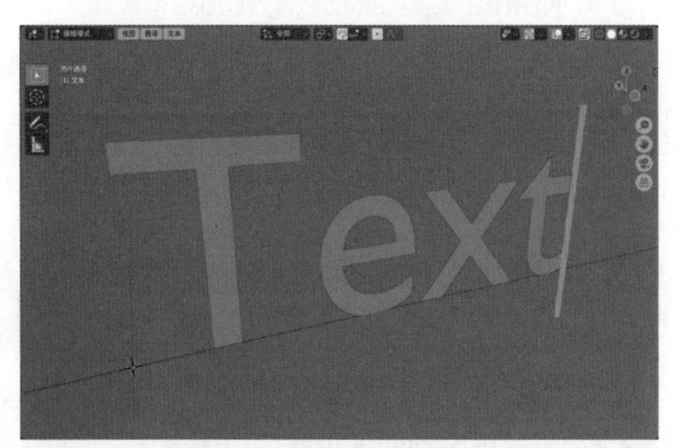
图2-178

05 将文本更改为Blender，如图2-179所示。

图2-179

06 在“数据”面板中，展开“几何数据”卷展栏，设置“挤出”为0.1m，如图2-180所示，即可得到如图2-181所示的文本模型结果。

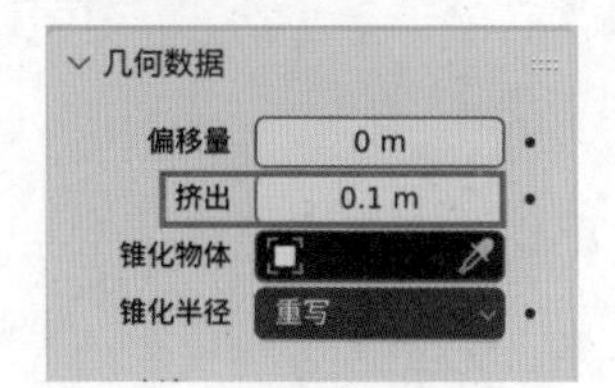

图2-180

图2-181

07 在“倒角”卷展栏中，设置“深度”为0.01m，如图2-182所示，即可得到如图2-183所示的文本模型结果。

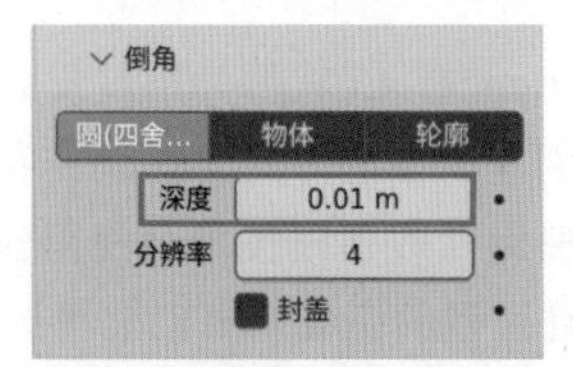

图2-182

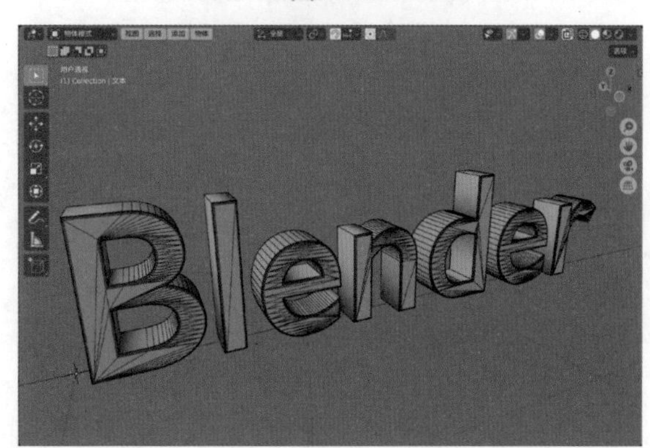
图2-183

08 本实例最终制作完成的模型效果如图2-184所示。

图2-184

### 技巧与提示

本实例对应的教学视频中，还为读者讲解了更改文字字体的方法。

# 第 3 章 曲线建模

## 3.1 曲线建模概述

中文版Blender 4.0软件为用户提供了一种使用曲线图形来创建模型的方式，在制作某些特殊造型的模型时，使用曲线建模技术会使得建模的过程非常简便，而且模型的完成效果也很理想。图3-1所示为使用曲线建模技术制作出来的晾衣架模型。

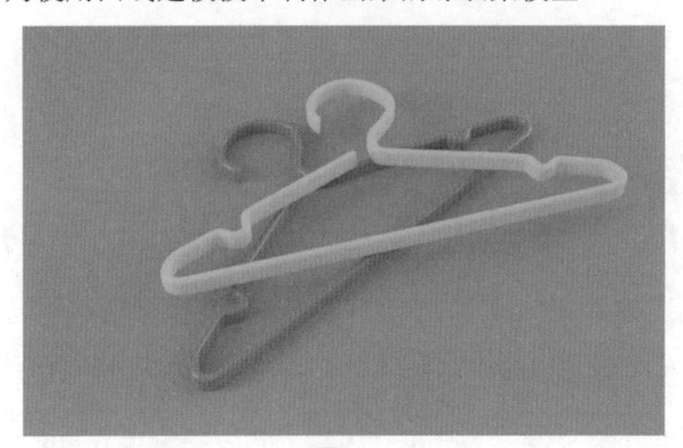

图3-1

## 3.2 创建曲线

执行菜单栏中的“添加”|“曲线”命令，即可看到Blender为用户提供的多种基本曲线的创建命令，如图3-2所示。

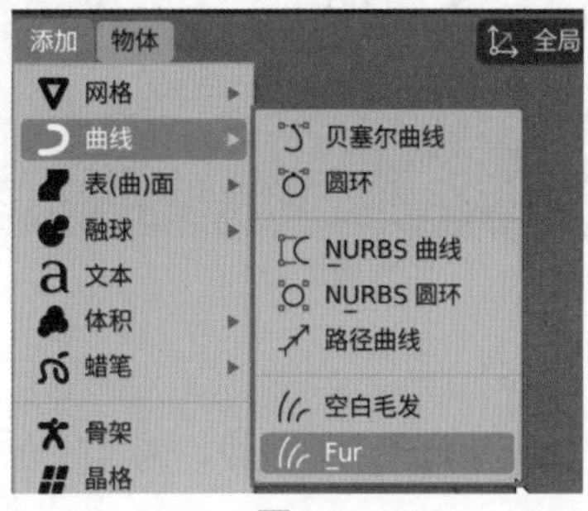


图3-2

工具解析

- 贝塞尔曲线：用于创建贝塞尔曲线。
- 圆环：用于创建圆环。
- NURBS曲线：用于创建NURBS曲线。
- NURBS圆环：用于创建NURBS圆环。
- 路径曲线：用于创建路径曲线。
- 空白毛发：用于创建空白毛发。
- Fur：用于创建Fur对象。

### 3.2.1 基础操作：创建及修改曲线

【知识点】创建曲线、控制柄类型、挤出曲线。

01 启动中文版Blender 4.0软件，将场景中自带的立方体模型删除后，执行菜单栏中的“添加”|“曲线”|“贝塞尔曲线”命令，如图3-3所示。在场景中创建一条贝塞尔曲线，如图3-4所示。

图3-3

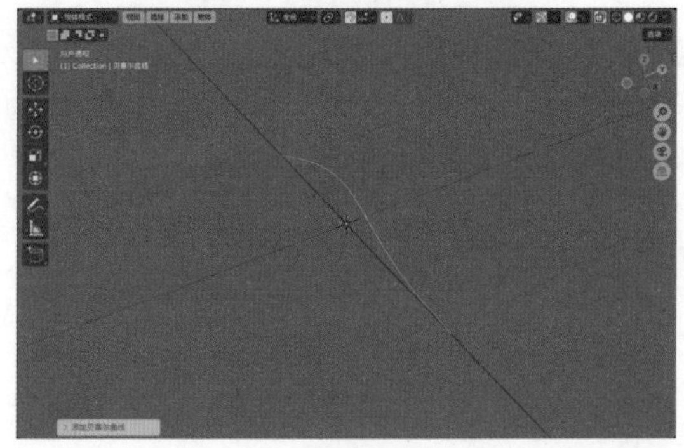

图3-4

02 按Tab键，进入“编辑模式”，贝塞尔曲线的视图显示结果如图3-5所示。可以看到创建出来的贝塞尔曲线具有两个顶点，且每个顶点都有两个控制柄。

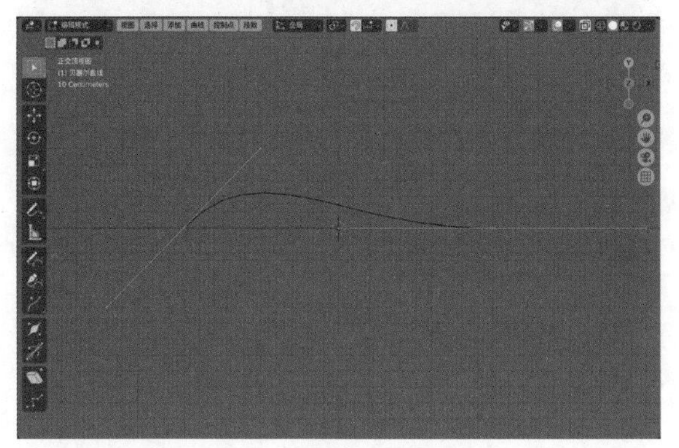

图3-5

03 选择视图中右侧的顶点，按E键，则可以对所选择的顶点进行“挤出”操作，得到延长曲线的结果，如图3-6所示。

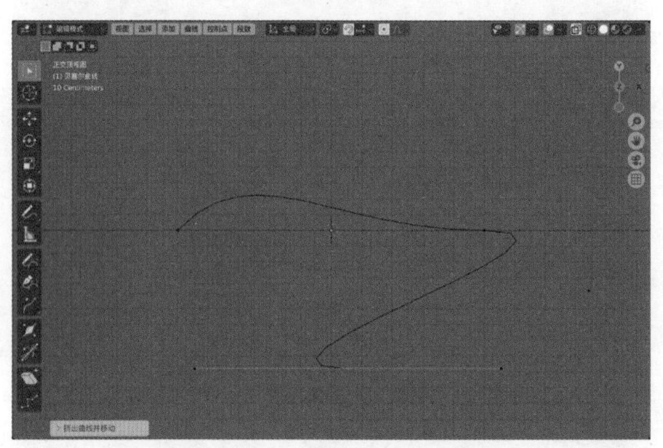

图3-6

04 通过调整曲线顶点上的控制柄，可以更改曲线的形状，如图3-7所示。

图3-7

05 框选曲线上的所有顶点，右击并在弹出的“曲线上下文菜单”中执行“设置控制柄类型”｜“矢量”命令，如图3-8所示，则曲线的形状会得到如图3-9所示的效果。

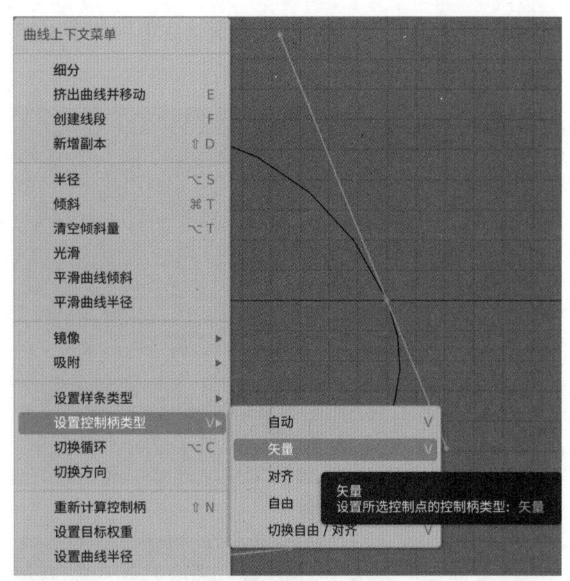


图3-8

图3-9

06 选择视图中最下方的顶点，多次按E键，对其进行“挤出”操作，得到延长曲线的结果，如图3-10所示。

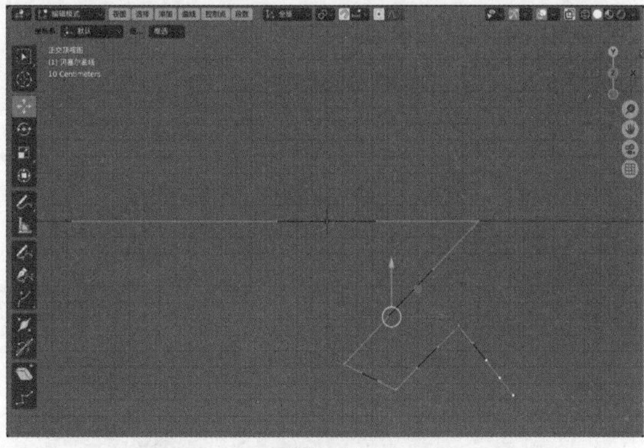

图3-10

07 通过调整曲线顶点控制柄的位置，仍然可以更改曲线的形状，如图3-11所示。

08 框选曲线上的所有顶点，右击并在弹出的“曲线上下文菜单”中执行“设置控制柄类型”｜“自动”

命令，如图3-12所示，则曲线的形状会得到如图3-13所示的效果。

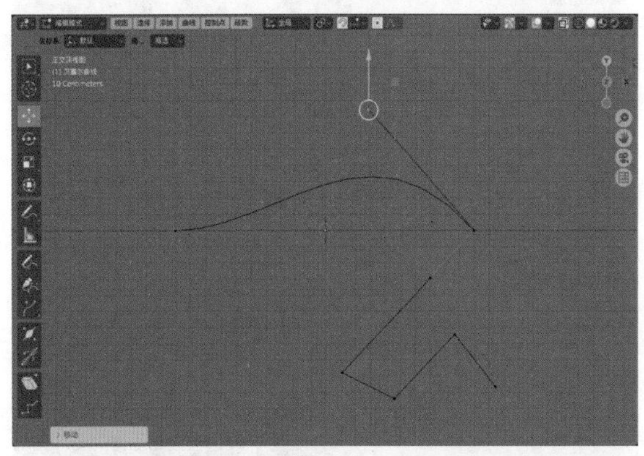

图3-11

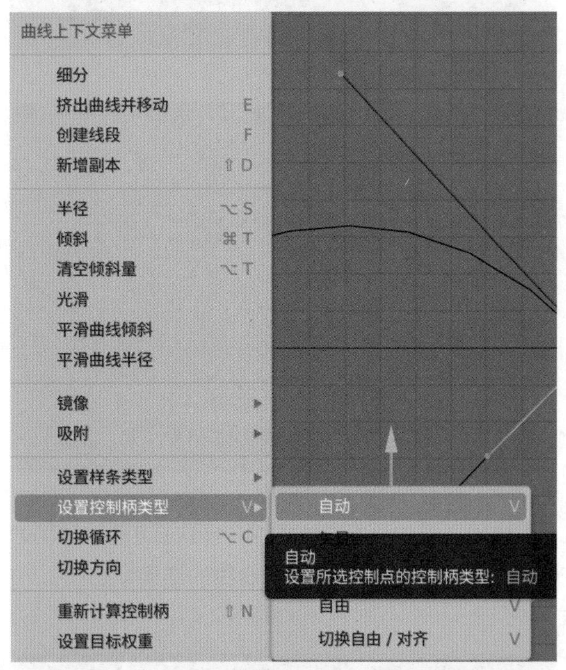


图3-12

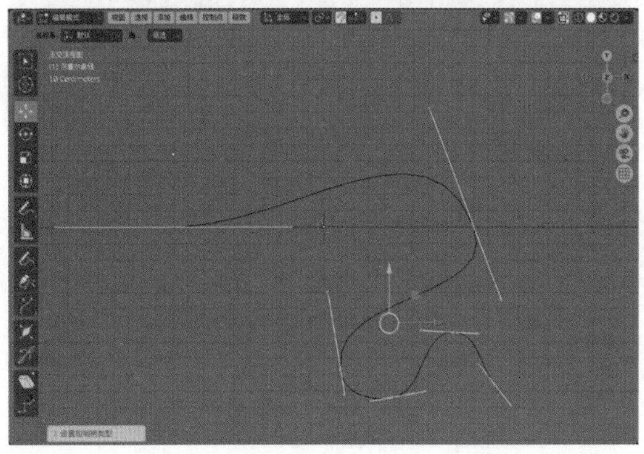

图3-13

09 再次按Tab键，退出“编辑模式”，曲线编辑完成后的视图显示结果如图3-14所示。

图3-14

## 3.2.2 实例：制作高脚杯模型

本实例使用贝塞尔曲线制作一个高脚杯模型。图3-15所示为本实例的渲染效果。

图3-15

01 启动中文版Blender 4.0软件，将场景中自带的立方体模型删除后，执行菜单栏中的“添加” | “曲线” | “贝塞尔曲线”命令，如图3-16所示。在场景中创建一条贝塞尔曲线，如图3-17所示。

02 在“添加贝塞尔曲线”卷展栏中，设置“半径”为0.1m、“位置Z”为0.1m、“旋转Y”为90°，如图3-18所示。

03 设置完成后，贝塞尔曲线的视图显示结果如图3-19所示。

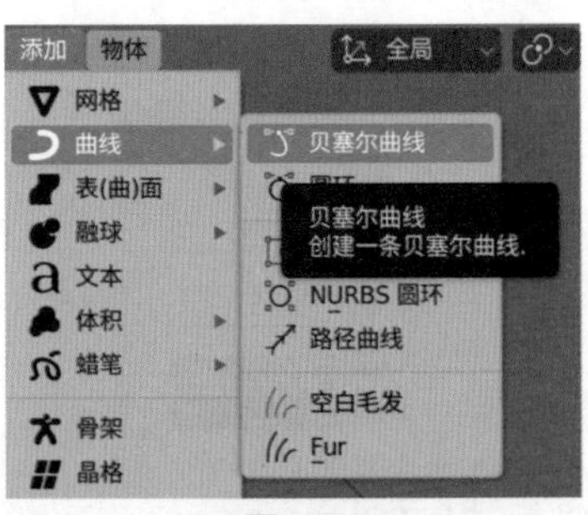

图3-16

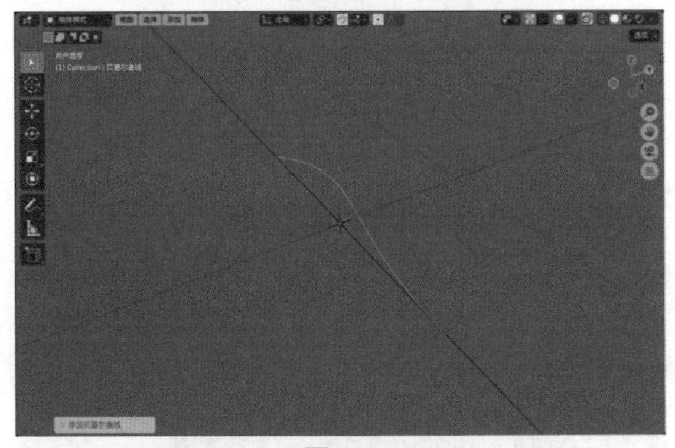
图3-17

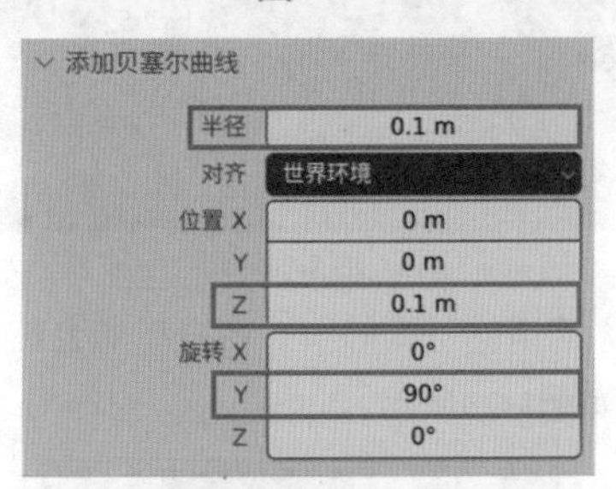

图3-18

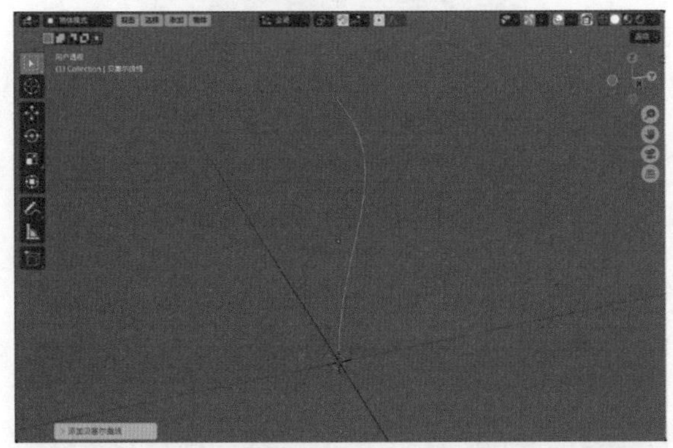
图3-19

04 在“正交右视图”中，按Tab键，进入“编辑模式”，选择曲线上的所有顶点，右击并在弹出的“曲线上下文菜单”中执行“设置控制柄类型”|“矢量”命令，曲线的形状会得到如图3-20所示的效果。

05 选择视图上方的顶点，多次按E键，并调整位置，制作出杯子的剖面结构，如图3-21所示。

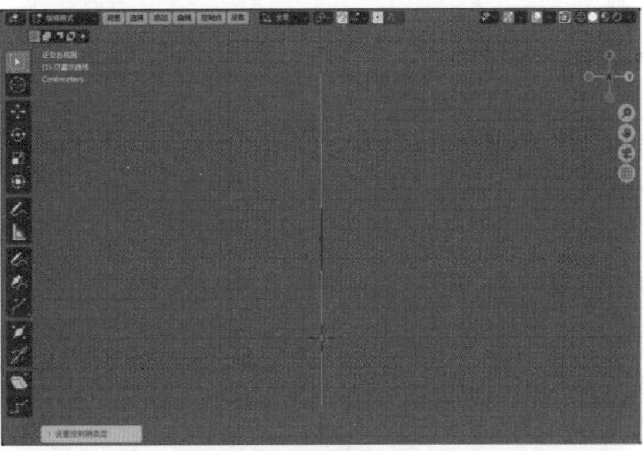
图3-20

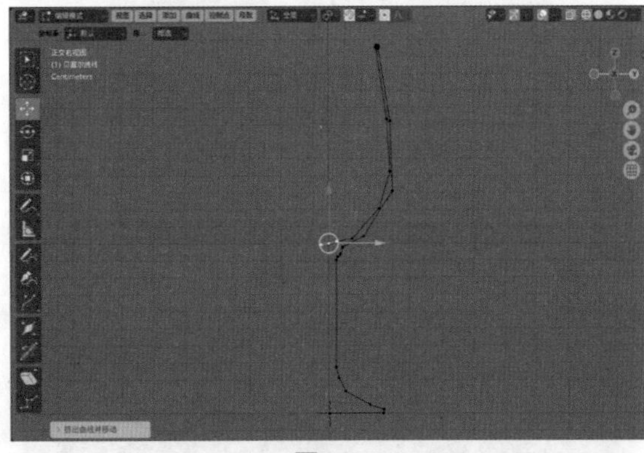
图3-21

06 接下来，通过调整顶点两侧的控制柄来控制曲线的形状，完善曲线的形状至图3-22所示。

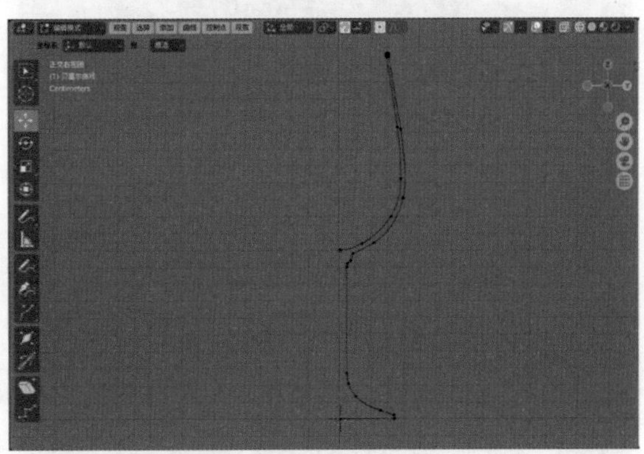
图3-22

07 选择如图3-23所示的两个顶点。右击并在弹出的“曲线上下文菜单”中执行“细分”命令，如图3-24所示。这样，可以在选择的两个顶点之间添加新的顶点，如图3-25所示。

### 技巧与提示

在“细分”卷展栏中，可以通过设置“切割次数”来更改添加顶点的数量。

08 调整杯子底部曲线的形状至图3-26所示。

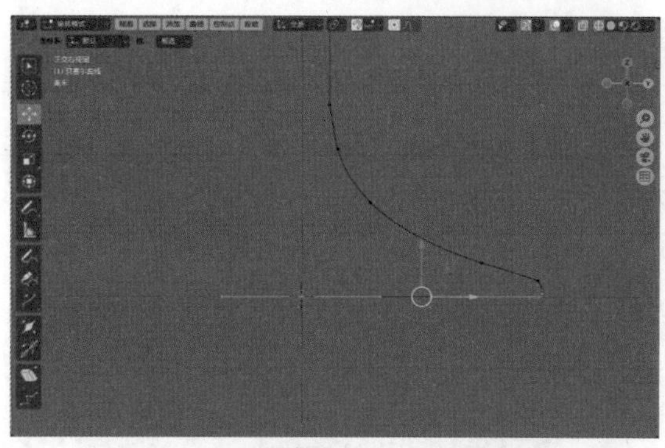

图3-23

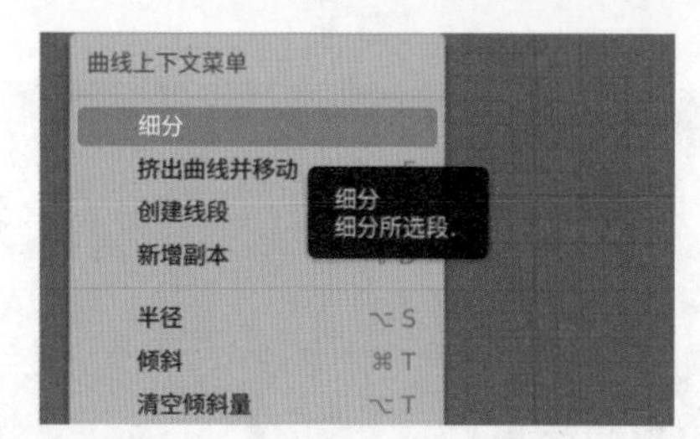


图3-24

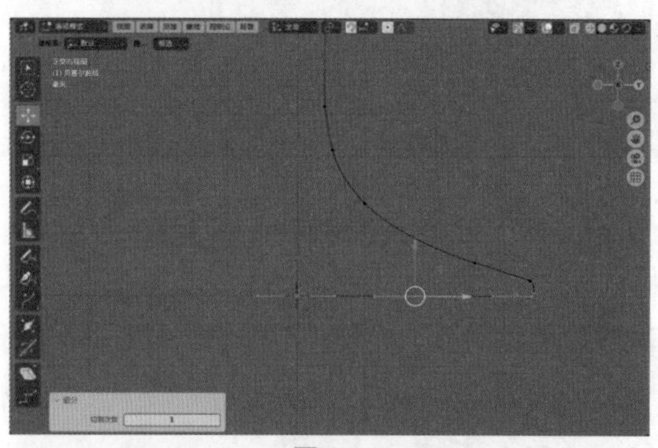

图3-25

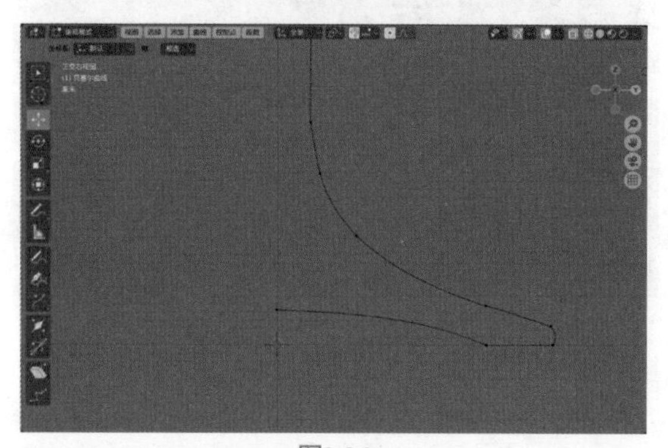

图3-26

09 再次按Tab键，退出“编辑模式”，在“添加修改器”面板中，为其添加“螺旋”修改器。设置“轴向”为X，“视图步长”为36、“渲染”为36，勾选“合并”复选框并设置“合并”为0.001m，如图3-27所示。

10 设置完成后，杯子模型的视图显示结果如图3-28所示。

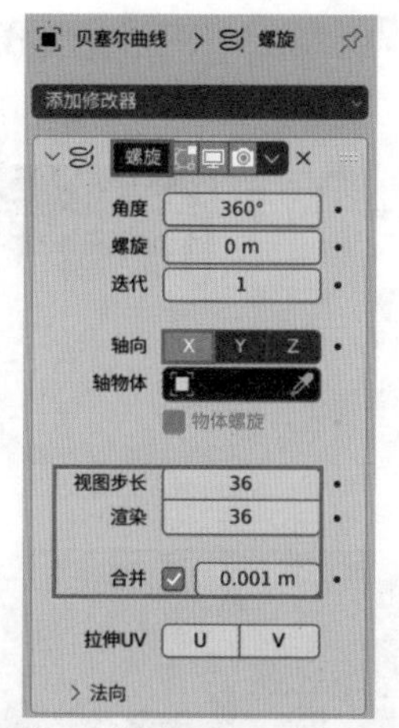


图3-27

图3-28

11 在“大纲视图”面板中，将模型的名称改为“高脚杯”，如图3-29所示。

图3-29

12 本实例最终制作完成的模型效果如图3-30所示。

图3-30

### 3.2.3　实例：制作曲别针模型

本实例使用NURBS曲线制作一个曲别针模型。图3-31所示为本实例的渲染效果。

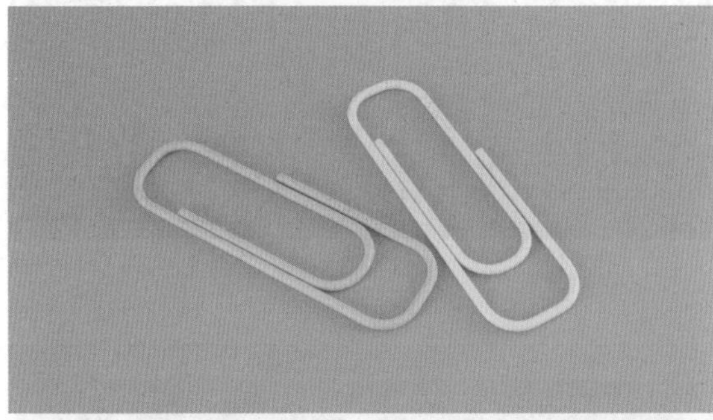

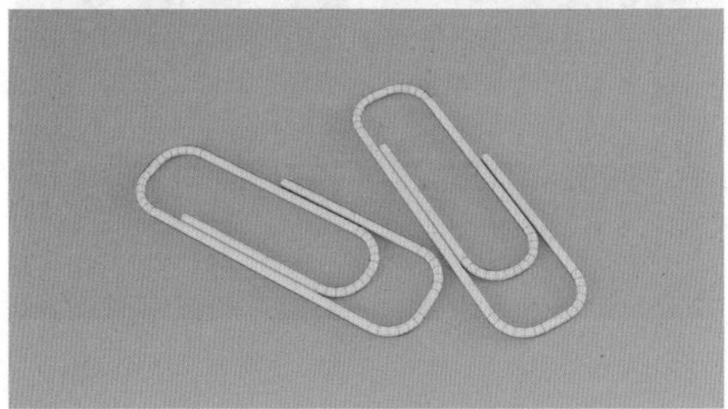

图3-31

01 启动中文版Blender 4.0软件，将场景中自带的立方体模型删除后，执行菜单栏中的“添加”｜“曲线”｜“NURBS曲线”命令，如图3-32所示。在场景中创建一条NURBS曲线，如图3-33所示。

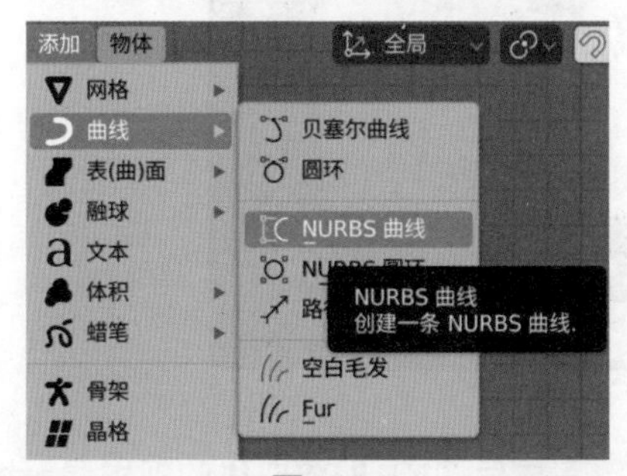


图3-32

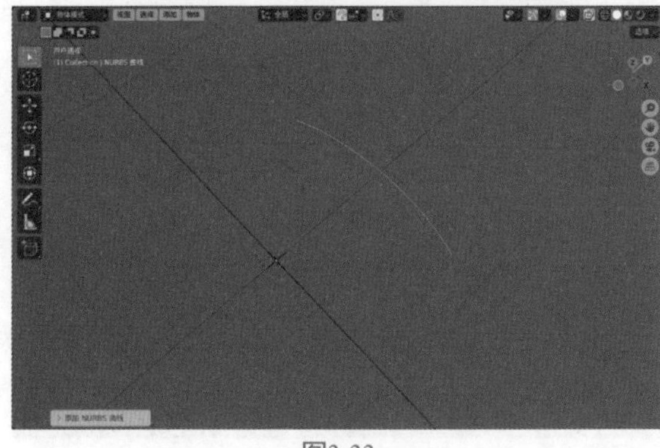

图3-33

02 在“正交顶视图”中，选择NURBS曲线，按Tab键，进入“编辑模式”，NURBS曲线的视图显示结果如图3-34所示。

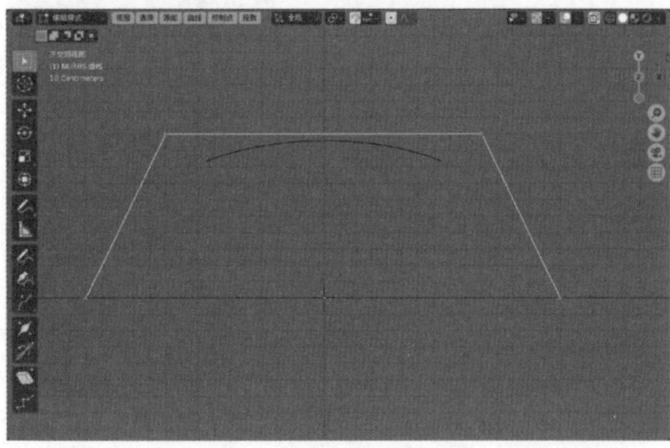

图3-34

03 框选NURBS曲线上的所有控制点，右击并在弹出的“曲线上下文菜单”中执行“设置样条类型”｜“多段线”命令，如图3-35所示，曲线的形状会得到如图3-36所示的效果。

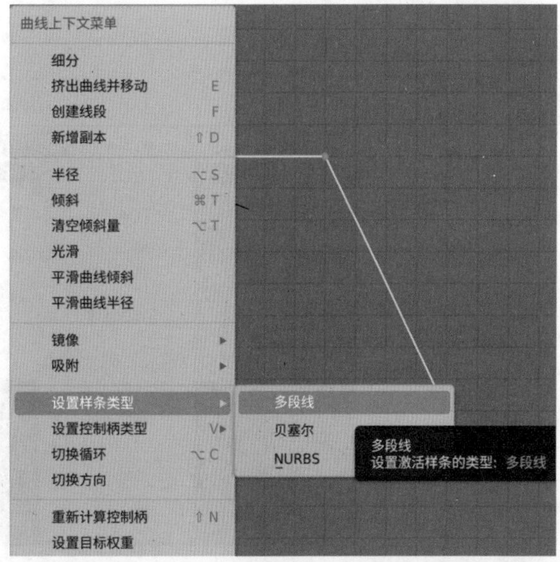


图3-35

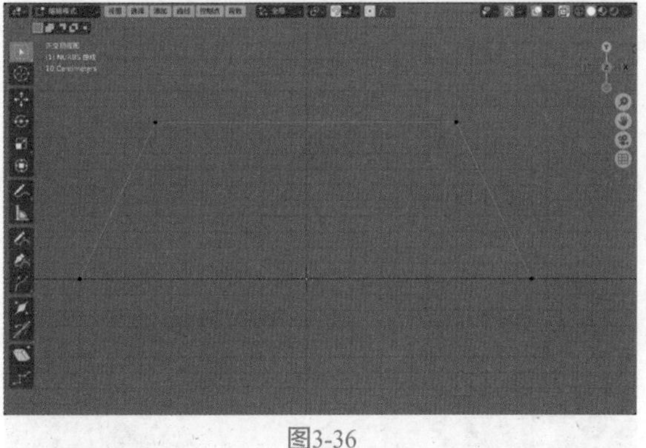

图3-36

04 选择视图中右侧的顶点，多次按E键，对其进行“挤出”操作，制作出曲别针的形状，如图3-37所示。

图3-37

05 在“几何节点编辑器”面板中，单击“新建”按钮，如图3-38所示，在该面板中显示出所选择NURBS曲线的几何节点连接情况，如图3-39所示。

06 执行菜单栏中的“添加”｜“曲线”｜“操作”｜“圆角曲线”命令，如图3-40所示。创建一个“圆角曲线”节点。

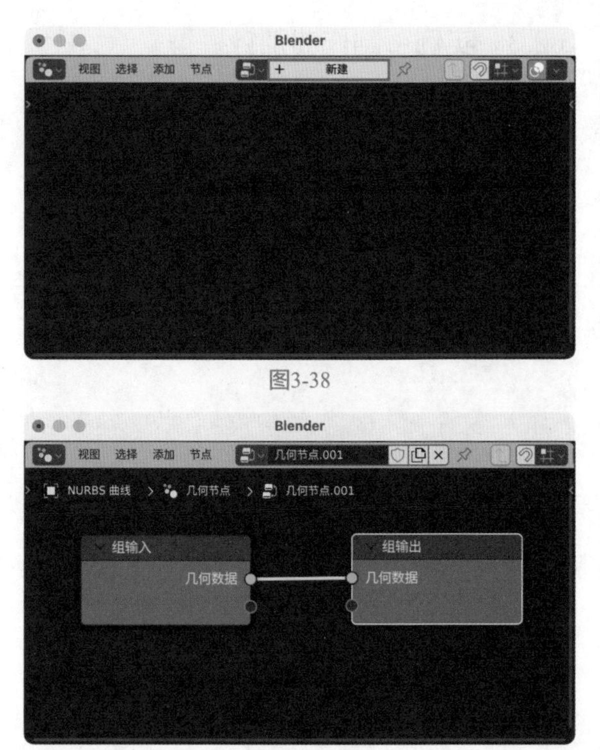


图3-38

图3-39

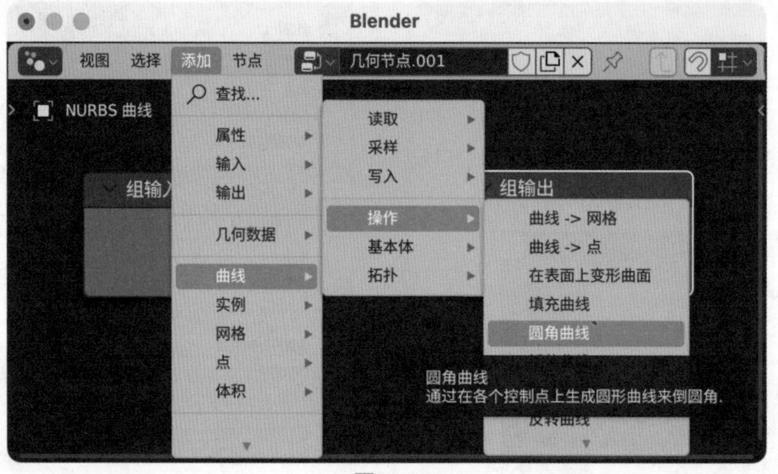


图3-40

07 在“圆角曲线”节点中，单击“多段线”按钮，设置“数量”为6、“半径”为0.35m，如图3-41所示。

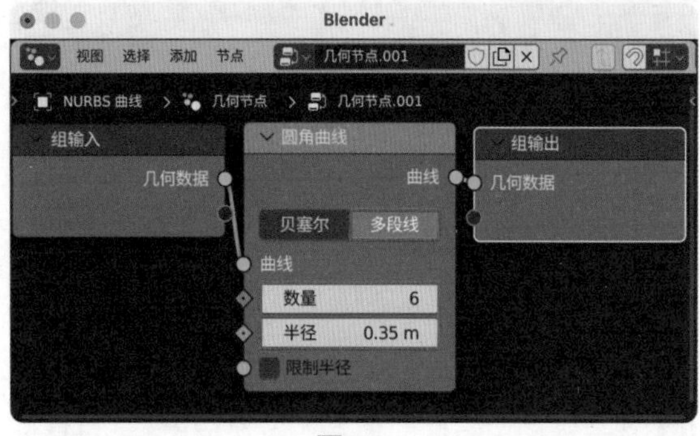


图3-41

08 设置完成后，NURBS曲线的视图显示结果如图3-42所示。

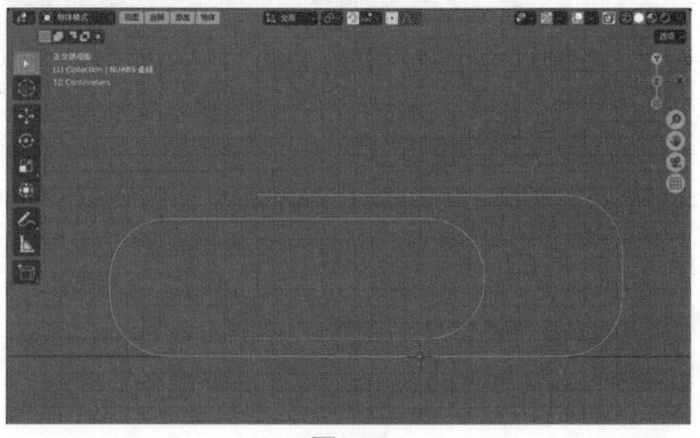

图3-42

**09** 执行菜单栏中的“添加”｜“曲线”｜“操作”｜“曲线->网格”命令，如图3-43所示。创建一个“曲线->网格”节点，并将其连接在“圆角曲线”节点的后方，如图3-44所示。

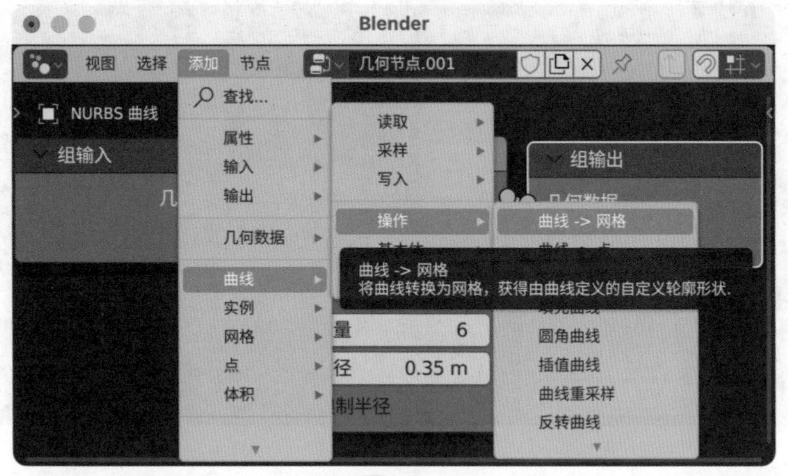


图3-43

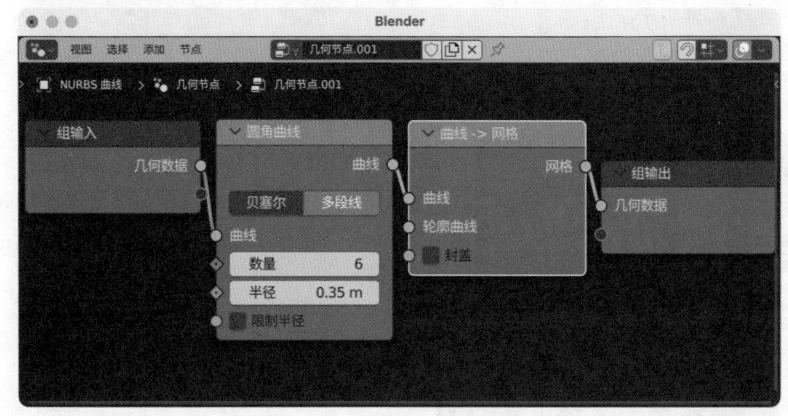


图3-44

**10** 执行菜单栏中的“添加”｜“曲线”｜“基本体”｜“曲线圆环”命令，如图3-45所示。创建一个“曲线圆环”节点，并将其与“曲线->网格”节点进行连接，如图3-46所示。

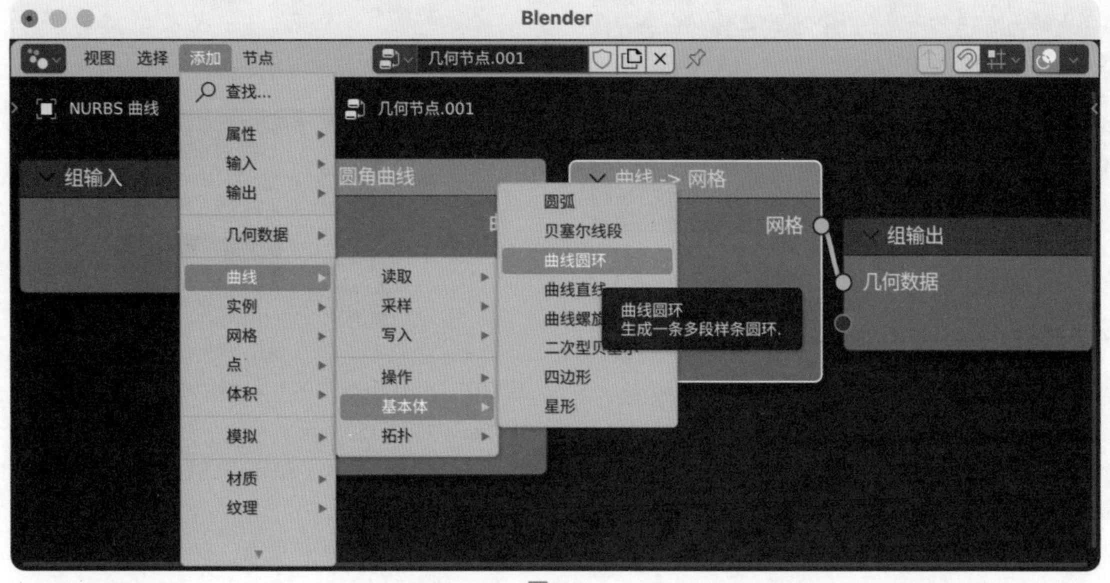


图3-45

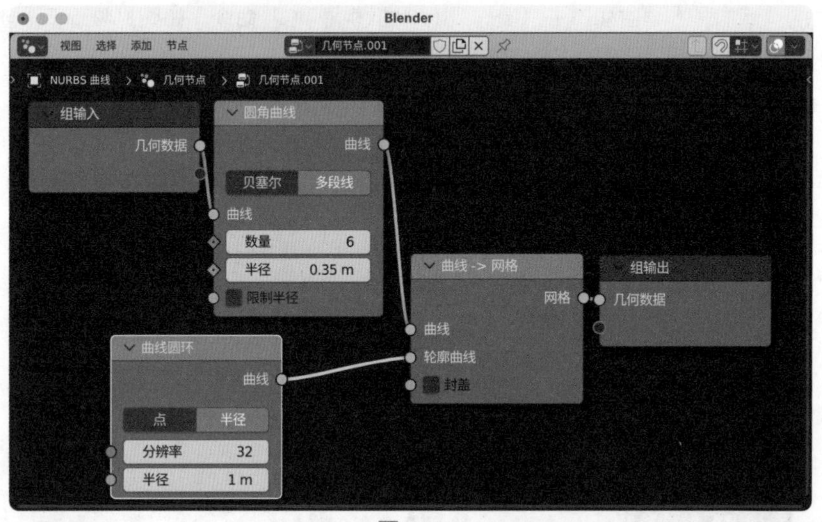


图3-46

11 在“曲线圆环”节点中，设置“分辨率”为12、“半径”为0.05m，如图3-47所示。

12 在“曲线->网格”节点上，勾选“封盖”复选框，如图3-48所示。

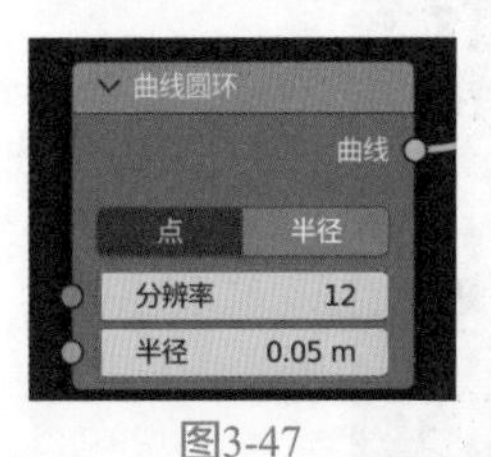


图3-47

曲线 -> 网格
网格
曲线
轮廓曲线
封盖

图3-48

13 本实例最终制作完成的模型效果如图3-49所示。

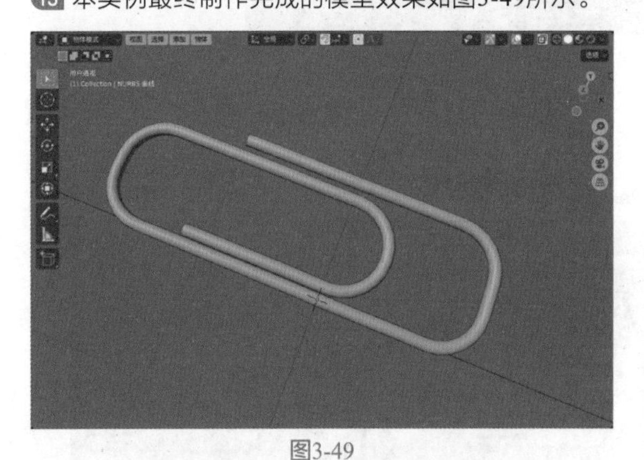

图3-49

## 3.2.4 实例：制作长颈花瓶模型

本实例使用圆环制作一个长颈花瓶模型。图3-50所示为本实例的渲染效果。

01 启动中文版Blender 4.0软件，将场景中自带的立方体模型删除后，执行菜单栏中的“添加”|“曲线”|“圆环”命令，如图3-51所示。在场景中创建一个圆环。

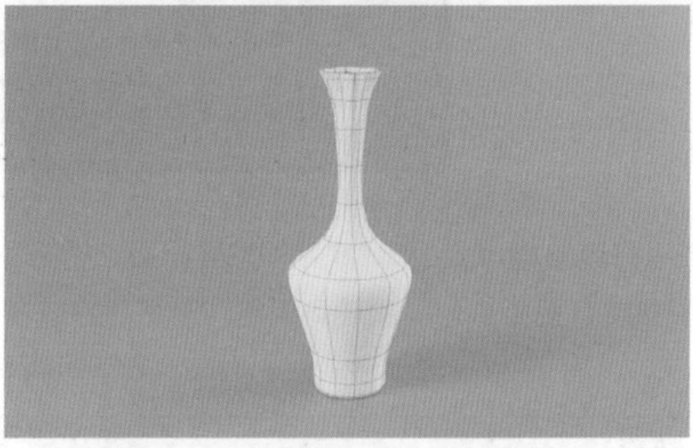

图3-50

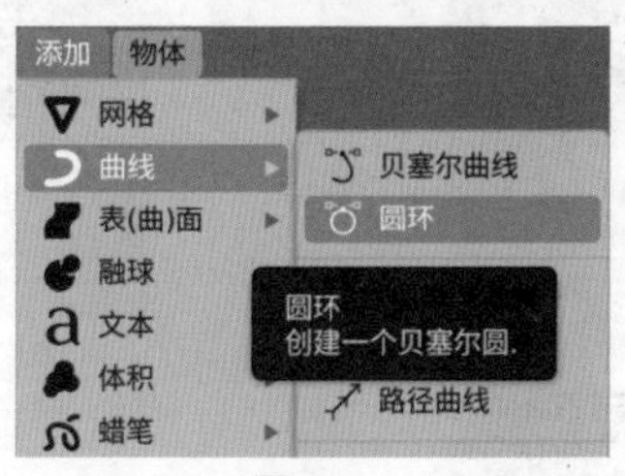


图3-51

02 在“添加贝塞尔圆”卷展栏中，设置“半径”为0.05m，如图3-52所示。

03 按Tab键，进入“编辑模式”，圆环的视图显示结果如图3-53所示。

04 框选圆环上的所有顶点，右击并在弹出的“曲线上下文菜单”中执行“细分”命令，如图3-54所示。

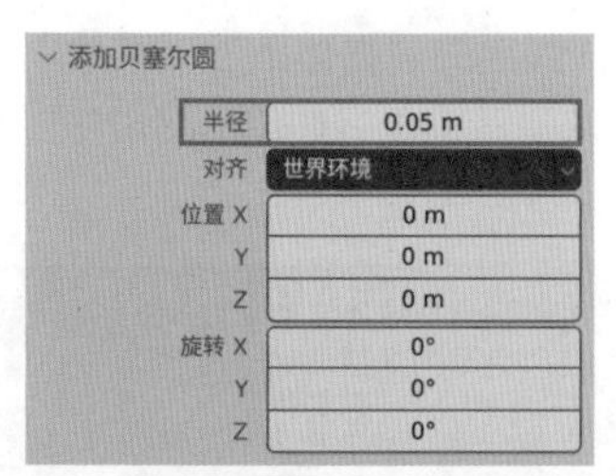


图3-52

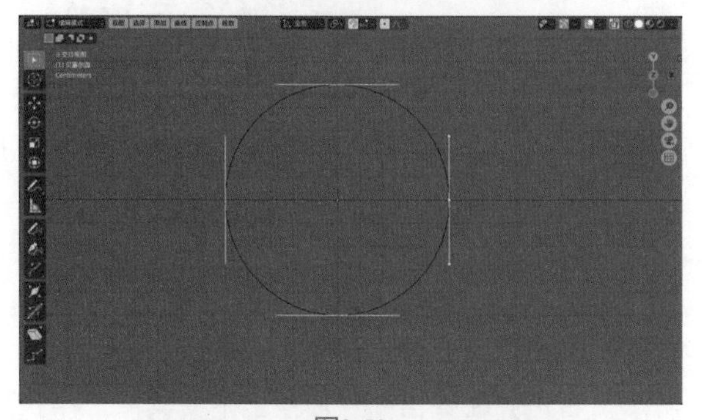

图3-53

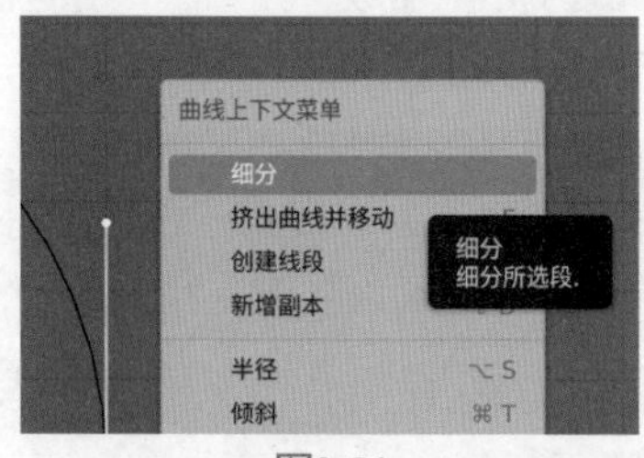


图3-54

**05** 在“细分”卷展栏中，设置“切割次数”为2，如图3-55所示。得到如图3-56所示的曲线显示结果。

图3-55

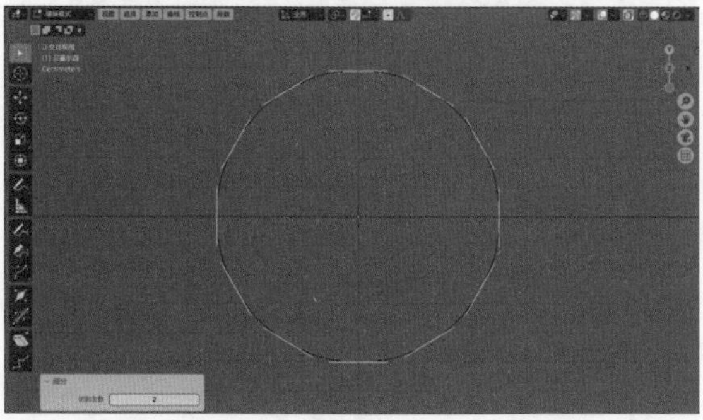

图3-56

**06** 再次右击并在弹出的“曲线上下文菜单”中执行“设置样条类型”｜“多段线”命令，如图3-57所示。得到如图3-58所示的曲线显示结果。

**07** 按Tab键，退出“编辑模式”，选择圆环，按Shift+D组合键，再按Z键，复制一个圆环并沿Z轴向进行移动，如图3-59所示。

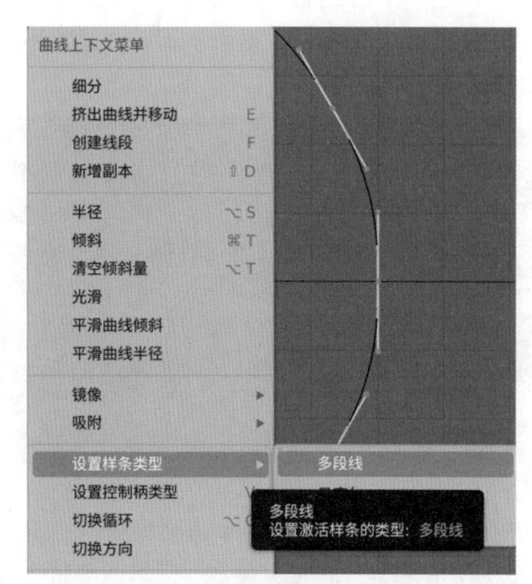


图3-57

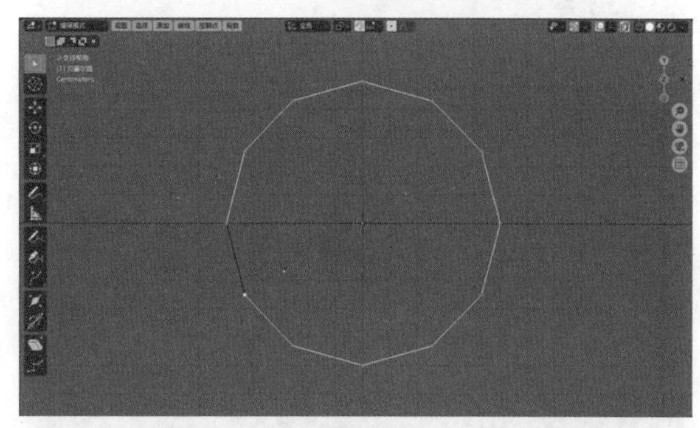

图3-58

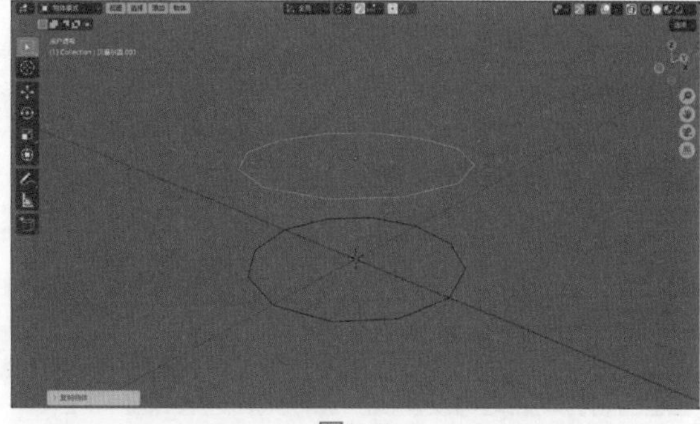

图3-59

**08** 多次按Shift+R组合键，再次复制5个圆环，如图3-60所示。

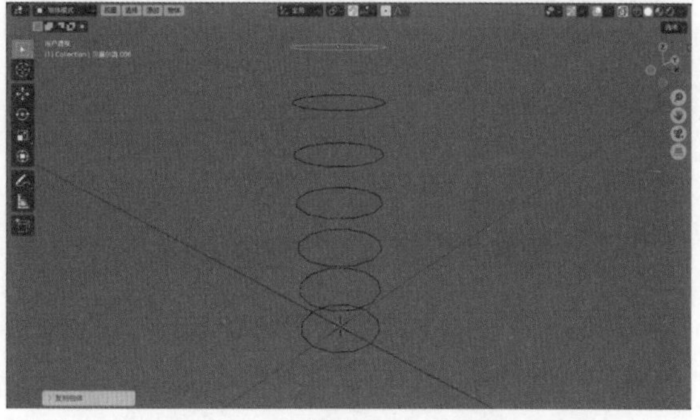

图3-60

09 使用“缩放”工具和“移动”工具调整圆环的大小和位置至图3-61所示。

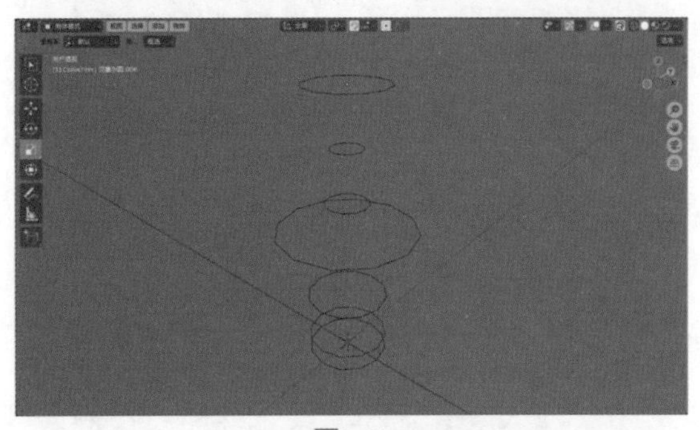

图3-61

10 选择最上方的圆环，进入“编辑模式”，选择如图3-62所示的顶点，使用“缩放”工具调整其位置至图3-63所示。

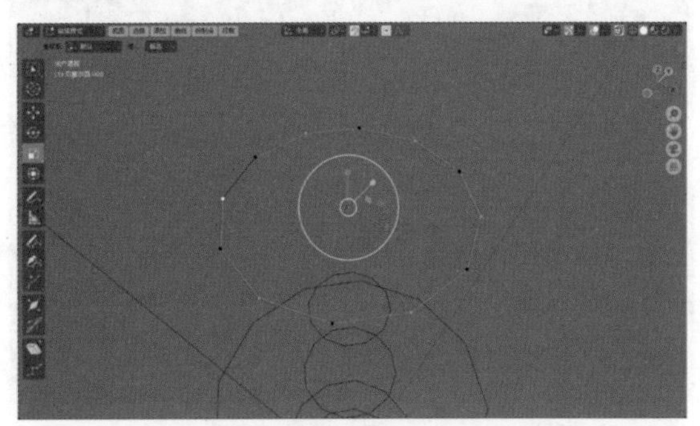

图3-62

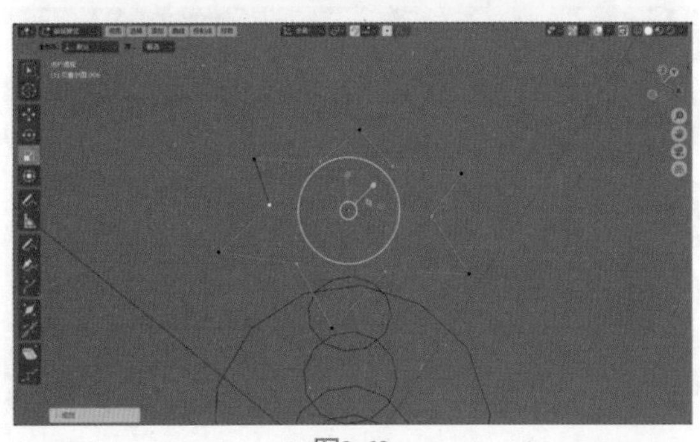

图3-63

11 从下往上依次选择这些圆环，按Ctrl+J组合键，将其合并为一个对象，如图3-64所示。

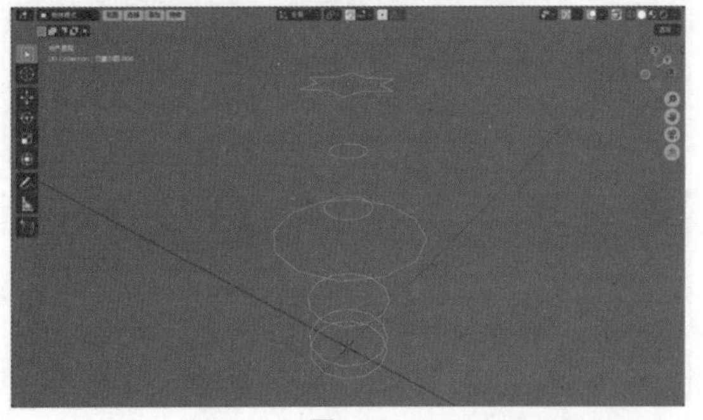

图3-64

12 右击并在弹出的“物体上下文菜单”中执行“转换到”｜“网格”命令，如图3-65所示。将曲线转换为网格。

图3-65

13 在“编辑模式”中，选择所有的顶点，如图3-66所示。右击并在弹出的“顶点上下文菜单”中执行LoopTools｜Loft命令，如图3-67所示，得到如图3-68所示的模型结果。

图3-66

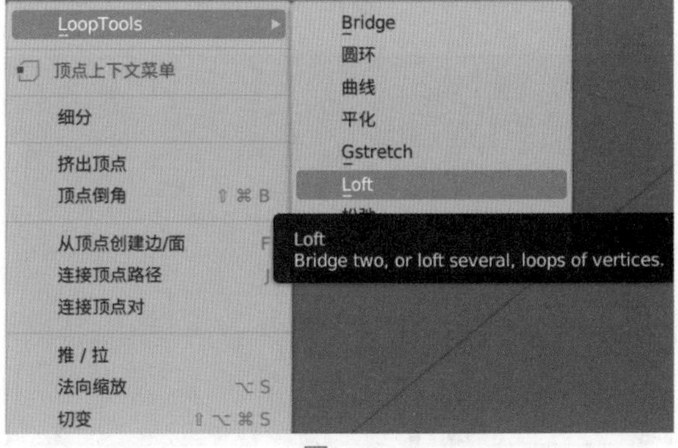


图3-67

### 技巧与提示

有关加载“网格：LoopTools”插件的方法，请读者阅读本书第2章中的“2.3.3实例：制作方盘模型”。

14 在“正交前视图”中，调整花瓶模型的顶点位置至图3-69所示。调整长颈花瓶的形态。

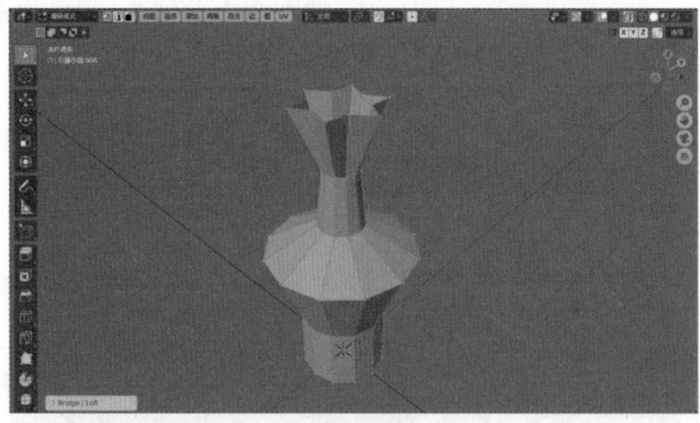
图3-68

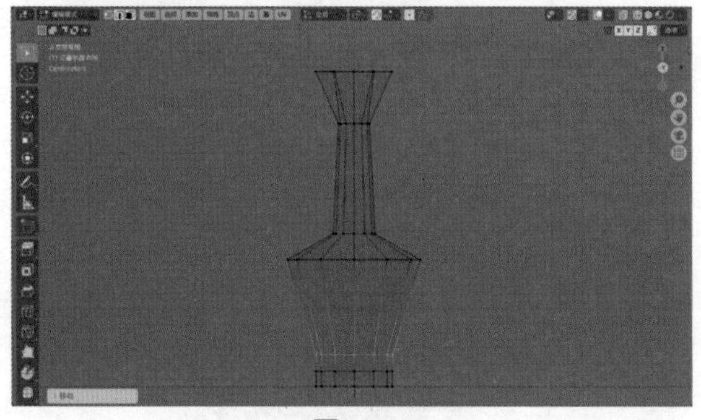
图3-69

15 使用“环切”工具为花瓶模型添加边线，如图3-70所示。

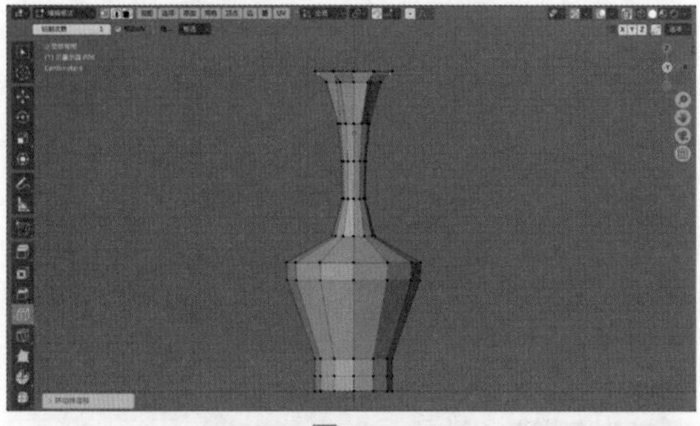
图3-70

16 选择如图3-71所示的边线，按F键，从边创建面，得到如图3-72所示的模型结果。

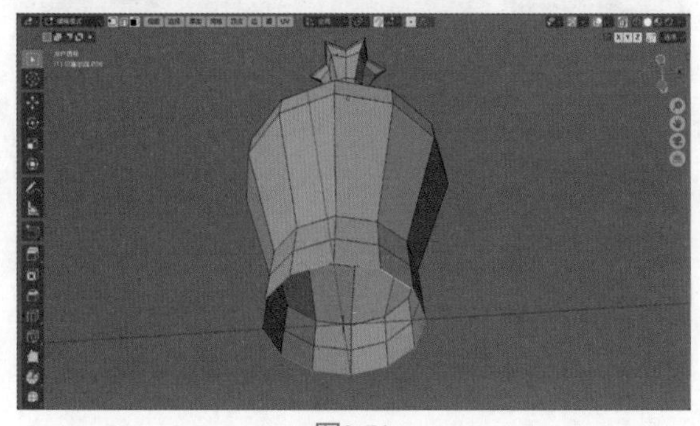
图3-71

17 使用“内插面”工具在所选择的面上进行内插面，得到如图3-73所示的模型结果。

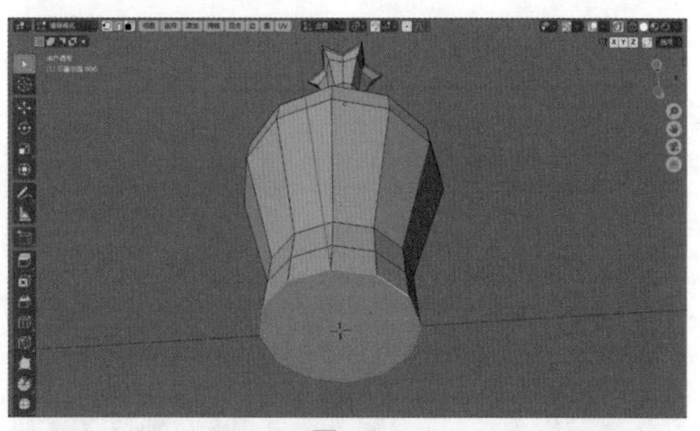
图3-72

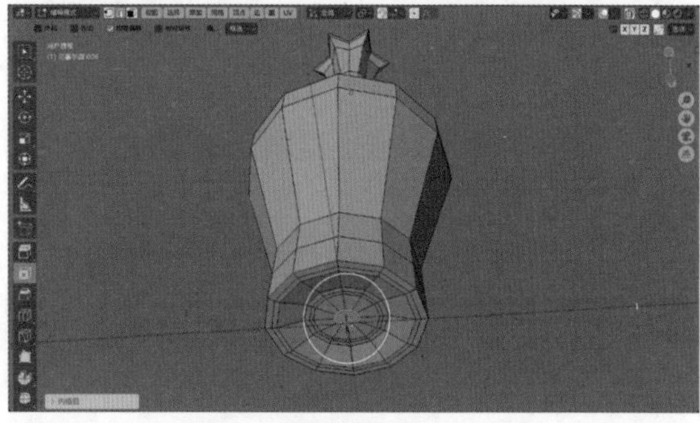
图3-73

18 在“添加修改器”面板中，为其添加“实体化”修改器，设置“厚（宽）度”为0.003m，如图3-74所示。

图3-74

19 在“添加修改器”面板中，为其添加“表面细分”修改器，设置“视图层级”为2，如图3-75所示。得到如图3-76所示的模型结果。

图3-75

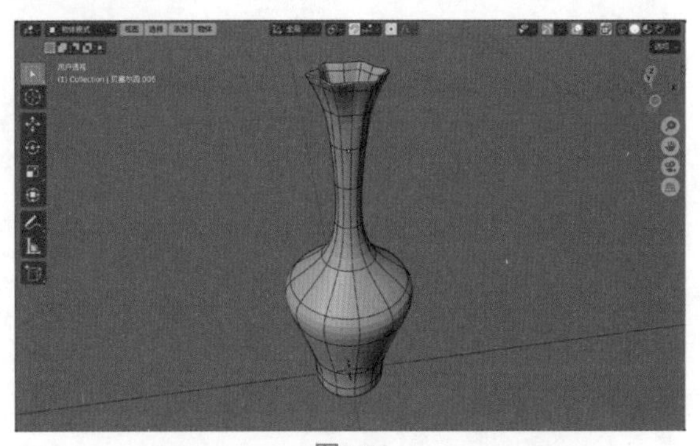

图3-76

20 在“大纲视图”面板中，将模型的名称改为“长颈花瓶”，如图3-77所示。

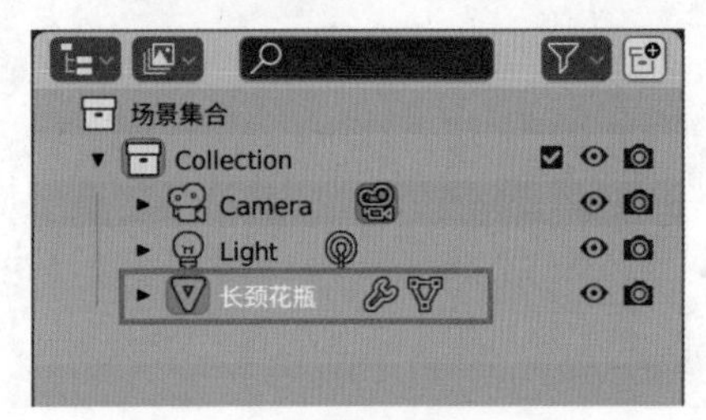


图3-77

21 本实例最终制作完成的模型效果如图3-78所示。

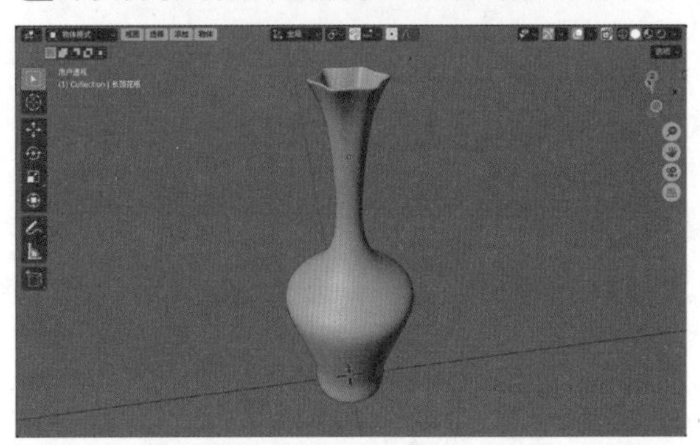

图3-78

## 3.2.5 实例：制作铁丝模型

本实例使用Blender自带的插件制作铁丝模型。图3-79所示为本实例的渲染效果。

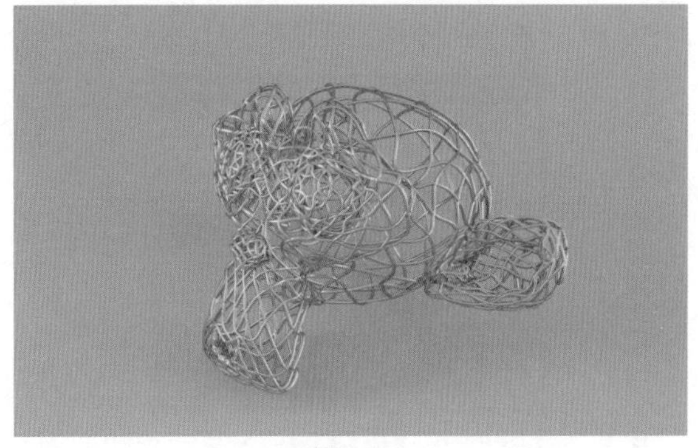

图3-79

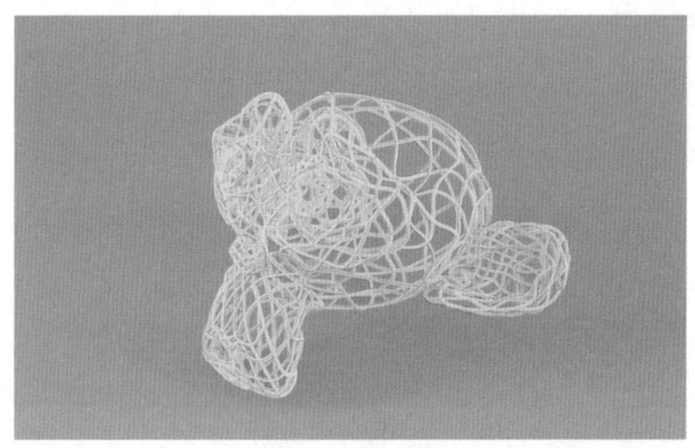

图3-79（续）

01 启动中文版Blender 4.0软件，执行菜单栏中的“编辑”｜“偏好设置”命令，如图3-80所示。

图3-80

02 在“Blender偏好设置”面板中，勾选“添加曲线：Extra Objects”插件，如图3-81所示。

图3-81

03 将场景中自带的立方体模型删除后，执行菜单栏中的“添加”｜“网格”｜“猴头”命令，如图3-82所示。在场景中创建一个猴头模型，如图3-83所示。

图3-82

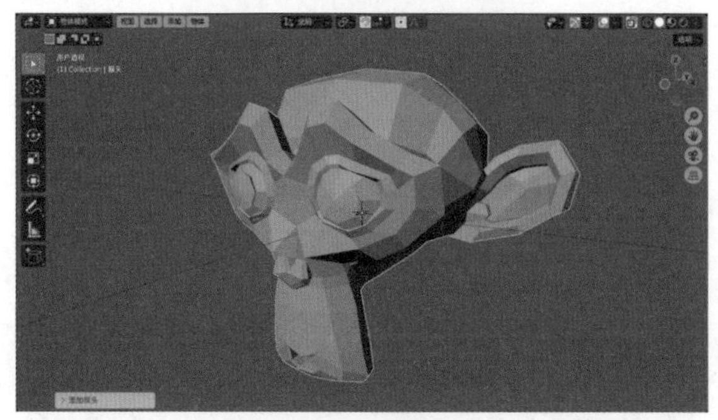

图3-83

04 选择猴头模型，执行菜单栏中的“添加”｜“曲线”｜Knots（结）｜Celtic Links（凯尔特连接）命令，如图3-84所示，即可得到如图3-85所示的曲线结果。

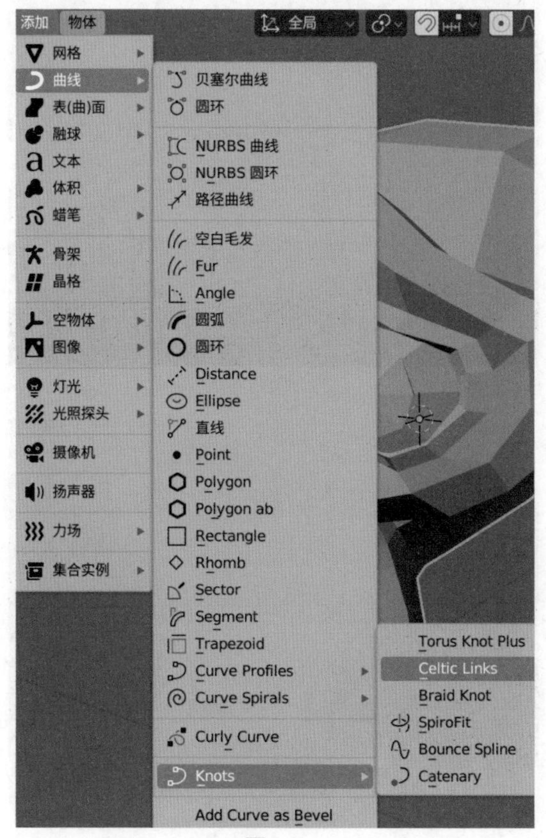


图3-84

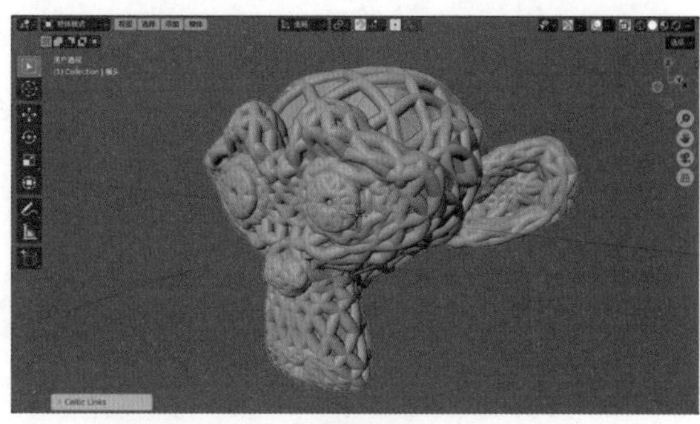

图3-85

05 在Celtic Links（凯尔特连接）卷展栏中，设置“倒角深度”为0.01，如图3-86所示。

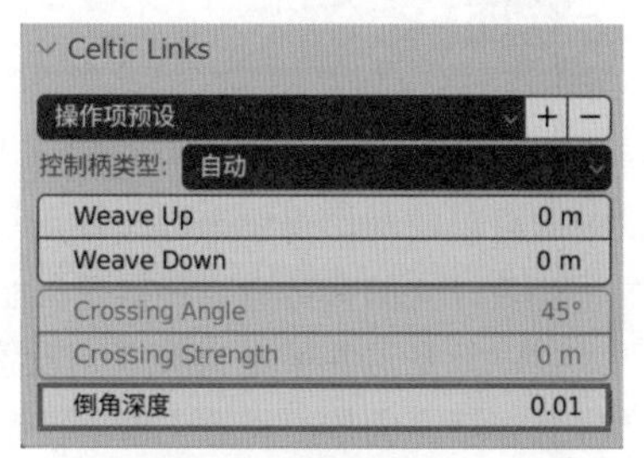


图3-86

06 设置完成后，将场景中的猴头模型删除。本实例最终制作完成的模型效果如图3-87所示。

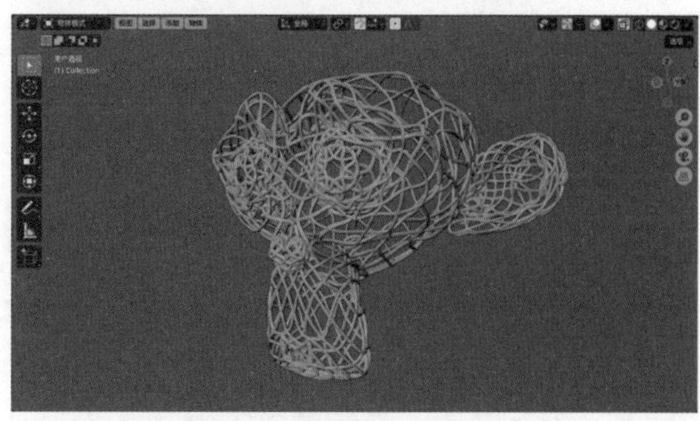

图3-87

## 技巧与提示

读者可以举一反三，自行尝试使用其他网格模型制作铁丝模型效果。

# 第4章 灯光技术

## 4.1 灯光概述

Blender软件提供了多种不同类型的灯光对象，用户可以根据自己的制作需要来选择使用这些灯光照亮场景。有关灯光的参数命令相较于其他知识点来说并不太多，但是这并不意味着灯光设置学习起来就非常容易。灯光的核心设置主要在于颜色和强度这两个方面，即便是同一个场景，在不同的时间段、不同的天气下所拍摄出来的照片，其色彩与亮度也大不相同。在为场景制作灯光之前，优秀的灯光师通常需要寻找大量的相关素材进行参考，这样才能在灯光制作这一环节得心应手，制作出更加真实的灯光效果。图4-1和图4-2所示为笔者拍摄的室外环境光影照片。

使用灯光不仅可以影响其周围物体表面的光泽和颜色，还可以渲染出镜头光斑、体积光等特殊效果。图4-3和图4-4所示分别为拍摄的一些带有镜头光斑及沙尘暴效果的照片。在Blender软件中，灯光通常还需要配合模型以及材质才能得到丰富的色彩和明暗对比效果，从而使我们的三维图像达到照片级别的真实效果。

图4-1

图4-2

图4-3

图4-4

# 4.2 灯光

Blender软件为用户提供了4种灯光，分别是“点光”“日光”“聚光”和“面光”，如图4-5所示。

图4-5

## 工具解析

- 点光：用于创建点光。
- 日光：用于创建日光。
- 聚光：用于创建聚光。
- 面光：用于创建面光。

### 4.2.1 基础操作：创建及调整灯光

**【知识点】创建灯光、调整灯光基本参数、渲染预览。**

01 启动中文版Blender 4.0软件，将场景中自带的立方体模型删除后，执行菜单栏中的“添加”｜“网格”｜“平面”命令，如图4-6所示。在场景中创建一个平面用于当作地面。

图4-6

02 执行菜单栏中的“添加”｜“网格”｜“柱体”命令，如图4-7所示。在场景中创建一个柱体。

图4-7

03 在“添加柱体”卷展栏中，设置“顶点”为64、“半径”为0.05m、“深度”为0.2m、“位置Z”为0.1m，如图4-8所示。

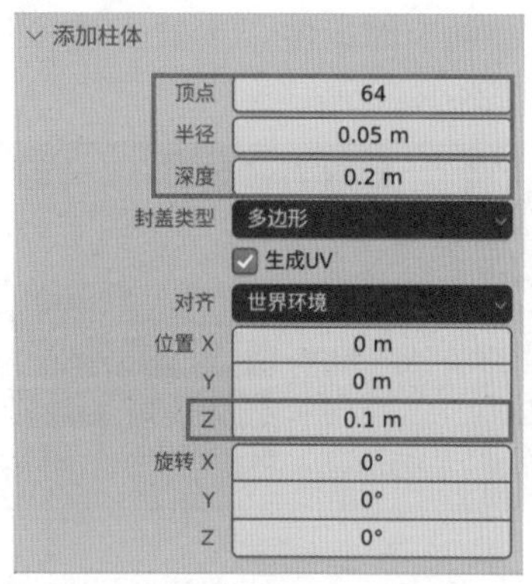


图4-8

04 设置完成后，柱体和平面模型的视图显示结果如图4-9所示。

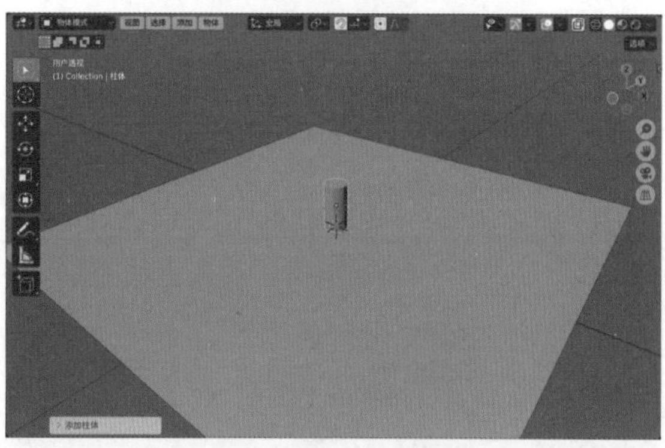

图4-9

05 按Z键，在弹出的菜单中执行“渲染”命令，如图4-10所示。将视图切换至“渲染”预览状态。

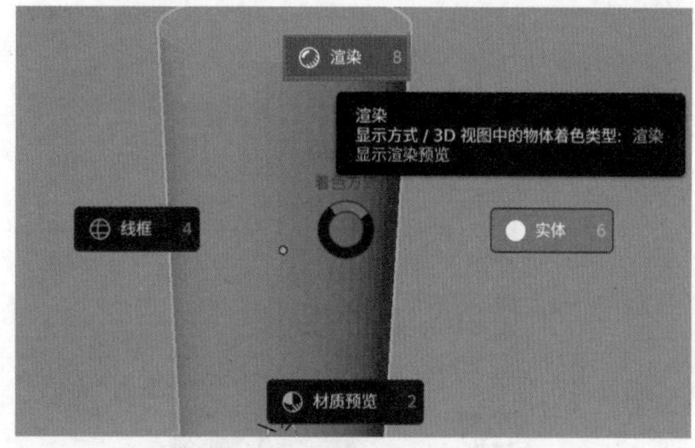


图4-10

06 柱体模型的“渲染”预览效果如图4-11所示。

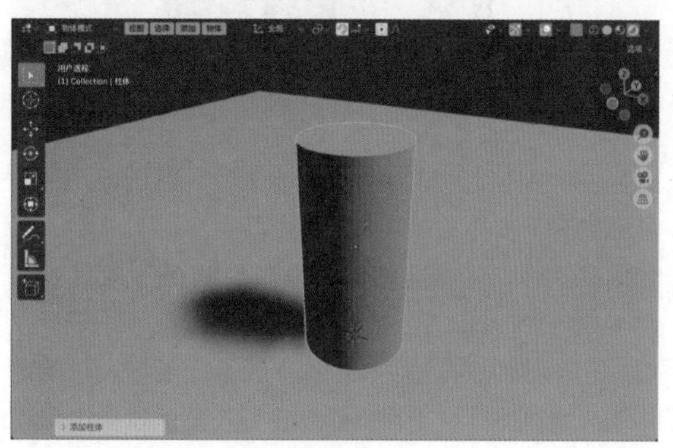

图4-11

07 在“渲染”面板中，设置“渲染引擎”为Cycles，如图4-12所示。

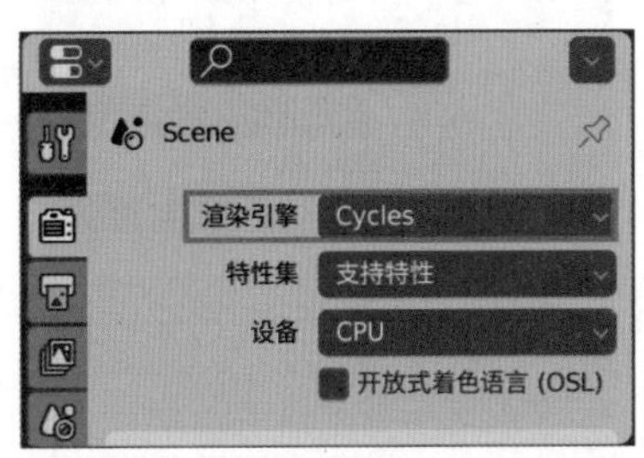


图4-12

08 观察场景，切换了渲染引擎后的柱体模型的“渲染”预览效果如图4-13所示。

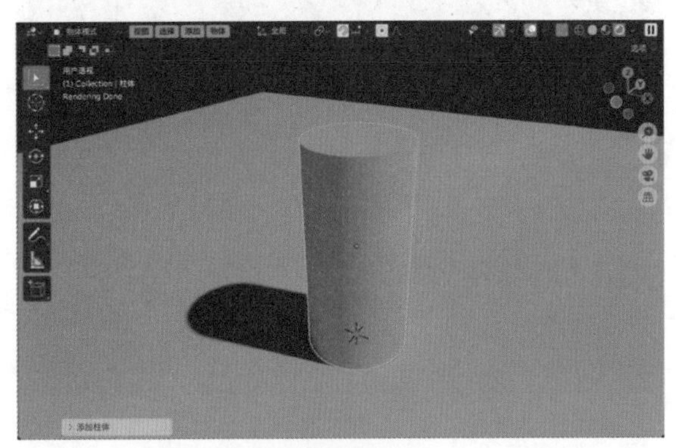

图4-13

09 将场景中自带的灯光删除后，执行菜单栏中的“添加”｜“灯光”｜“点光”命令，如图4-14所示。在场景中创建一个新的点光。

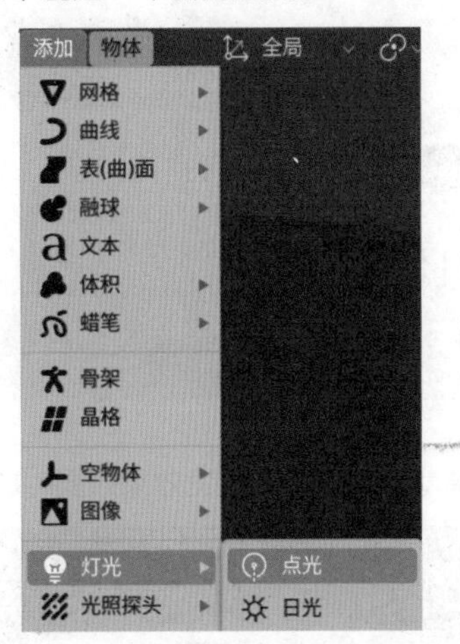


图4-14

10 在视图中，调整点光的位置至图4-15所示，观察柱体的光影变化。

11 在“灯光”卷展栏中，设置“能量”为30W、“半径”为0.03m，如图4-16所示。

12 再次观察场景，可以看到“能量”值越大，场景中的光线越亮。“半径”值越大，物体的投影边缘越模糊，如图4-17所示。

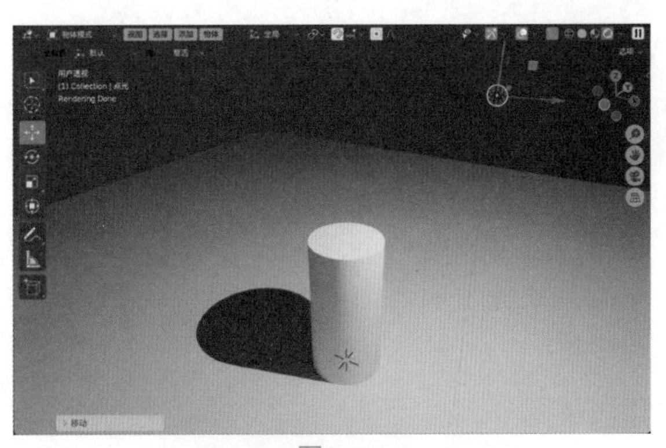

图4-15

图4-16

图4-17

## 4.2.2 实例：制作静物表现照明效果

本实例详细讲解如何制作静物表现照明效果。图4-18所示为本实例的最终完成效果。

图4-18

01 启动中文版Blender 4.0软件，打开配套场景文件“产品.blend”，里面有一个文字模型，并且已经设置好了材质和摄像机，如图4-19所示。

图4-19

### 技巧与提示

本章中的实例只解决灯光问题，有关材质及摄像机方面的设置，请读者阅读本书相关章节进行学习。

02 制作灯光之前，首先我们需要观察场景，单击“切换摄像机视角”按钮，如图4-20所示。或者按住鼠标中键，缓缓拖动也可以切出“摄像机透视”视图。

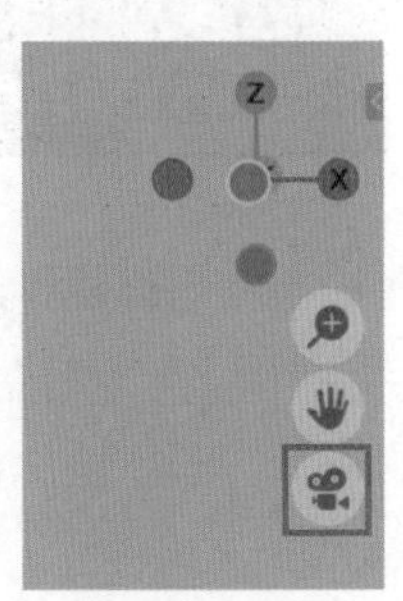


图4-20

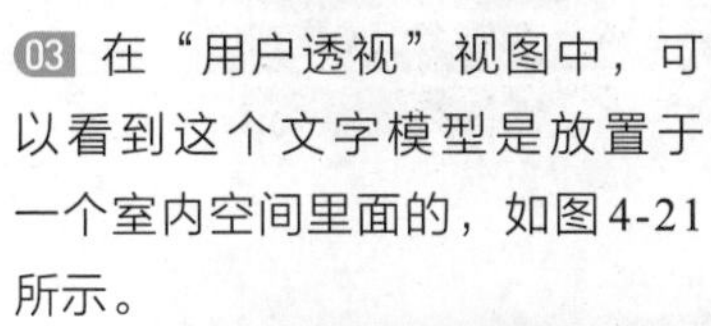

03 在“用户透视”视图中，可以看到这个文字模型是放置于一个室内空间里面的，如图4-21所示。

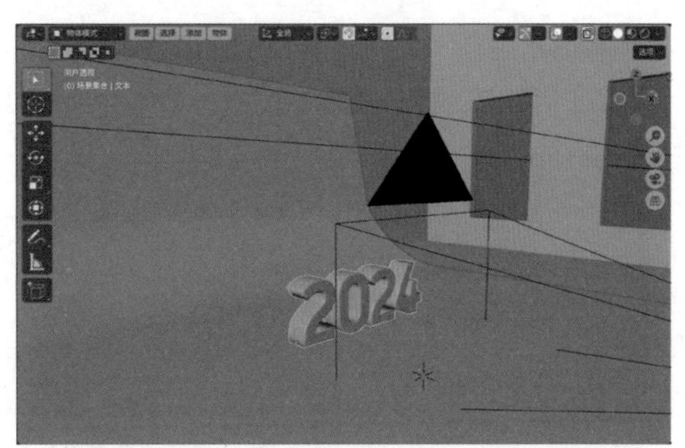

图4-21

04 执行菜单栏中的“添加”｜“灯光”｜“面光”命令，在场景中创建一个面光，如图4-22所示。

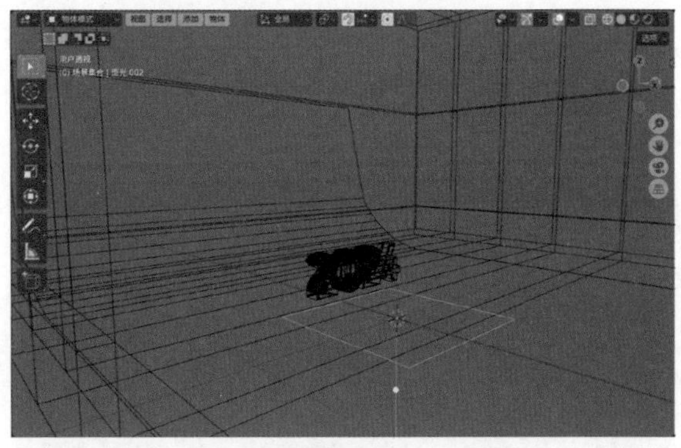

图4-22

05 将面光移动至房屋模型的外面，并对其进行旋转，调整灯光的照射方向，如图4-23所示。

06 在“正交前视图”中，调整灯光的位置和大小至图4-24所示。

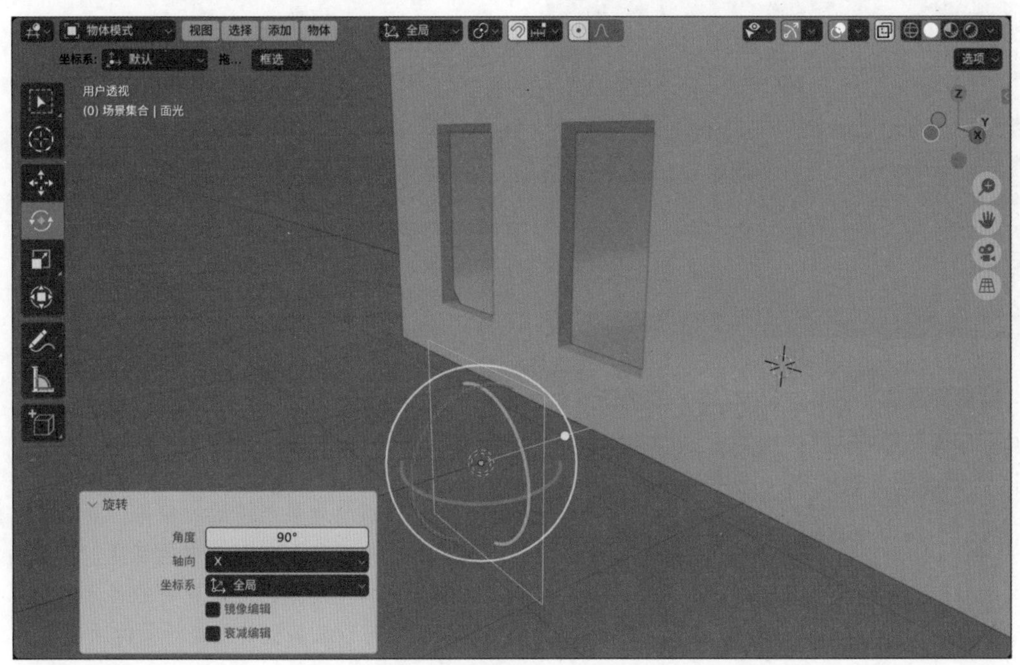


图4-23

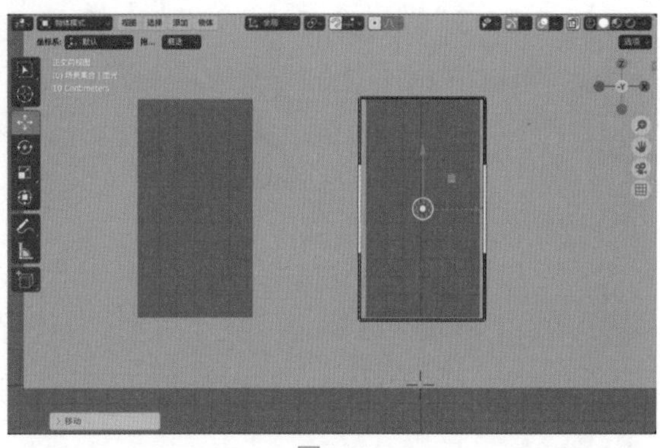

图4-24

07 选择灯光，按option（macOS）/Alt（Windows）+ D组合键，再按X键，对所选择的灯光进行关联复制，并沿X轴向调整位置至图4-25所示。

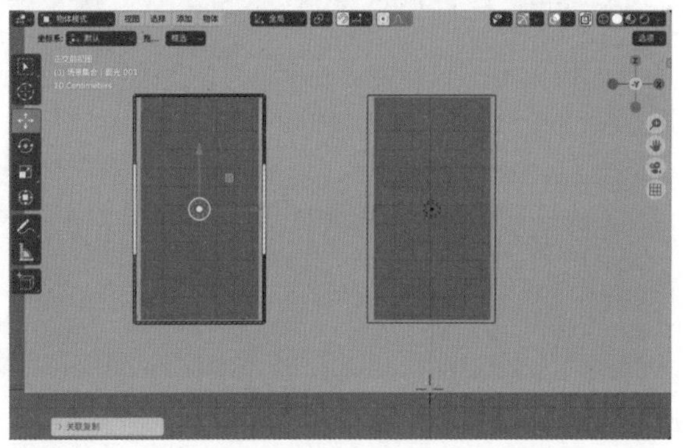

图4-25

08 在“正交顶视图”中，调整两个灯光的位置至图4-26所示。

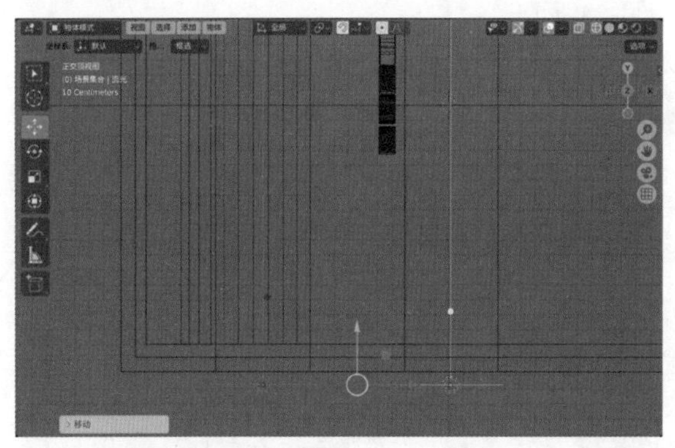

图4-26

09 在“摄像机透视”视图中，按Z键，并单击“渲染”按钮，如图4-27所示。

10 “摄像机透视”视图的“渲染”预览效果如图4-28所示。

11 在“渲染”面板中，设置“渲染引擎”为Cycles，如图4-29所示。

12 在“采样”卷展栏下的“渲染”卷展栏中，设置“最大采样”为1024，如图4-30所示。

图4-27

图4-28

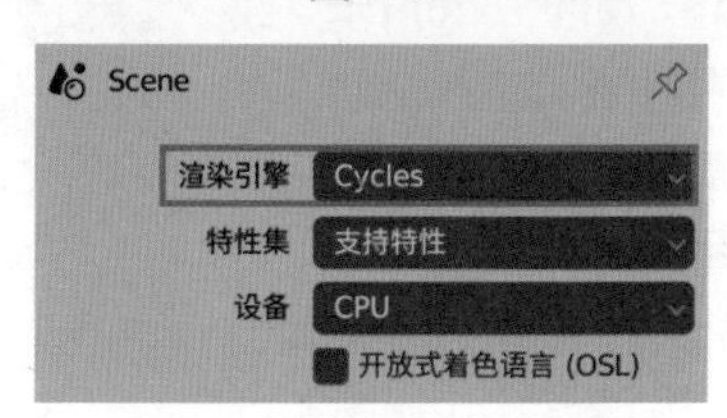


图4-29

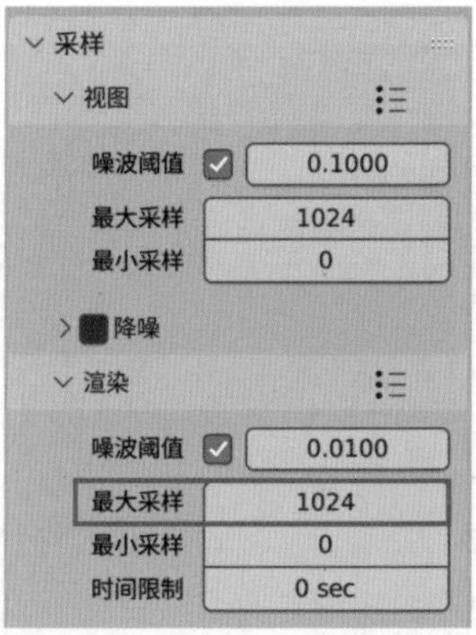

采样
视图
噪波阈值 0.1000
最大采样 1024
最小采样 0
降噪
渲染
噪波阈值 0.0100
最大采样 1024
最小采样 0
时间限制 0 sec

图4-30

## 技巧与提示

“采样”卷展栏下的“渲染”卷展栏中的“最大采样”值默认为4096，该值越高，渲染图像的质量越好，同时渲染图像所耗费的时间也越长。适当降低该值可以显著提升渲染场景的速度。

13 再次观察“渲染”预览显示效果，如图4-31所示。我们可以发现更换了渲染引擎后，渲染预览出来的图像结果要真实了许多。

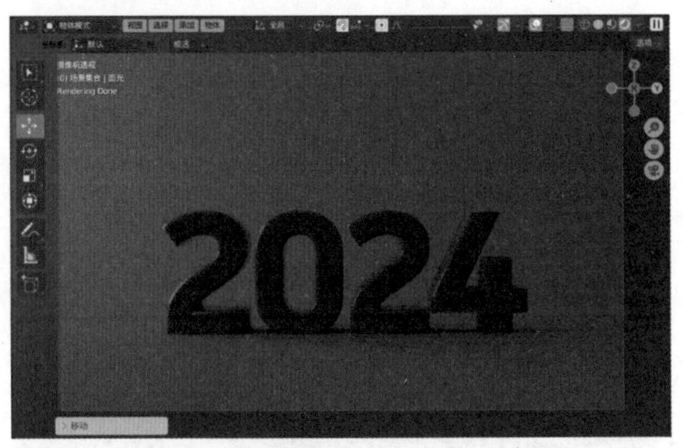

图4-31

14 选择灯光，在“灯光”卷展栏中，设置“能量”为100W，如图4-32所示。

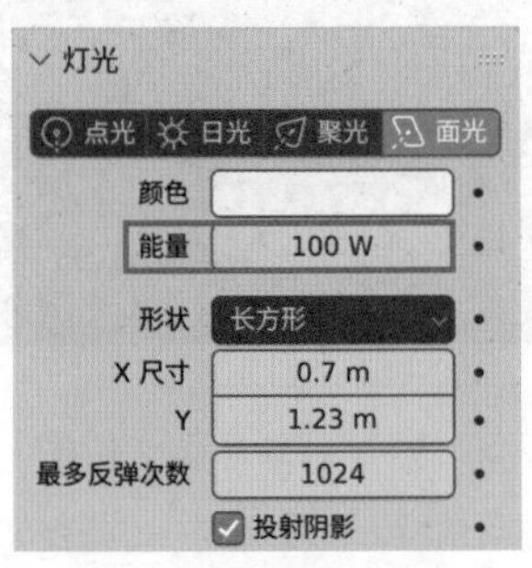


图4-32

15 再次观察“渲染”预览显示结果，如图4-33所示，可以看到场景明亮了许多。

图4-33

16 执行菜单栏中的“渲染” | “渲染图像”命令，如图4-34所示。

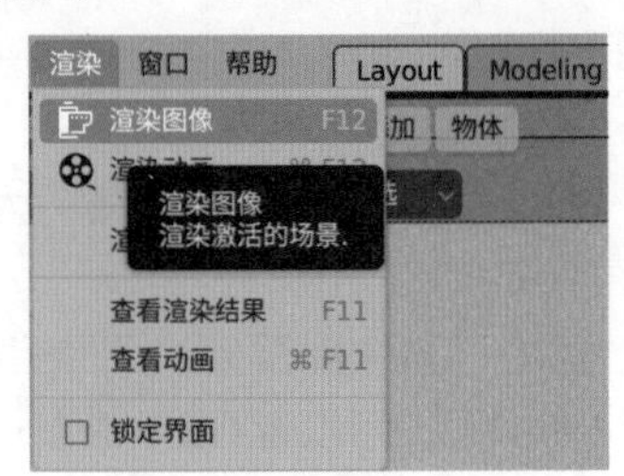


图4-34

17 渲染场景，本实例的最终渲染效果如图4-35所示。

图4-35

## 4.2.3　实例：制作室内阳光照明效果

本实例通过制作室内阳光照明效果来详细讲解天空纹理的使用方法。图4-36所示为本实例的最终完成效果。

图4-36

01 启动中文版Blender 4.0软件，打开配套场景文件“餐桌.blend”，里面有一个放了食物的餐桌模型，并且已经设置好了材质和摄像机，如图4-37所示。

图4-37

02 在World（世界环境）面板中，单击“颜色”后面的黄色圆点按钮，如图4-38所示。

图4-38

03 在弹出的菜单中执行“天空纹理”命令，如图4-39所示。

图4-39

04 按Z键，在弹出的菜单中执行“渲染”命令，将视图切换为“渲染”预览状态，如图4-40所示。观察本场景的渲染预览结果，如图4-41所示。

图4-40

图4-41

05 在Scene面板中，设置“渲染引擎”为Cycles，如图4-42所示。

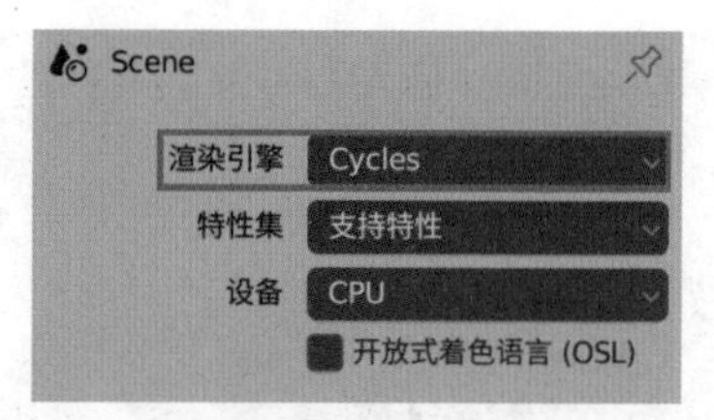

图4-42

06 设置完成后，“摄像机透视”视图的渲染预览显示结果如图4-43所示。

图4-43

07 在“表（曲）面”卷展栏中，设置“太阳高度”为25°、“太阳旋转”为110°，调整太阳的大小和太阳在天空中的位置，如图4-44所示。

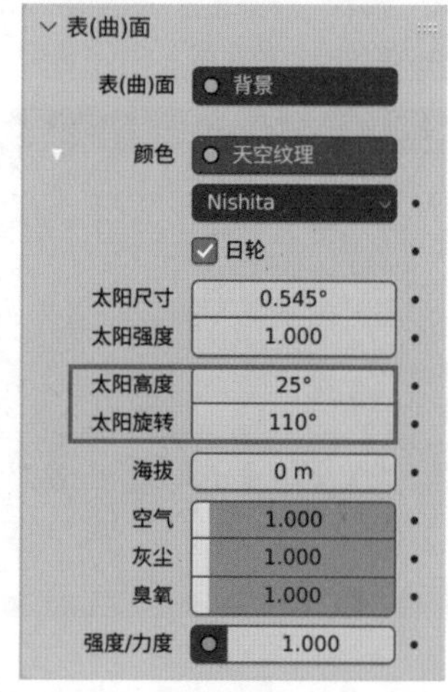

图4-44

08 设置完成后，“摄像机透视”视图的渲染预览显示结果如图4-45所示，我们可以看到阳光穿透窗户在餐桌上所产生的投影效果。

09 在“表（曲）面”卷展栏中，设置“太阳尺寸”为1°，如图4-46所示。

10 设置完成后，“摄像机透视”视图的渲染预览显示结果如图4-47所示，可以看到窗户在餐桌上的投影会比之前要虚化一些。

图4-45

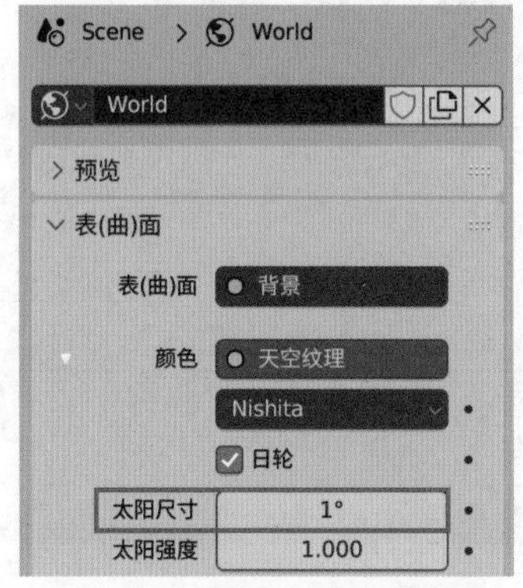


图4-46

图4-47

11 执行菜单栏中的“渲染”|“渲染图像”命令，渲染场景，本实例的最终渲染效果如图4-48所示。

图4-48

## 4.2.4　实例：制作室内天光照明效果

本实例通过制作室内天光照明效果来详细讲解面光的使用方法。图4-49所示为本实例的最终完成效果。

图4-49

01 启动中文版Blender 4.0软件，打开配套场景文件“餐桌.blend”，里面有一个放了食物的餐桌模型，并且已经设置好了材质和摄像机，如图4-50所示。

图4-50

02 执行菜单栏中的“添加”|“灯光”|“面光”命令，在场景中创建一个面光，如图4-51所示。

图4-51

03 将面光移动至房屋模型的外面，并对其进行旋转，调整其照射方向至图4-52所示。

04 在“正交右视图”中，调整灯光的位置至窗户模型位置处，如图4-53所示。

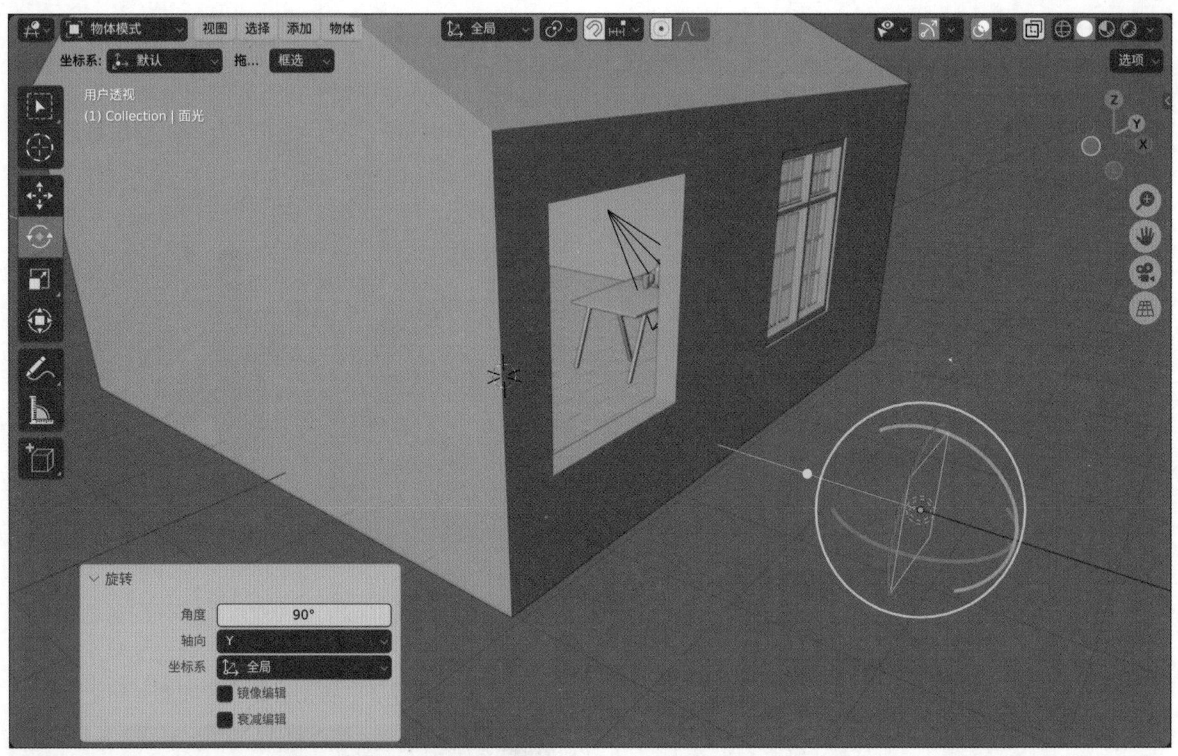


图4-52

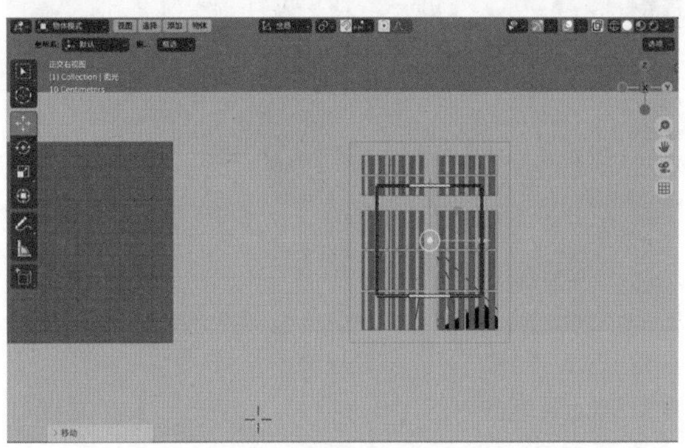

图4-53

05 在“灯光”面板中，设置灯光的“能量”为300W、“形状”为“长方形”，如图4-54所示。

图4-54

06 在场景中选择面光，将光标放置于面光边缘位置，当面光边缘呈黄色高亮显示状态时，可以用拖动的方式来调整面光的大小，使其与窗户模型大小接近，如图4-55所示。

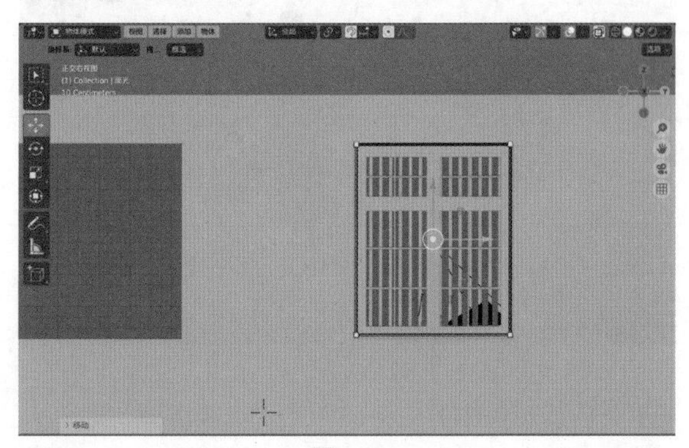

图4-55

07 在“正交顶视图”中，调整面光的位置至图4-56所示。

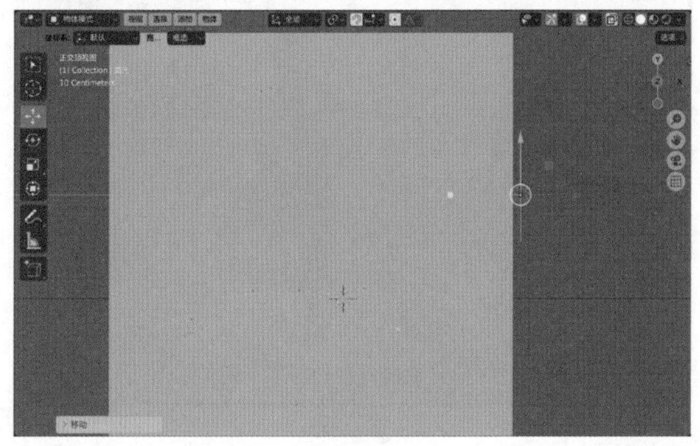

图4-56

08 选择灯光，按option（macOS）/Alt（Windows）+D组合键，对灯光进行关联复制，并调整其位置至图4-57所示。

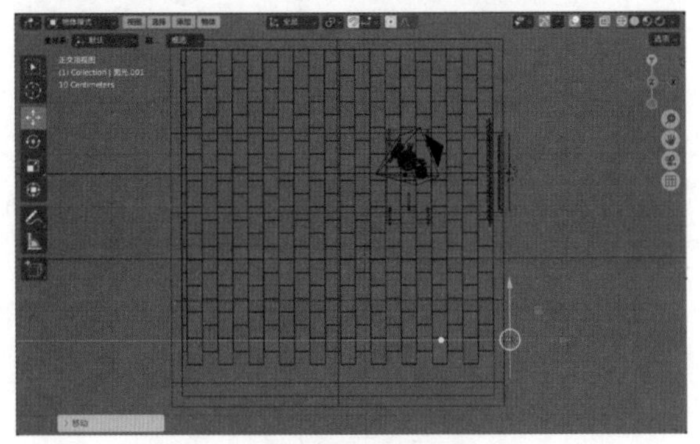
图4-57

09 在Scene面板中，设置“渲染引擎”为Cycles，如图4-58所示。

10 在视图中单击摄像机形状的“切换摄像机视角”按钮，将视图切换至“摄像机透视”视图，再单击视图上方右侧的“渲染”预览按钮，将视图的着色方式设置为“渲染”，如图4-59所示。就可以在视图中查看设置了灯光后的场景渲染预览效果，如图4-60所示。

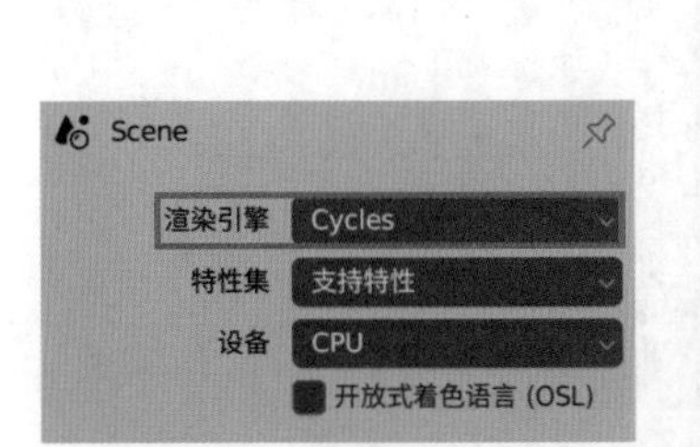

图4-58

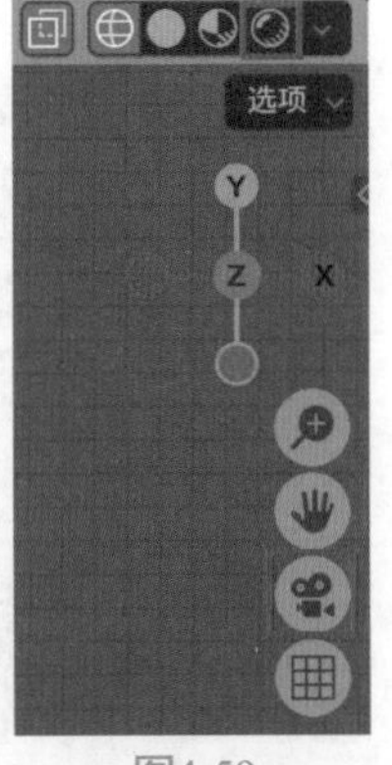

图4-59

图4-60

11 执行菜单栏中的“渲染”｜“渲染图像”命令，渲染场景，本实例的最终渲染效果如图4-61所示。

图4-61

## 4.2.5　实例：制作室外天光照明效果

本实例通过制作室外天光照明效果来详细讲解天空纹理的使用方法。图4-62所示为本实例的最终完成效果。

图4-62

01 启动中文版Blender 4.0软件，打开配套场景文件“楼房.blend”，里面有一栋楼房模型，并且已经设置好了材质和摄像机，如图4-63所示。

图4-63

02 在Scene面板中，设置“渲染引擎”为Cycles，如图4-64所示。

03 在“采样”卷展栏下的“渲染”卷展栏中，设置“最大采样”为1024，如图4-65所示。

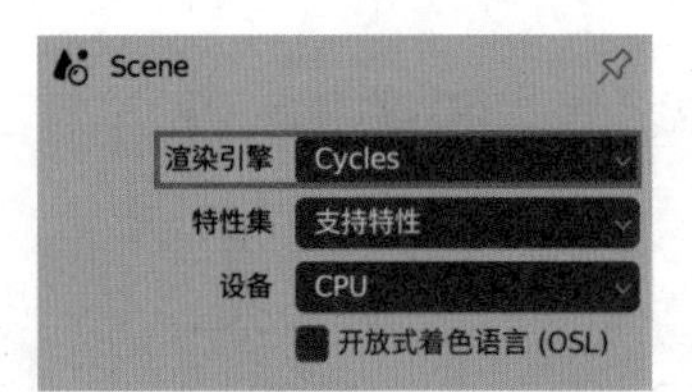

图4-64

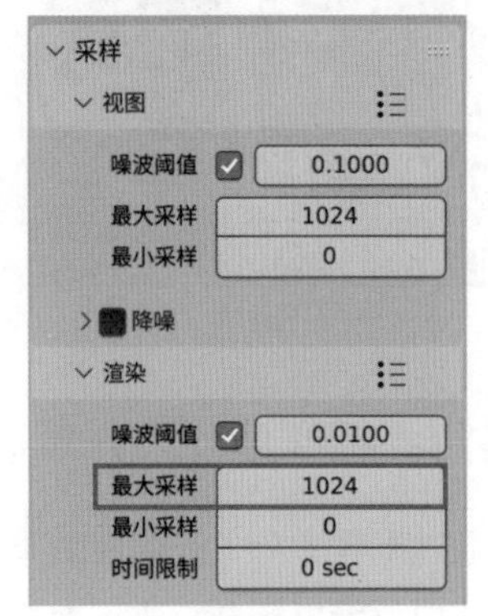

图4-65

04 在World（世界环境）面板中，单击“颜色”后面的黄色圆点按钮，如图4-66所示。

图4-66

05 在弹出的菜单中执行“天空纹理”命令，如图4-67所示。

图4-67

06 将视图切换至“渲染”预览，可以看到添加了天空纹理后的渲染预览结果如图4-68所示。

07 在“表（曲）面”卷展栏中，设置“臭氧”为10.000，如图4-69所示。可以看到天空的颜色显示效果如图4-70所示。

图4-68

图4-69

图4-70

08 在“表（曲）面”卷展栏中，设置“太阳旋转”为93°，如图4-71所示。可以看到窗口的投影显示结果如图4-72所示。

09 在“表（曲）面”卷展栏中，设置“空气”为3.000，如图4-73所示。可以看到天空的颜色显示结果如图4-74所示。

10 执行菜单栏中的“渲染”｜“渲染图像”命

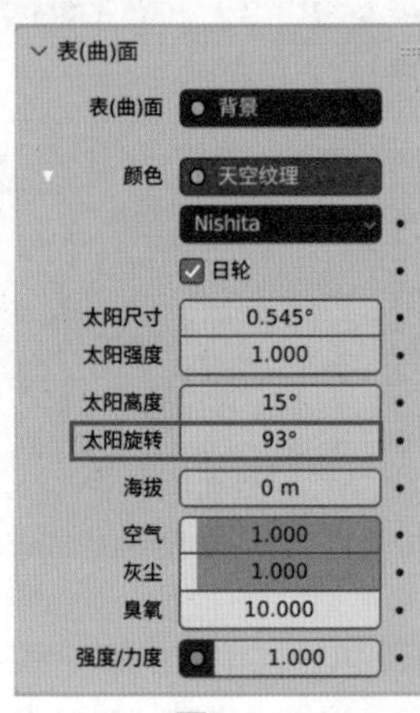

图4-71

令，渲染场景，渲染效果如图4-75所示。

图4-72

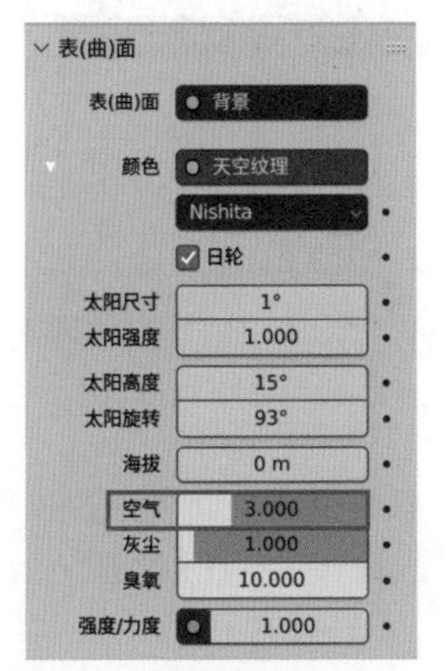


图4-73

图4-74

图4-75

⑪ 在“合成器”面板中，勾选“使用节点”复选框，即可在下方查看“渲染层”节点和“合成”节点，如图4-76所示。

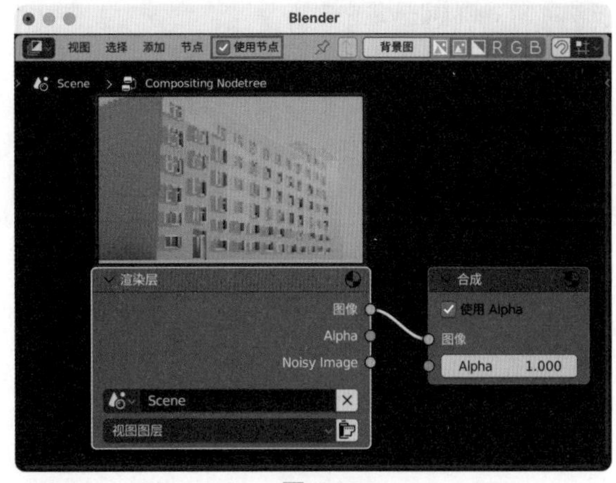


图4-76

⑫ 执行菜单栏中的“添加”|“颜色”|Brightness/Contrast（光度/对比度）命令，如图4-77所示，即可在“合成器”面板中添加一个光度/对比度节点。

图4-77

⑬ 将光度/对比度节点放置于“渲染层”节点的后方，并设置“光度”为-8.000、“对比度”为5.000，如图4-78所示。

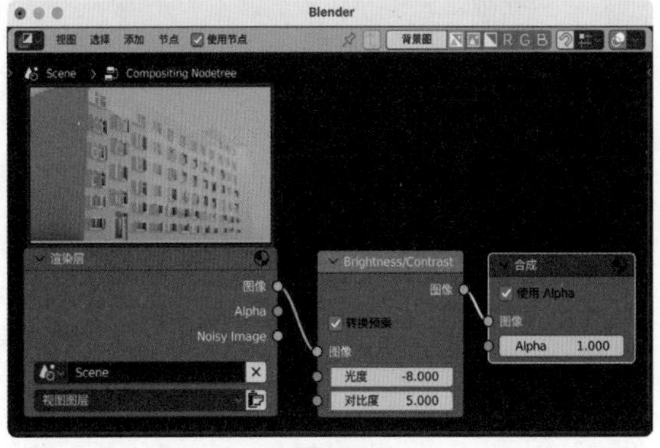


图4-78

⑭ 设置完成后，本实例的最终渲染效果如图4-79所示。

图4-79

## 4.2.6 实例：制作射灯照明效果

本实例详细讲解如何使用IES文件来制作射灯照明效果。本实例的最终渲染结果如图4-80所示。

图4-80

01 启动中文版Blender 4.0软件，打开配套场景文件“置物架.blend”，里面是一个放了一个花瓶的置物架模型，并且已经设置好了材质和摄像机，如图4-81所示。

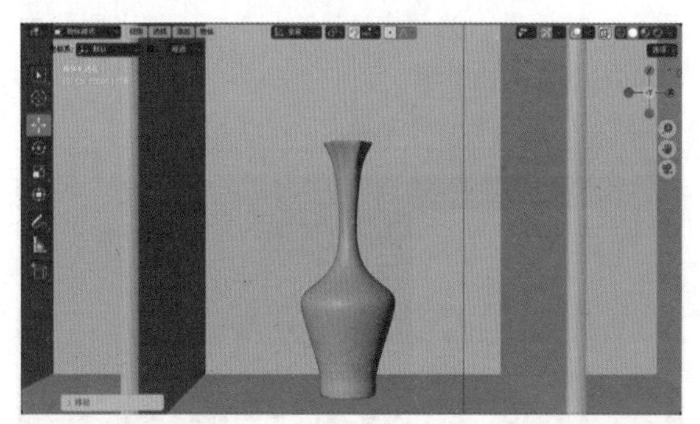

图4-81

02 执行菜单栏中的“添加”|“灯光”|“点光”命令，在场景中创建一个点光，并调整其位置至图4-82所示。

03 在“数据”面板中，展开“节点”卷展栏，单击“使用节点”按钮，如图4-83所示。

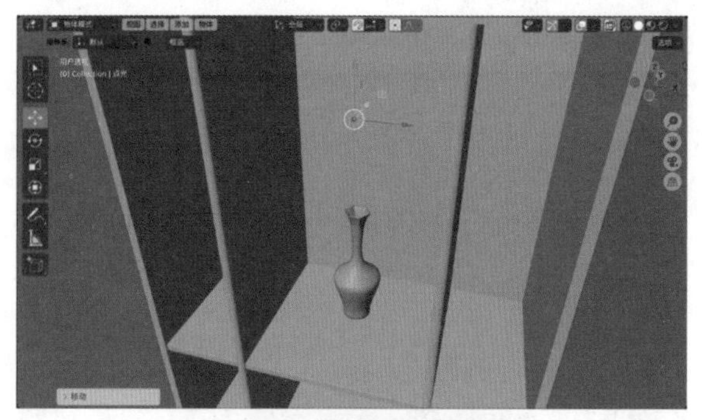

图4-82

图4-83

04 在“着色器编辑器”面板中，执行菜单栏中的“添加”|“纹理”|“IES纹理”命令，如图4-84所示。

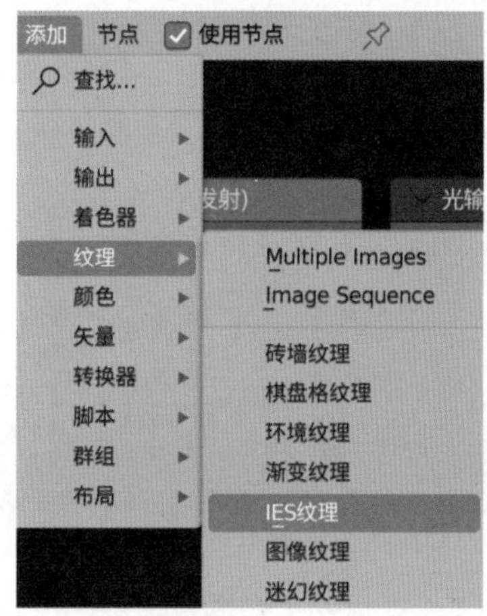


图4-84

05 将“IES纹理”的“系数”连接至“自发光（发射）”的“颜色”上，如图4-85所示。

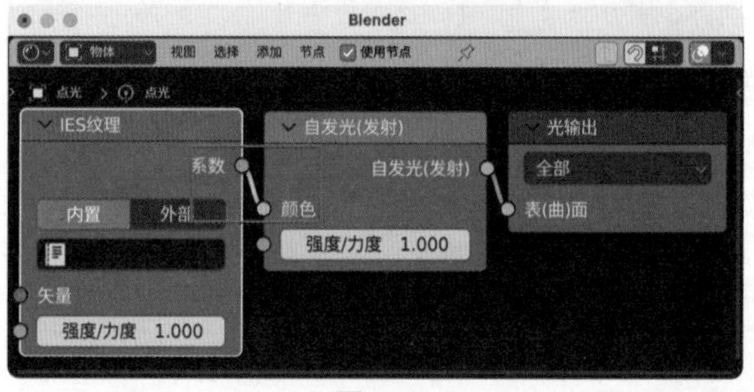


图4-85

06 在“节点”卷展栏中，设置“源”为“外部”，并单击下方文件夹形状的按钮，浏览本书配套资源文件“射灯.ies”，如图4-86所示。

图4-86

07 在“灯光”卷展栏中，设置点光的“颜色”为黄色、“能量”为100mW，如图4-87所示。

图4-87

## 技巧与提示

“能量”值的默认单位为W，输入0.1后，其单位会自动更改为mW。

08 设置完成后，“摄像机透视”视图的渲染预览显示结果如图4-88所示。

图4-88

09 执行菜单栏中的“添加”|“灯光”|“面光”命令，在场景中创建一个面光，并调整其位置至图4-89所示。

10 在“灯光”卷展栏中，设置“能量”为50W，如图4-90所示。

图4-89

图4-90

11 设置完成后，“摄像机透视”视图的渲染预览显示结果如图4-91所示。

图4-91

12 执行菜单栏中的“渲染”|“渲染图像”命令，渲染场景，本实例的最终渲染效果如图4-92所示。

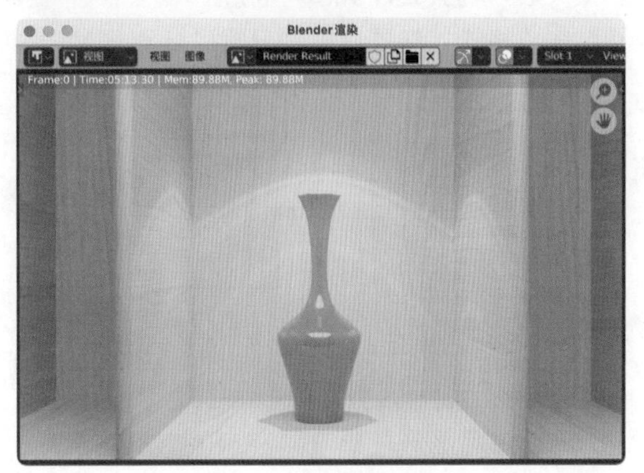


图4-92

## 4.2.7 实例：制作荧光照明效果

本实例详细讲解如何使用材质来制作荧光照明效果。本实例的最终渲染结果如图4-93所示。

图4-93

01 启动中文版Blender 4.0软件，打开配套场景文件“小球.blend”，里面有几个小球模型，并且已经设置好了材质和摄像机，如图4-94所示。

图4-94

02 在Scene面板中，设置“渲染引擎”为Cycles，如图4-95所示。

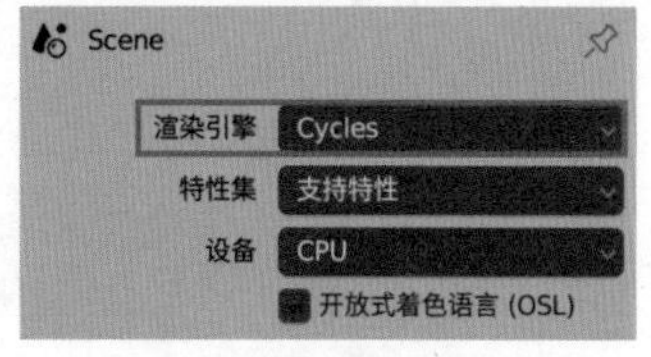


图4-95

03 在“采样”卷展栏下的“渲染”卷展栏中，设置“最大采样”为1024，如图4-96所示。

04 在“格式”卷展栏中，设置“分辨率X”为1300px、“分辨率Y”为800px，如图4-97所示。

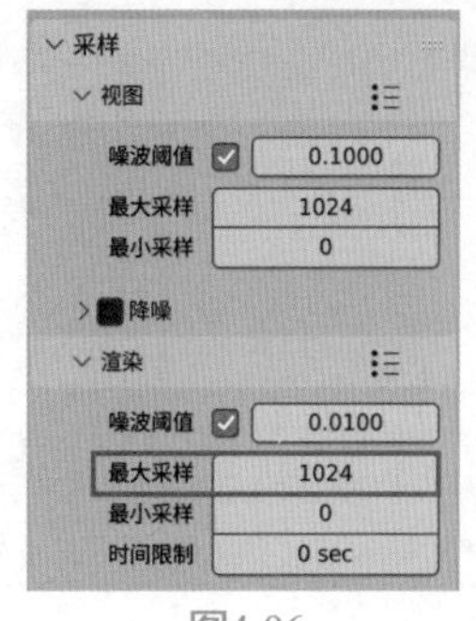


图4-96

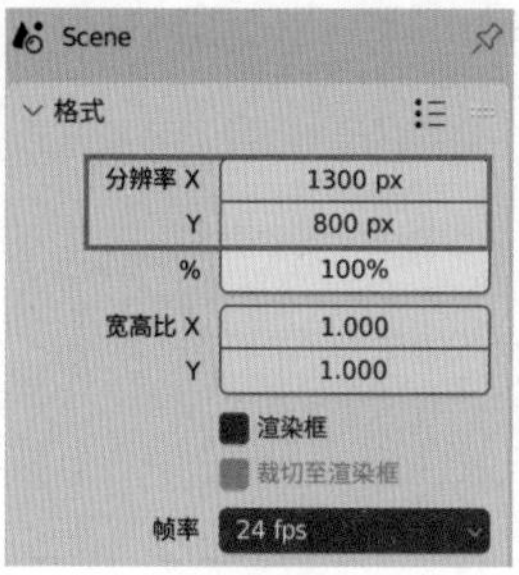

图4-97

05 设置完成后，将视图切换至“渲染”，如图4-98所示。

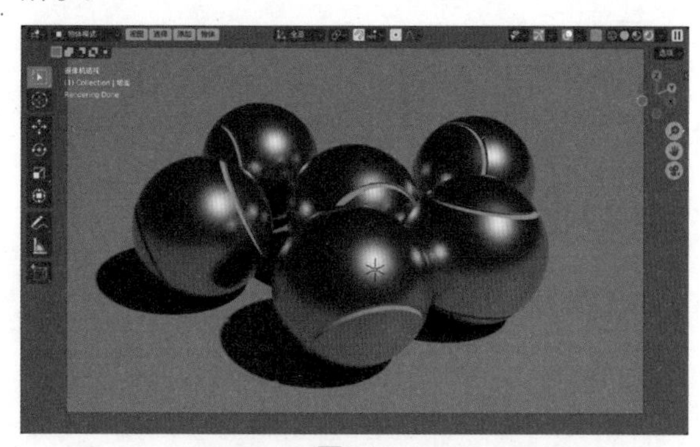

图4-98

06 选择小球上的白色部分模型，如图4-99所示。

图4-99

07 在“材质”面板中，单击“新建”按钮，如图4-100所示。

08 在“表（曲）面”卷展栏中，设置“自发光（发射）”为蓝色、“自发光强度”为20.000，如图4-101所示。其中，“自发光（发射）”颜色的参数设置如图4-102所示。

09 设置完成后，渲染场景，渲染结果如图4-103所示。

10 在“合成器”面板中，勾选“使用节点”复

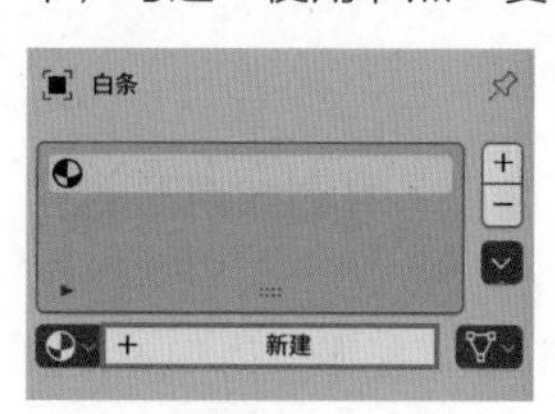


图4-100

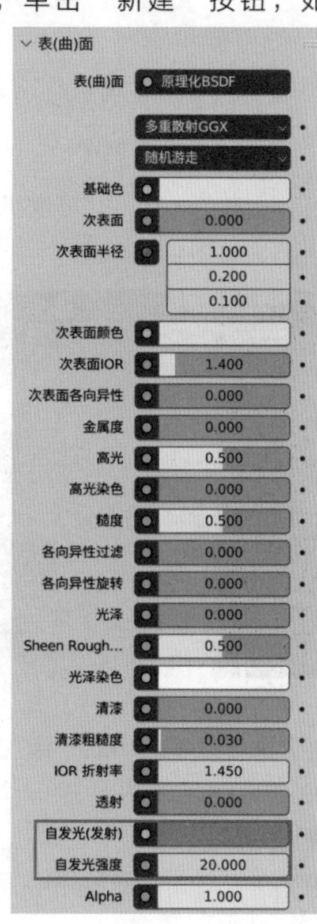


图4-101

选框，即可在下方查看“渲染层”节点和“合成”节点，如图4-104所示。

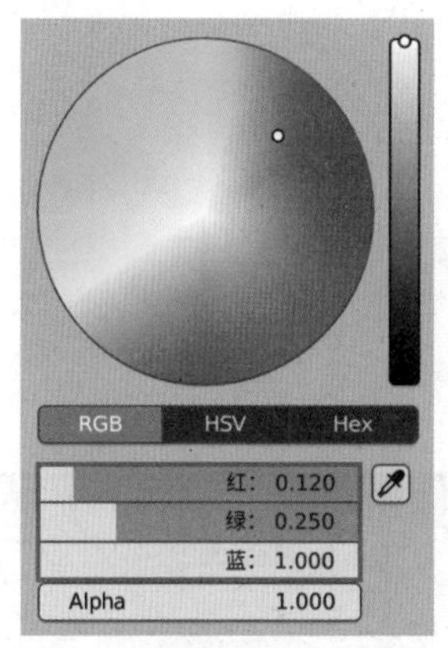


图4-102

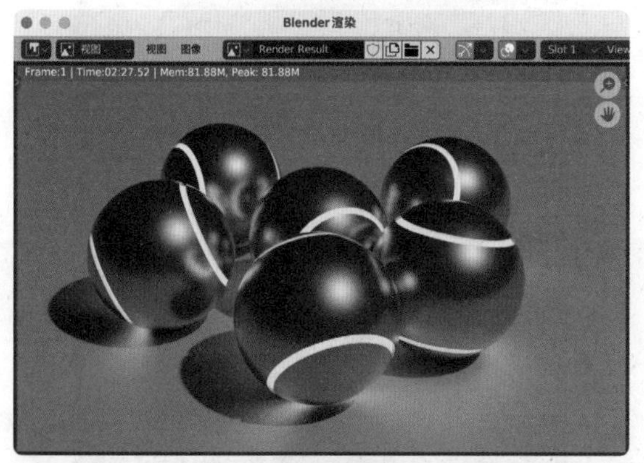


图4-103

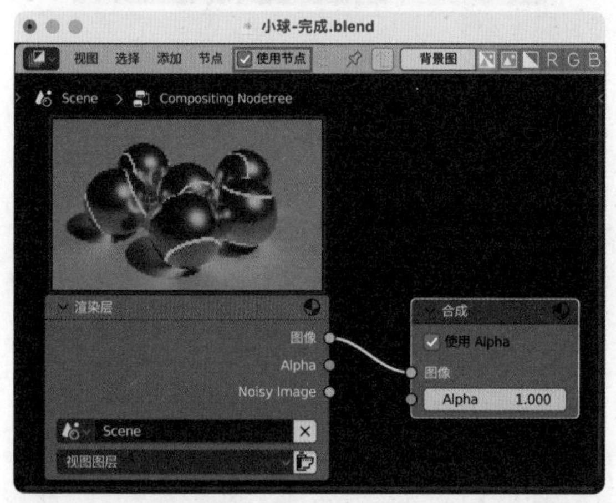


图4-104

11 执行菜单栏中的“添加”｜“颜色”｜“RGB曲线”命令，如图4-105所示，即可在“合成器”面板中添加一个“RGB曲线”节点。

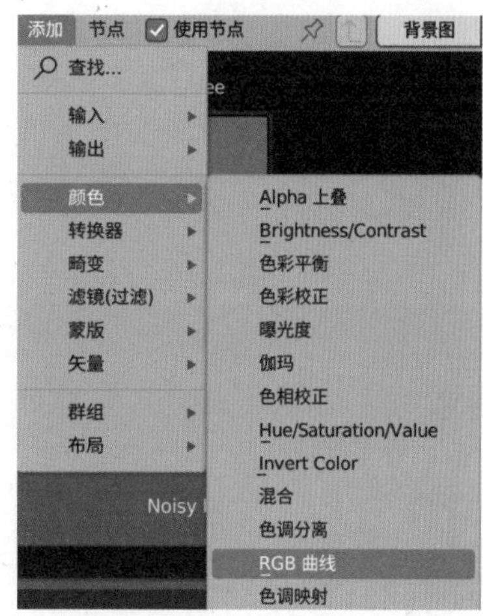


图4-105

12 将“RGB曲线”节点放置于“渲染层”节点的后方，并调整“RGB曲线”节点中曲线的形状至图4-106所示。设置完成后，可以看到本实例的渲染结果要提亮了许多。

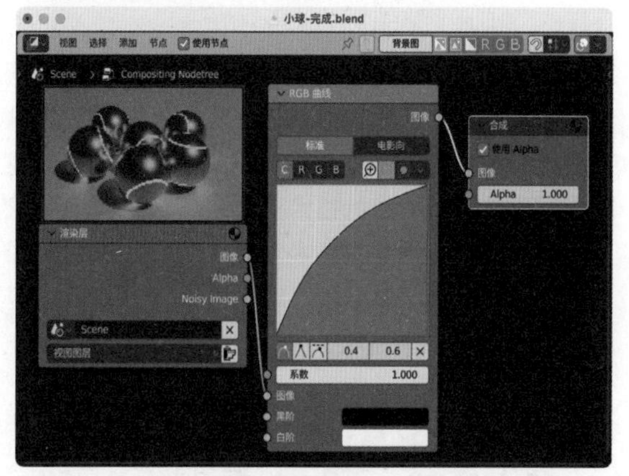


图4-106

13 本实例的最终渲染效果如图4-107所示。

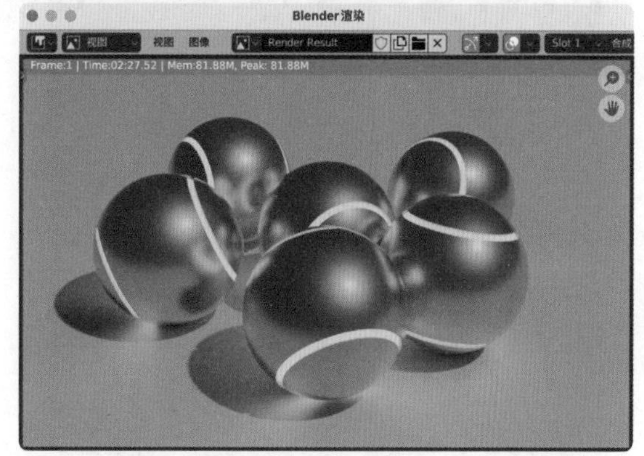


图4-107

# 第 5 章
# 摄像机技术

## 5.1 摄像机概述

摄像机中所包含的参数命令与现实当中我们所使用的摄像机参数非常相似，例如焦距、光圈、尺寸等，如果用户是一个摄像爱好者，那么学习本章的内容将会得心应手。当我们新建一个场景文件时，Blender软件会自动在场景中添加一个摄像机，当然，我们也可以为场景创建多个摄像机来记录场景中的美好角度。跟其他章的内容来比较，摄像机的参数相对较少，但是并不意味着每个人都可以轻松地学习并掌握摄像机技术，学习摄像机技术就像我们拍照一样，最好额外多学习一些有关画面构图方面的知识有助于帮助自己将作品中较好的一面展示出来。图5-1和图5-2所示为日常生活中拍摄的一些画面。

图5-1

图5-2

## 5.2 摄像机

用户新建一个“常规”文件后，场景中会自动添加一个摄像机，如图5-3所示。通过单击界面右侧的“切换摄像机视角”按钮在“用户透视”视图和“摄像机透视”视图之间切换，如图5-4所示。

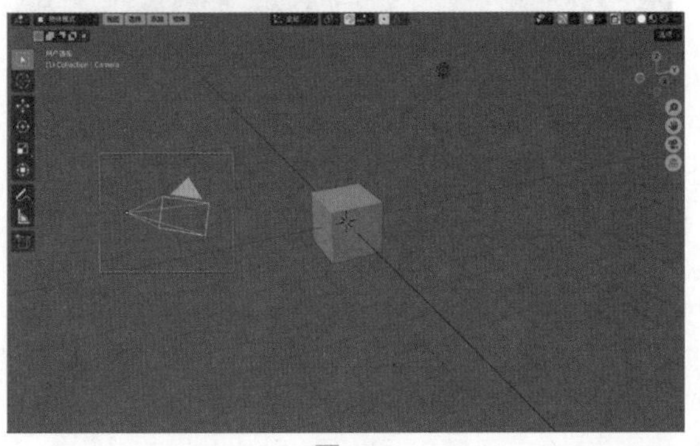

图5-3

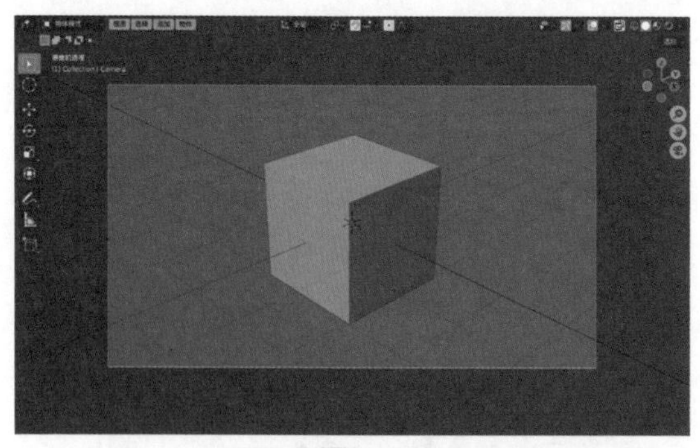

图5-4

在“摄像机透视”视图中，当我们按下鼠标中键旋转视图时，可以自动切换回“用户透视”视图，而不会更改摄像机的位置。

## 5.2.1 基础操作：创建摄像机

**【知识点】创建摄像机、调整摄像机、设置活动摄像机。**

01 启动中文版Blender 4.0软件，打开配套场景文件“杯子.blend”，如图5-5所示。

图5-5

02 执行菜单栏中的“添加”｜“摄像机”命令，在场景中创建一个摄像机，如图5-6所示。

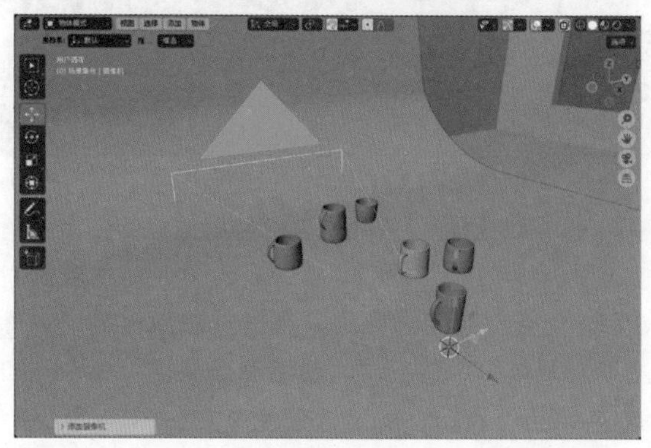

图5-6

03 在“正交顶视图”中，调整摄像机的位置和角度至图5-7所示。

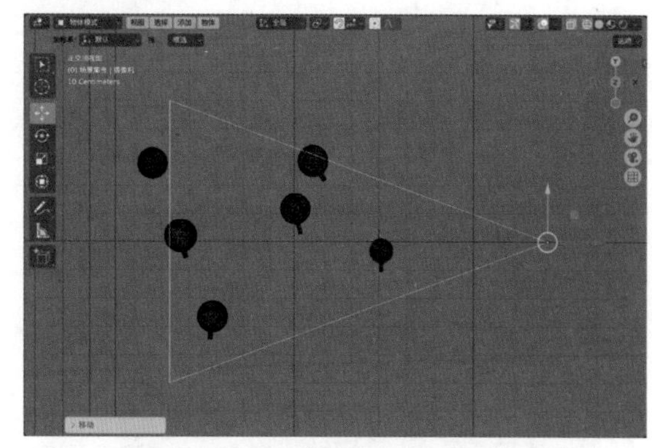

图5-7

04 在“正交前视图”中，调整摄像机的位置和角度至图5-8所示。

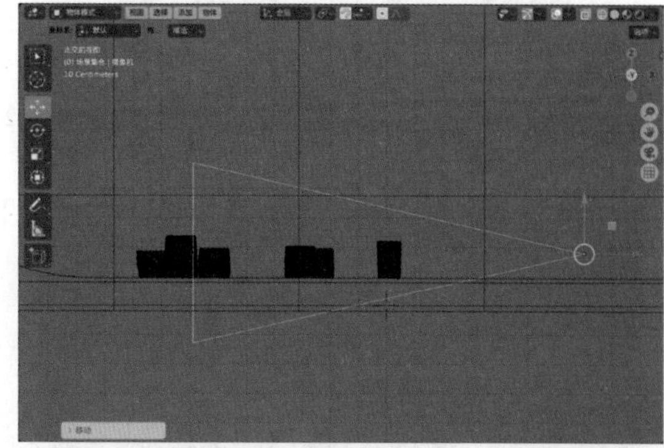

图5-8

05 单击视图上方右侧摄像机形状的“切换摄像机视角”按钮，如图5-9所示，即可将视图切换至“摄像机透视”视图，如图5-10所示。接下来，准备微调摄像机的拍摄角度。

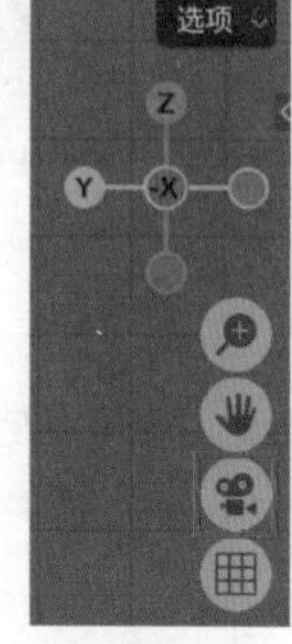


图5-9

### 技巧与提示

切换到“摄像机透视”视图后，先不要按鼠标中键旋转视图，因为这样又会回到“用户透视”视图中。

图5-10

06 按N键，弹出侧栏，在“视图”卷展栏中，勾选“锁定摄像机”复选框，如图5-11所示。这样，再按鼠标中键旋转视图时，就不会回到“用户透视”视图中，而是在“摄像机透视”视图里调整摄像机的拍摄角度。

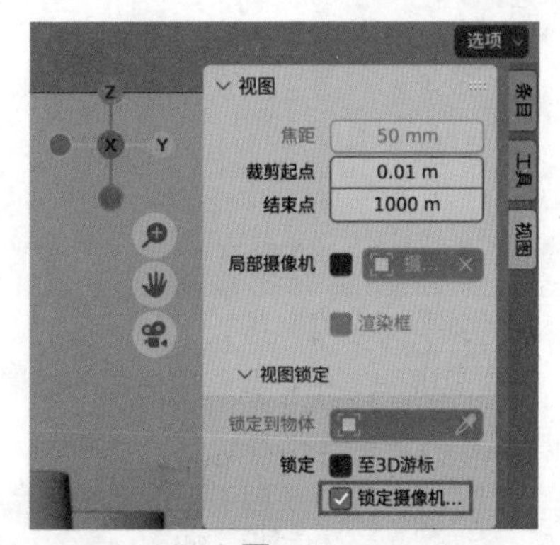


图5-11

07 最终调整好的“摄像机透视”视图如图 5-12所示。

图5-12

## 技巧与提示

在本实例中，摄像机的位置及旋转角度，读者可以参考图5-13所示来进行设置。

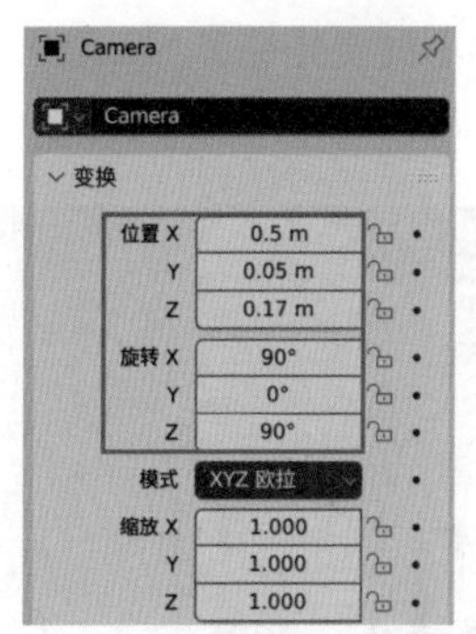


图5-13

08 设置完成后，再取消勾选“锁定摄像机”复选框，如图5-14所示。这样可以防止因误操作更改了摄像机的拍摄角度。

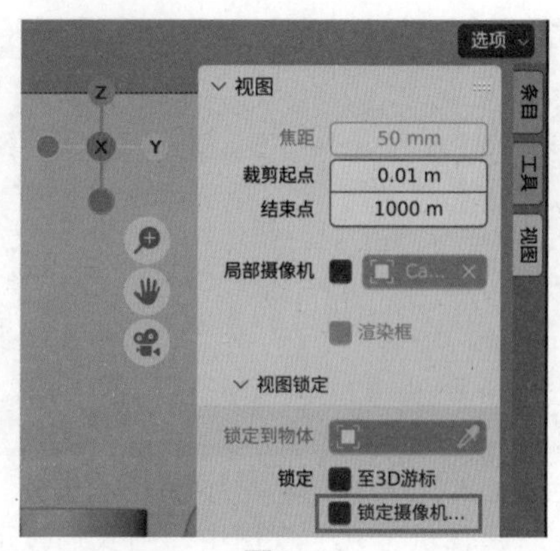


图5-14

09 执行菜单栏中的“渲染”｜“渲染图像”命令，渲染场景，渲染效果如图5-15所示。

图5-15

10 再次在场景中创建一个摄像机，在“正交顶视图”中，调整摄像机的位置和角度至图5-16所示。

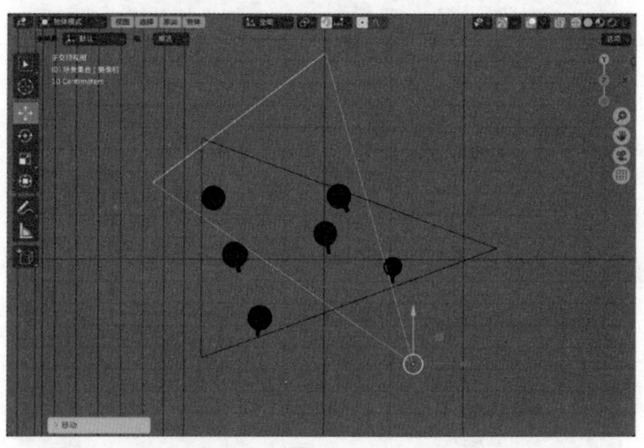

图5-16

11 在“用户透视”视图中，调整摄像机的位置和角度至图5-17所示。

12 选择新创建的摄像机，右击并在弹出的“物体上下文菜单”中执行“设置活动摄像机”命令，如图5-18所示。

13 将视图切换至“摄像机透视”视图，最终调整好的“摄像机透视”视图如图5-19所示。

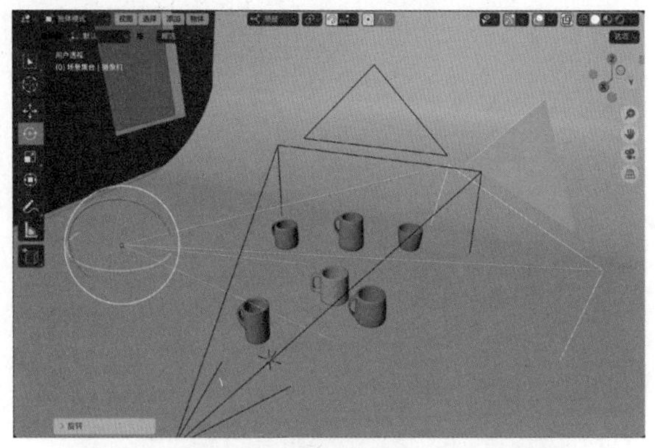

图5-17

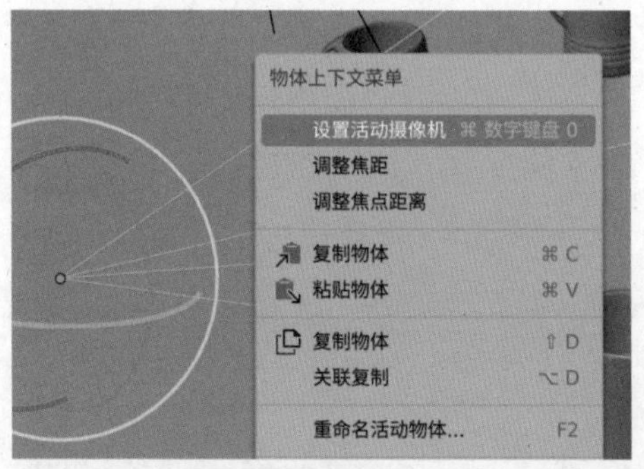


图5-18

图5-19

14 执行菜单栏中的“渲染” | “渲染图像”命令，渲染场景，渲染效果如图5-20所示。

图5-20

### 技巧与提示

在Blender软件中，当场景中有多个摄像机时，只能设置其中一个为活动摄像机，渲染图像也只会渲染活动摄像机的拍摄视角。

## 5.2.2 实例：制作景深效果

在本习题中，使用上一节完成的文件来详细讲解制作摄像机渲染景深效果的方法。本实例的最终渲染结果如图5-21所示。

图5-21

01 启动中文版Blender 4.0软件，打开配套场景文件“杯子-完成.blend”，如图5-22所示。

图5-22

02 按Z键，在弹出的菜单中执行“渲染”命令，如图5-23所示。

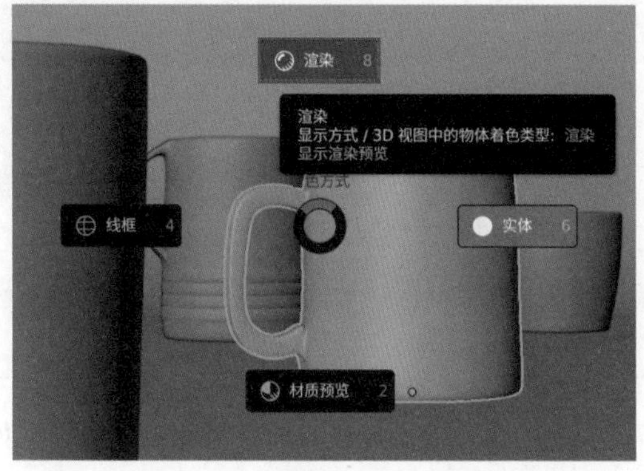


图5-23

03 场景的渲染预览显示结果如图5-24所示。

图5-24

04 选择摄像机，在Camera面板中，勾选“景深”复选框，如图5-25所示。

图5-25

05 观察场景的渲染预览，默认景深效果如图5-26所示，可以看到画面已经出现了一些模糊效果。

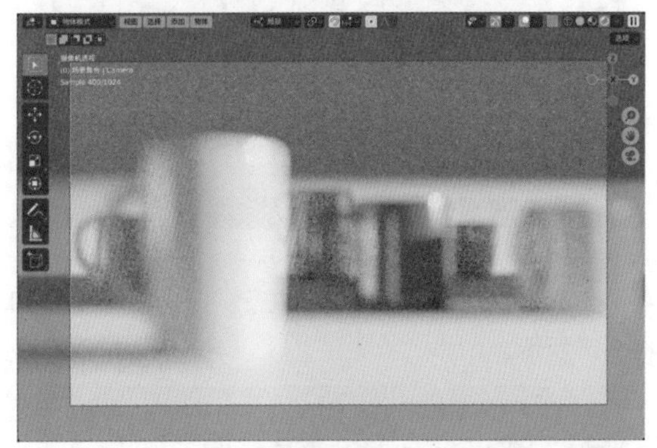

图5-26

06 执行菜单栏中的“添加”｜“空物体”｜“纯轴”命令，在场景中创建一个名称为“空物体”的纯轴，如图5-27所示。

07 在“正交顶视图”中，将纯轴的位置调整至如图5-28所示。

08 在“景深”卷展栏中，设置纯轴为“焦点物体”后，纯轴的名称会出现在“焦点物体”的后方，如图5-29所示。

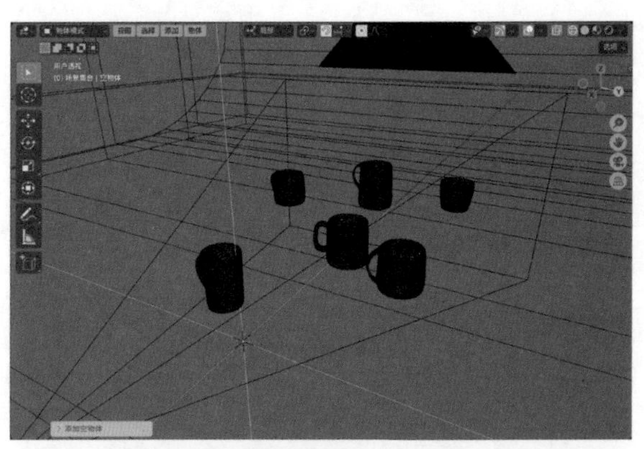

图5-27

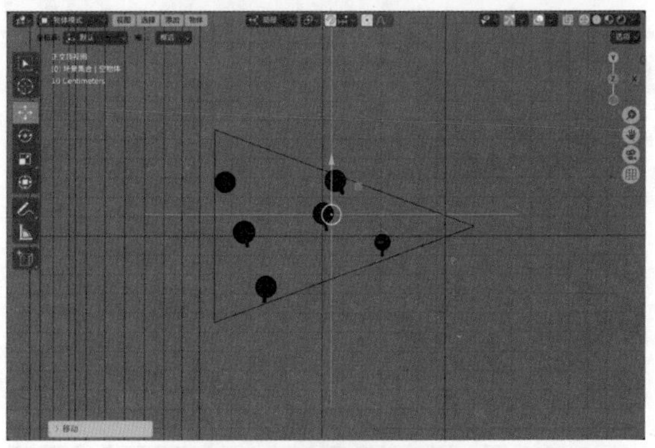

图5-28

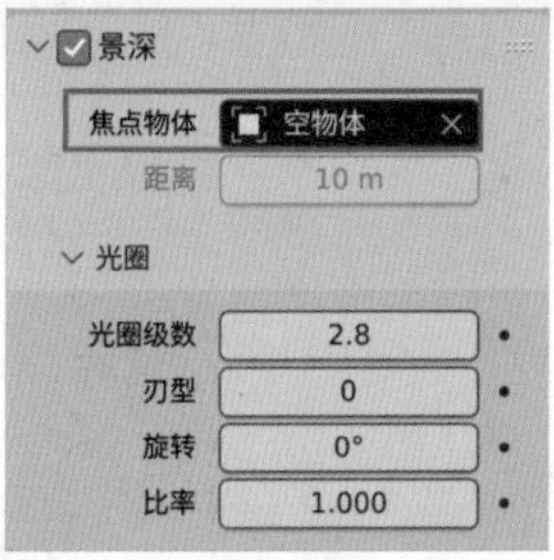

景深
焦点物体 空物体
距离 10 m
光圈
光圈级数 2.8
刃型 0
旋转 0°
比率 1.000

图5-29

09 在设置完成后，观察“摄影机透视”视图，其渲染预览效果如图5-30所示。可以看到纯轴位置处的杯子渲染结果较为清楚，场景中的其他杯子则看起来较为模糊。

图5-30

10 在“景深”卷展栏中，设置“光圈级数”为1.0，如图5-31所示。

图5-31

11 “摄像机透视”视图的渲染预览显示效果如图5-32所示。

图5-32

### 技巧与提示

“光圈级数”值越小，景深的模糊效果越明显。

12 渲染场景，渲染效果如图5-33所示。

图5-33

## 5.2.3 实例：制作运动模糊效果

本实例详细讲解制作运动模糊效果的方法。本实例的最终渲染结果如图5-34所示。

01 启动中文版Blender 4.0软件，打开配套场景文件“吊扇.blend”，该文件已经设置好了材质、灯光及简单的扇叶旋转动画，如图5-35所示。

图5-34

图5-35

02 播放场景动画，可以看到扇叶旋转的动画效果如图5-36和图5-37所示。

图5-36

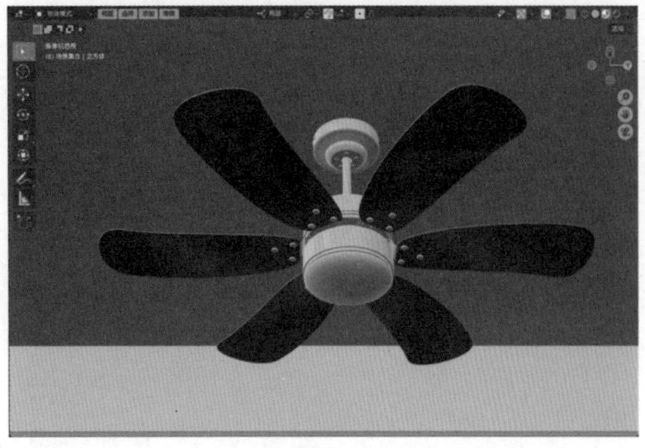

图5-37

03 渲染场景，渲染效果如图5-38所示。

图5-38

04 在Scene面板中，勾选“运动模糊”复选框，如图5-39所示。

图5-39

05 渲染场景，渲染结果如图5-40所示，可以看到扇叶边缘位置处已经出现一些运动模糊的效果。

06 在“运动模糊”卷展栏中，设置“快门”为3.00，如图5-41所示。

07 再次渲染场景，本实例的最终渲染结果如图5-42所示。

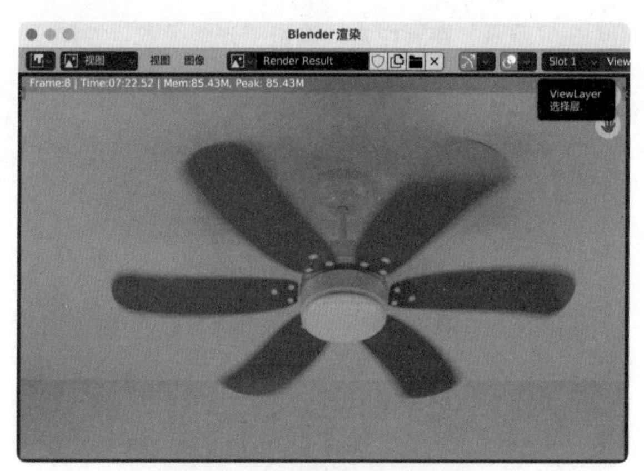

图5-40

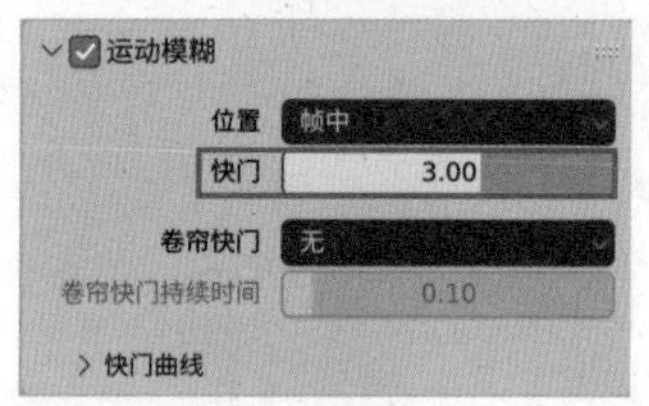


图5-41

图5-42

技巧与提示

“快门”值越大，运动模糊的效果越明显。

# 第6章 材质与纹理

## 6.1 材质概述

材质技术在三维软件中可以真实地反映出物体的颜色、纹理、不透明度、光泽以及凹凸质感，使得三维作品看起来显得生动、活泼。中文版Blender 4.0提供的默认材质“原理化BSDF”就可以制作出物体的表面纹理、高光、不透明度、自发光、反射及折射等多种属性，要想利用好这些属性制作出效果逼真的质感纹理，读者还应花时间多观察身边真实世界中物体的质感特征，图6-1～图6-4所示为拍摄的几种较为常见的质感照片。

图6-1

图6-2

图6-3

图6-4

新建场景，选择场景中自带的立方体模型，在“材质”面板中，可以看到Blender为其指定的默认材质类型为“原理化BSDF”，如图6-5所示。

图6-5

# 6.2 材质类型

中文版Blender 4.0软件提供了多种材质类型来帮助用户模拟不同的材质效果。我们在学习材质技术前，应先了解这些较为常用的材质类型。

## 6.2.1 基础操作：创建材质

**【知识点】创建材质、玻璃BSDF材质常用参数、关联材质。**

01 启动中文版Blender 4.0软件，打开配套场景文件“材质测试.blend”，里面有两个猴头模型，并且已经设置好了灯光和摄像机，如图6-6所示。

图6-6

02 将场景切换至“渲染”，可以看到没有材质的猴头模型渲染预览效果如图6-7所示，其质感接近现实生活中的白色石膏。

图6-7

03 选择左侧的猴头模型，在“材质”面板中，单击“新建”按钮，如图6-8所示，即可为其新建一个材质。

04 在“材质”面板中，更改材质的名称为“红色玻璃”，如图6-9所示。

图6-8

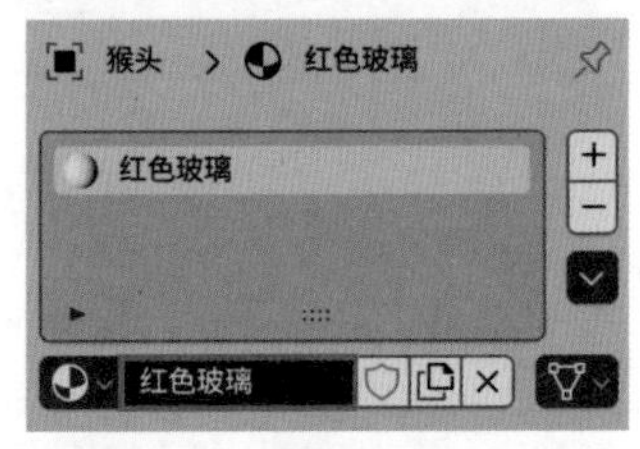


图6-9

05 在“表（曲）面”卷展栏中，设置“表（曲）面”为“玻璃BSDF”，如图6-10所示。

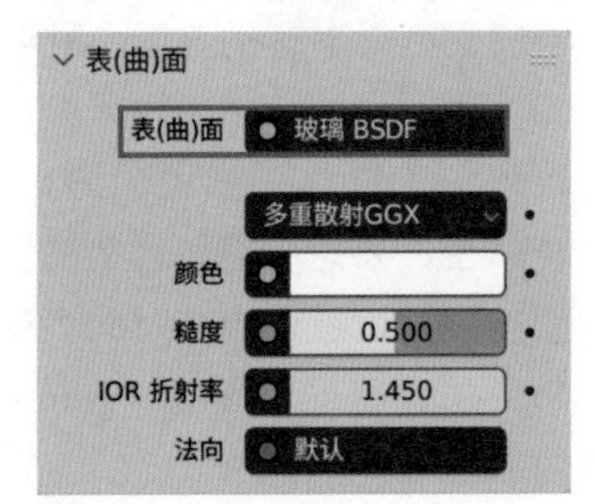


图6-10

06 渲染场景，“玻璃BSDF”材质的默认渲染结果如图6-11所示。

图6-11

07 在“表（曲）面”卷展栏中，设置“颜色”为浅红色、“糙度”为0.000，如图6-12所示。

图6-12

08 在“预览”卷展栏中，可以观察红色玻璃材质的预览效果如图6-13所示。

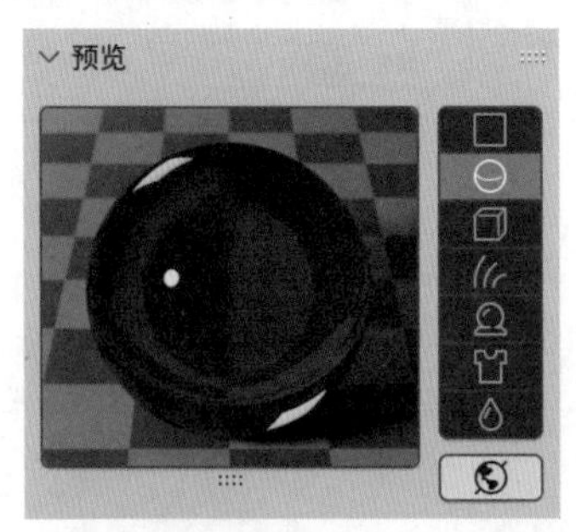

图6-13

09 在“预览”卷展栏中，设置“渲染预览类型”为“立方体”，可以观察红色玻璃材质的预览效果如图6-14所示。

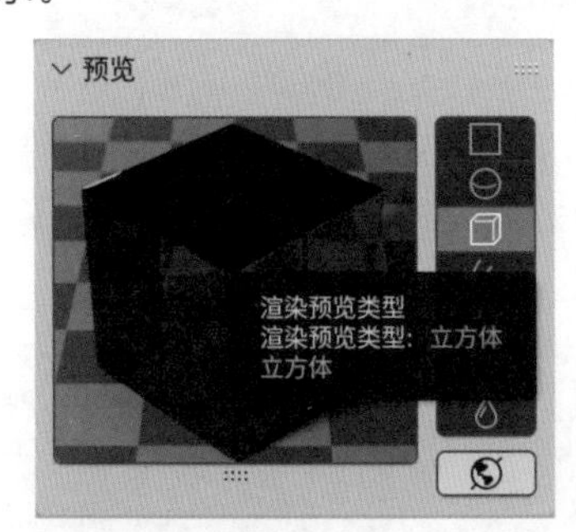

图6-14

10 在“预览”卷展栏中，设置“渲染预览类型”为“着色球”，可以观察红色玻璃材质的预览效果如图6-15所示。

图6-15

## 技巧与提示

读者可以自行尝试将“渲染预览类型”设置为其他类型来观察材质的预览效果。

11 渲染场景，渲染结果如图6-16所示。

12 选择场景中的另一个猴头模型，在“材质”面板中，单击“浏览要关联的材质”按钮，在弹出的下拉列表中选择刚刚制作好的“红色玻璃”材质，如图6-17所示。这样，就可以将刚制作好的材质赋予所选择的模型。

图6-16

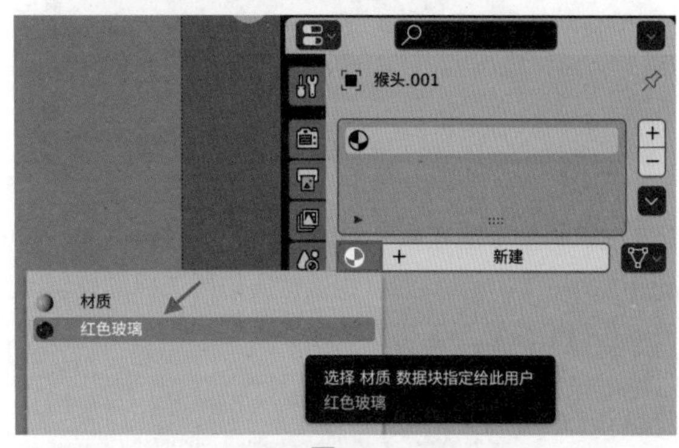

图6-17

13 设置完成后，观察“材质”面板，可以看到材质名称后显示的数字为2，如图6-18所示。这说明材质被场景中的两个物体所使用。

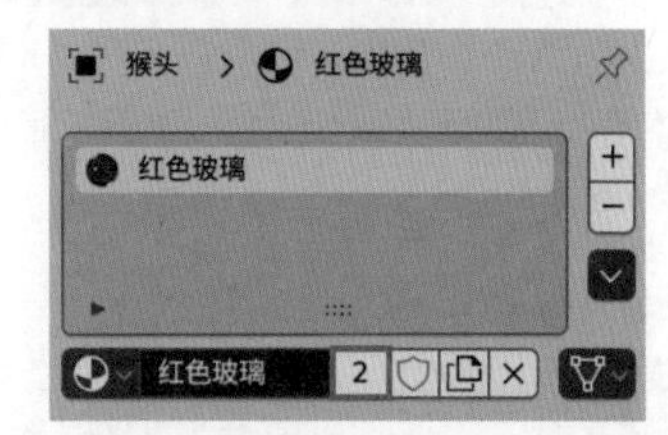

图6-18

14 再次渲染场景，渲染结果如图6-19所示。

图6-19

### 6.2.2　基础操作：删除材质

【知识点】断开材质、半透BSDF材质常用参数、删除材质。

01 在这一节中，我们接着使用上一节制作完成的场景来学习重新指定材质及删除材质的操作方法。选择场景中左侧的猴头模型，如图6-20所示。

图6-20

02 在“材质”面板中，单击“断开数据块关联”按钮，如图6-21所示，即可将该材质与所选择的模型断开。模型会恢复至无材质状态。

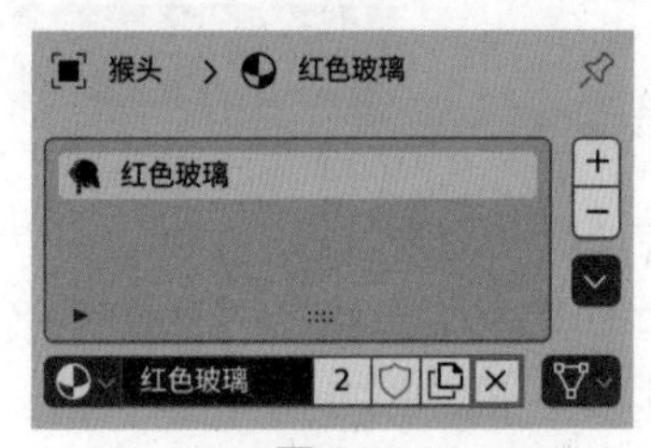


图6-21

03 在“材质”面板中，单击“新建”按钮，如图6-22所示，即可为其新建一个材质。

图6-22

04 在“材质”面板中，更改材质的名称为“绿色半透明”，如图6-23所示。

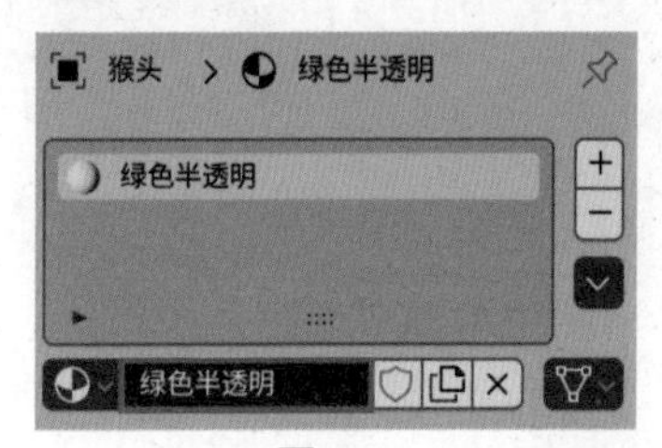


图6-23

05 在“表（曲）面”卷展栏中，设置“表（曲）面”为“半透BSDF”、“颜色”为绿色，如图6-24所示。

图6-24

06 渲染场景，渲染结果如图6-25所示。

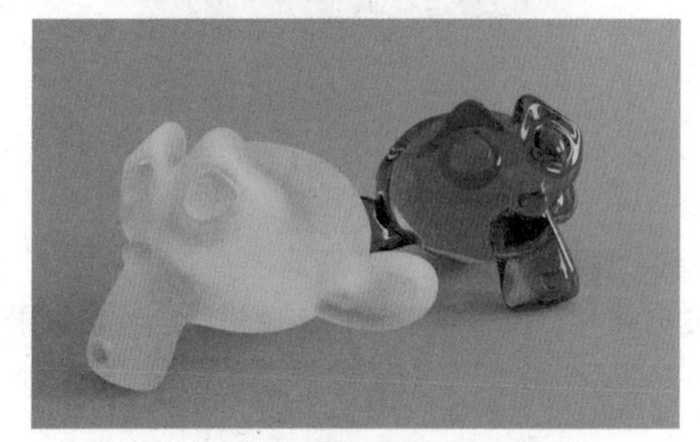

图6-25

07 选择右侧的猴头模型，为其指定刚刚制作完成的“绿色半透明”材质，再次渲染场景，渲染结果如图6-26所示。

图6-26

08 选择场景中的任意模型，在“材质”面板中，单击“浏览要关联的材质”按钮，在弹出的下拉列表中观察“红色玻璃”材质前面会显示出一个0，如图6-27所示，这代表场景中没有任何模型使用这个材质。

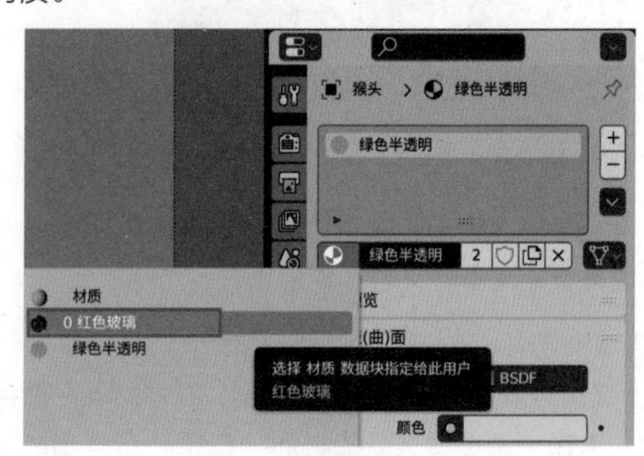


图6-27

09 在“大纲视图”面板中，将“显示模式”切换至“孤立的数据”，如图6-28所示，即可在“大纲视图”中显示出场景中未被使用的材质，如图6-29所示。

图6-28

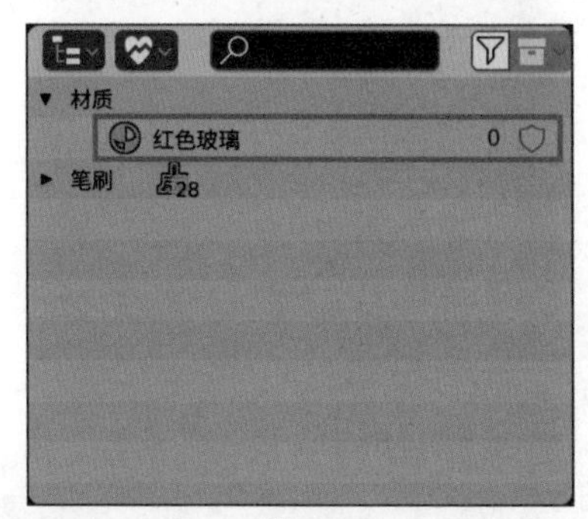


图6-29

10 在“大纲视图”中，选择红色玻璃材质，右击并在弹出的快捷菜单中执行“删除”命令，即可将该材质删除。设置完成后，在“材质”面板中，单击“浏览要关联的材质”按钮，在弹出的下拉列表中可以看到红色玻璃材质已经没有了，如图6-30所示。

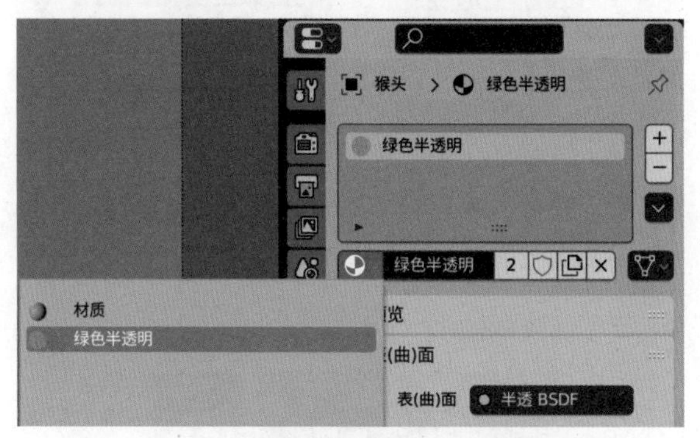


图6-30

## 6.2.3　实例：制作玻璃和饮料材质

本实例详细讲解使用“原理化BSDF”材质来制作玻璃和饮料材质的方法。图6-31所示为本实例的最终完成效果。

01 启动中文版Blender 4.0软件，打开配套场景文件“玻璃材质.blend”，本实例为一个简单的室内模型，里面有一组带有饮料的瓶子模型以及简单的配景模型，并且已经设置好了灯光及摄像机，如图6-32所示。

图6-31

图6-32

02 选择场景中的瓶子模型，如图6-33所示。

图6-33

03 在“材质”面板中，单击“新建”按钮，如图6-34所示。为其添加一个新的材质，并更改材质的名称为“玻璃瓶”，如图6-35所示。

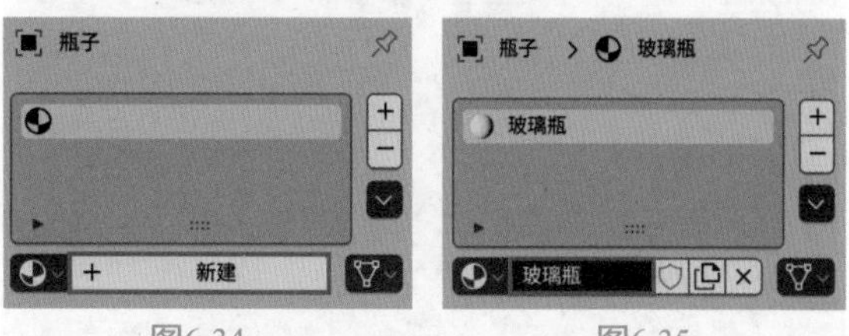


图6-34　　图6-35

04 在“表（曲）面”卷展栏中，设置“基础色”为白色、“高光”为1.000、“糙度”为0.000、“IOR折射率”为1.500、“透射”为1.000，如图6-36所示。

### 技巧与提示

“原理化BSDF”材质的“基础色”默认状态下是浅灰色，并不是纯白色。

05 在“预览”卷展栏中，制作好的玻璃材质显示结果如图6-37所示。

06 选择场景中瓶子内部的饮料模型，如图6-38所示。

07 在“材质”面板中，单击“新建”按钮，如图6-39所示。为其添加一个新的材质，并更改材质的名称为“橙色饮料”，如图6-40所示。

08 在“表(曲)面”卷展栏中，设置“基础色”为橙色、“高光”为1.000、“糙度”为0.000、“IOR折射率”为1.300、“透射”为1.000，如图6-41所示。其中，基础色的参数设置如图6-42所示。

图6-36

图6-37

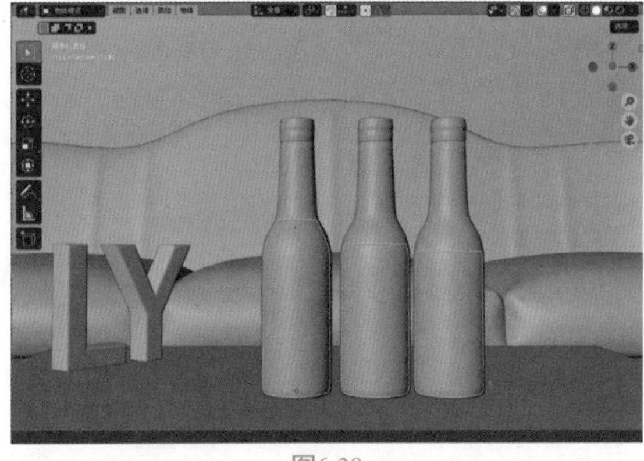

图6-38

图6-39　图6-40

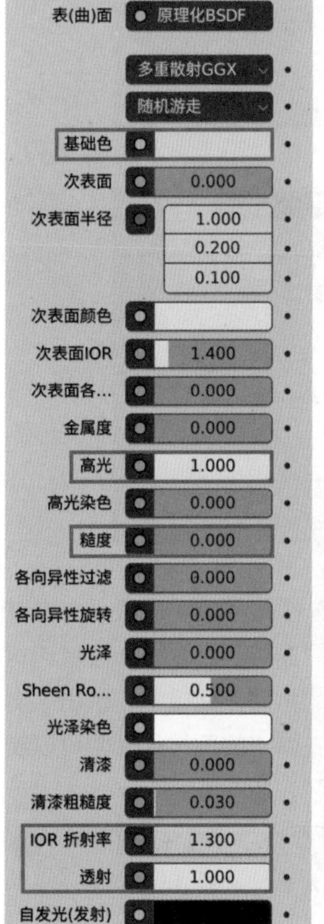


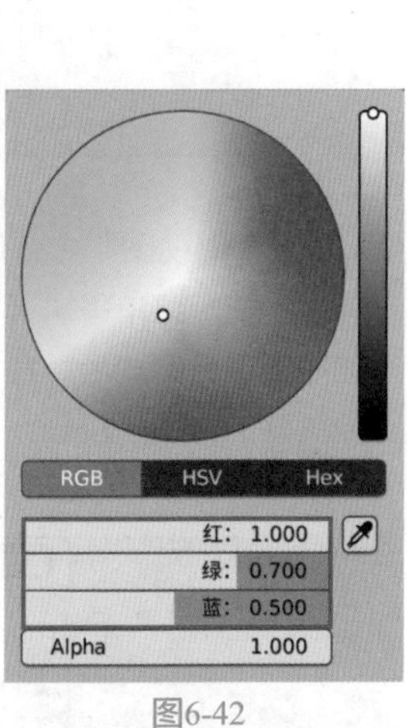


图6-41　图6-42

09 在“预览”卷展栏中，制作好的“橙色饮料”材质显示结果如图6-43所示。

图6-43

10 执行菜单栏中的“渲染”|“渲染图像”命令，渲染场景，本实例的最终渲染结果如图6-44所示。

图6-44

## 6.2.4 实例：制作金属材质

本实例详细讲解使用“原理化BSDF”材质制作金属材质的方法。图6-45所示为本实例的最终完成效果。

图6-45

01 启动中文版Blender 4.0软件，打开配套场景文件“金属材质.blend”，本实例为一个简单的室内模型，里面有一组钢锅模型以及简单的配景模型，并且已经设置好了灯光及摄像机，如图6-46所示。

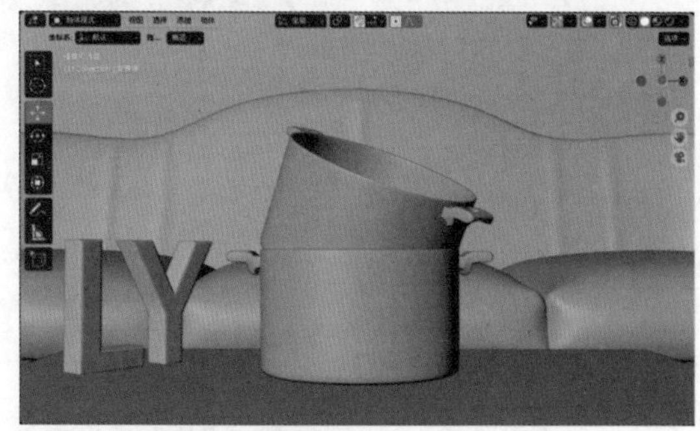

图6-46

02 选择场景中的钢锅模型，如图6-47所示。

03 在“材质”面板中，单击“新建”按钮，如图6-48所示。为其添加一个新的材质，并更改材质的名称为“金属钢”，如图6-49所示。

04 在“表（曲）面”卷展栏中，设置“基础色”为浅灰色、“金属度”为1.000、“高光”为1.000、“糙度”为0.200，如图6-50所示。其中，基础色的参数设置如图6-51所示。

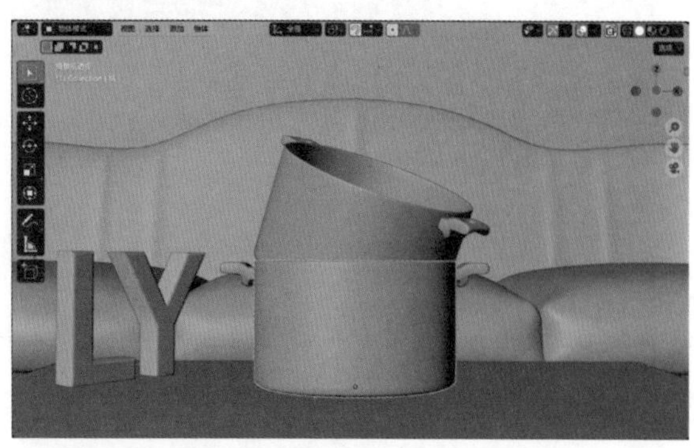

图6-47

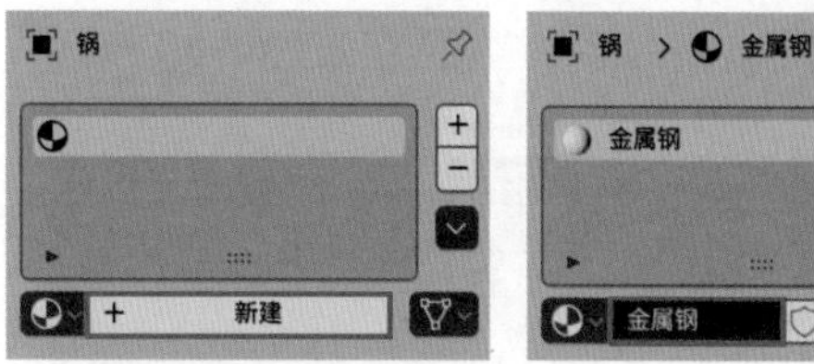


图6-48　图6-49

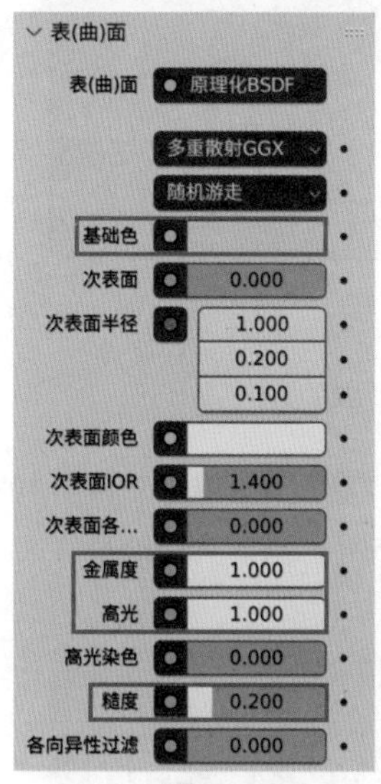


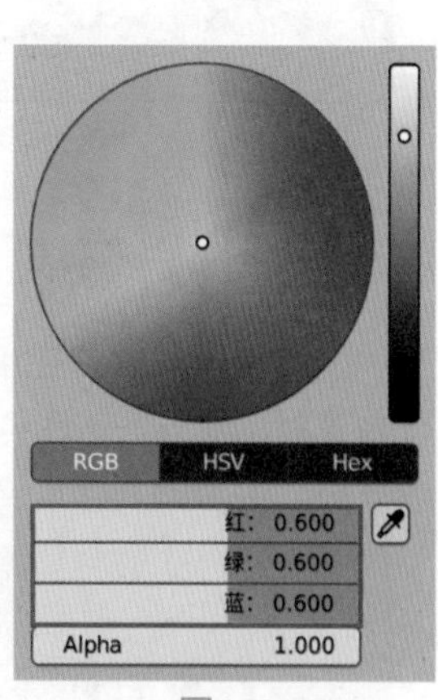


图6-50　图6-51

05 在“预览”卷展栏中，制作好的金属钢材质显示结果如图6-52所示。

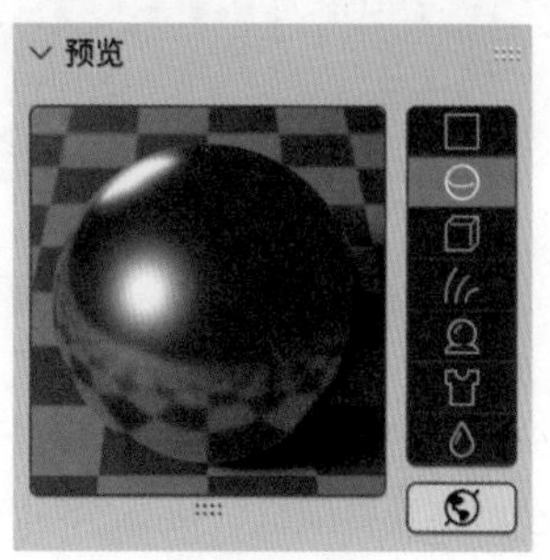


图6-52

06 选择场景中的另一个钢锅模型，如图6-53所示。为其指定刚刚制作好的金属钢材质。

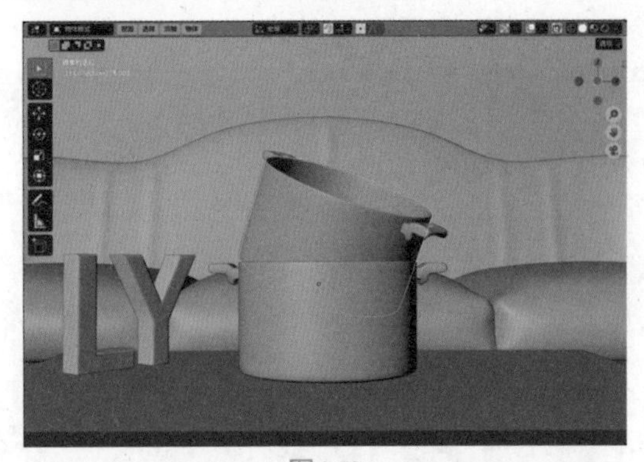

图6-53

07 执行菜单栏中的“渲染”｜“渲染图像”命令，渲染场景，本实例的最终渲染结果如图6-54所示。

图6-54

## 6.2.5 实例：制作陶瓷材质

本实例详细讲解使用“原理化BSDF”材质制作陶瓷材质的方法。图6-55所示为本实例的最终完成效果。

图6-55

01 启动中文版Blender 4.0软件，打开配套场景文件“陶瓷材质.blend”，本实例为一个简单的室内模型，里面有一组罐子模型以及简单的配景模型，并且已经设置好了灯光及摄像机，如图6-56所示。

02 选择场景中的罐子模型，如图6-57所示。

图6-56

图6-57

03 在“材质”面板中，单击“新建”按钮，如图6-58所示。为其添加一个新的材质，并更改材质的名称为“蓝色陶瓷”，如图6-59所示。

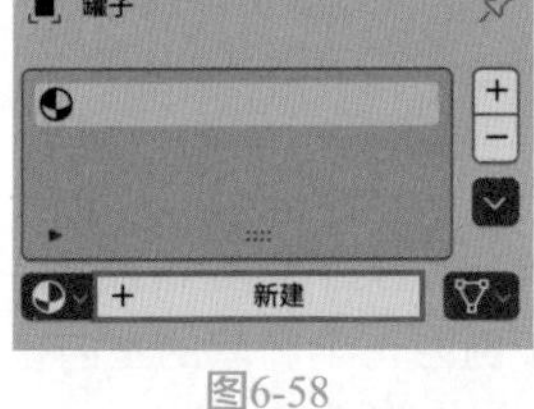


图6-58

图6-59

04 在“表（曲）面”卷展栏中，设置“基础色”为蓝色、“高光”为1.000、“糙度”为0.100，如图6-60所示。其中，基础色的参数设置如图6-61所示。

05 在“预览”卷展栏中，制作好的蓝色陶瓷材质显示结果如图6-62所示。

06 在“材质”面板中，单击+号形状的“添加材质槽”按钮，如图6-63所示。

07 新建一个材质，并更改材质的名称为“红色陶瓷”，如图6-64所示。

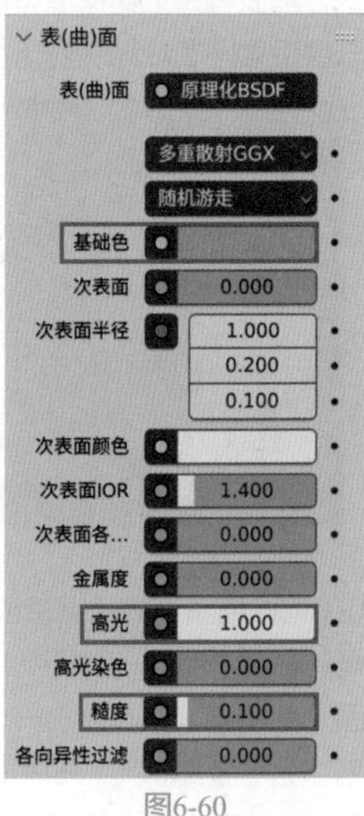


图6-60

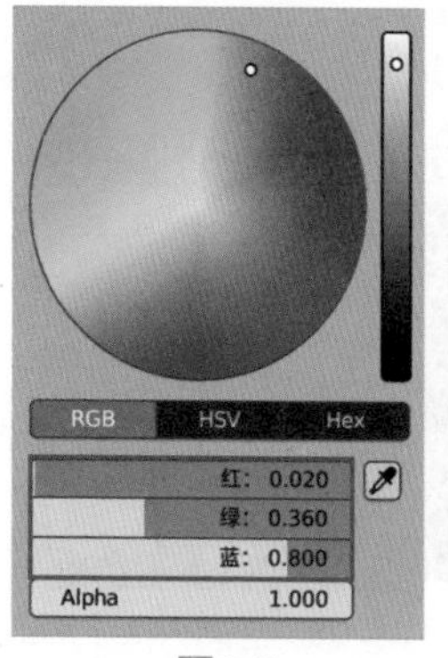


图6-61

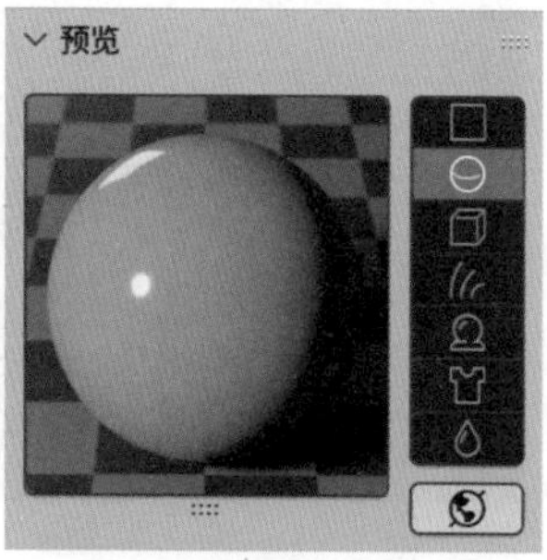

图6-62

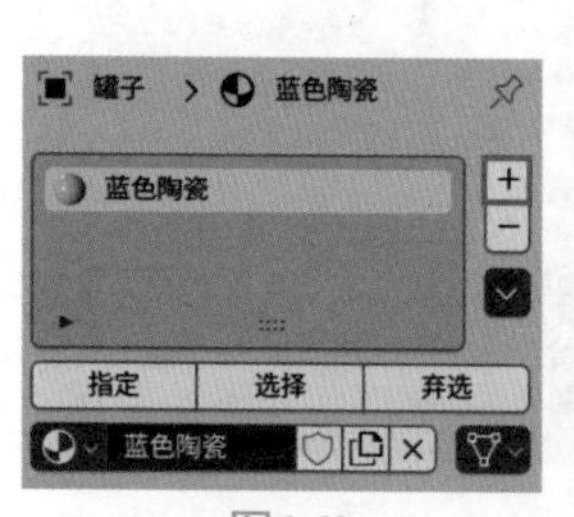


图6-63

图6-64

08 在“表（曲）面”卷展栏中，设置“基础色”为红色、“高光”为1.000、“糙度”为0.100，如图6-65所示。其中，基础色的参数设置如图6-66所示。

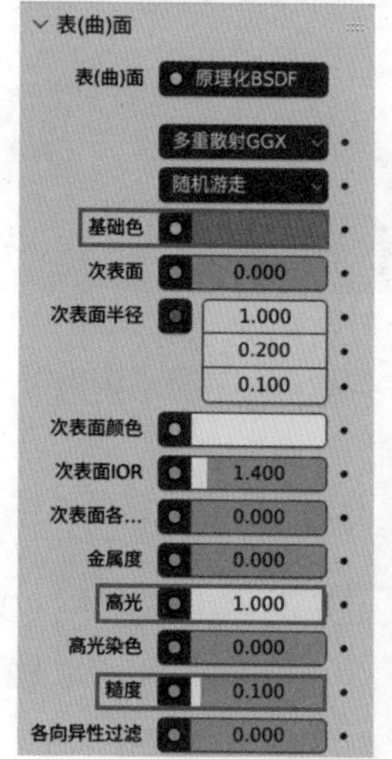


图6-65

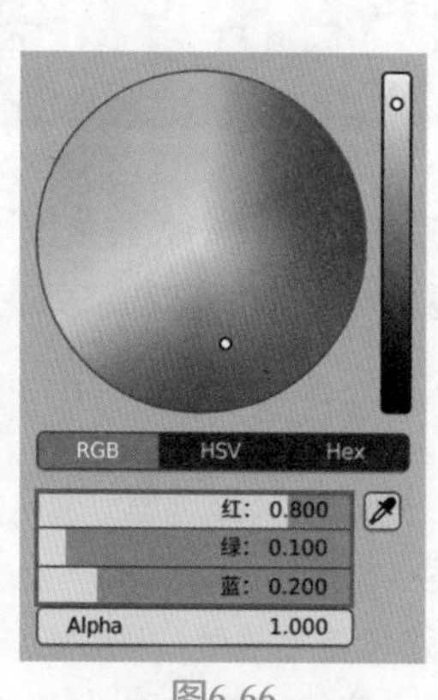


图6-66

09 在“预览”卷展栏中，制作好的蓝色陶瓷材质显示结果如图6-67所示。

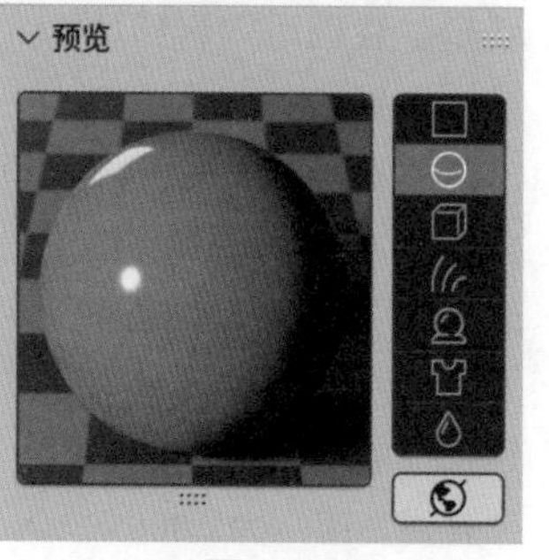


图6-67

10 在“编辑模式”中，选择左侧罐子模型上的任意面，按Ctrl+L组合键，则可以选中整个罐子上的面，如图6-68所示。

图6-68

11 在“材质”面板中，单击“指定”按钮，如图6-69所示。

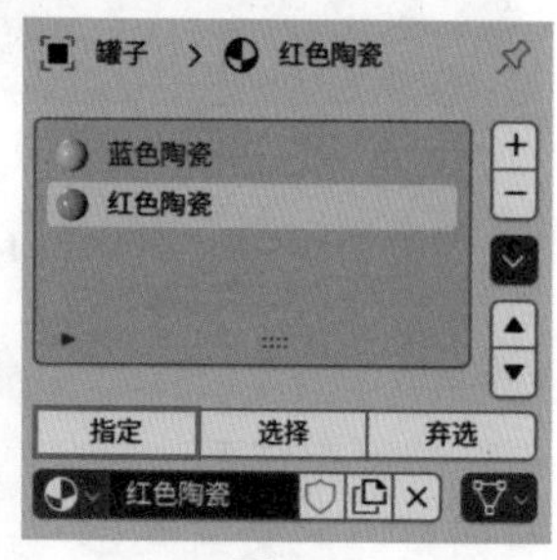


图6-69

12 退出“编辑模式”后，执行菜单栏中的“渲染”｜“渲染图像”命令，渲染场景，本实例的最终渲染结果如图6-70所示。

图6-70

## 6.2.6　实例：制作线框材质

本实例详细讲解如何为模型渲染出线框材质的方法。图6-71所示为本实例的最终完成效果。

图6-71

01 启动中文版Blender 4.0软件，打开配套场景文件“线框材质.blend”，本实例为一个简单的室内模型，里面有一个猴头模型以及简单的配景模型，并且已经设置好了灯光及摄像机，如图6-72所示。

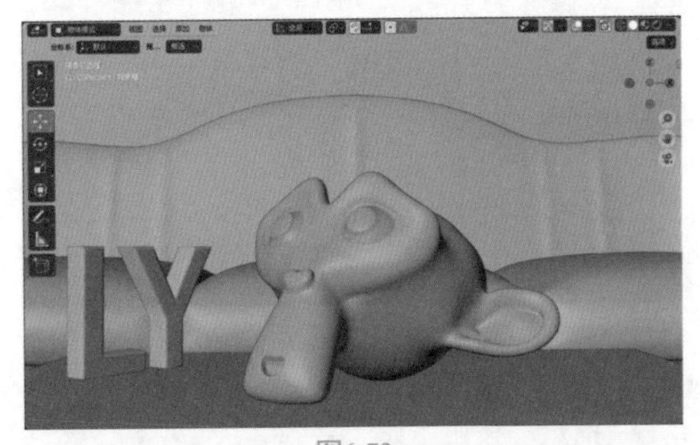

图6-72

02 在Scene面板中，勾选Freestyle复选框，如图6-73所示。

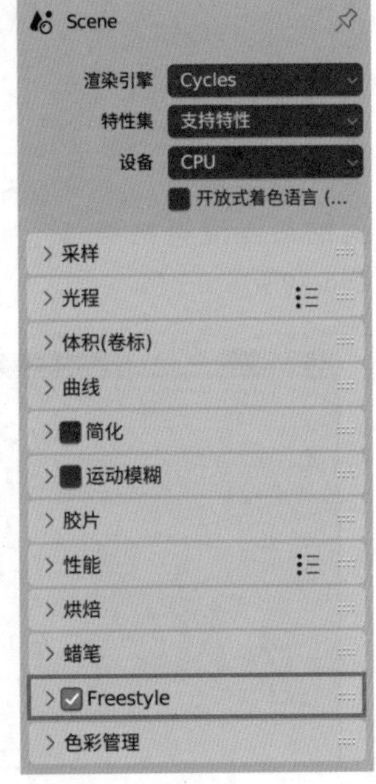


图6-73

03 设置完成后，渲染场景，渲染结果如图6-74所示。可以看到场景中的所有模型均会生成黑色的描边线条。

04 选择场景中的猴头模型，按Tab键，进入“编辑模式”；按A键，选择雕塑模型上所有的边线，如图6-75所示。

05 右击并在弹出的快捷菜单中执行“标记Freestyle边”命令，如图6-76所示。设置完成后，退出“编辑模式”。

06 设置完成后，猴头模型的视图显示结果如图6-77所示。

图6-74

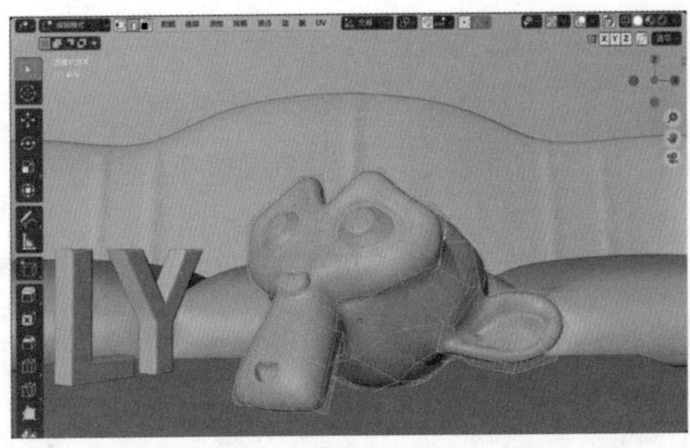

图6-75

图6-76

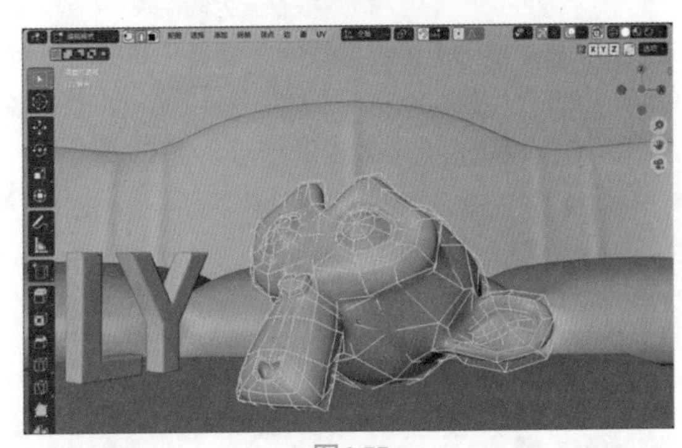

图6-77

07 在“Freestyle线条集”面板中，展开“边类型”卷展栏，取消勾选“剪影”“折痕”“边界范围”复选框，勾选“标记边”复选框，如图6-78所示。

08 设置完成后，渲染场景，渲染结果如图6-79所示。我们可以看到场景中的猴头模型会渲染出黑色的线框效果。

09 在“Freestyle颜色”卷展栏中，设置“基础色”为深灰色。在“Freestyle线宽”卷展栏中，设置“基线宽度”为1.000，如图6-80所示。

图6-78

图6-79

图6-80

10 执行菜单栏中的“渲染”｜“渲染图像”命令，渲染场景，本实例的最终渲染结果如图6-81所示。

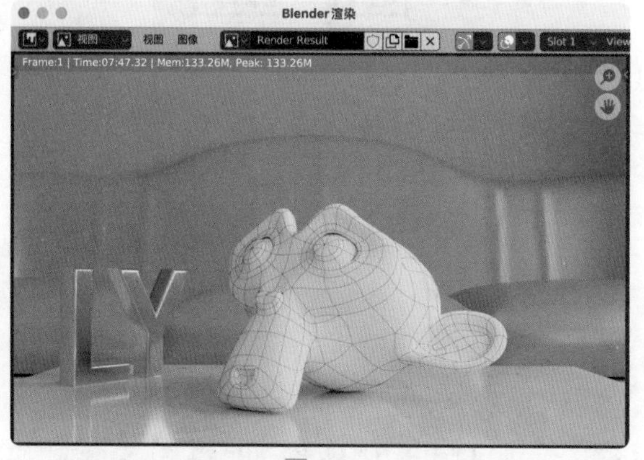


图6-81

## 6.3 纹理与 UV

使用贴图纹理的效果要比仅仅使用单一颜色能更加直观地表现出物体的真实质感。添加了纹理，可以使物体的表面看起来更加细腻、逼真，配合材质的反射、折射、凹凸等属性，可以使渲染出来的场景更加真实和自然。纹理与UV密不可分，当我们为材质添加贴图纹理时，为了让贴图纹理能够正确地覆盖在模型表面，需要为模型添加UV二维贴图坐标。

### 6.3.1　基础操作：添加纹理

**【知识点】创建材质、玻璃BSDF材质常用参数、关联材质。**

01 启动中文版Blender 4.0软件，打开配套场景文件“材质测试.blend”，里面有两个猴头模型，并且已经设置好了灯光和摄像机，如图6-82所示。

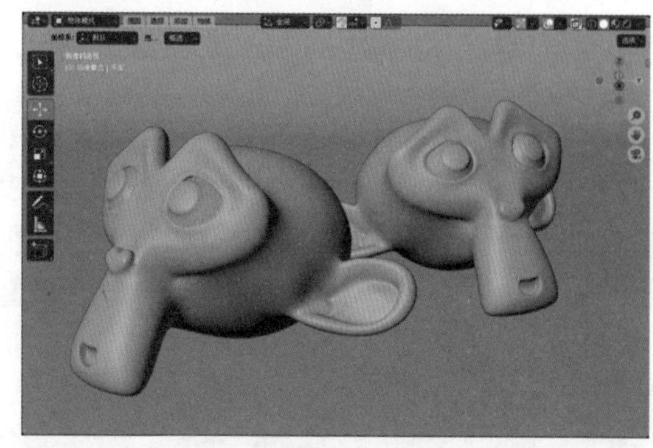

图6-82

02 选择左侧的猴头模型，在“材质”面板中，单击“新建”按钮，如图6-83所示，即可为其新建一个材质。

03 在“材质”面板中，更改材质的名称为“棋盘格”，如图6-84所示。

图6-83　　图6-84

04 在“表（曲）面”卷展栏中，单击“基础色”后面的黄色圆点按钮，如图6-85所示。

图6-85

05 在弹出的菜单中执行“棋盘格纹理”命令，如图6-86所示。

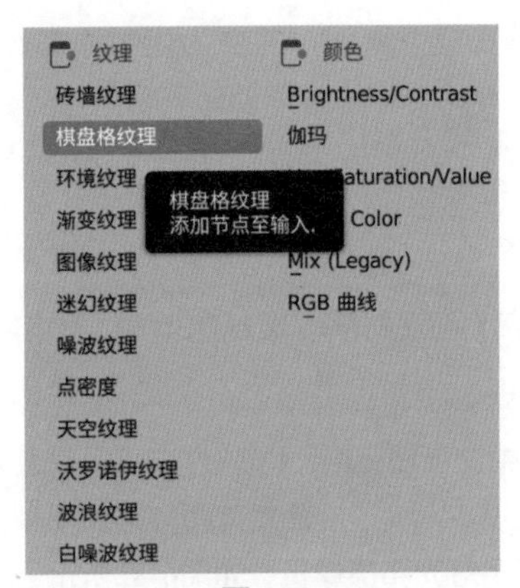

图6-86

06 设置完成后，渲染场景，渲染结果如图6-87所示。

图6-87

07 选择场景中右侧的猴头模型，也为其新建一个材质，并更改材质的名称为“沃罗诺伊”，如图6-88所示。

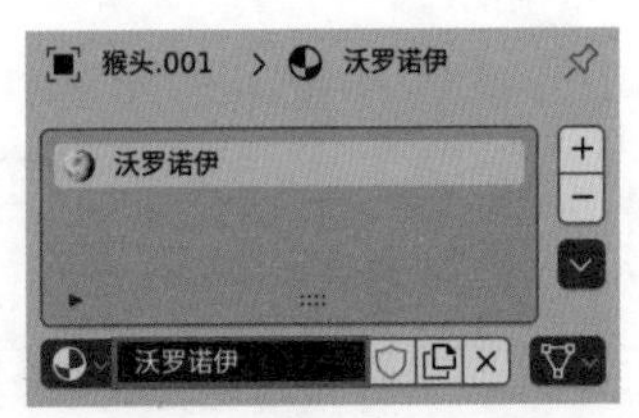

图6-88

08 在“表（曲）面”卷展栏中，单击“基础色”后面的黄色圆点按钮，如图6-89所示。

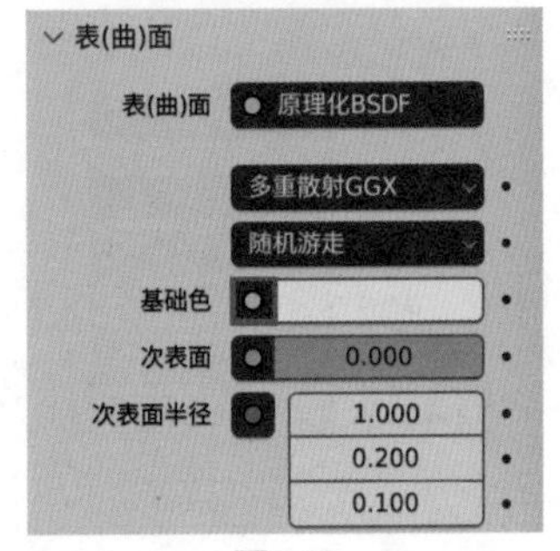

图6-89

09 在弹出的菜单中执行“沃罗诺伊纹理”命令，如图6-90所示。

图6-90

10 在“表（曲）面”卷展栏中，设置“缩放”为10.000，如图6-91所示。

图6-91

11 设置完成后，渲染场景，渲染结果如图6-92所示。

图6-92

## 6.3.2 实例：制作摆台材质

本实例详细讲解如何为模型的不同部分设置不同的材质，以及调整图像UV坐标的方法。图6-93所示为本实例的最终完成效果。

01 启动中文版Blender 4.0软件，打开配套场景文件“摆台材质.blend”，本实例为一个简单的室内模型，里面有一个摆台模型以及简单的配景模型，并且已经设置好了灯光及摄像机，如图6-94所示。

图6-93

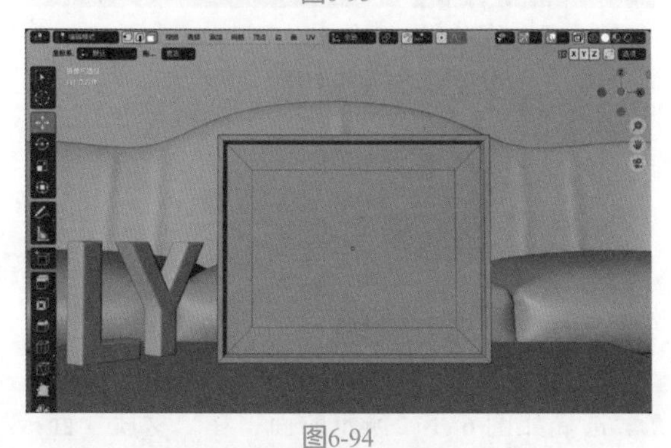

图6-94

02 选择摆台模型，如图6-95所示。

图6-95

03 在“材质”面板中，单击“新建”按钮，如图6-96所示。为其添加一个新的材质，并更改材质的名称为“棕色边框”，如图6-97所示。

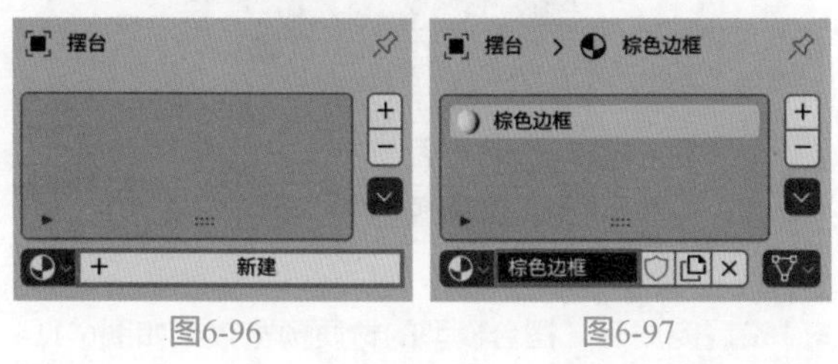


图6-96　　图6-97

04 在“表（曲）面”卷展栏中，设置“基础色”为棕色，如图6-98所示。其中，基础色的参数设置如图6-99所示。

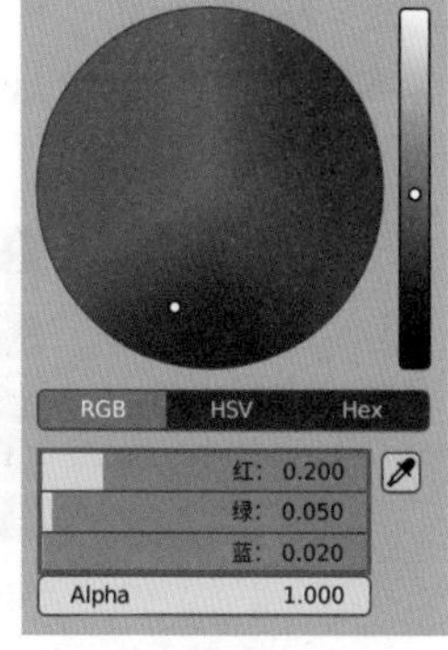


图6-98　　图6-99

05 设置完成后，摆台模型的材质预览效果如图6-100所示。

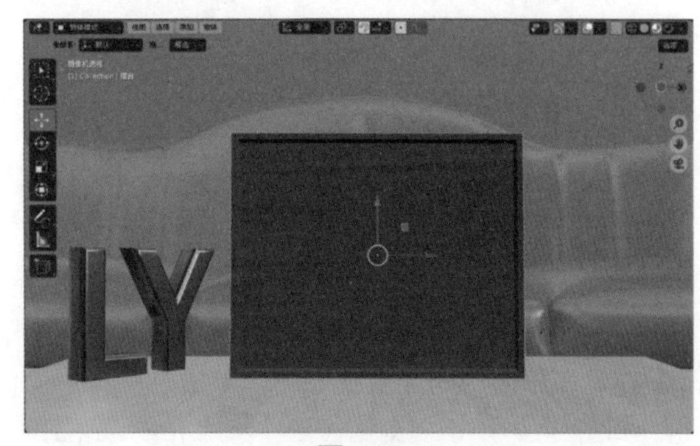

图6-100

06 单击+号形状的“添加材质槽”按钮，新增一个新的材质，如图6-101所示。

07 单击“新建”按钮，为刚刚添加的材质槽添加一个新的材质，如图6-102所示。

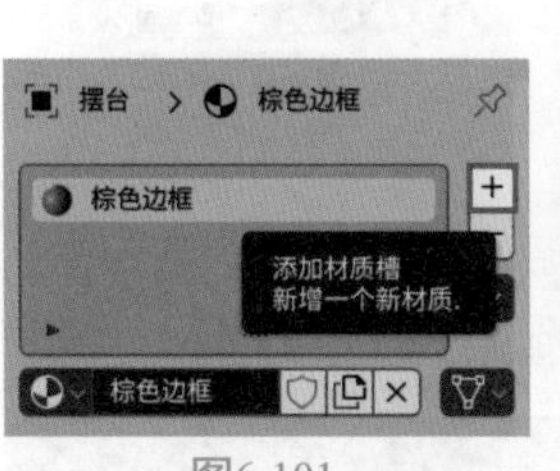

图6-101　　图6-102

08 在“材质”面板中，更改材质的名称为“白边”，如图6-103所示。

09 以同样的操作步骤，再次创建一个新的材质，并重命名为“照片”，如图6-104所示。

图6-103　　图6-104

10 在“表（曲）面”卷展栏中，单击“基础色”后面的黄色圆点按钮，如图6-105所示。

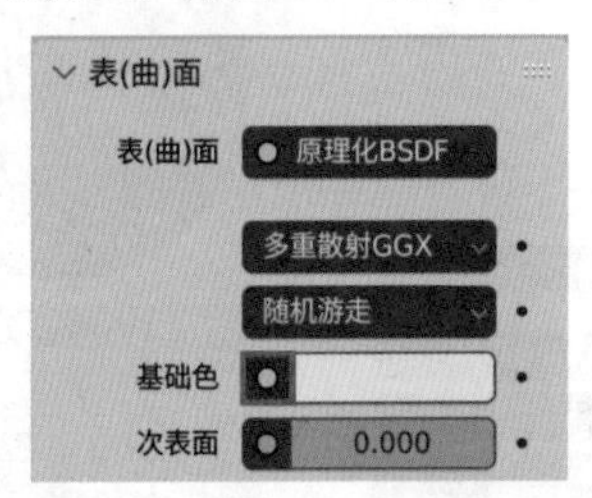


图6-105

11 在弹出的菜单中执行“图像纹理”命令，如图6-106所示。

图6-106

12 在“表（曲）面”卷展栏中，单击“打开”按钮，如图6-107所示。浏览一张“照片.jpg”贴图，如图6-108所示。

图6-107

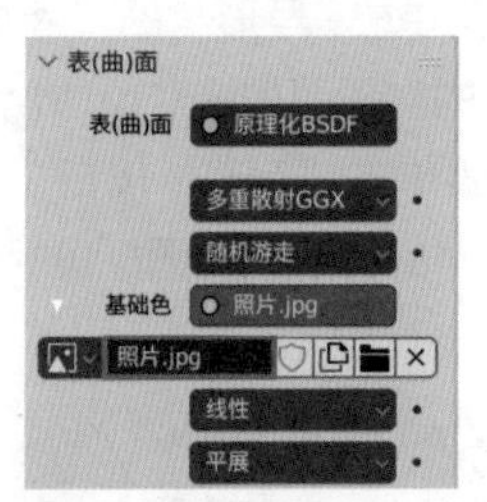


图6-108

13 在场景中选择摆台模型，按？键，即可将选择的模型孤立出来，如图6-109所示。

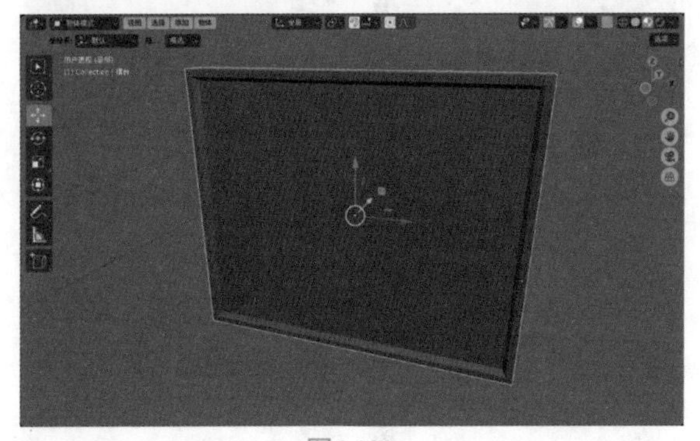

图6-109

## 技巧与提示

再次按？键，则可以显示出之前隐藏的模型。

14 选择如图6-110所示的面，在“材质”面板中，选择“白边”材质球，单击“指定”按钮，如图6-111所示，为所选择的面指定材质。

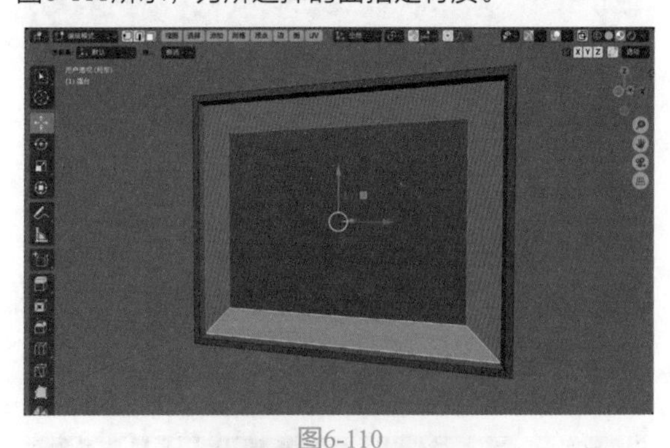

图6-110

图6-111

15 选择如图6-112所示的面，在“材质”面板中，选择“照片”材质球，单击“指定”按钮，如图6-113所示，为所选择的面指定材质。

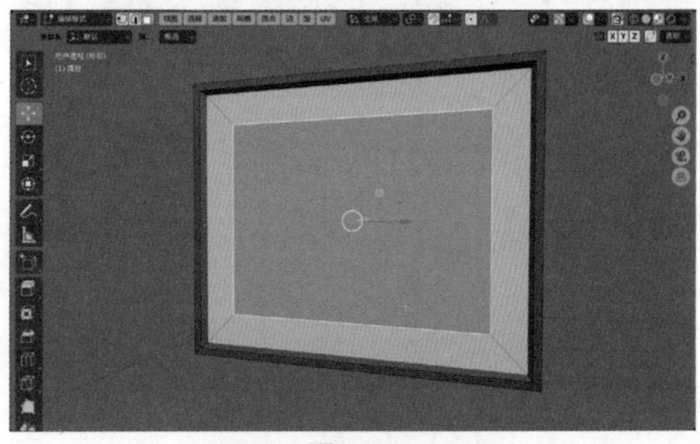

图6-112

图6-113

16 设置完成后，摆台模型的材质预览效果如图6-114所示。

17 在“UV编辑器”面板中查看所选择面的UV状态，如图6-115所示。

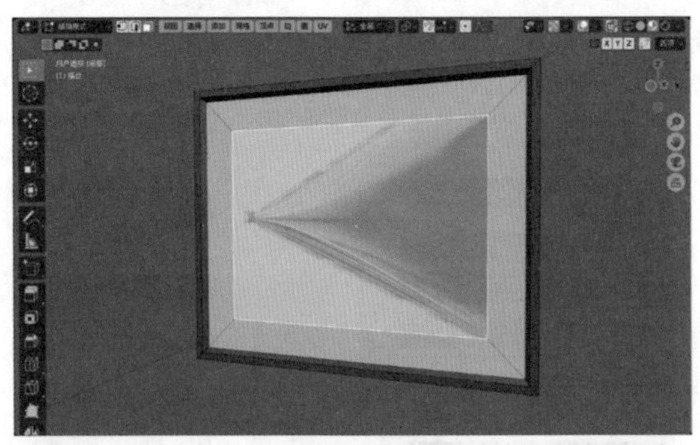

图6-114

图6-115

18 在“UV编辑器”面板中，调整所选择面的UV顶点位置至图6-116所示。

图6-116

19 观察场景中的摆台模型，可以看到相片贴图效果如图6-117所示。

图6-117

20 摆台模型的材质制作完成后，再次按?键，显示出场景中隐藏的模型，如图6-118所示。

图6-118

21 执行菜单栏中的“渲染”｜“渲染图像”命令，渲染场景，本实例的最终渲染结果如图6-119所示。

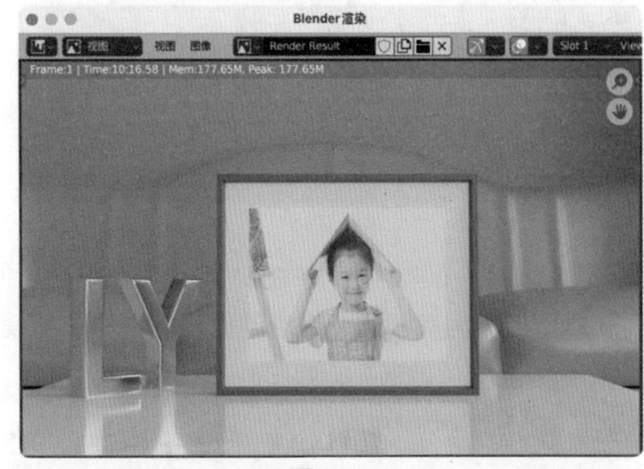


图6-119

### 6.3.3 实例：制作渐变色材质

本实例详细讲解如何为模型设置渐变色材质以及调整颜色的方向。图6-120所示为本实例的最终完成效果。

图6-120

01 启动中文版Blender 4.0软件，打开配套场景文件“渐变色材质.blend”，本实例为一个简单的室内模型，里面有一个高脚杯模型以及简单的配景模型，并且已经设置好了灯光及摄像机，如图6-121所示。

02 选择高脚杯模型，如图6-122所示。

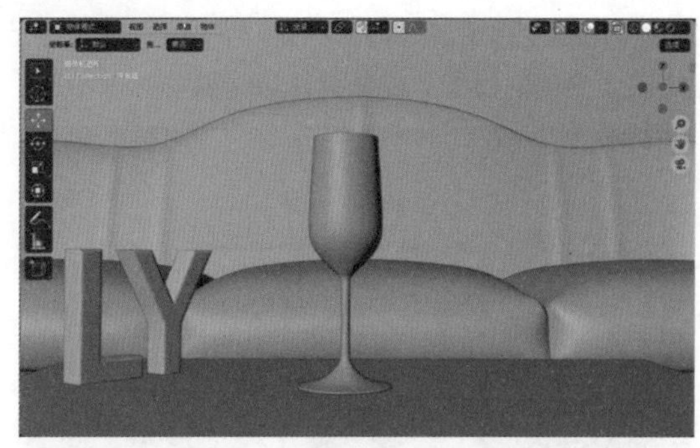

图6-121

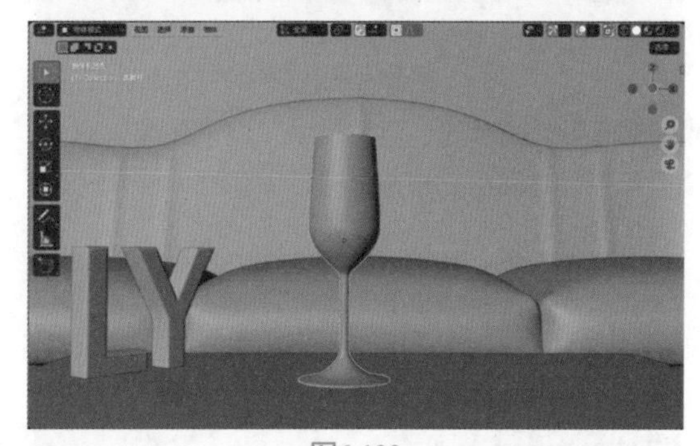

图6-122

03 在“材质”面板中，单击“新建”按钮，如图6-123所示。为其添加一个新的材质，并更改材质的名称为“渐变色玻璃”，如图6-124所示。

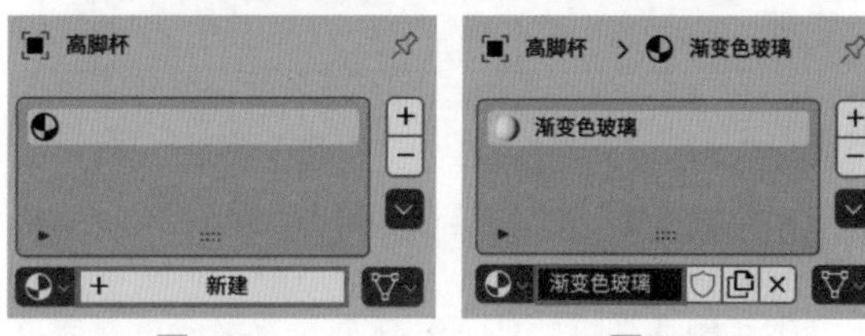


图6-123　　图6-124

04 在“表（曲）面”卷展栏中，设置“表（曲）面”为“玻璃BSDF”、“糙度”为0.000、“IOR折射率”为1.500，然后再单击“颜色”后面的黄色圆点按钮，如图6-125所示。

05 在弹出的菜单中执行“颜色渐变”命令，如图6-126所示。

图6-125

图6-126

06 在“表（曲）面”卷展栏中，单击“系数”后面的灰色圆点按钮，如图6-127所示。

07 在弹出的菜单中，执行“分离XYZ”贴图下方的Z命令，如图6-128所示。

图6-127

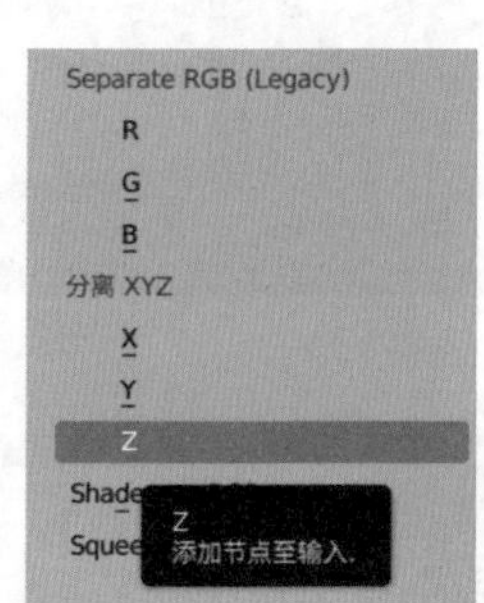


图6-128

08 单击“分离XYZ”贴图下“矢量”后面的紫色圆点按钮，如图6-129所示。

09 在弹出的菜单中，执行“纹理坐标”贴图下方的“生成”命令，如图6-130所示。

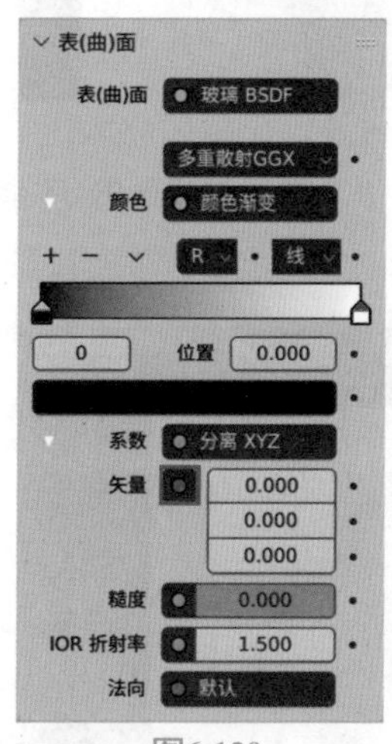


图6-129

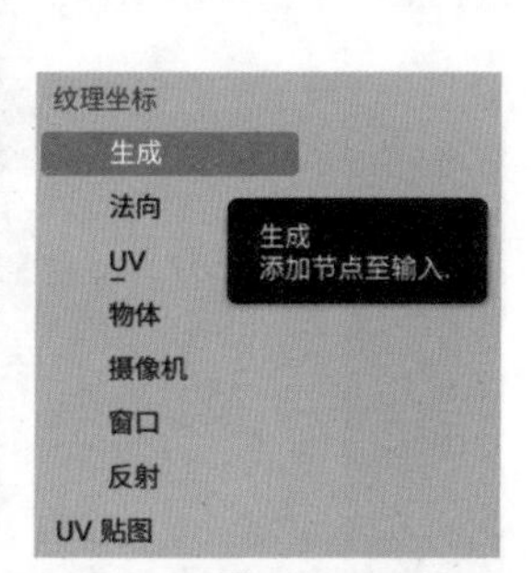


图6-130

10 设置完成后，高脚杯材质的渲染预览效果如图6-131所示。

图6-131

11 在“表（曲）面”卷展栏中，设置“颜色渐变”贴图的渐变色如图6-132所示。

图6-132

12 执行菜单栏中的“渲染”｜“渲染图像”命令，渲染场景，本实例的最终渲染结果如图6-133所示。

图6-133

## 6.3.4　实例：制作凹凸花盆材质

本实例详细讲解如何为模型设置带有凹凸效果材质的方法。图6-134所示为本实例的最终完成效果。

图6-134

01 启动中文版Blender 4.0软件，打开配套场景文件“渐变色材质.blend”，本实例为一个简单的室内模型，里面有一个花盆模型以及简单的配景模型，并且已经设置好了灯光及摄像机，如图6-135所示。

02 选择花盆模型，如图6-136所示。

03 在“材质”面板中，单击“新建”按钮，如图6-137所示。为其添加一个新的材质，并更改材质的名称为“花盆”，如图6-138所示。

图6-135

图6-136

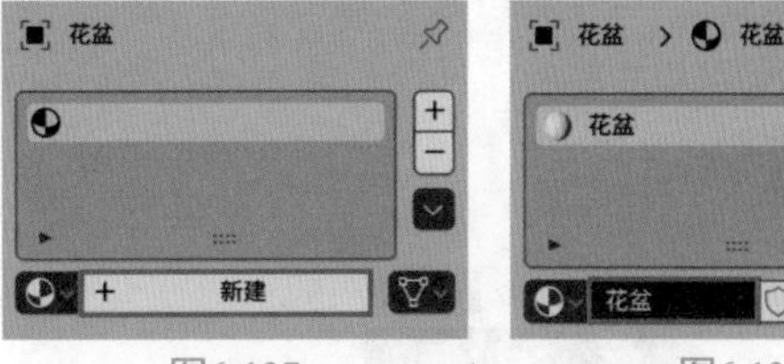


图6-137　　图6-138

04 在“表（曲）面”卷展栏中，设置“基础色”为橙色、“高光”为1.000、“糙度”为0.100，如图6-139所示。其中，基础色的参数设置如图 6-140所示。

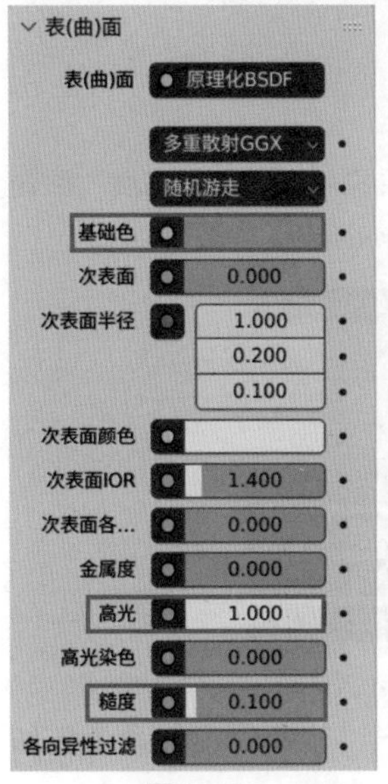


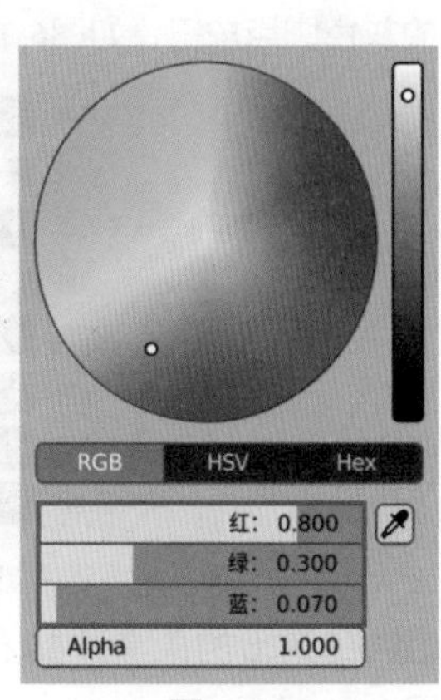


图6-139　　图6-140

05 设置完成后，“花盆”材质的渲染效果如图6-141所示。

图6-141

06 在“表（曲）面”卷展栏中，单击“法向”后面的蓝色圆点按钮，如图6-142所示。

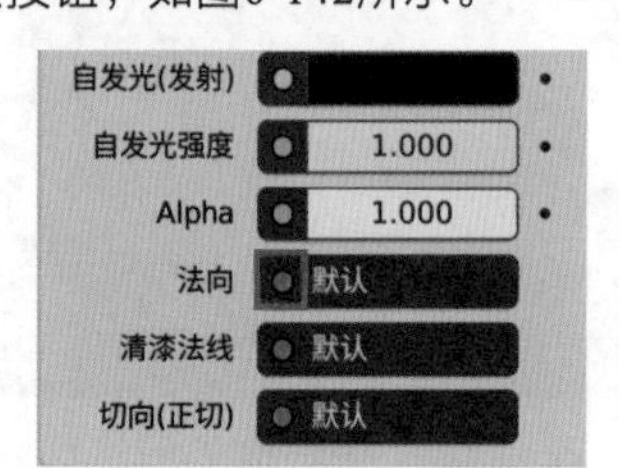


图6-142

07 在弹出的菜单中执行“凹凸”命令，如图6-143所示。

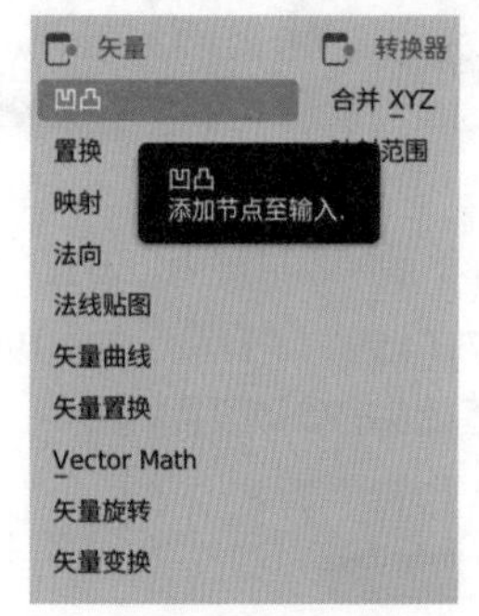


图6-143

08 在“表（曲）面”卷展栏中，单击“高度”后面的灰色圆点按钮，如图6-144所示。

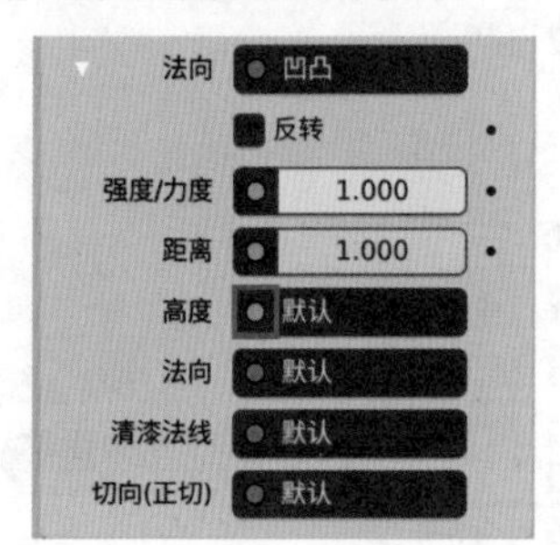


图6-144

09 在弹出的菜单中执行“波浪纹理”命令，如图6-145所示。

10 在“表（曲）面”卷展栏中，设置“强度/力度”为0.200、条纹方向为Z、“缩放”为6.000、“畸变”为3.000，如图6-146所示。

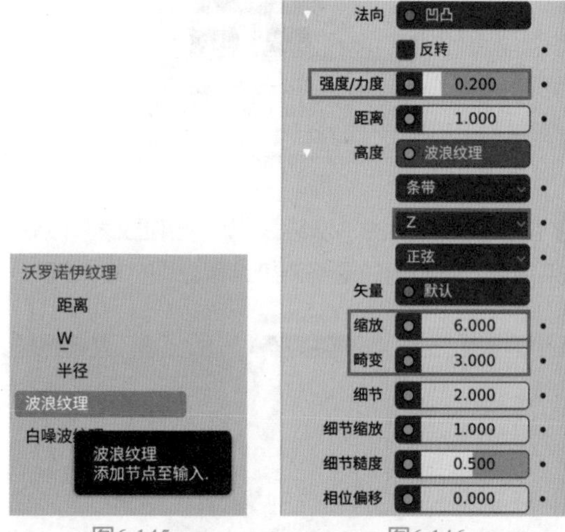


图6-145　　图6-146

11 在“预览”卷展栏中，制作好的凹凸花盆材质显示结果如图6-147所示。

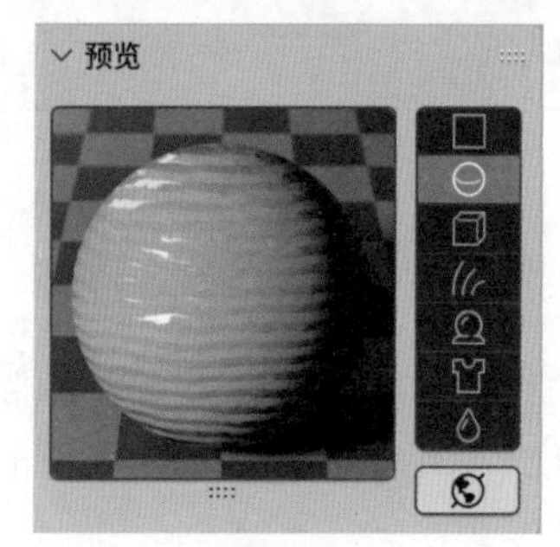


图6-147

12 执行菜单栏中的“渲染”｜“渲染图像”命令，渲染场景，本实例的最终渲染结果如图6-148所示。

图6-148

## 6.3.5 实例：制作烟雾材质

本实例详细讲解如何使用“体积散射”材质来

制作烟雾材质的方法。图6-149所示为本实例的最终完成效果。

图6-149

01 启动中文版Blender 4.0软件，打开配套场景文件“烟雾材质.blend”，本实例为一个简单的室内模型，里面有一个鸡形状的雕塑模型以及简单的配景模型，并且已经设置好了灯光及摄像机，如图6-150所示。

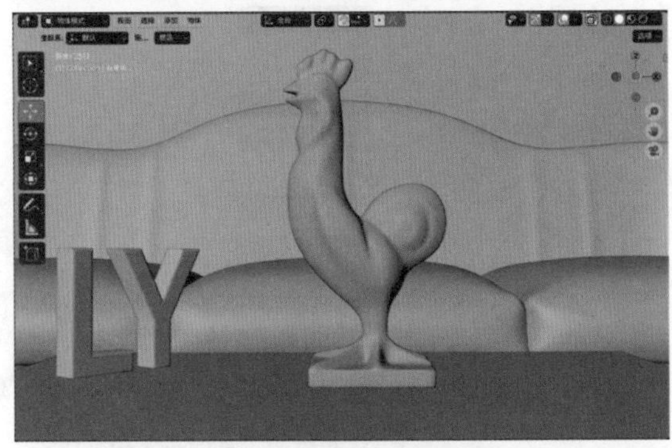

图6-150

02 选择鸡雕塑模型，如图6-151所示。

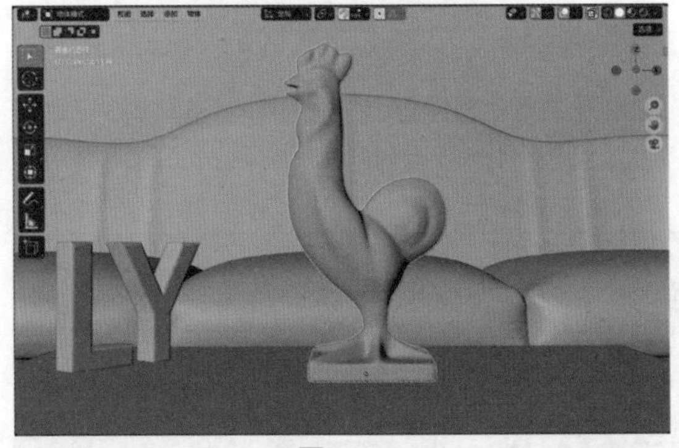

图6-151

03 在“材质”面板中，单击“新建”按钮，如图6-152所示。为其添加一个新的材质，并更改材质的名称为“烟雾”，如图6-153所示。

04 在“材质”面板中，展开“表（曲）面”卷展栏，单击“表（曲）面”后面的绿色圆点按钮，如图6-154所示。在弹出的菜单中执行“删除”命令，如图6-155所示。

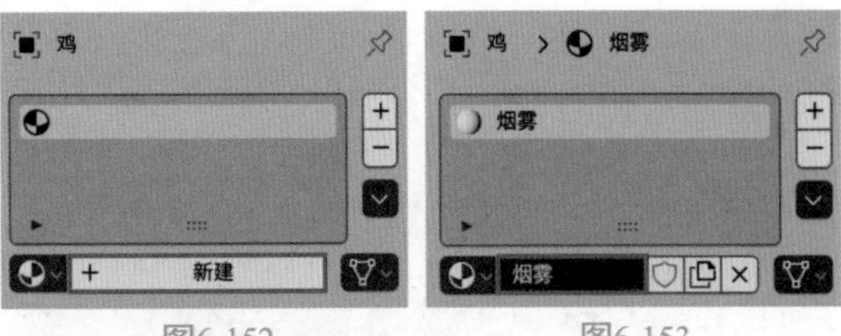


图6-152　图6-153

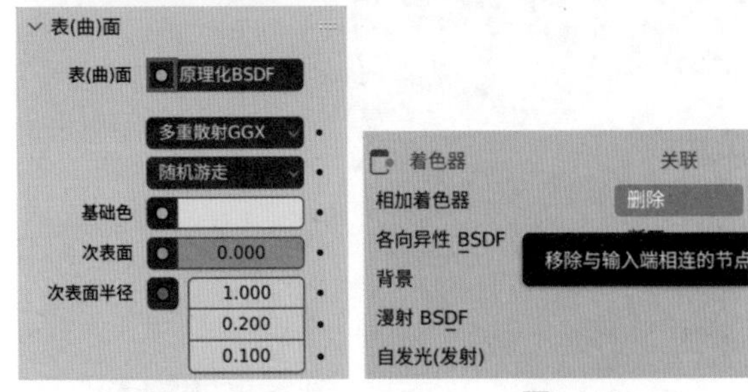


图6-154　图6-155

05 在“体积”卷展栏中，单击“体积（音量）”后面的绿色圆点按钮，如图6-156所示。在弹出的菜单中执行“体积散射”命令，如图6-157所示。

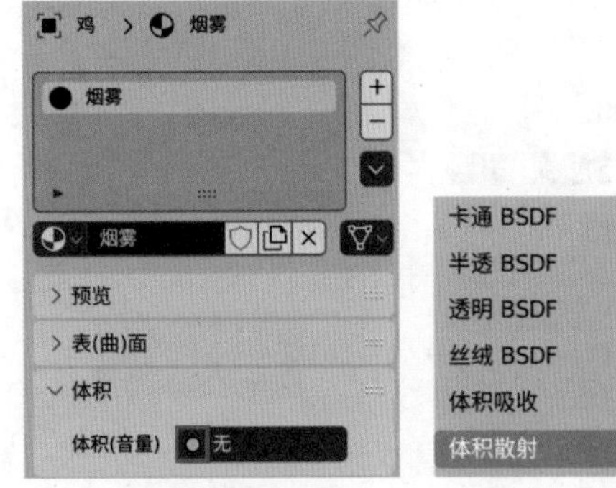


图6-156　图6-157

06 在“体积”卷展栏中，设置“密度”为100.000，如图6-158所示。

图6-158

07 渲染场景，渲染结果如图6-159所示。

08 在“体积”卷展栏中，单击“密度”后面的灰色圆点按钮，如图6-160所示。在弹出的菜单中执行“运算”命令，如图6-161所示。

09 在“体积”卷展栏中，设置“密度”为“正片叠底（相乘）”，设置“值（明度）”为100.000，再单击其后面的灰色圆点按钮，如图6-162所示。在弹出的菜单中执行“颜色渐变”命令，如图6-163所示。

图6-159

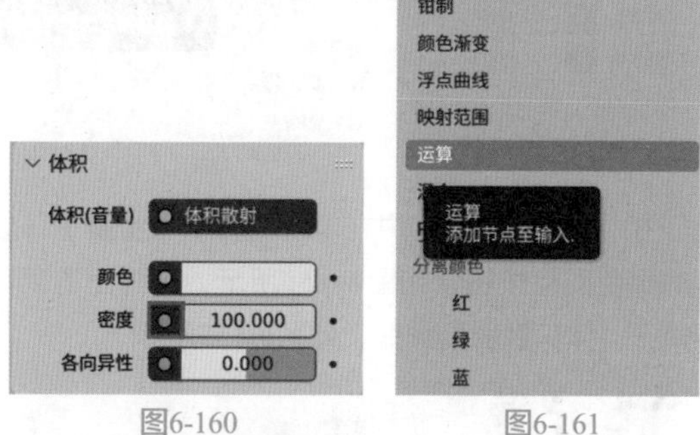


图6-160 图6-161

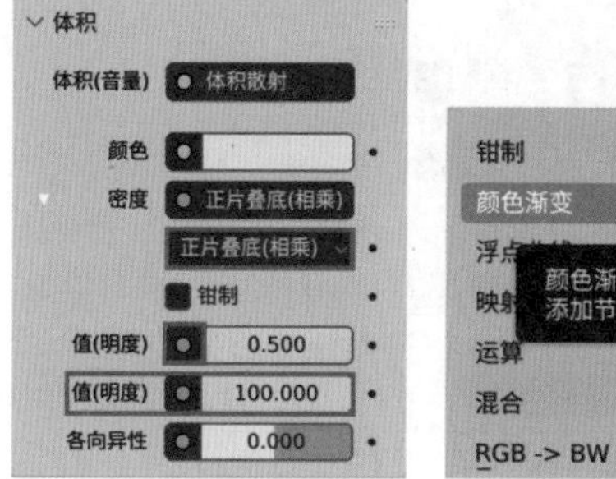




图6-162 图6-163

10 在“体积”卷展栏中，单击“系数”后面的灰色圆点按钮，如图6-164所示。在弹出的菜单中执行“噪波纹理”命令，如图6-165所示。

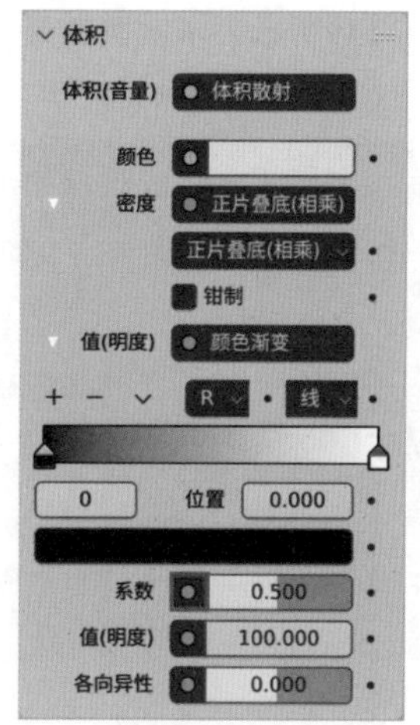


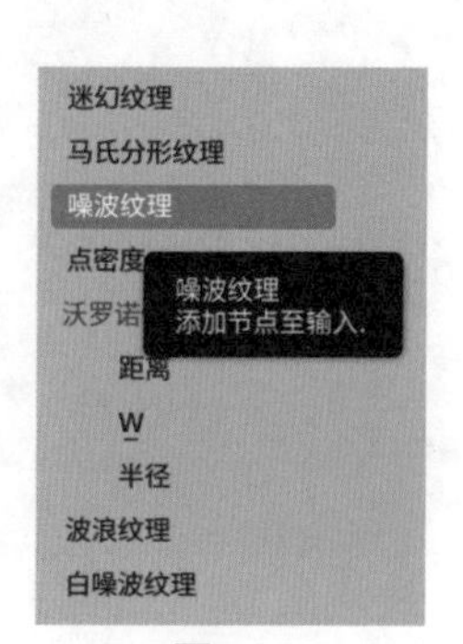


图6-164 图6-165

11 在“体积”卷展栏中，设置“颜色渐变”的颜色至图6-166所示，设置“缩放”为10.000。

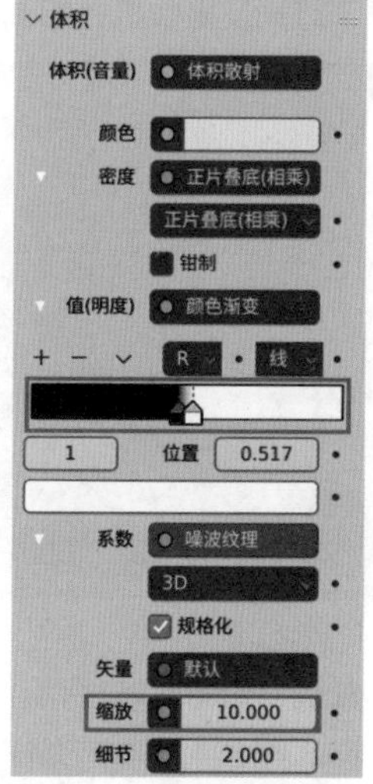


图6-166

12 打开“着色器编辑器”面板，烟雾材质的节点连接状态如图6-167所示。

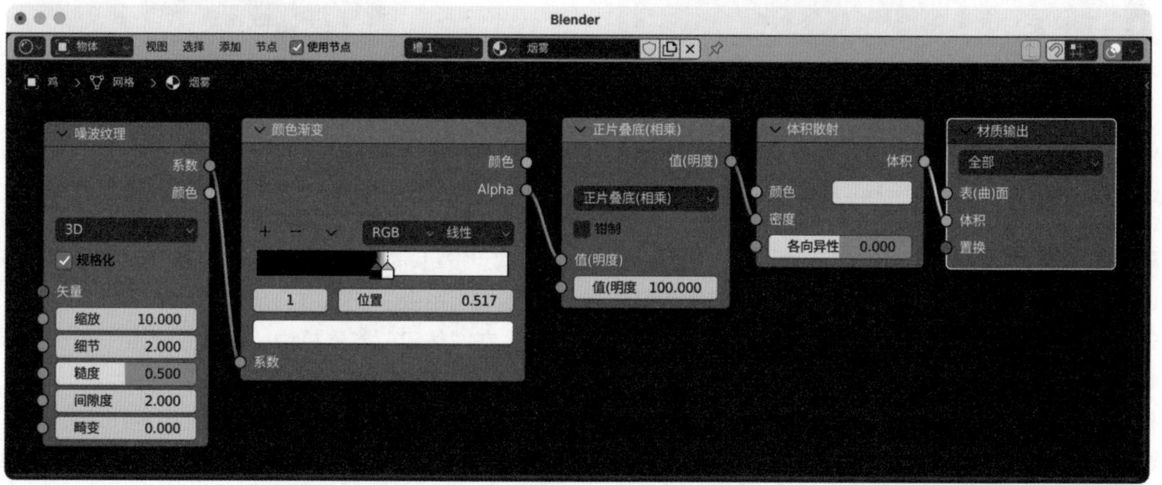


图6-167

13 在“着色器编辑器”面板中，将“颜色渐变”节点的“颜色”属性连接至“正片叠底（相乘）”节点的“值（明度）”属性上，如图6-168所示。

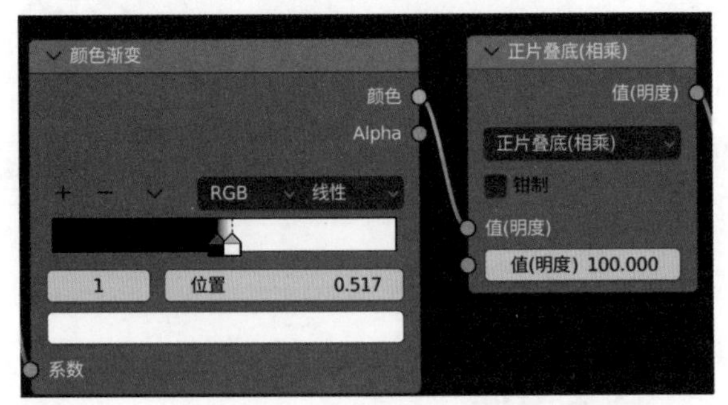


图6-168

14 在“预览”卷展栏中，制作好的烟雾材质显示结果如图6-169所示。

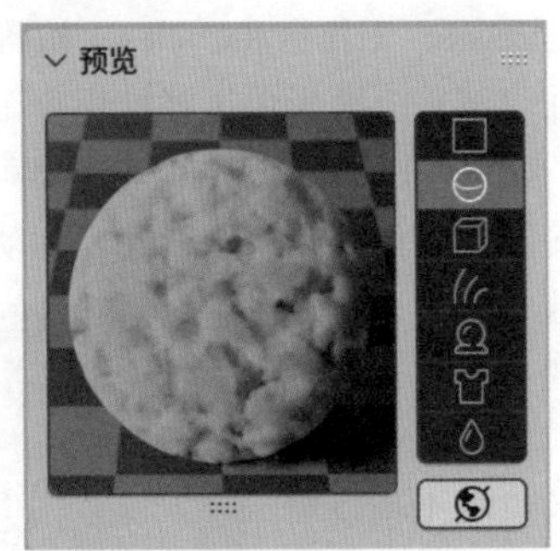


图6-169

15 执行菜单栏中的“渲染”｜“渲染图像”命令，渲染场景，本实例的最终渲染结果如图6-170所示。

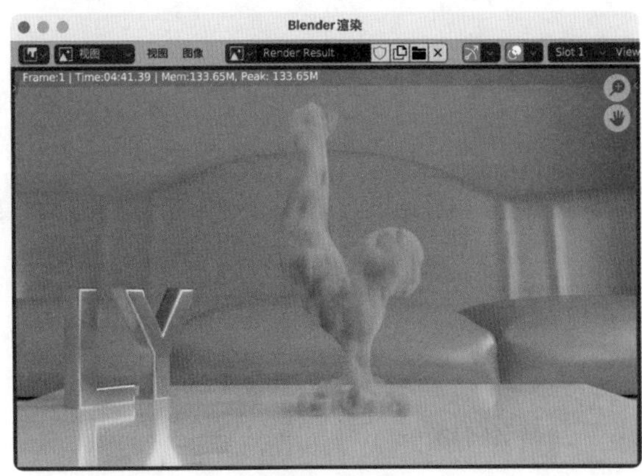


图6-170

# 第 7 章
# 渲染技术

## 7.1 渲染概述

什么是“渲染”？从其英文“Render”上来说，可以翻译为“着色”。从其在整个项目流程中的环节来说，可以理解为“出图”。渲染真的就仅仅是在所有三维项目制作完成后执行“渲染图像”命令的那一次最后操作吗？很显然不是。通常我们所说的渲染指的是在“渲染”面板中，通过调整参数来控制最终图像的计算时间、图像质量等综合因素，让计算机在一个在合理时间内计算出令人满意的图像，这些参数的设置就是渲染。在实际的渲染工作中，渲染还包含灯光、摄像机和材质等技术方面的设置。使用Blender软件来制作三维项目时，常见的工作流程大多是按照“建模>灯光>材质>摄像机>渲染”来进行的，渲染之所以放在最后，说明这一操作是计算之前流程的最终步骤。图7-1和图7-2所示为制作的三维渲染作品。

图7-1

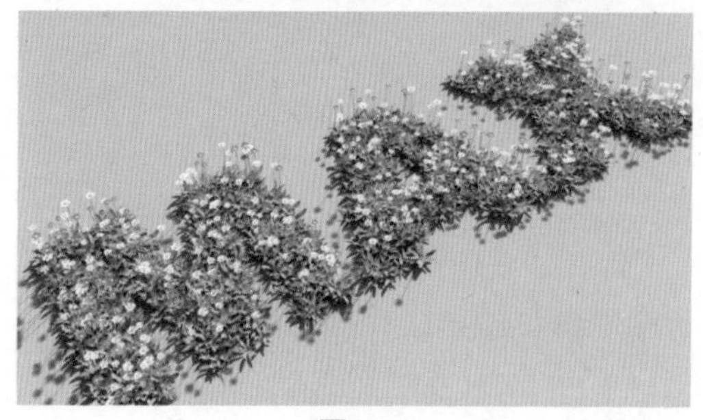

图7-2

## 7.2 渲染引擎

中文版Blender 4.0软件包含3个不同的渲染引擎，分别是Eevee、工作台和Cycles，如图7-3所示，用户可以在“渲染”面板中选择使用哪个渲染引擎进行渲染，其中，Eevee和Cycles渲染器可以用于项目的最终输出，工作台则用于在建模和动画期间在视图中的显示预览。需要读者注意的是，在进行材质设置前，需要先规划好项目使用的是哪个渲染引擎进行渲染工作，因为有些材质在不同的渲染引擎中得到的结果完全不同。

图7-3

### 7.2.1 Eevee 渲染引擎

Eevee是Blender软件的实时渲染引擎，相对于Cycles渲染引擎，该渲染引擎的渲染速度具有很大优势，并且可以生成高质量的渲染图像。Eevee不是光线跟踪渲染引擎，其使用了一种被称为光栅化的算法，这使得它在计算图像时有很多限制。图7-4所示为使用Eevee渲染引擎渲染得到的三维图像作品。

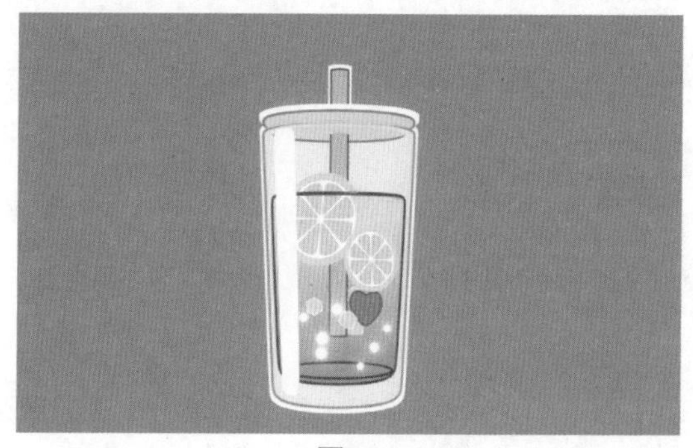

图7-4

### 7.2.2 Cycles 渲染引擎

Cycles是Blender软件自带的功能强大的渲染引擎，借助其内置的物理渲染算法，Cycles可以为用户提供比Eevee渲染引擎更加准确和高质量的渲染图像。图7-5所示为使用Cycles渲染引擎渲染得到的三维图像作品。

图7-5

## 7.3 综合实例：室内空间日光照明表现

本实例通过制作一个餐厅的空间表现效果来详细讲解常用材质及灯光的制作方法和思路，图7-6所示为本实例的最终完成效果。

图7-6

启动中文版Blender 4.0软件，打开配套场景文件“餐厅.blend”，如图7-7所示。

图7-7

### 7.3.1 制作玻璃材质

本实例中的窗户玻璃、餐桌上的酒杯以及花瓶均使用了同一个材质，就是玻璃材质。渲染结果如图7-8和图7-9所示。

图7-8

图7-9

01 选择场景中的窗户玻璃模型，如图7-10所示。

图7-10

02 在“材质”面板中，单击“新建”按钮，如图7-11所示。为其添加一个新的材质并重命名为“玻璃”，如图7-12所示。

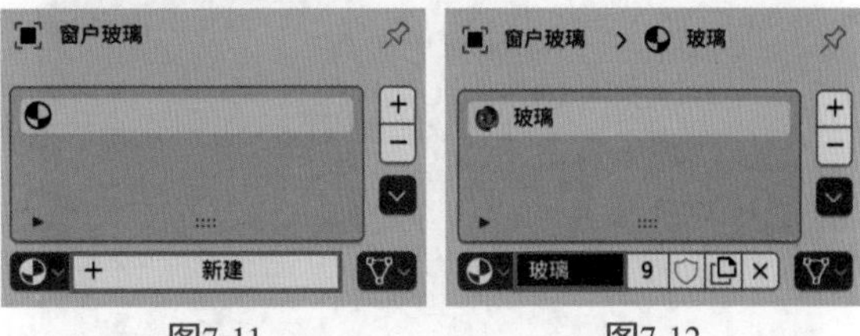


图7-11　图7-12

03 在“表（曲）面”卷展栏中，设置“表（曲）面”为“玻璃BSDF”、“糙度”为0.000、“IOR折射率”为1.500，如图7-13所示。

04 在“物体”面板中，展开“可见性”卷展栏中的“射线可见性”卷展栏，取消勾选“阴影”复选框，如图7-14所示。

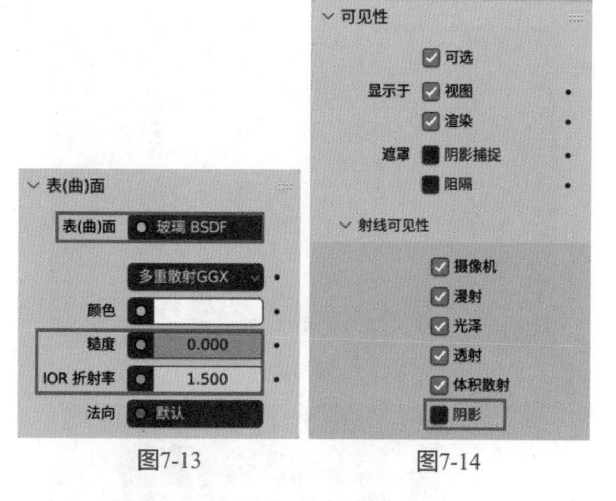

图7-13　　图7-14

## 技巧与提示

只有窗户玻璃模型需要取消勾选“阴影”复选框，否则窗户模型会阻挡住窗外的光线。场景中的酒杯和花瓶模型则不需要取消勾选该复选框。

05 设置完成后，玻璃材质的预览结果如图7-15所示。

图7-15

## 7.3.2　制作地板材质

本实例中的地板材质渲染结果如图7-16所示。

图7-16

01 选择场景中的地板模型，如图7-17所示。

图7-17

02 在“材质”面板中，单击“新建”按钮，如图7-18所示。为其添加一个新的材质并重命名为“地板”，如图7-19所示。

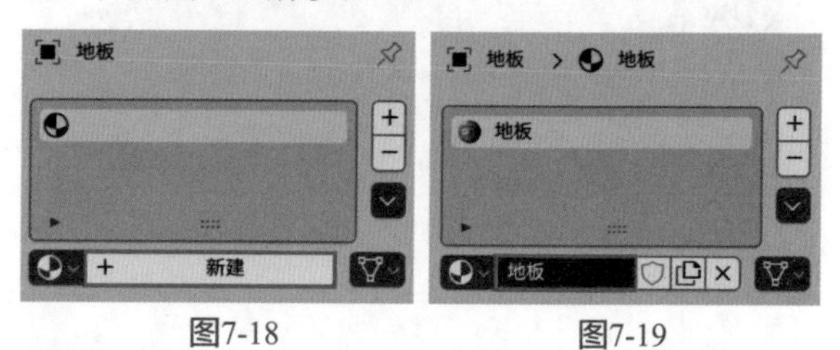

图7-18　　图7-19

03 在“表（曲）面”卷展栏中，单击“基础色”后面的黄色圆点按钮，如图7-20所示。

04 在弹出的菜单中执行“图像纹理”命令，如图7-21所示。

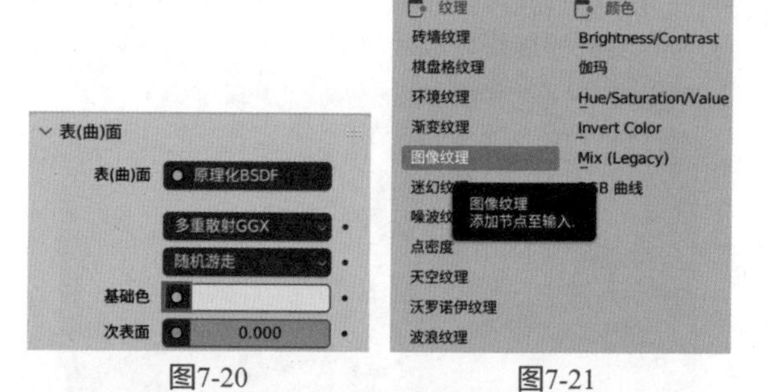

图7-20　　图7-21

05 在“表（曲）面”卷展栏中，单击“打开”按钮，如图7-22所示。浏览一张“地板贴图.jpg”贴图，如图7-23所示。

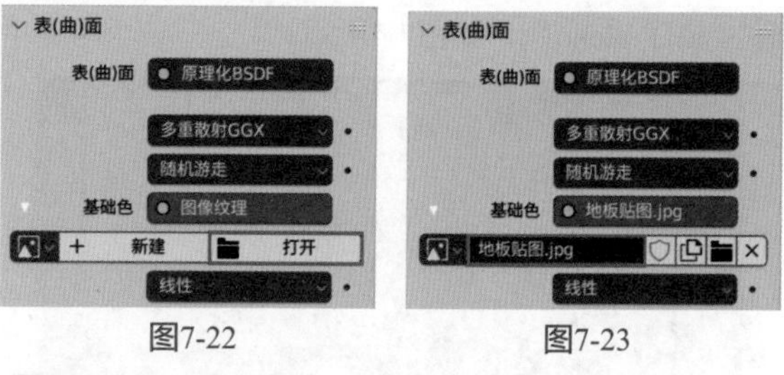

图7-22　　图7-23

06 在“表（曲）面”卷展栏中，单击“法向”后面的蓝色圆点按钮，如图7-24所示。

07 在弹出的菜单中执行“凹凸”命令，如图7-25所示。

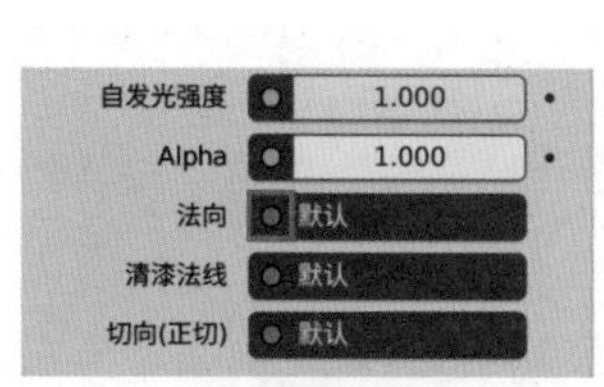


图7-24

图7-25

08 在“表（曲）面”卷展栏中，单击“高度”后面的灰色圆点按钮，如图7-26所示。

09 在弹出的菜单中执行“图像纹理”命令，如图7-27所示。

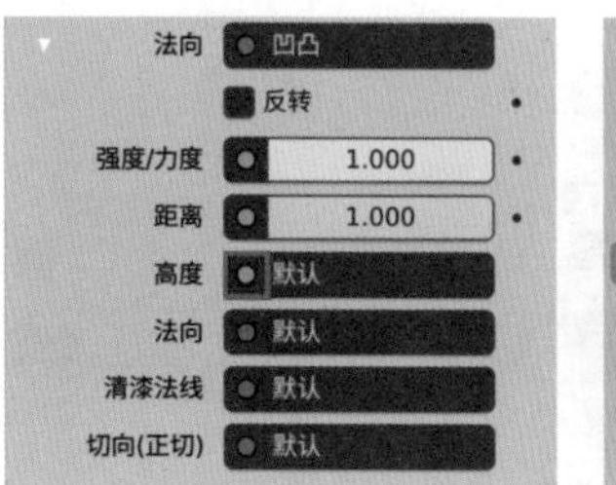


图7-26

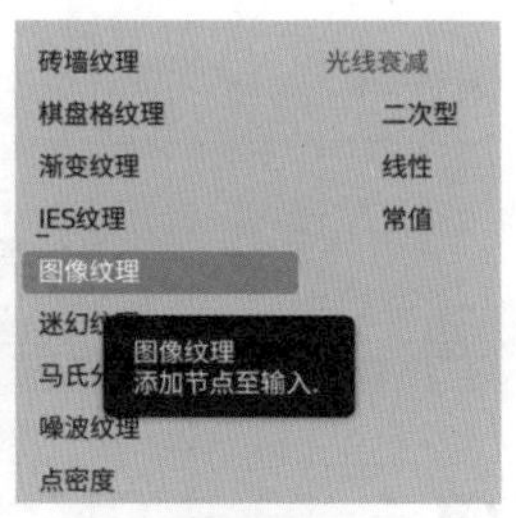


图7-27

10 在“表（曲）面”卷展栏中，单击“打开”按钮，如图7-28所示。浏览一张“地板凹凸贴图.jpg”贴图，并设置“强度/力度”为0.200，如图7-29所示。

11 打开“着色器编辑器”面板，将“图像纹理”节点的“颜色”属性连接至“凹凸”节点的“高度”属性上，如图7-30所示。

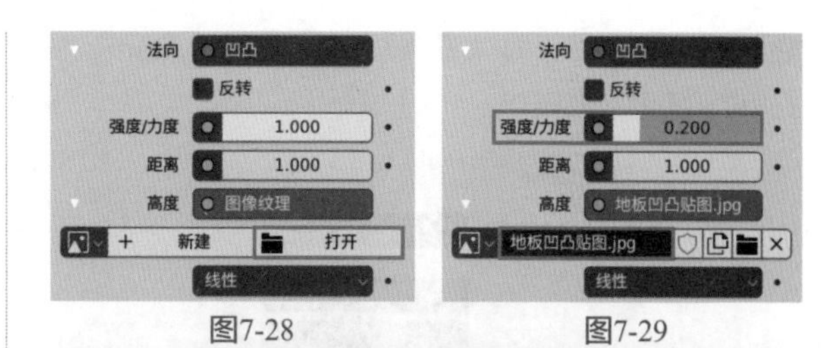


图7-28　图7-29

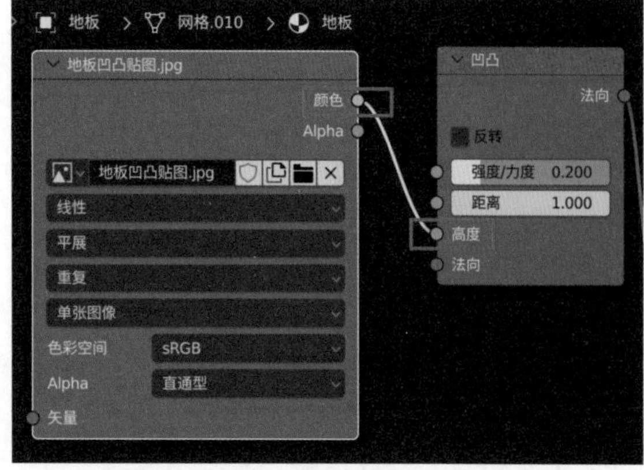


图7-30

## 技巧与提示

“图像纹理”节点的名称会显示为贴图的名称。

12 再将“图像纹理”节点的“颜色”属性连接至“原理化BSDF”节点的“糙度”属性上，如图7-31所示。

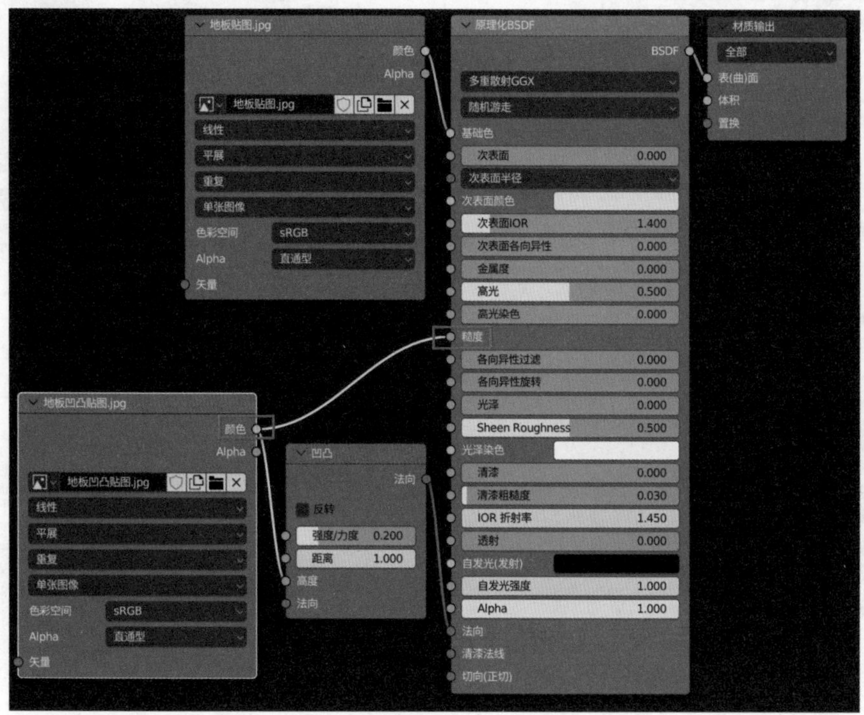

图7-31

**13** 在“表（曲）面”卷展栏中，设置“高光”为1.000，如图7-32所示。

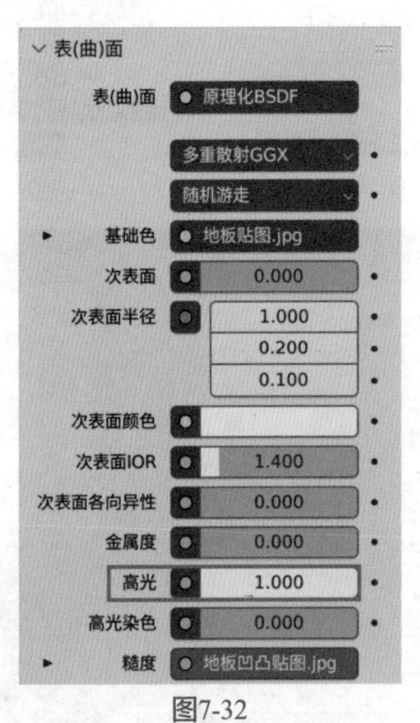


图7-32

**14** 设置完成后，地板材质的预览结果如图7-33所示。

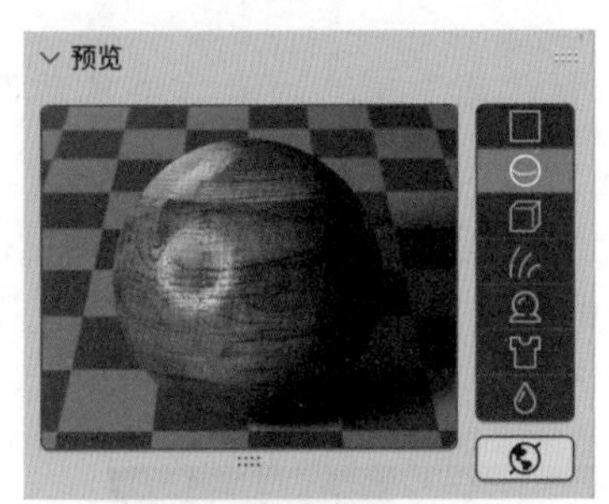


图7-33

## 7.3.3 制作陶瓷材质

本实例中桌子上的杯子和盘子使用了陶瓷材质，渲染结果如图7-34所示。

图7-34

**01** 选择场景中的杯子模型，如图7-35所示。

**02** 在“材质”面板中，单击“新建”按钮，如图7-36所示。为其添加一个新的材质并重命名为“陶瓷”，如图7-37所示。

图7-35

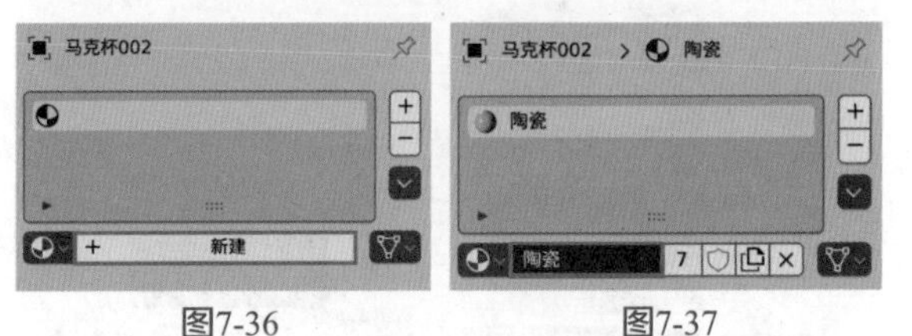


图7-36　　图7-37

**03** 在“表（曲）面”卷展栏中，设置“基础色”为绿色、“高光”为1.000、“糙度”为0.100，如图 7-38所示。其中，基础色的参数设置如图 7-39所示。

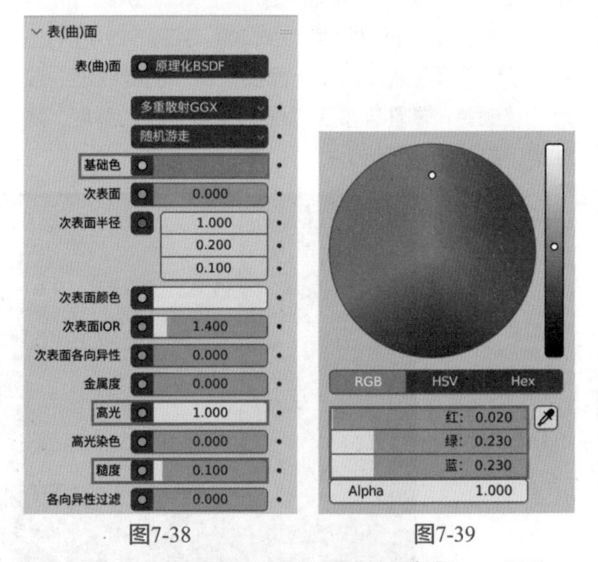


图7-38　　图7-39

**04** 设置完成后，陶瓷材质的预览结果如图7-40所示。

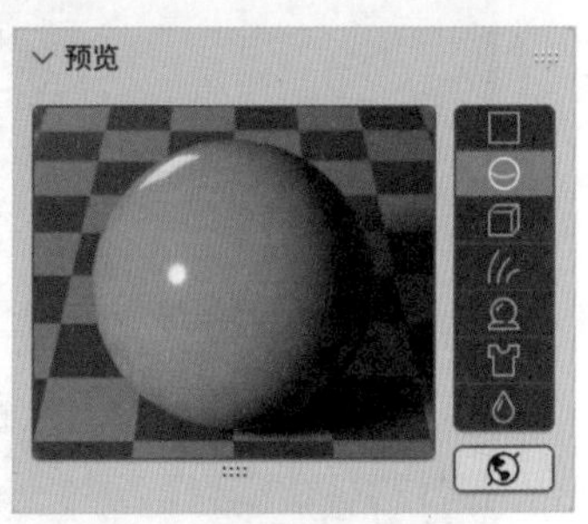


图7-40

## 7.3.4　制作餐桌桌面材质

本实例中的餐桌桌面材质渲染结果如图7-41所示。

图7-41

01 选择场景中的餐桌桌面模型，如图7-42所示。

图7-42

02 在“材质”面板中，单击“新建”按钮，如图7-43所示。为其添加一个新的材质并重命名为“餐桌桌面”，如图7-44所示。

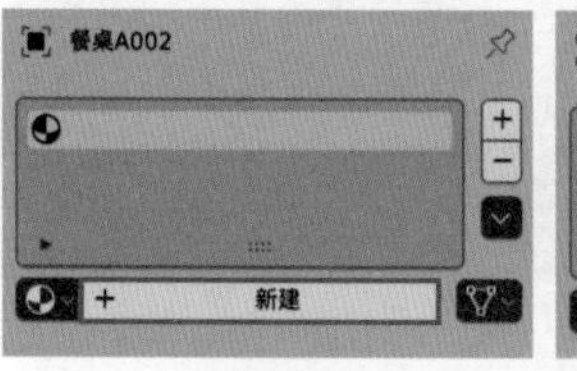


图7-43　　图7-44

03 在“表（曲）面”卷展栏中，单击“基础色”后面的黄色圆点按钮，如图7-45所示。

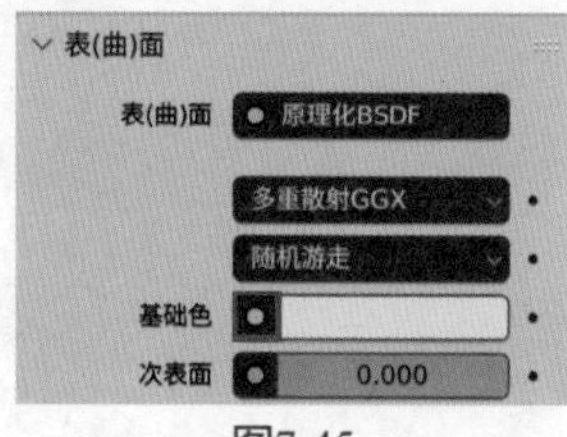


图7-45

04 在弹出的菜单中执行“图像纹理”命令，如图7-46所示。

图7-46

05 在“表（曲）面”卷展栏中，单击“打开”按钮，如图7-47所示。浏览一张“木纹E.jpg”贴图，如图7-48所示。

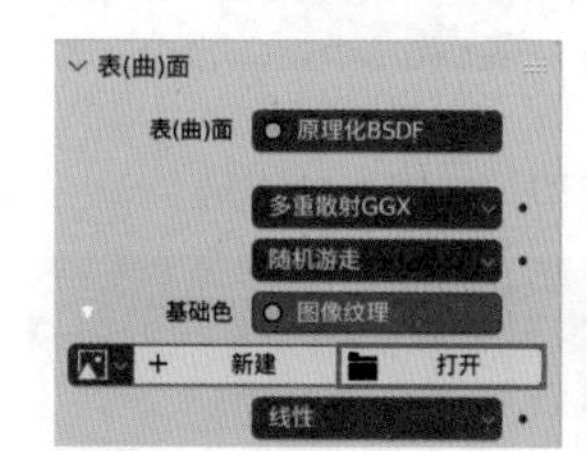


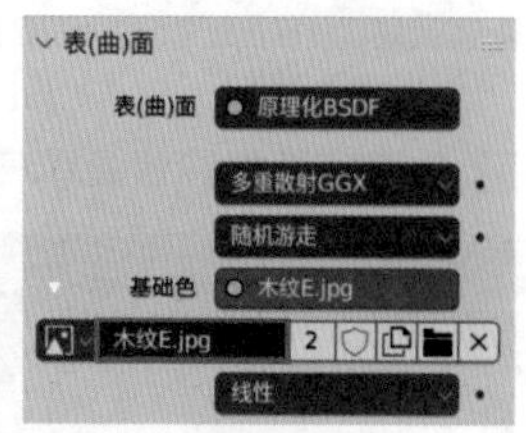


图7-47　　图7-48

06 在“表（曲）面”卷展栏中，设置“高光”为1.000、“糙度”为0.200，如图7-49所示。

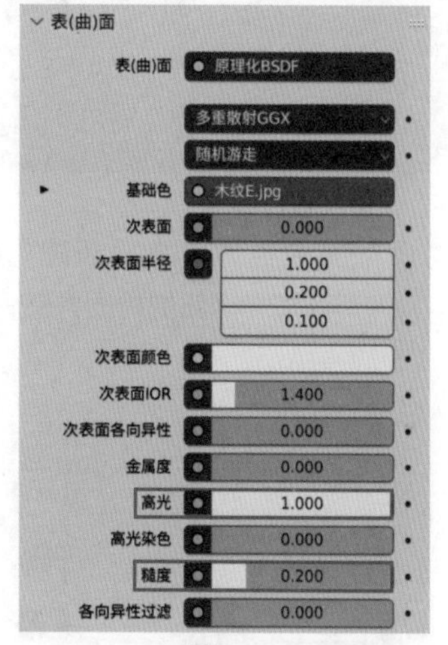


图7-49

07 设置完成后，餐桌桌面材质的预览结果如图7-50所示。

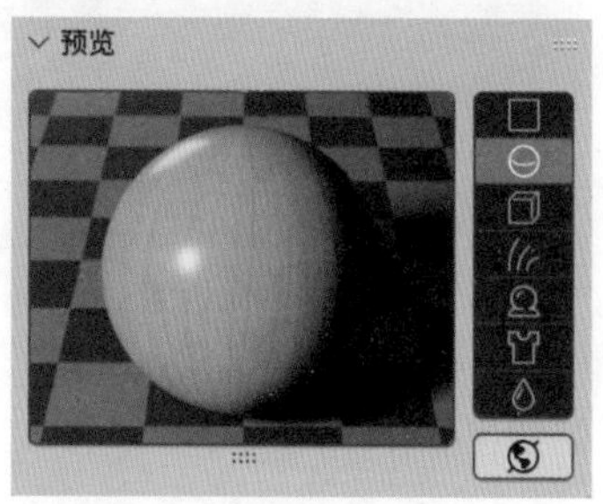


图7-50

## 7.3.5 制作金属材质

本实例中餐桌腿上的金属材质渲染结果如图7-51所示。

图7-51

01 选择场景中的餐桌腿模型，如图7-52所示。

图7-52

02 在“材质”面板中，单击“新建”按钮，如图7-53所示。为其添加一个新的材质并重命名为“银色金属”，如图7-54所示。

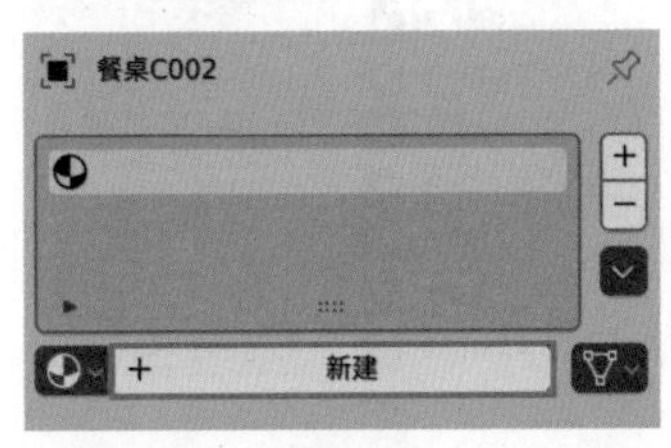


图7-53

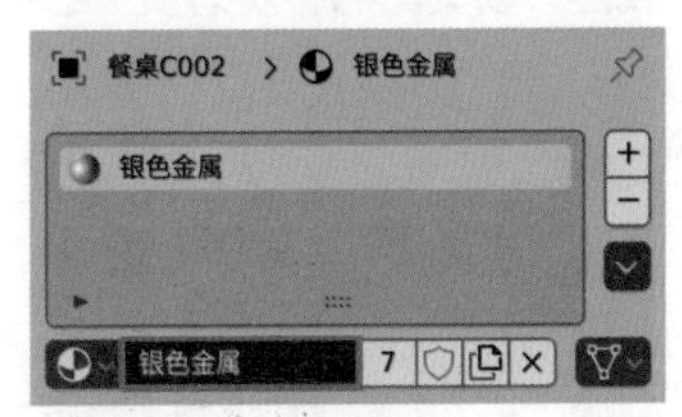


图7-54

03 在“表（曲）面”卷展栏中，设置“表（曲）面”为“光泽BSDF”、“糙度”为0.500，如图7-55所示。

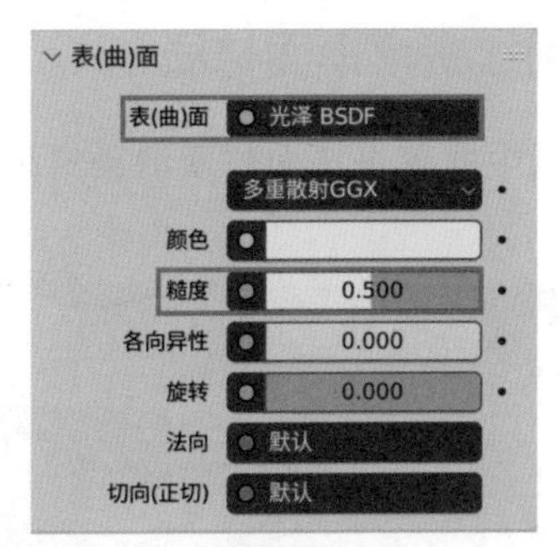


图7-55

04 设置完成后，金属材质的预览结果如图7-56所示。

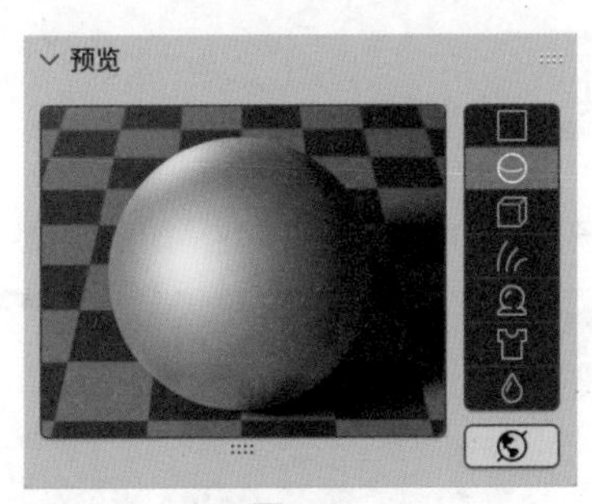


图7-56

## 7.3.6 制作沙发材质

本实例中的沙发材质渲染结果如图7-57所示。

图7-57

01 选择场景中的沙发模型，如图7-58所示。

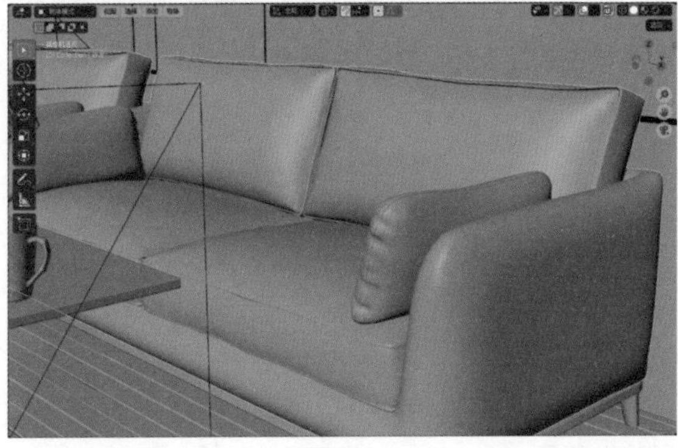

图7-58

02 在“材质”面板中，单击“新建”按钮，如图7-59所示。为其添加一个新的材质并重命名为“沙发”，如图7-60所示。

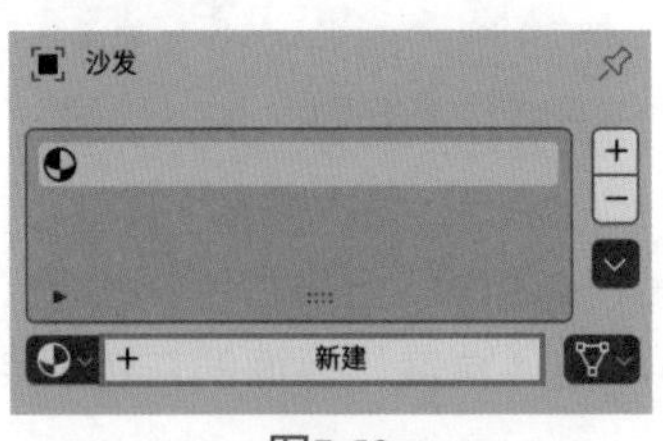


图7-59

图7-60

03 在“表（曲）面”卷展栏中，单击“基础色”后面的黄色圆点按钮，如图7-61所示。

04 在弹出的菜单中执行“图像纹理”命令，如图7-62所示。

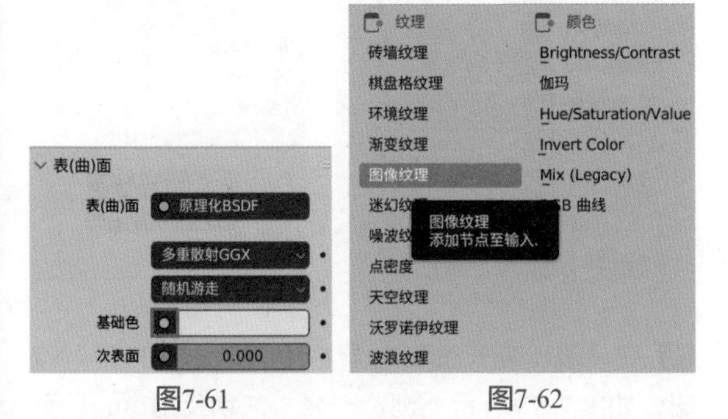


图7-61 图7-62

05 在“表（曲）面”卷展栏中，单击“打开”按钮，如图7-63所示。浏览一张“布纹J.jpg”贴图，如图7-64所示。

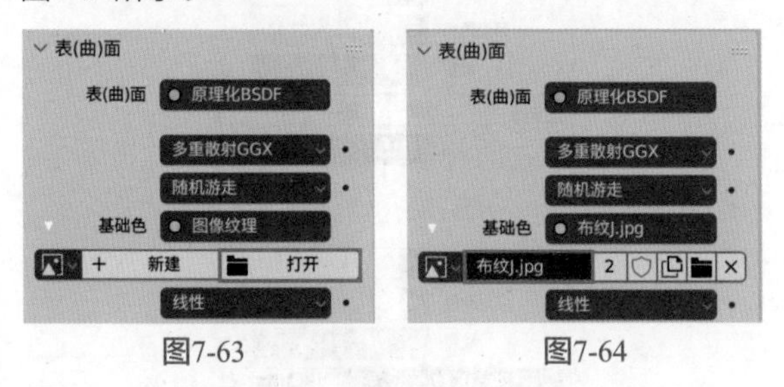


图7-63 图7-64

06 在“表（曲）面”卷展栏中，单击“法向”后面的蓝色圆点按钮，如图7-65所示。

07 在弹出的菜单中执行“凹凸”命令，如图7-66所示。

08 在“表（曲）面”卷展栏中，单击“高度”后面的灰色圆点按钮，如图7-67所示。

09 在弹出的菜单中执行“图像纹理”命令，如图7-68所示。

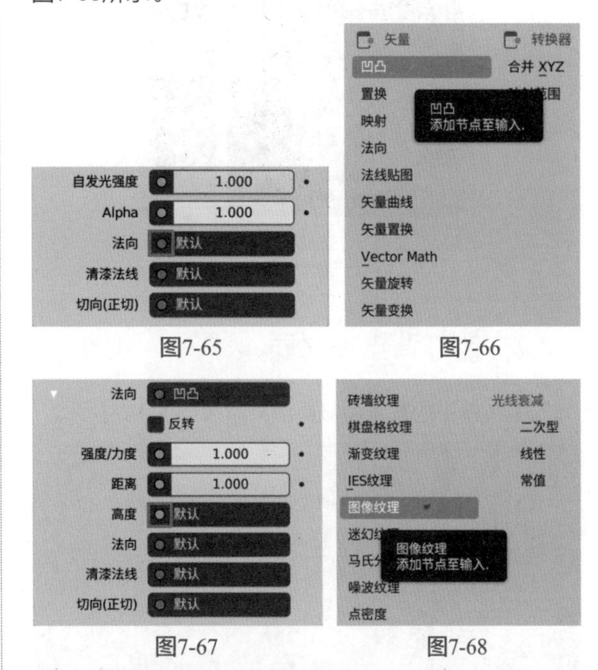


图7-65 图7-66

图7-67 图7-68

10 在“表（曲）面”卷展栏中，单击“打开”按钮，如图7-69所示。浏览一张“布纹J.jpg”贴图，并设置“强度/力度”为0.500，如图7-70所示。

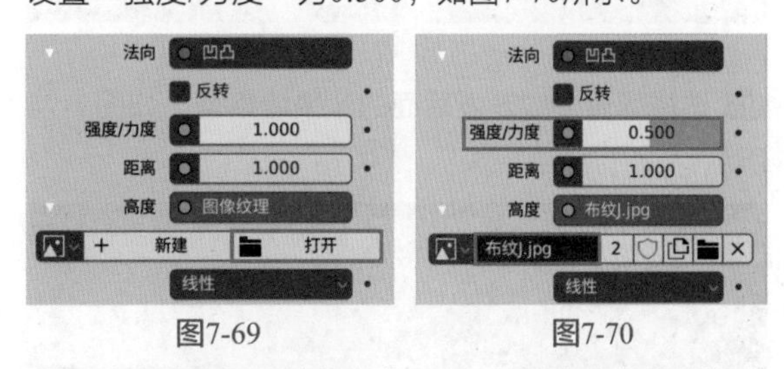


图7-69 图7-70

11 打开“着色器编辑器”面板，将“图像纹理”节点的“颜色”属性连接至“凹凸”节点的“高度”属性上，如图7-71所示。

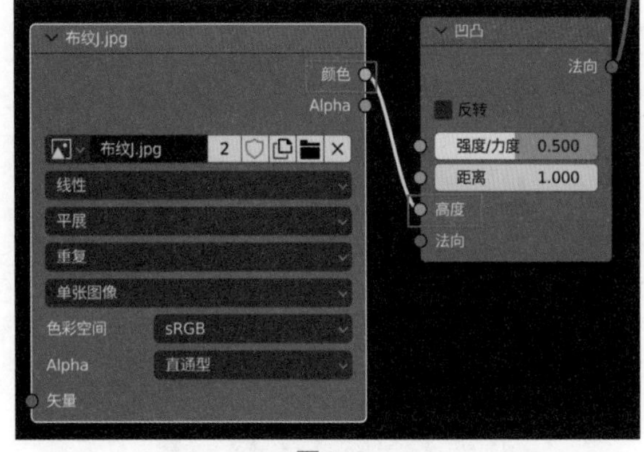


图7-71

12 设置完成后，沙发材质的预览结果如图7-72所示。

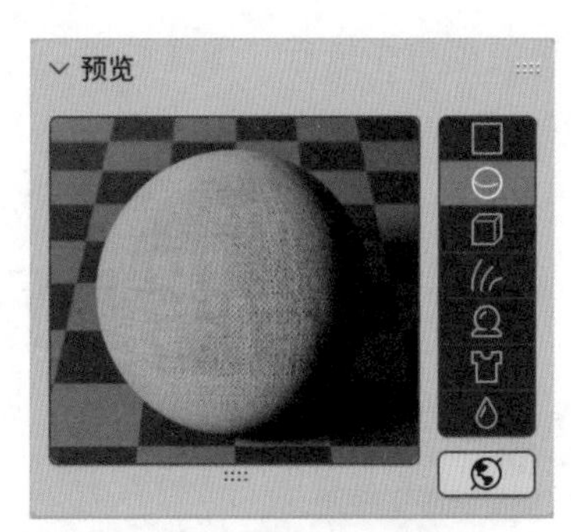

图7-72

## 7.3.7 制作背景墙材质

本实例中的背景墙材质渲染结果如图7-73所示。

图7-73

01 选择场景中的沙发后面的背景墙模型，如图7-74所示。

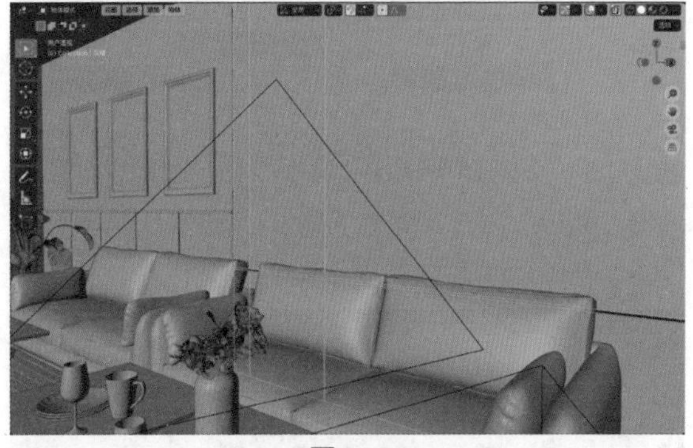
图7-74

02 在“材质”面板中，单击“新建”按钮，如图7-75所示。为其添加一个新的材质并重命名为“背景墙”，如图7-76所示。

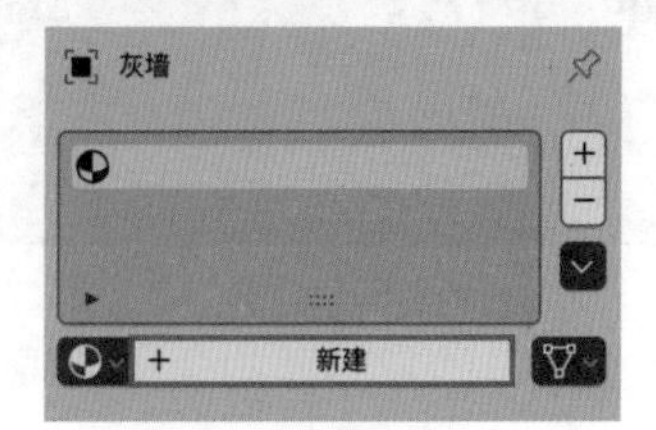

图7-75

图7-76

03 在“表（曲）面”卷展栏中，设置“高光”为1.000，再单击“糙度”后面的灰色圆点按钮，如图7-77所示。

04 在弹出的菜单中执行“图像纹理”命令，如图7-78所示。

图7-77

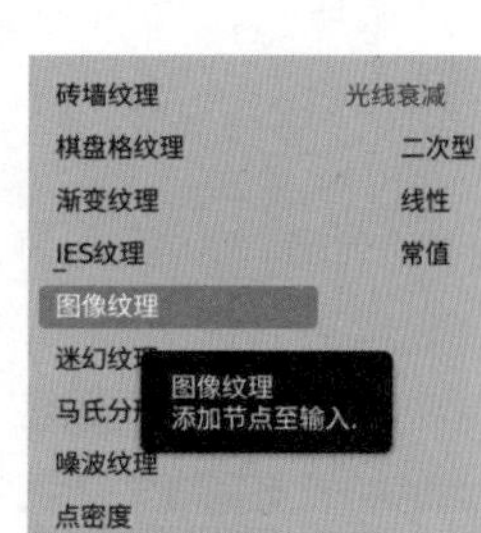

图7-78

05 在“表（曲）面”卷展栏中，单击“打开”按钮，如图7-79所示。浏览一张“灰墙反射.png”贴图，如图7-80所示。

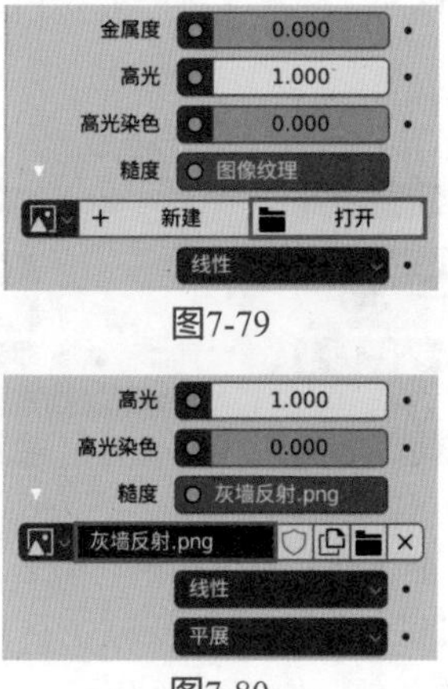

图7-79


图7-80

06 打开“着色器编辑器”面板，将“图像纹理”节点的“颜色”属性连接至“原理化BSDF”节点的“糙度”属性上，如图7-81所示。

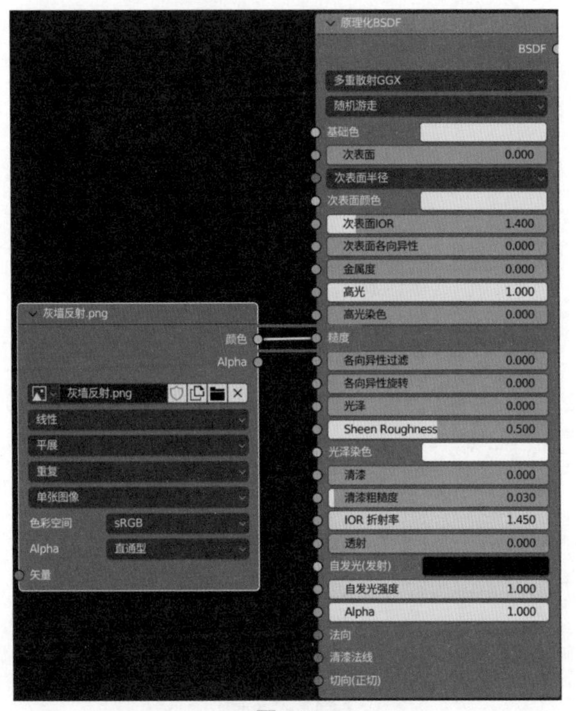


图7-81

07 设置完成后，背景墙材质的预览结果如图7-82所示。

图7-82

## 7.3.8　制作窗外环境材质

本实例中窗外的环境材质渲染结果如图7-83所示。

图7-83

01 选择场景中房间外面的背景模型，如图7-84所示。

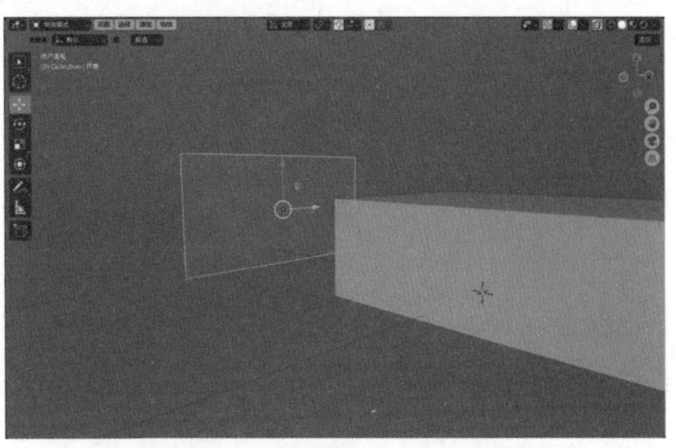

图7-84

02 在“材质”面板中，单击“新建”按钮，如图7-85所示。为其添加一个新的材质并重命名为“窗外环境”，如图7-86所示。

图7-85

图7-86

03 在“表（曲）面”卷展栏中，设置“表（曲）面”为“自发光（发射）”，并单击“颜色”后面的黄色圆点按钮，如图7-87所示。

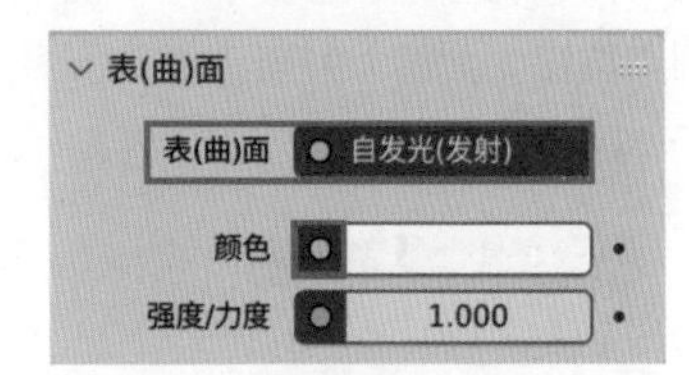


图7-87

04 在弹出的菜单中执行“图像纹理”命令，如图7-88所示。

图7-88

**05** 在“表（曲）面”卷展栏中，单击“打开”按钮，如图7-89所示，在弹出的对话框中选择“窗外.JPG”贴图，并设置“强度/力度”为10.000，如图7-90所示。

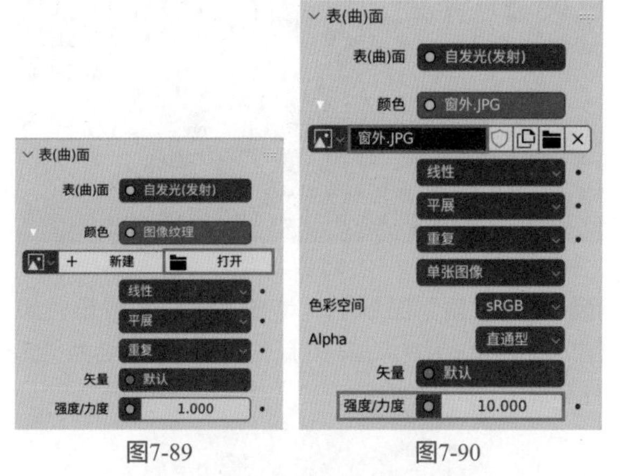


图7-89　　　　图7-90

**06** 设置完成后，窗外环境材质的预览结果如图7-91所示。

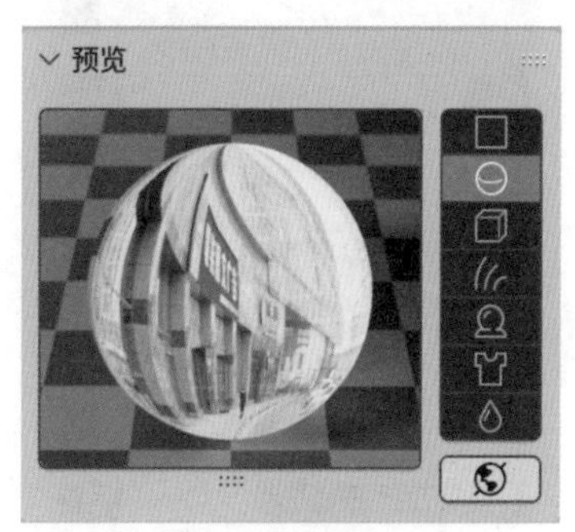


图7-91

## 7.3.9　制作日光照明效果

**01** 在World（世界环境）面板中，单击“颜色”后面的黄色圆点按钮，如图7-92所示。

图7-92

**02** 在弹出的菜单中执行“天空纹理”命令，如图7-93所示。

**03** 在“表（曲）面”卷展栏中，设置“太阳尺寸”为1°、“太阳高度”为26°、“太阳旋转”为250°、“强度/力度”为5.000，如图7-94所示。

图7-93

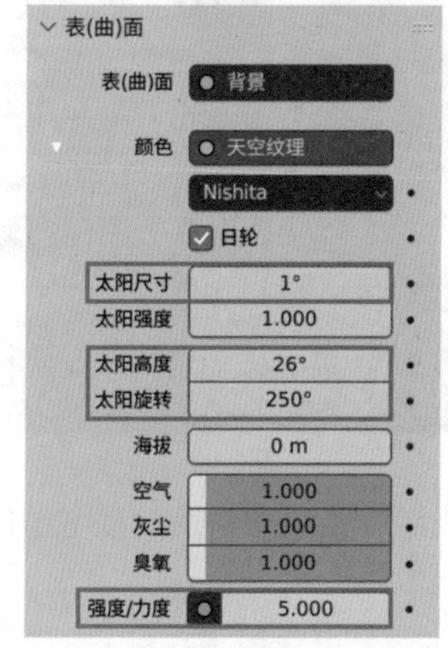


图7-94

**04** 设置完成后，本实例的渲染预览效果如图7-95所示。

图7-95

## 7.3.10　渲染设置及后期处理

**01** 在Scene面板中，设置“渲染引擎”为Cycles，如图7-96所示。

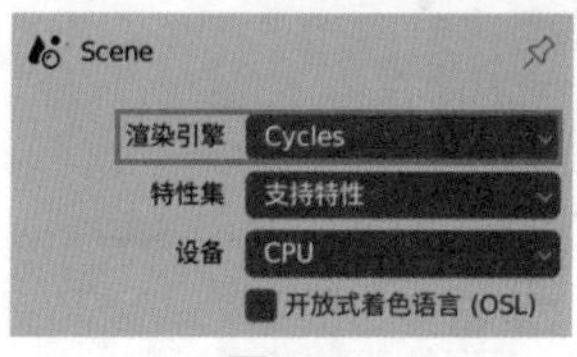


图7-96

**02** 在“采样”卷展栏的“渲染”卷展栏中，设置“最大采样”为1024，如图7-97所示。

**03** 在“格式”卷展栏中，设置“分辨率X”为1300px、“分辨率Y”为800px，如图7-98所示。

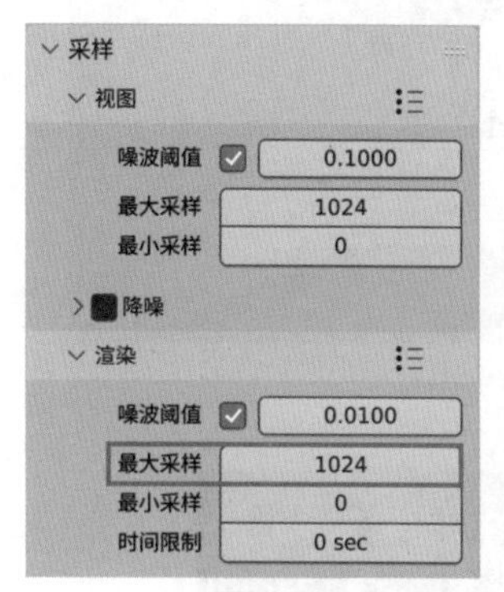


图7-97

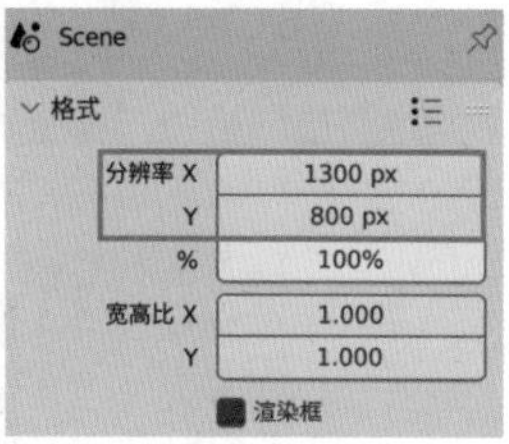

图7-98

**04** 执行菜单栏中的“渲染”｜“渲染图像”命令，渲染场景，渲染结果如图7-99所示。

图7-99

**05** 打开“合成器”面板，勾选“使用节点”复选框，即可看到“渲染层”节点和“合成”节点，如图7-100所示。

图7-100

**06** 执行菜单栏中的“添加”｜“颜色”｜“色彩平衡”命令，如图7-101所示，即可在“合成器”面板中添加一个“色彩平衡”节点。

图7-101

**07** 将“色彩平衡”节点放置于“渲染层”节点的后方，并调整“Gamma中间调校正”的位置至图7-102所示。设置完成后，可以看到本实例的渲染结果要稍微偏绿一些，如图7-103所示。

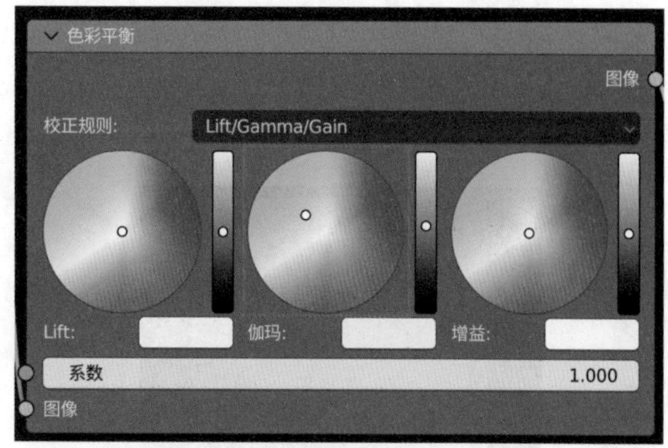


图7-102

图7-103

**08** 执行菜单栏中的“添加”｜“颜色”｜“RGB曲线”命令，如图7-104所示，即可在“合成器”面板中添加一个“RGB曲线”节点。

**09** 将“RGB曲线”节点放置于“色彩平衡”节点的后方，并调整“RGB曲线”节点中曲线的形状至图7-105所示。设置完成后，可以看到本实例的渲染结果提亮了一点，如图7-106所示。

**10** 执行菜单栏中的“添加”｜“颜色”｜“色彩校正”命令，如图7-107所示，即可在“合成器”面板中添加一个“色彩校正”节点。

⑪ 将“色彩校正”节点放置于“RGB曲线”节点的后方，并调整“色彩校正”节点中“中间调”的“饱和度”为1.200，如图7-108所示。

图7-104

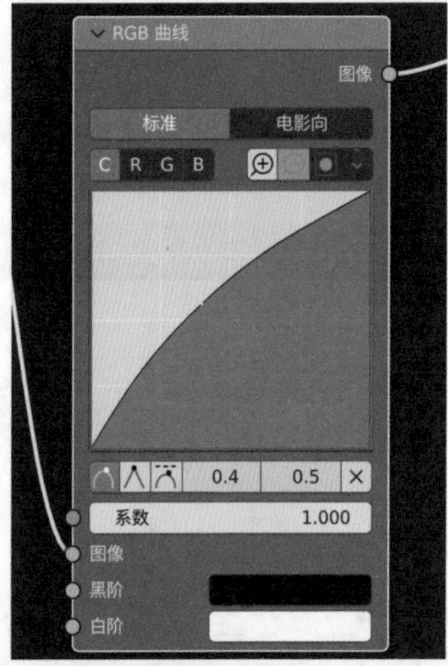


图7-105

图7-106

图7-107

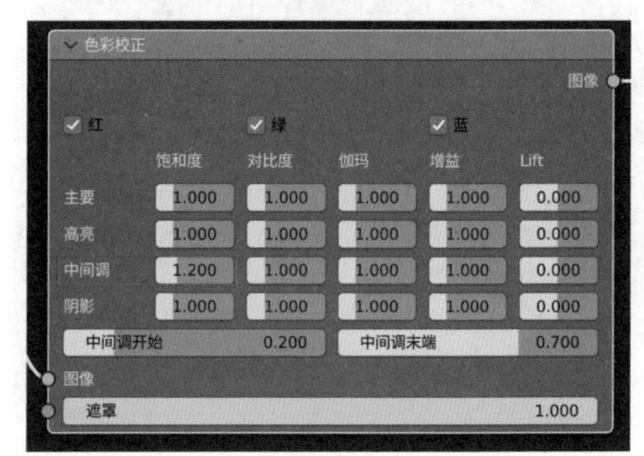


图7-108

⑫ 设置完成后，“合成器”面板中的节点连接效果如图7-109所示。

⑬ 本实例的最终渲染结果如图7-110所示。

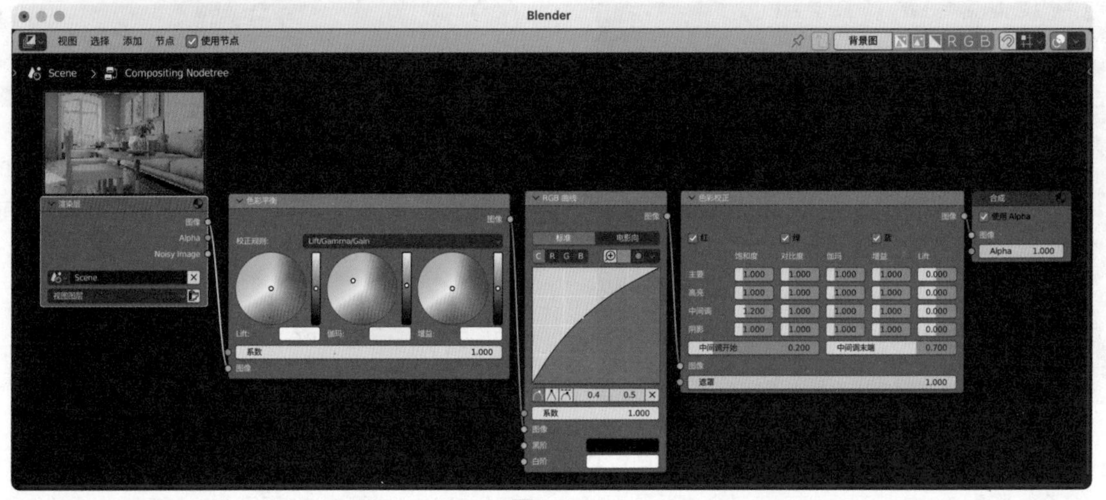


图7-109

图7-110

## 7.4 综合实例：沙漠场景日光照明表现

本实例中通过制作一个沙漠地形表现效果来详细讲解地形模型、相关材质及灯光的制作方法和思路。图7-111所示为本实例的最终完成效果。

图7-111

启动中文版Blender 4.0软件，打开配套场景文件“植物.blend”，如图7-112所示，里面有几株植物模型。

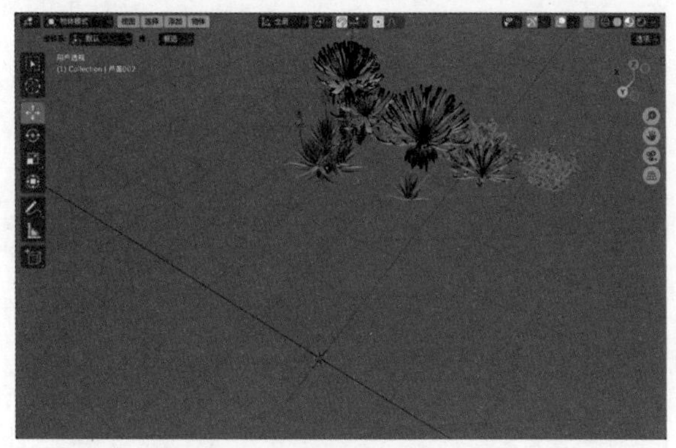

图7-112

### 7.4.1 创建沙漠地形

01 执行菜单栏中的“编辑”｜“偏好设置”命令，在弹出的“Blender偏好设置”面板中，勾选“添加网格：A.N.T.Landscape”插件，如图7-113所示。

图7-113

**技巧与提示**

“添加网格：A.N.T.Landscape”插件是中文版Blender 4.0自带的一款专门用于制作各种山脉地形的插件，须单独勾选激活后才可以使用。

02 执行菜单栏中的“添加”｜“网格”｜Landscape命令，如图7-114所示，即可在场景中创建一个地形，如图7-115所示。

03 在Another Noise Tool-Landscape（噪波工具-地形）卷展栏中，设置“操作项预设”为dunes（沙丘），如图7-116所示。设置Subdivisions X（细分X）和Subdivisions X（细分Y）为500、“随机种”为1，如图7-117所示。

04 设置完成后，沙漠地形的视图显示结果如图7-118所示。

图7-114

图7-115

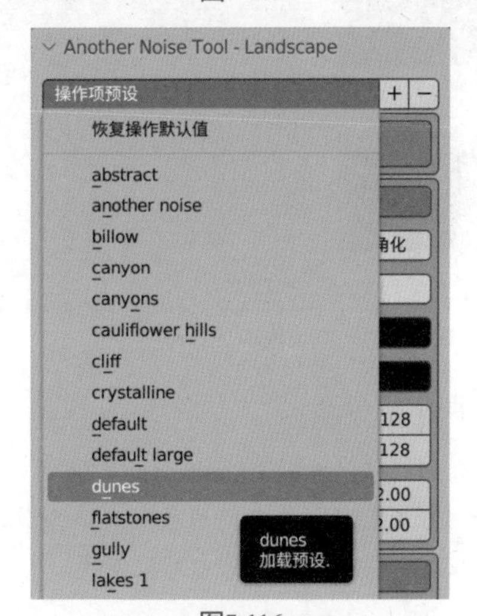


图7-116

图7-117

**05** 在“变换”卷展栏中，设置“缩放X、Y和Z”均为100，如图7-119所示。

**06** 在“正交顶视图”中，选择场景中所有的植物模型，调整其位置至图7-120所示位置处。

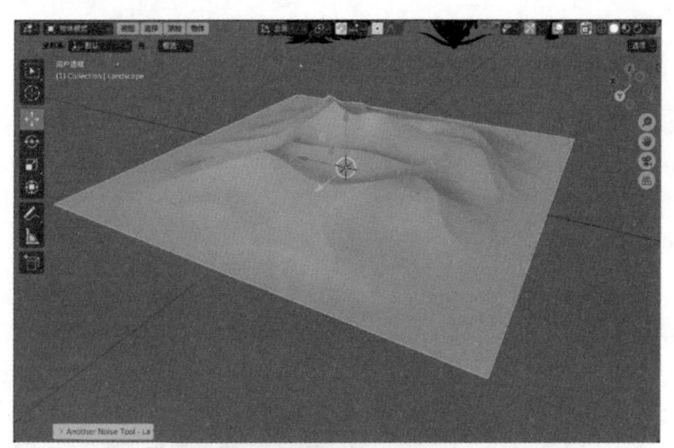

图7-118

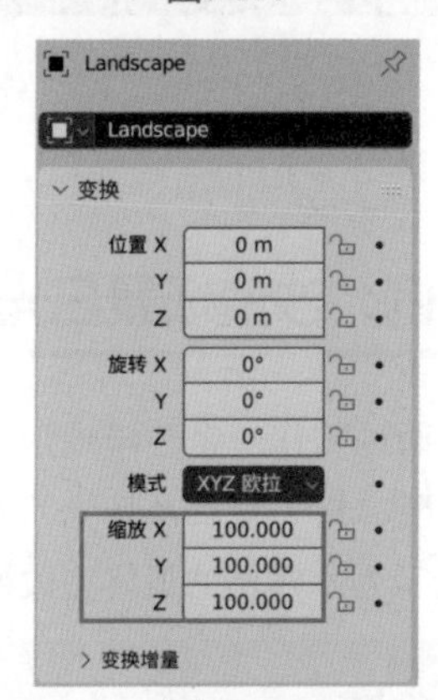


图7-119

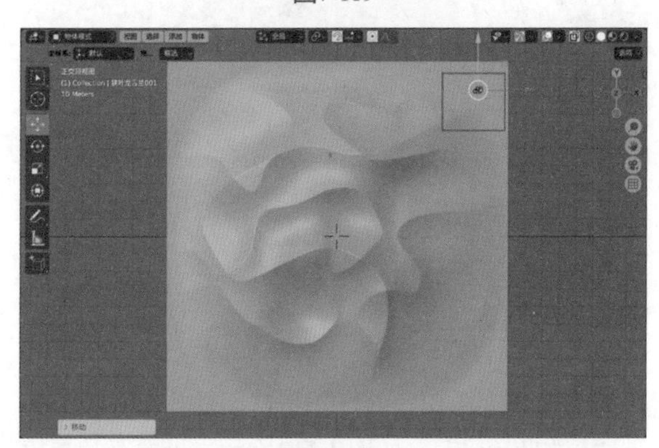

图7-120

**07** 选择场景中自带的摄像机，调整其位置和角度至图7-121所示。

图7-121

08 在“摄像机透视”视图中，调整摄像机的拍摄角度至图7-122所示。

图7-122

09 调整场景中植物模型的位置，将其放置于摄像机的前方，如图7-123所示。

图7-123

## 7.4.2　制作日光照明效果

01 在World（世界环境）面板中，单击“颜色”后面的黄色圆点按钮，如图7-124所示。

图7-124

02 在弹出的菜单中执行“天空纹理”命令，如图7-125所示。

03 设置完成后，沙丘地形在“渲染”预览下的显示结果如图7-126所示。

04 在“表（曲）面”卷展栏中，设置“太阳尺寸”为1°、“太阳旋转”为260°、“臭氧”为8.000、“强度/力度”为0.200，如图7-127所示。

图7-125

图7-126

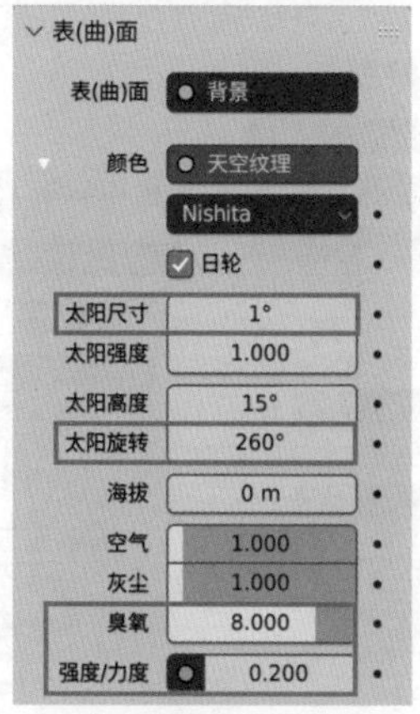


图7-127

05 设置完成后，沙丘地形在“渲染”预览下的显示结果如图7-128所示。

图7-128

## 7.4.3 使用“置换”修改器制作沙漠细节

01 选择沙漠模型，在“修改器”面板中，为其添加“置换”修改器，如图7-129所示。

图7-129

02 在“纹理”面板中，单击“新建”按钮，如图7-130所示。创建一个新纹理，并更改纹理的名称为“沙漠细节”，如图7-131所示。

图7-130

图7-131

03 设置纹理的“类型”为“沃罗诺伊图”，在“沃罗诺伊图”卷展栏中，设置“间隔矩阵”为“闵可夫斯基”、“强度”为0.100、“尺寸”为0.01，如图7-132所示。

04 在“置换”修改器中，设置置换修改器的纹理为“沙漠细节”、“强度/力度”为0.010，如图7-133所示。

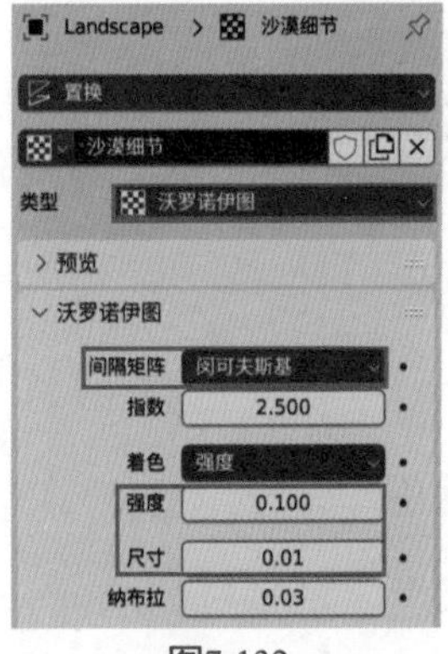

图7-132

图7-133

05 设置完成后，沙漠模型的视图显示结果如图7-134所示。可以看到沙漠表面多了许多凹凸不平的细节效果。

图7-134

## 7.4.4 制作沙漠材质

01 选择沙漠模型，在“材质”面板中，单击“新建”按钮，如图7-135所示。为其添加一个新的材质并重命名为“沙漠材质”，如图7-136所示。

图7-135 图7-136

02 在“表（曲）面”卷展栏中，单击“基础色”后面的黄色圆点按钮，如图7-137所示。

03 在弹出的菜单中执行Mix（Legacy）（混合）命令，如图7-138所示。

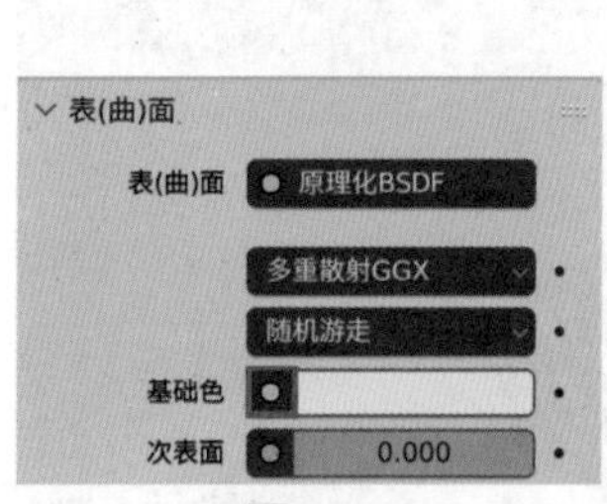

图7-137

图7-138

04 在“表（曲）面”卷展栏中，设置“色彩2”为土黄色、“高光”为0.200、“糙度”为0.800，如图7-139所示。其中，“色彩2”的参数设置如图7-140所示。

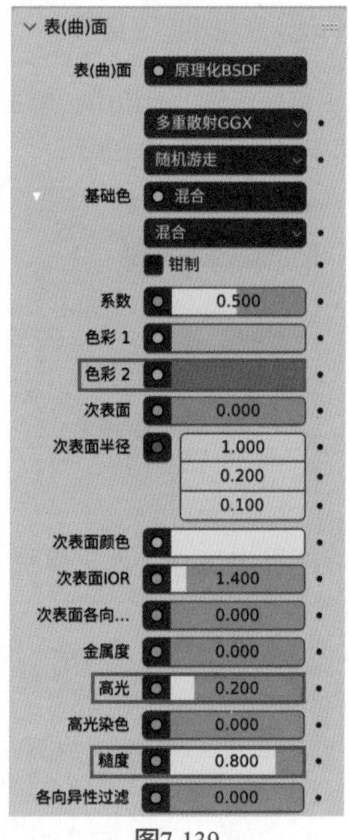

图7-139

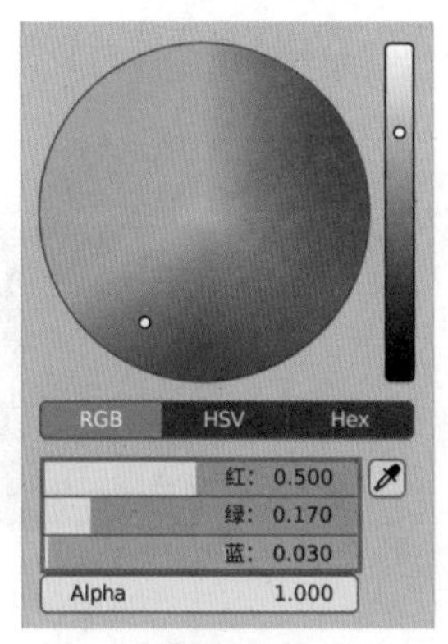


图7-140

**05** 在“着色器编辑器”面板中，执行菜单栏中的“添加”|“输入”|“菲涅尔”命令，如图7-141所示，创建一个“菲涅尔”节点。

图7-141

**06** 将“菲涅尔”节点的“系数”连接至“混合”节点的“色彩1”上，如图7-142所示。

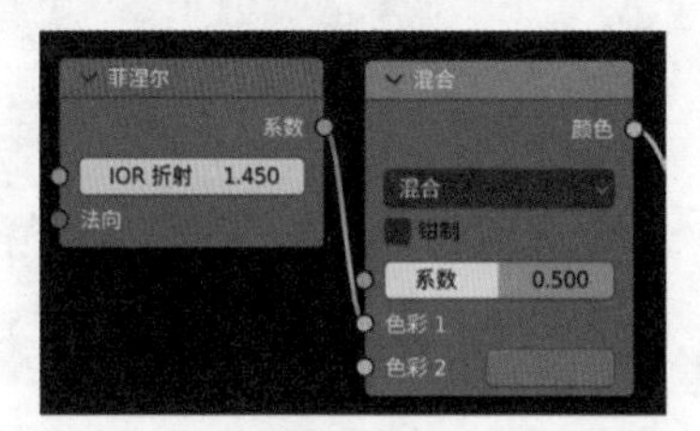


图7-142

**07** 设置完成后，沙漠模型的视图显示结果如图7-143所示。

图7-143

**08** 在“表（曲）面”卷展栏中，设置“太阳旋转”为300°、“臭氧”为3.500，如图7-144所示。

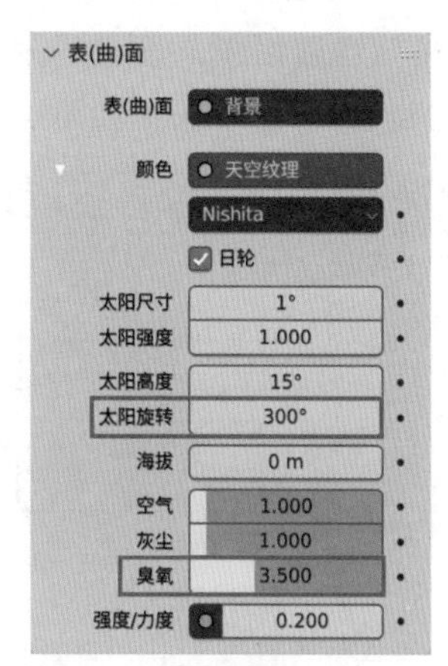


图7-144

**09** 沙漠模型的视图显示结果如图7-145所示。

图7-145

## 7.4.5　渲染设置及后期处理

**01** 在Scene面板中，设置“渲染引擎”为Cycles，如图7-146所示。

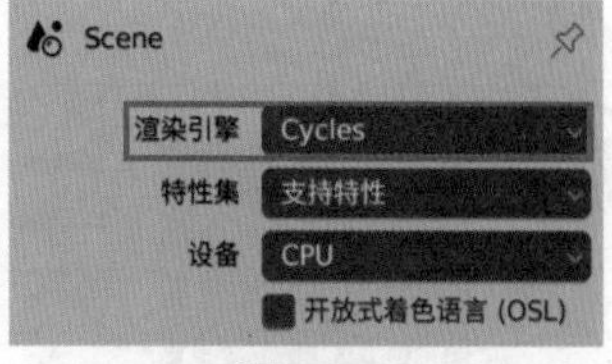


图7-146

**02** 在“采样”卷展栏的“渲染”卷展栏中，设置“最大采样”为1024，如图7-147所示。

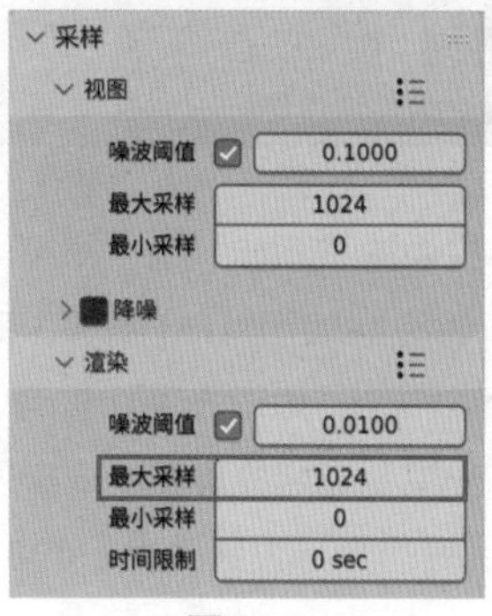


图7-147

03 在“格式”卷展栏中，设置“分辨率X”为1300px、“分辨率Y”为800px，如图7-148所示。

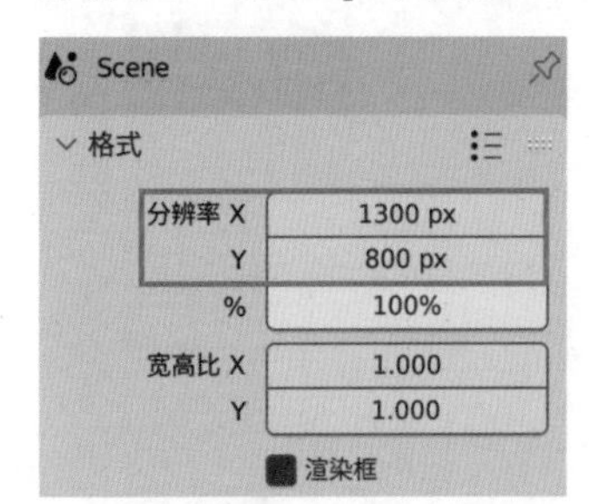


图7-148

04 执行菜单栏中的“渲染”|“渲染图像”命令，渲染场景，渲染结果如图7-149所示。

图7-149

05 打开“合成器”面板，勾选“使用节点”复选框，即可看到“渲染层”节点和“合成”节点，如图7-150所示。

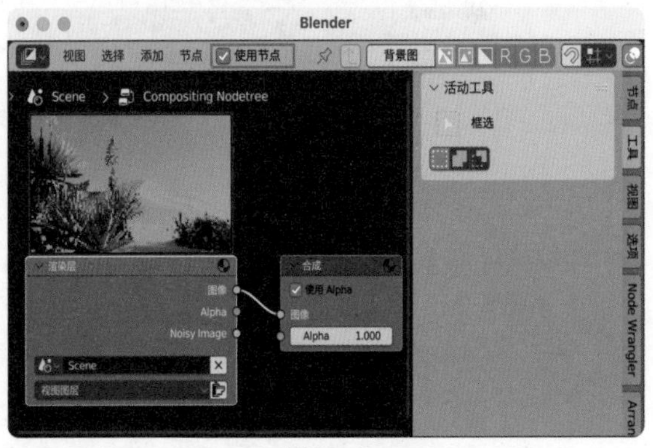


图7-150

06 执行菜单栏中的“添加”|“滤镜（过滤）”|“太阳光束”命令，如图7-151所示，即可在“合成器”面板中添加一个“太阳光束”节点。

07 将“太阳光束”节点放置于“渲染层”节点的后方，并调整太阳的坐标位置为（1.000，0.500），“射线长度”为0.600，如图7-152所示。设置完成后，可以看到添加了太阳光束滤镜后的显示结果，如图7-153所示。

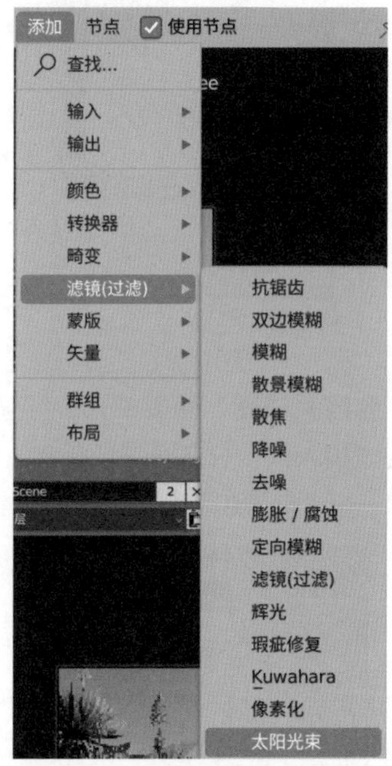


图7-151

图7-152

图7-153

08 执行菜单栏中的“添加”|“颜色”|“混合”命令，如图7-154所示，即可在“合成器”面板中添加一个“混合”节点。

图7-154

**09** 选择场景中的“渲染层”节点，按Ctrl+C组合键，再按Ctrl+V组合键，对其进行复制，再将其和“太阳光束”节点分别连接至“混合”节点上，如图7-155所示。

**10** 在“混合”节点中，设置“混合”的类型为“滤色”、“系数”为0.700，如图7-156所示。

### 技巧与提示

“混合”节点的类型更改后，其节点名称也会发生对应的变化。

**11** 设置完成后，渲染结果如图7-157所示。

图7-155

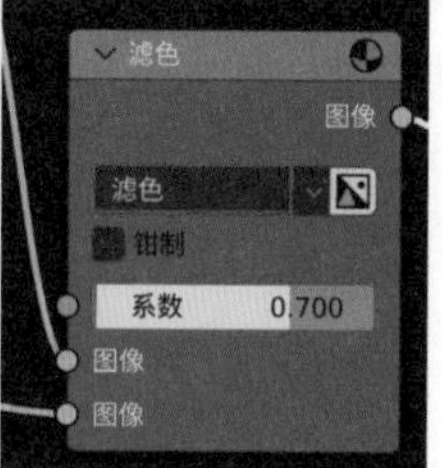


图7-156

图7-157

**12** 执行菜单栏中的“添加”|“颜色”|Brightness/Contrast命令，如图7-158所示，即可在“合成器”面板中添加一个光度/对比度节点。

图7-158

**13** 将光度/对比度节点放置于“滤色”节点的后方，并调整“对比度”为12.000，如图7-159所示。

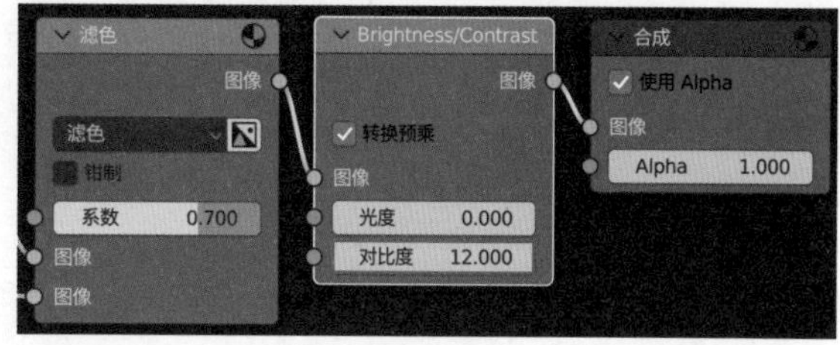


图7-159

⑭ 设置完成后，“合成器”面板中的节点连接效果如图7-160所示。

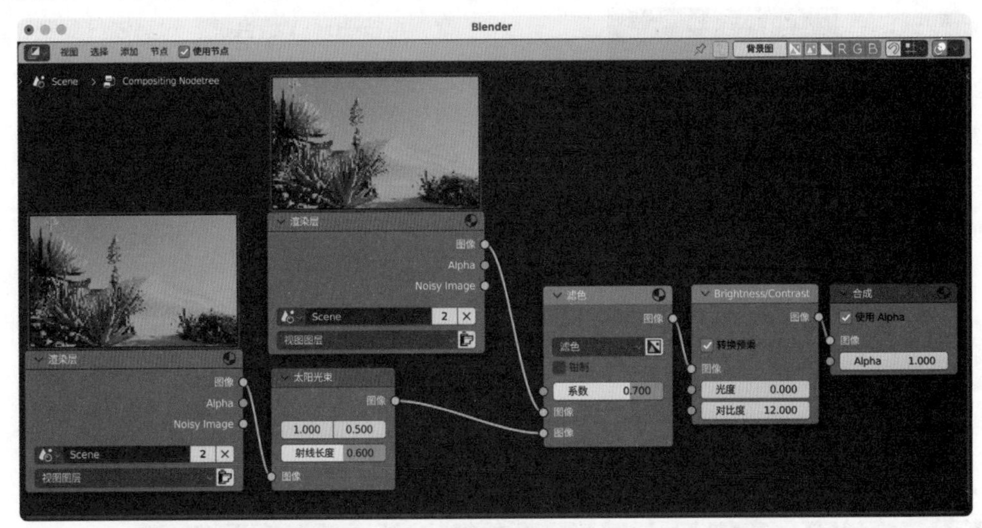


图7-160

⑮ 本实例的最终渲染结果如图7-161所示。

图7-161

# 第8章 动画技术

## 8.1 动画概述

动画是一门集合了漫画、电影、数字媒体等多种表现形式的综合艺术，也是一门年轻的学科，经过100多年的历史发展，已经形成了较为完善的理论体系和多元化产业，其独特的艺术魅力深受广大人民的喜爱。在本书中，动画仅狭义地理解为使用Blender软件来设置对象的形变及运动过程记录。读者在学习本章内容之前，建议阅读相关书籍并掌握一定的动画基础理论，这样非常有助于我们制作出更加令人信服的动画效果。图8-1所示为使用Blender软件制作完成的文字消失动画效果。

图8-1

## 8.2 关键帧动画

关键帧动画是Blender动画技术中最常用的，也是最基础的动画设置技术。说简单些，就是在物体动画的关键时间点上来进行设置数据记录，软件则根据这些关键点上的数据设置来完成中间时间段内的动画计算，这样一段流畅的三维动画就制作完成了。启动中文版Blender 4.0软件，选择场景中自带的立方体模型，按I键，会弹出“插入关键帧菜单”，如图8-2所示。在这个菜单中可以选择为所选择对象的哪些属性来设置关键帧。

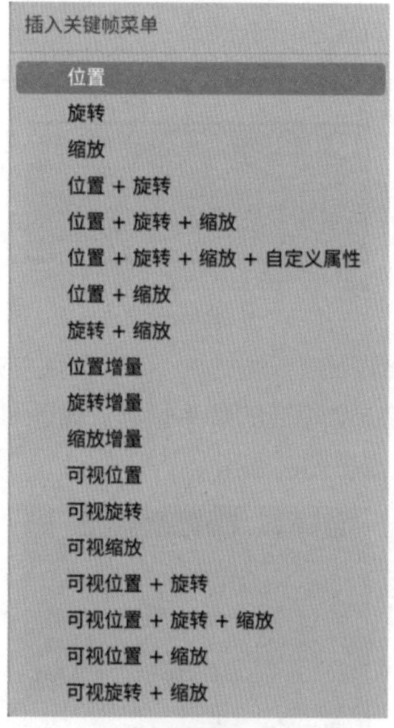


图8-2

### 8.2.1 基础操作：创建关键帧动画

【知识点】创建关键帧动画、动画运动路径、删除关键帧。

01 启动中文版Blender 4.0软件，选择场景中自带的立方体模型，如图8-3所示。

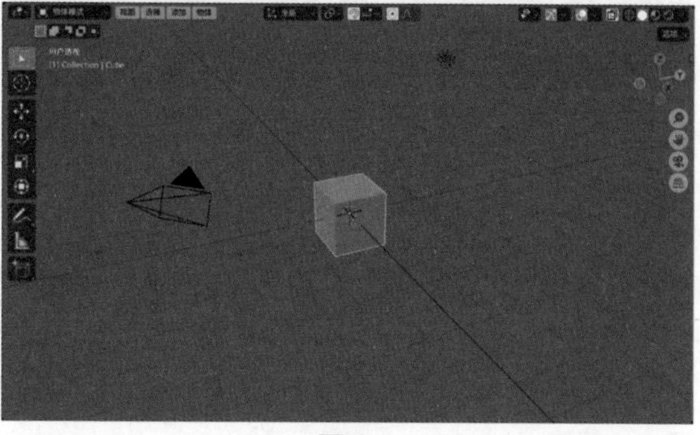

图8-3

02 在“变换”卷展栏中，单击“位置Y”后面的黑色圆点按钮，如图8-4所示，即可为该属性设置动画关键帧，设置完成后，黑色圆点会显示为黑色菱形按钮，如图8-5所示。

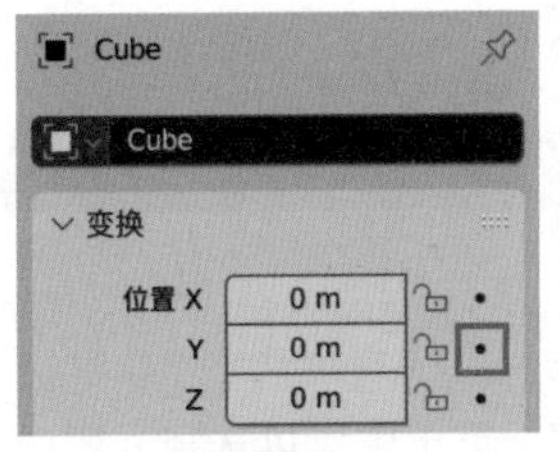


图8-4

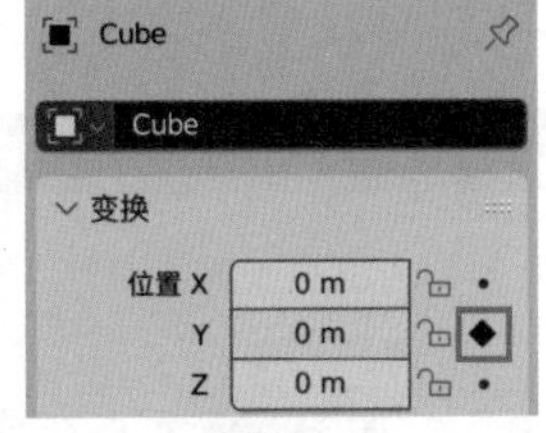


图8-5

03 在“动画”面板中，可以看到在1帧位置处有个菱形标记，其代表所选对象在1帧位置处有一个关键帧，如图8-6所示。

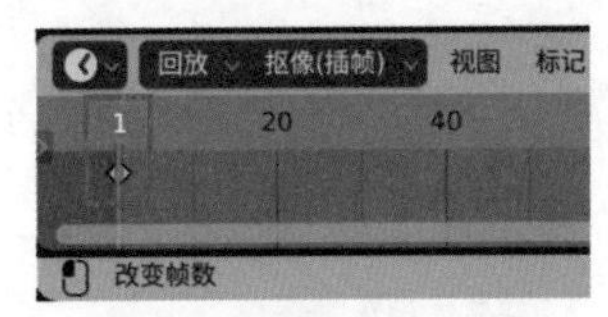


图8-6

04 在“大纲视图”面板中，可以看到立方体模型名称的后面有一个弯折的箭头标记，如图8-7所示，代表该对象设置了动画效果。

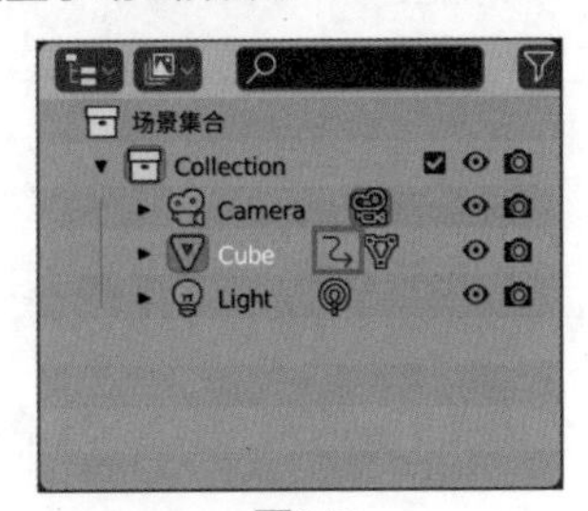


图8-7

05 在60帧位置处，使用“移动”工具沿Y轴向调整立方体模型的位置至图8-8所示。

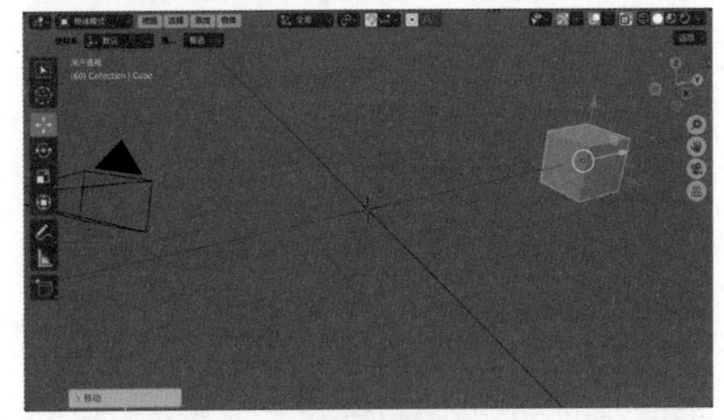

图8-8

06 在“变换”卷展栏中，再次单击“位置Y”后面的空心菱形按钮，如图8-9所示，为其再次设置动画关键帧，这时该按钮会显示为实心菱形按钮，如图8-10所示。

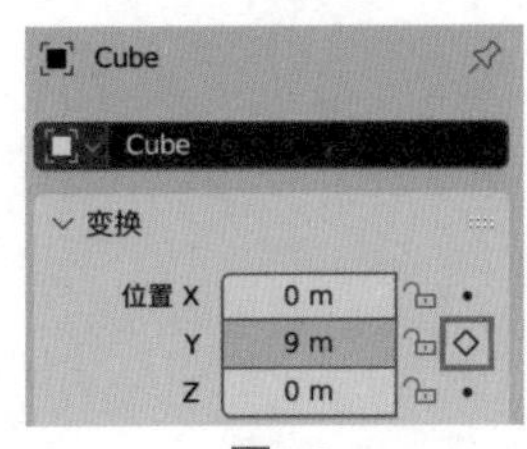


图8-9

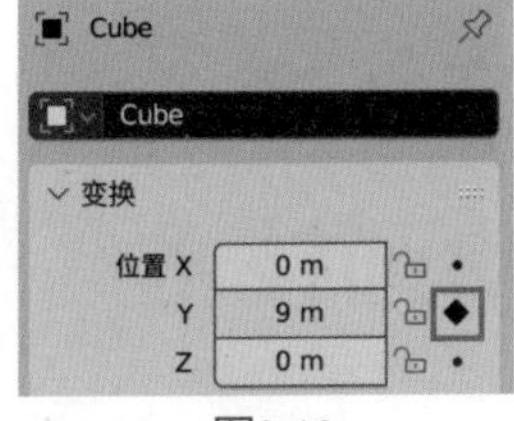


图8-10

07 在“动画”面板中，可以看到60位置处也生成了一个动画关键帧，如图8-11所示。

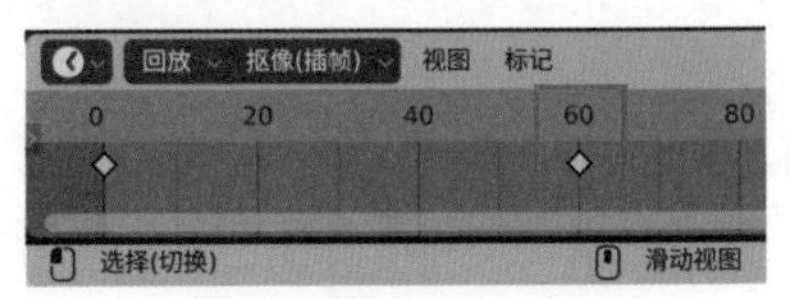


图8-11

08 在60帧位置处，在“变换”卷展栏中，单击“位置Z”后面的黑色圆点按钮，使其变成黑色菱形按钮，如图8-12所示，为其设置动画关键帧。

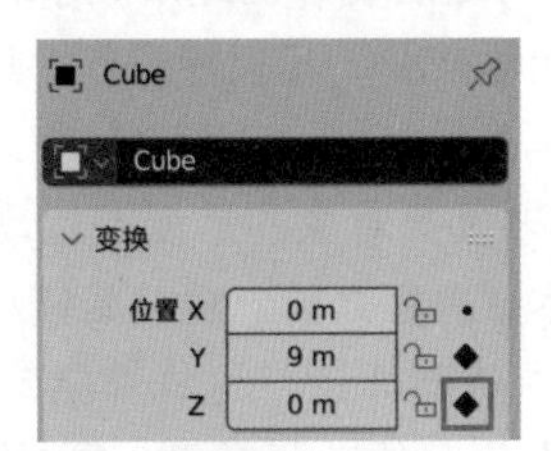


图8-12

09 在100帧位置处，使用“移动”工具沿Z轴向调整立方体模型的位置至图8-13所示。

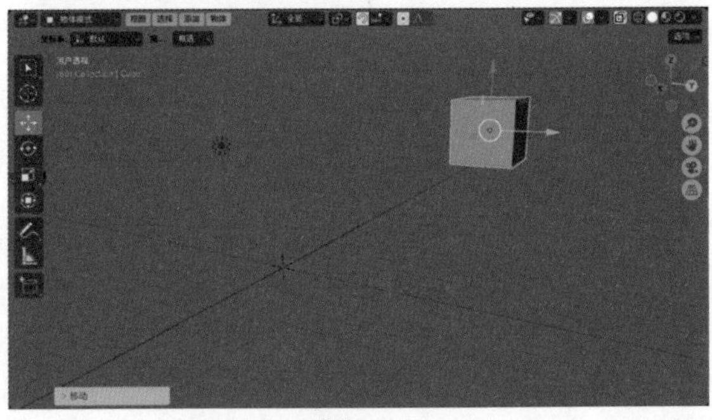

图8-13

10 在“变换”卷展栏中，单击“位置Z”后面的菱形按钮，为其设置动画关键帧，如图8-14所示。

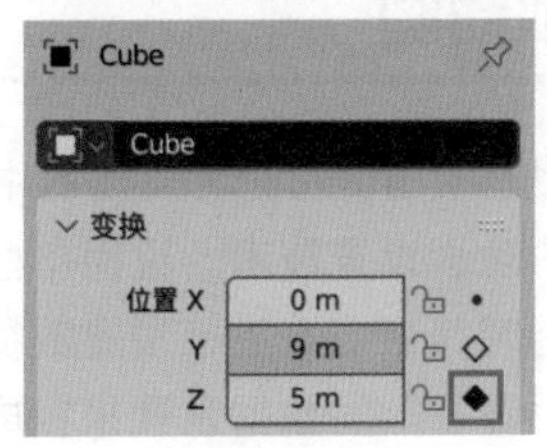


图8-14

11 在“动画”面板中，可以看到100帧位置处也生成了一个动画关键帧，如图8-15所示。

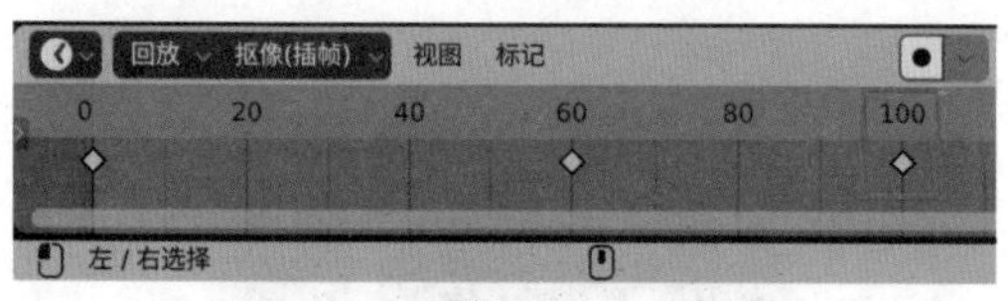


图8-15

12 在“运动路径”卷展栏中，单击“计算”按钮，如图8-16所示。

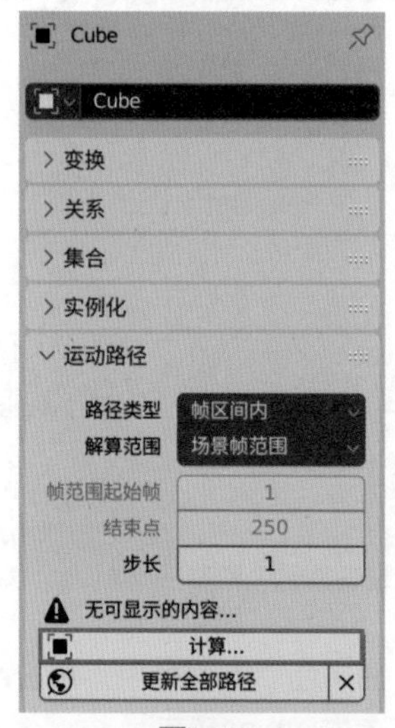


图8-16

13 在系统自动弹出的“计算物体运动路径”对话框中，单击“确定”按钮，如图8-17所示。

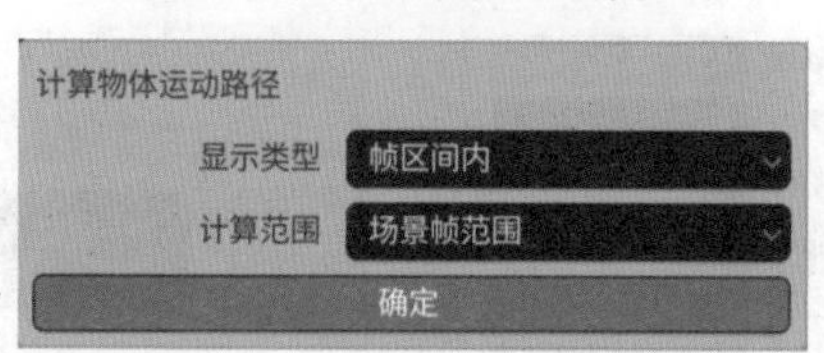


图8-17

14 计算完成后，立方体模型的运动路径显示效果如图8-18所示。

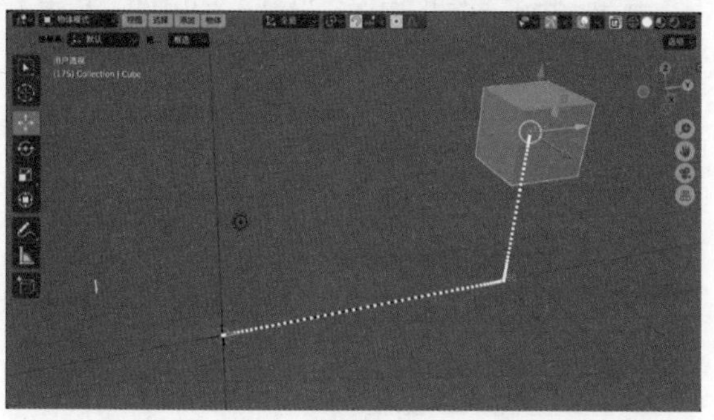

图8-18

15 在“动画”面板中，框选所有关键帧，按X键，在弹出的“删除”菜单中执行“删除关键帧”命令，如图8-19所示，即可删除所选择对象的关键帧动画。

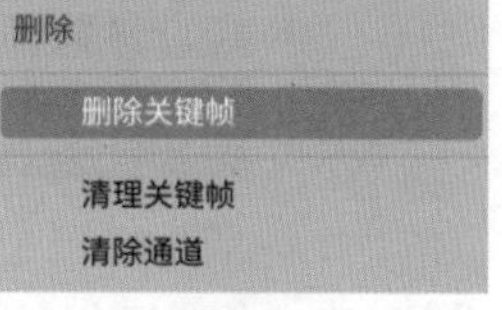


图8-19

**技巧与提示**

关键帧动画不仅可以制作物体的位移、旋转及缩放动画，还可以制作物体材质的动画效果。

## 8.2.2　实例：制作物体消失动画

本实例使用关键帧动画技术制作勺子逐渐消失的动画效果。图8-20所示为本实例的最终完成效果。

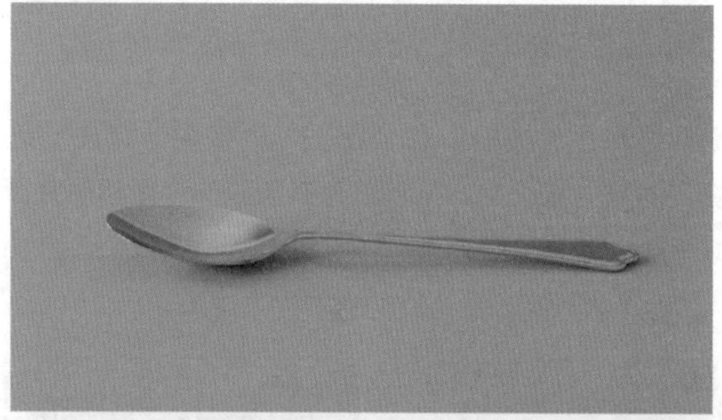

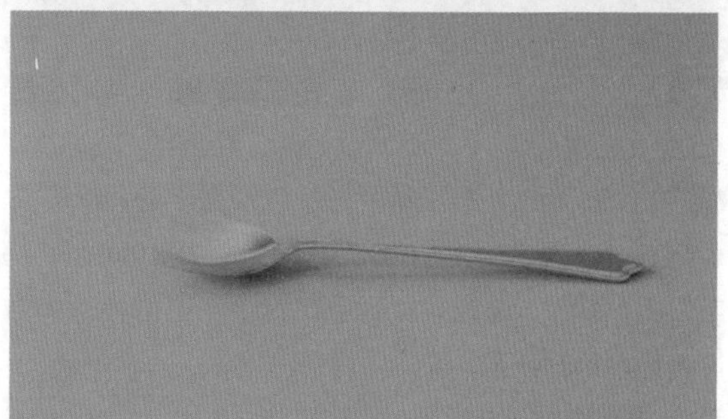

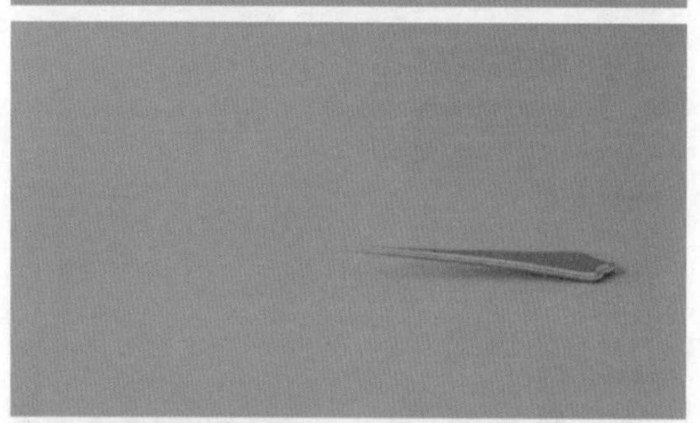

图8-20

01 启动中文版Blender 4.0软件，打开配套场景文件“小勺.blend”，里面有一个小勺模型，并且已经设置好了灯光及摄像机，如图8-21所示。

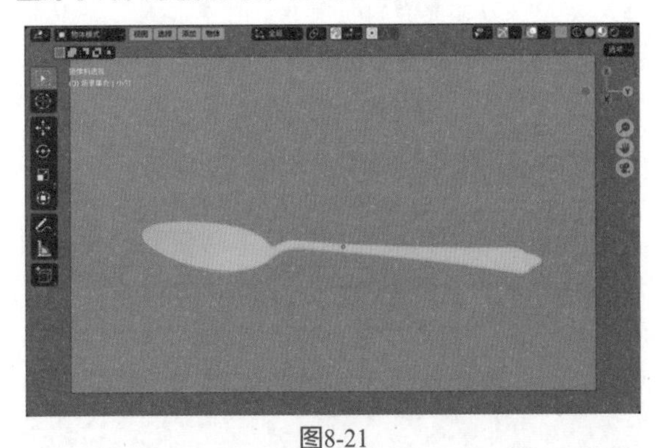

图8-21

02 选择小勺模型，在“材质”面板中，单击“新建”按钮，如图8-22所示，为其创建一个新材质并重命名为“金属”，如图8-23所示。

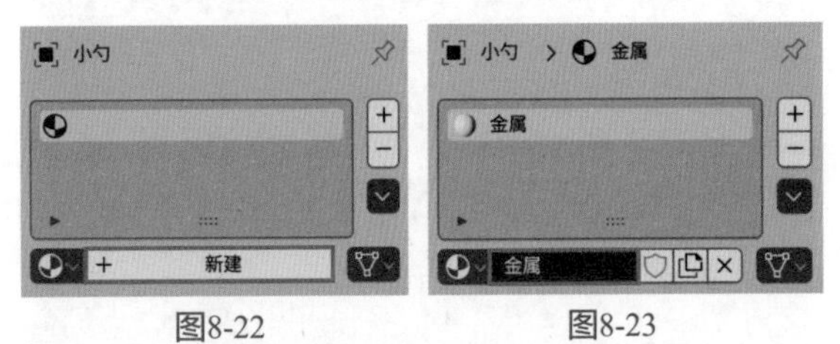


图8-22　图8-23

03 在“表（曲）面”卷展栏中，设置“基础色”为黄色、“金属度”为1.000、“高光”为1.000、“糙度”为0.100，如图8-24所示。其中，基础色的参数设置如图8-25所示。

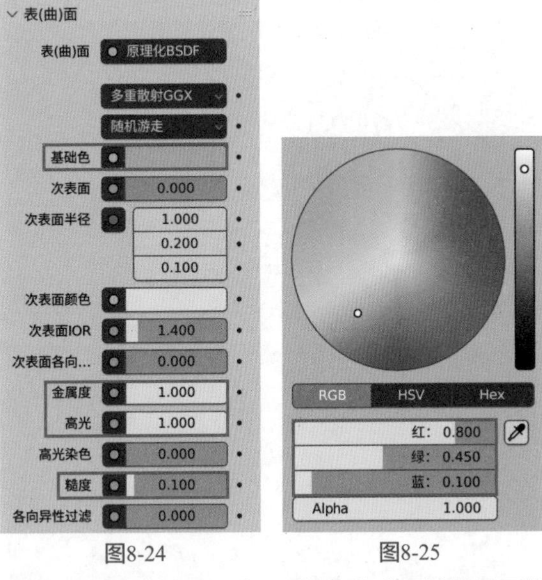


图8-24　图8-25

04 在“预览”卷展栏中，制作好的金属材质显示结果如图8-26所示。

05 渲染场景，金属材质的渲染结果如图8-27所示。

图8-26

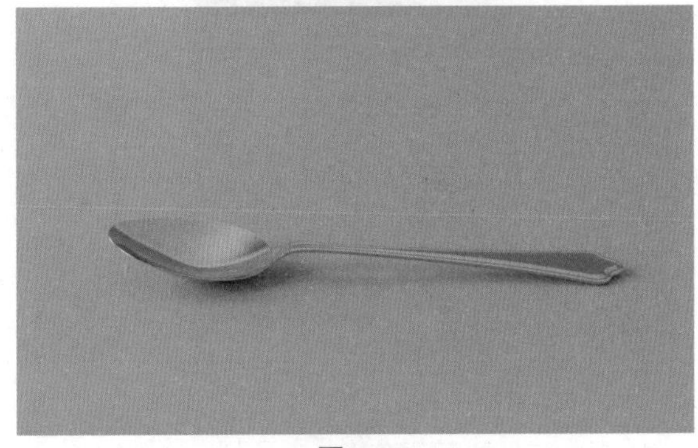

图8-27

06 在“表（曲）面”卷展栏中，单击Alpha后面的灰色圆点按钮，如图8-28所示。

07 在弹出的菜单中执行“颜色渐变”命令，如图8-29所示。

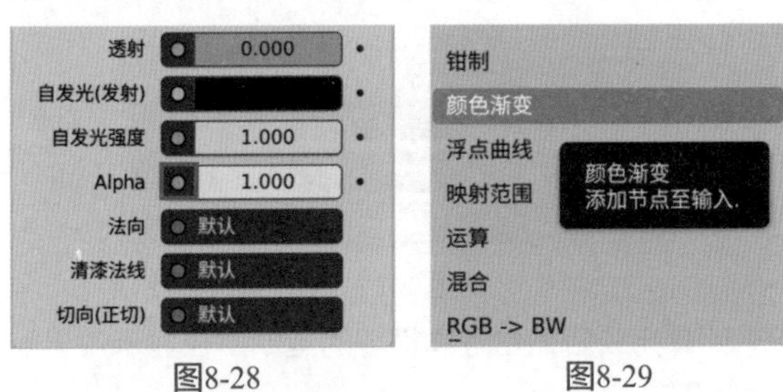


图8-28　图8-29

08 调整颜色渐变中的白色“位置”为0.100，再单击“颜色渐变”贴图中“系数”后面的灰色圆点按钮，如图8-30所示。

09 在弹出的菜单中执行“分离XYZ”下方的Y命令，如图8-31所示。

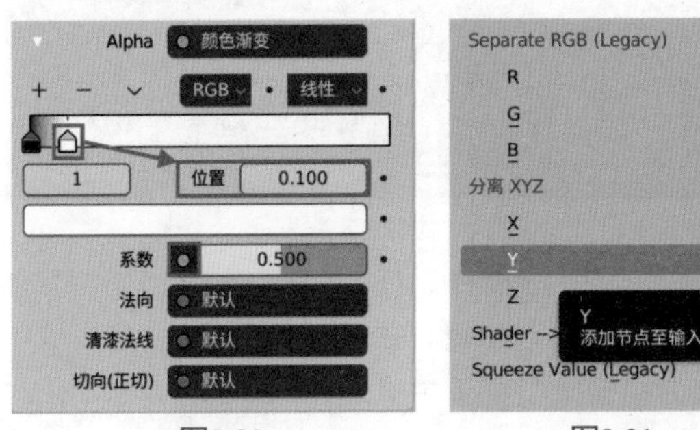


图8-30　图8-31

10 单击“分离XYZ”贴图中“矢量”后面的蓝色圆

点按钮，如图8-32所示。

11 在弹出的菜单中执行“纹理坐标”下方的“物体”属性，如图8-33所示。

12 打开“着色器编辑器”面板，可以看到小勺材质的节点连接状态如图8-34所示。

13 在“着色器编辑器”面板中，将“颜色渐变”节点的“颜色”属性连接至“原理化BSDF”节点的Alpha属性上，如图8-35所示。

14 设置完成后，小勺模型的渲染预览结果如图8-36所示。

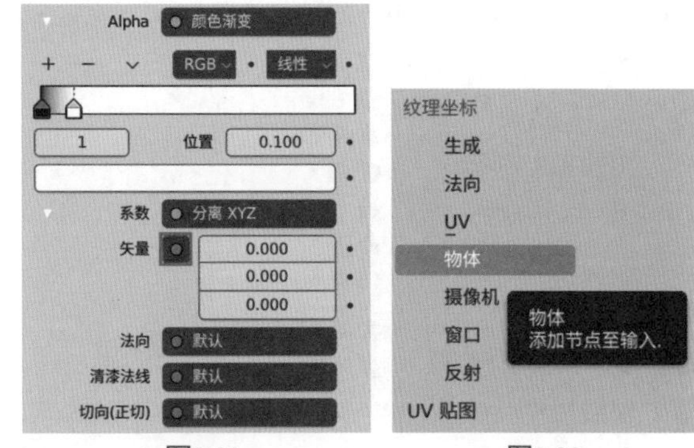


图8-32 图8-33

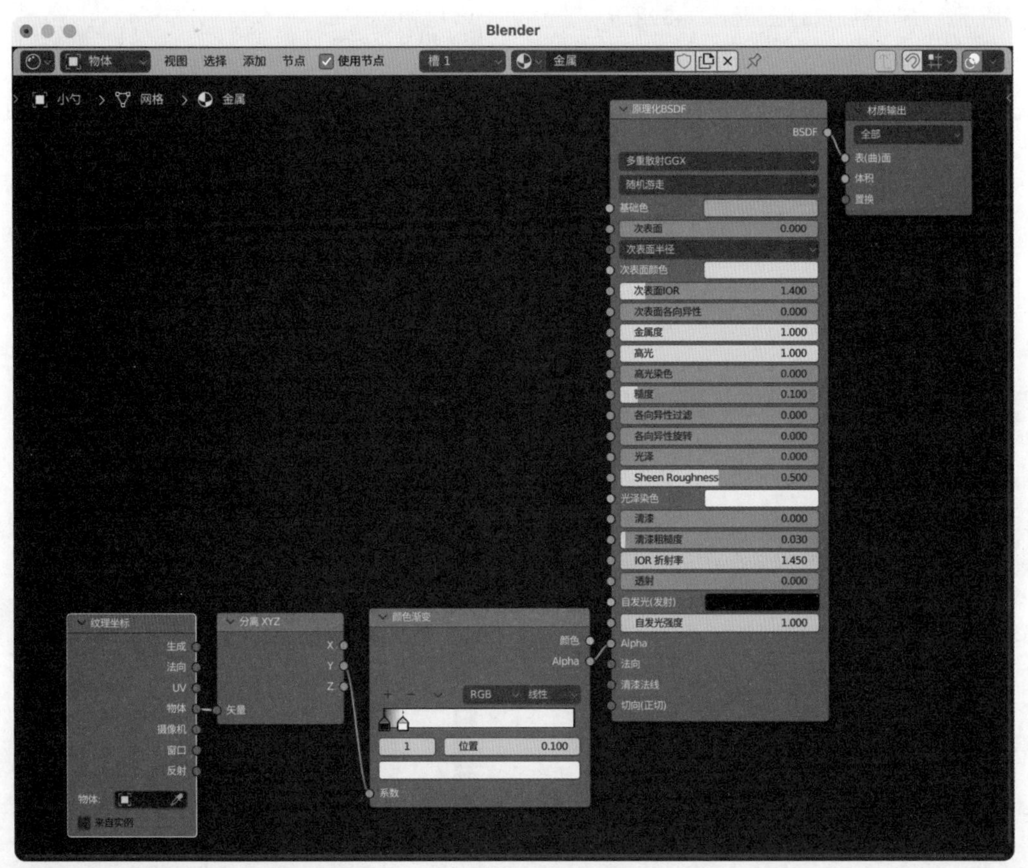


图8-34

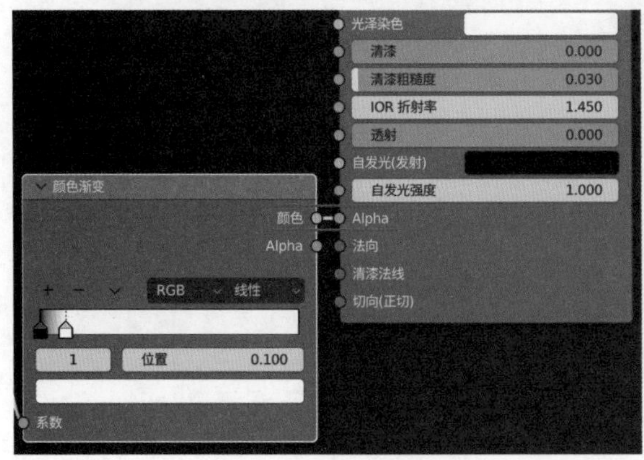


图8-35

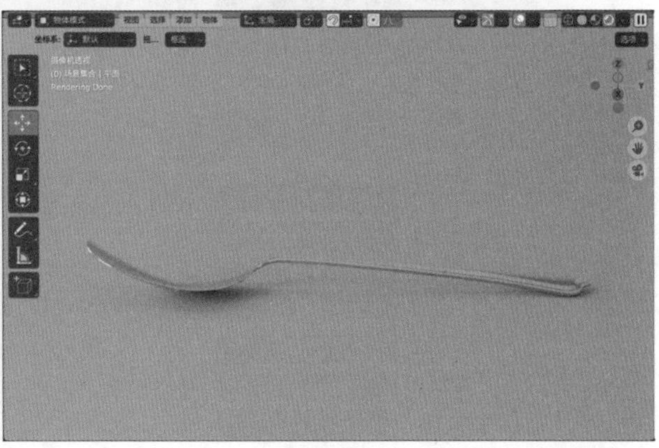

图8-36

15 执行菜单栏中的“添加”|“空物体”|“纯轴”命令，如图8-37所示，在场景中创建一个名称为“空物体”的纯轴。

图8-37

16 在“添加空物体”卷展栏中，设置“半径”为0.05m，如图8-38所示，并调整纯轴的位置至图8-39所示。

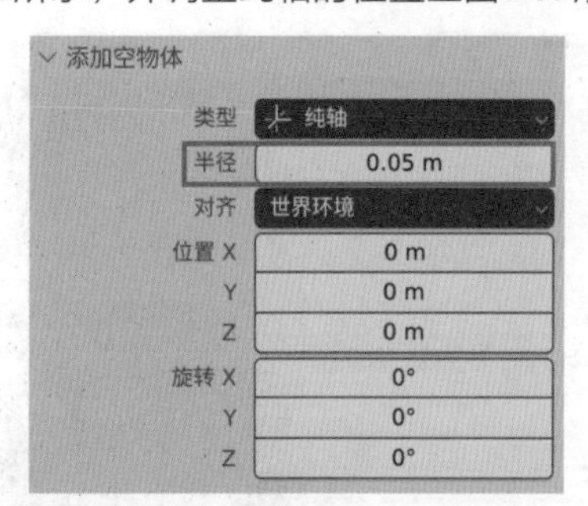

图8-38

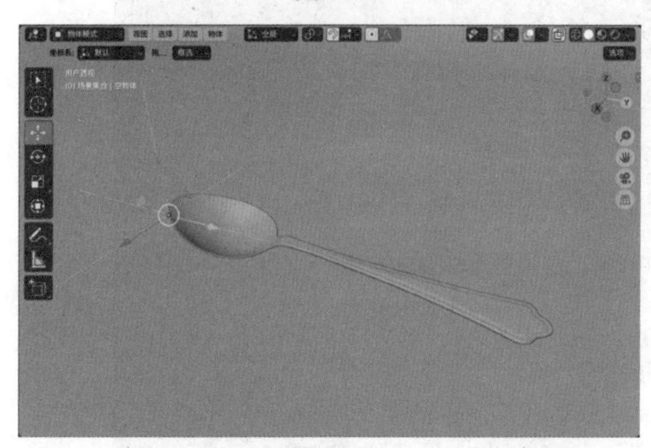
图8-39

17 选择小勺模型，在“材质”面板中，设置“物体”为“空物体”，如图8-40所示。

图8-40

18 设置完成后，小勺模型的渲染预览效果如图8-41所示。

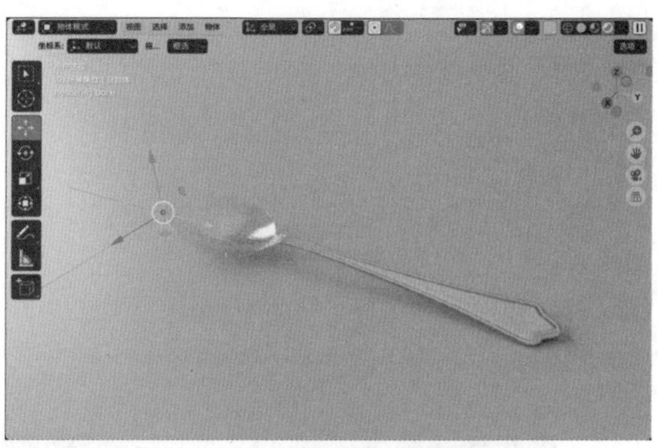
图8-41

19 在“材质”面板中，设置颜色渐变中的白色“位置”为0.030，如图8-42所示。

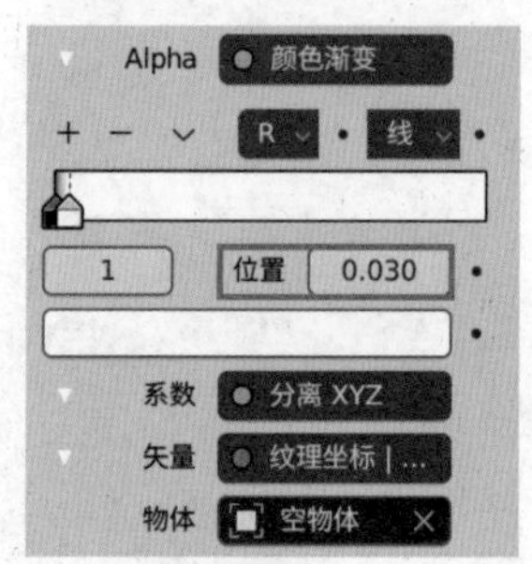

图8-42

20 在30帧位置处，选择纯轴，沿Y轴向调整其位置至图8-43所示。

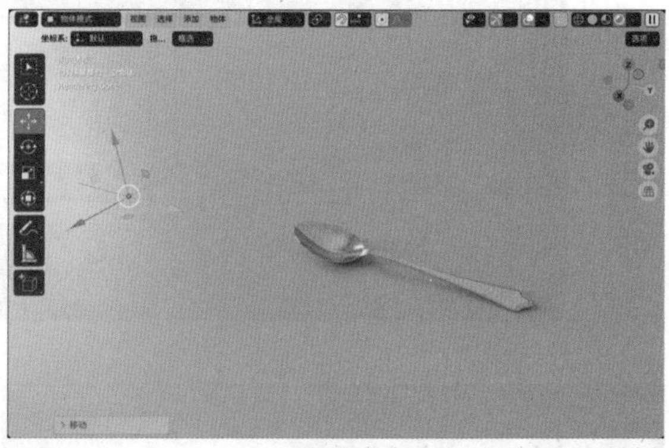
图8-43

21 在“变换”卷展栏中，为其“位置Y”属性设置关键帧，如图8-44所示。

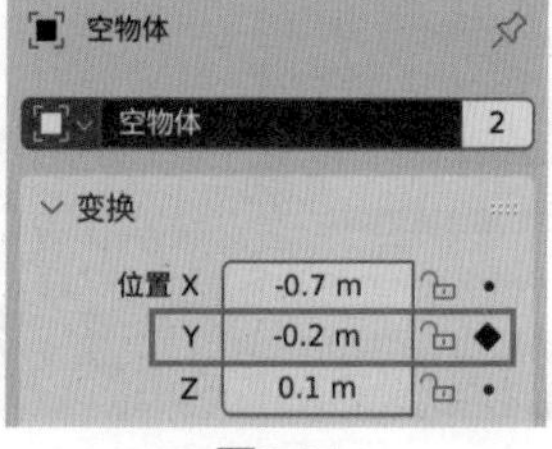

图8-44

22 在180帧位置处，选择纯轴，沿Y轴向调整其位置至图8-45所示，直至小勺模型全部消失。

图8-45

23 在“变换”卷展栏中，为其“位置Y”属性设置关键帧，如图8-46所示。

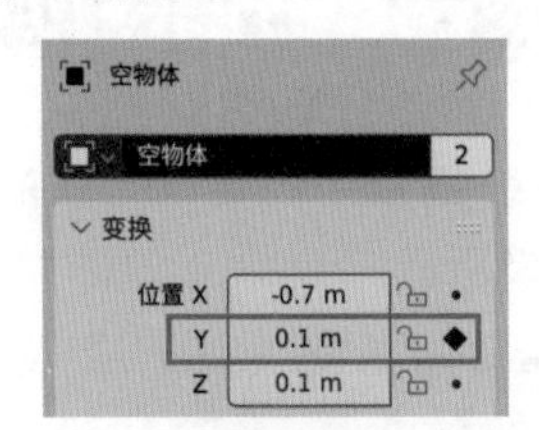


图8-46

24 设置完成后，播放场景动画，可以看到随着纯轴的移动，小勺模型产生了慢慢消失的动画效果，如图8-47所示。

**技巧与提示**

播放动画的快捷键是空格键。

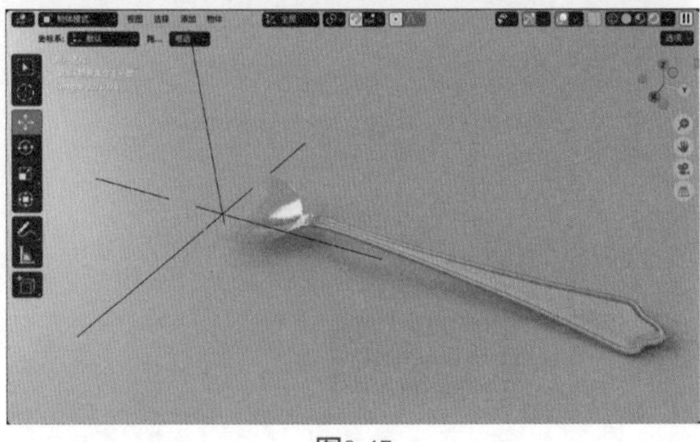

图8-47

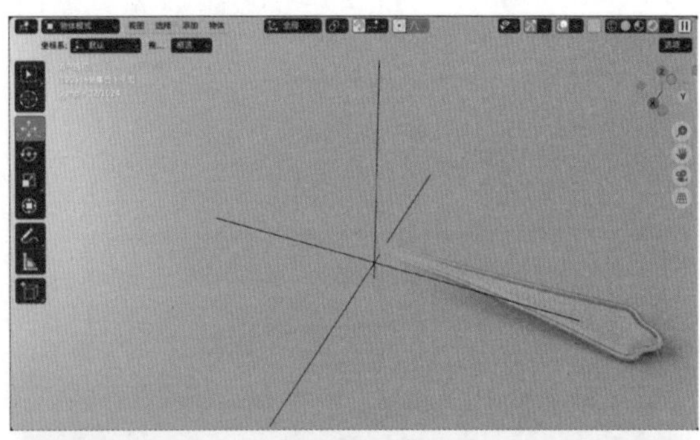

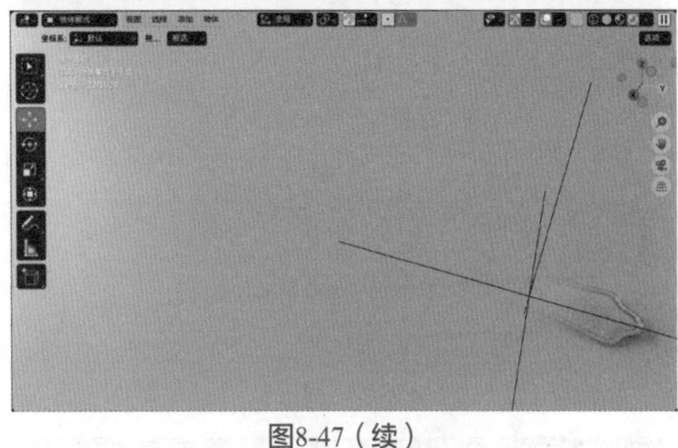

图8-47（续）

### 8.2.3　实例：制作电子屏动画

本实例使用关键帧动画技术制作电子屏上的文字滚动动画效果。图8-48所示为本实例的最终完成效果。

01 启动中文版Blender 4.0软件，打开配套场景文件“电子屏.blend”，里面有一个电子屏模型，并且已经设置好了灯光及摄像机，如图8-49所示。

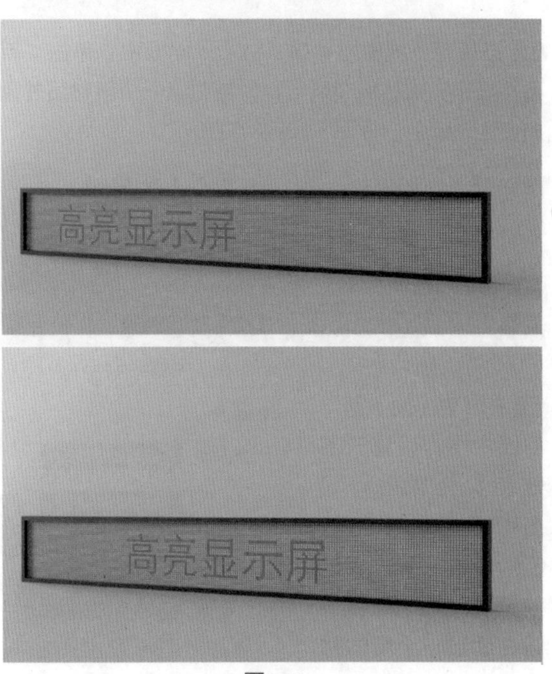


图8-48

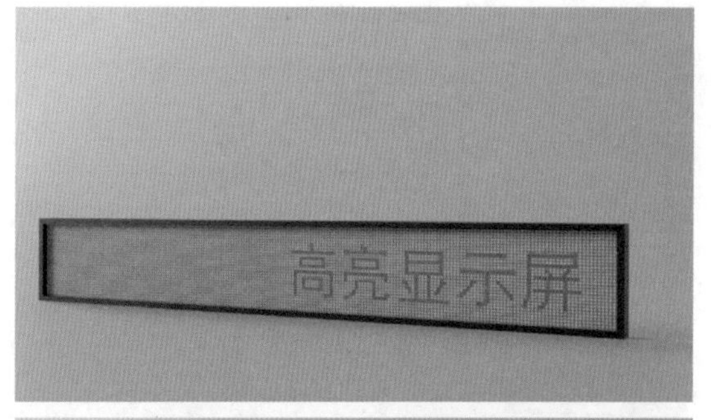


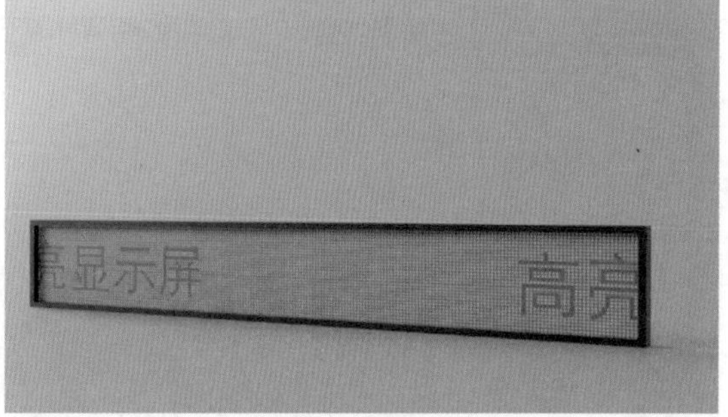


图8-48（续）

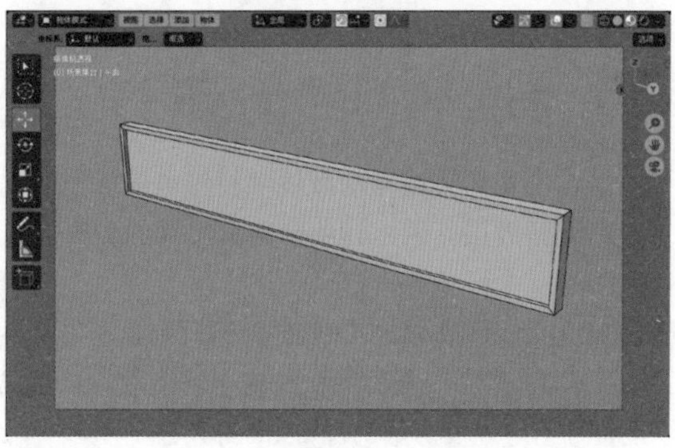

图8-49

02 选择电子屏模型，在“材质”面板中，单击“新建”按钮，如图8-50所示，为其创建一个新材质并重命名为“黑色边框”，如图8-51所示。

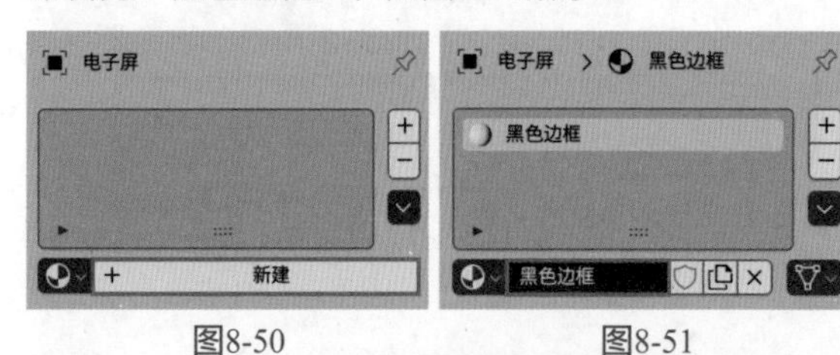


图8-50　图8-51

03 在“表（曲）面”卷展栏中，设置“基础色”为黑色，如图8-52所示。

图8-52

04 单击+号形状的“添加材质槽”按钮，添加一个新的材质，如图8-53所示。

图8-53

05 单击“新建”按钮，为刚刚添加的材质槽添加一个新的材质，如图8-54所示。

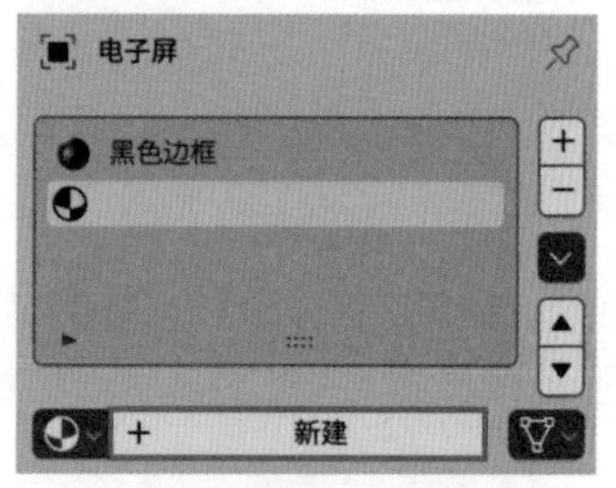


图8-54

06 在“材质”面板中，更改材质的名称为“文字”，如图8-55所示。

图8-55

07 在“表（曲）面”卷展栏中，单击“基础色”后面的黄色圆点按钮，如图8-56所示。

图8-56

08 在弹出的菜单中执行“图像纹理”命令，如图8-57所示。

图8-57

09 在“表（曲）面”卷展栏中，单击“打开”按钮，如图8-58所示。浏览一张“电子屏文字.jpg”贴图，如图8-59所示。

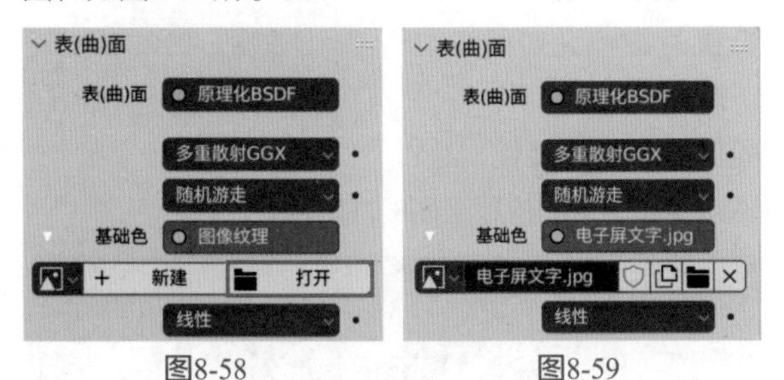


图8-58 图8-59

10 在场景中选择电子屏模型上如图8-60所示的面，在“材质”面板中，选择“文字”材质球，单击“指定”按钮，如图8-61所示，为所选择的面指定材质。

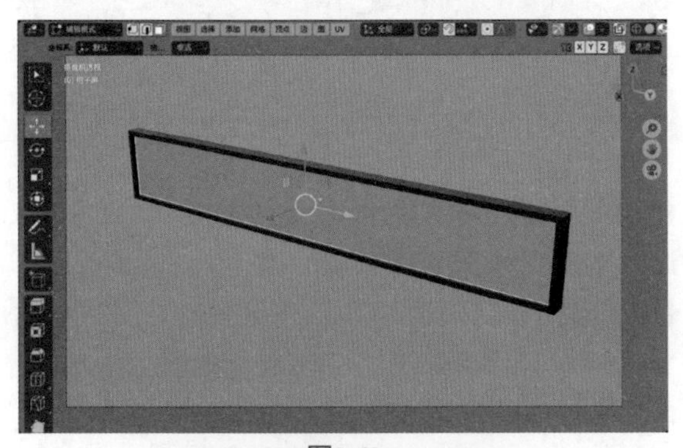

图8-60

图8-61

11 设置完成后，电子屏模型材质的视图显示结果如图8-62所示。

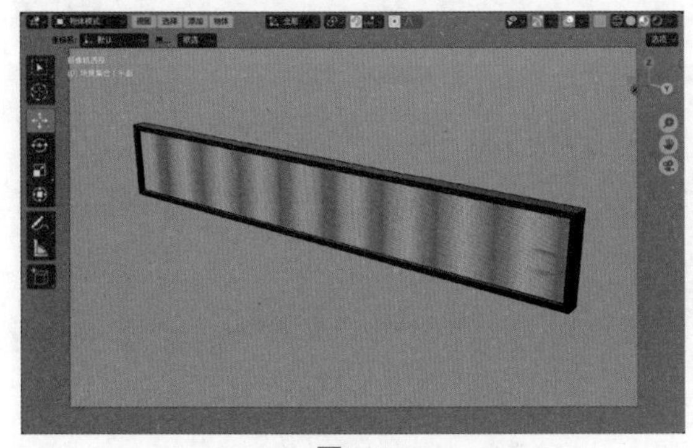

图8-62

12 执行菜单栏中的“添加”|“空物体”|“图像”命令，如图8-63所示，在场景中创建一个名称为“空物体”的图像，如图8-64所示。

图8-63

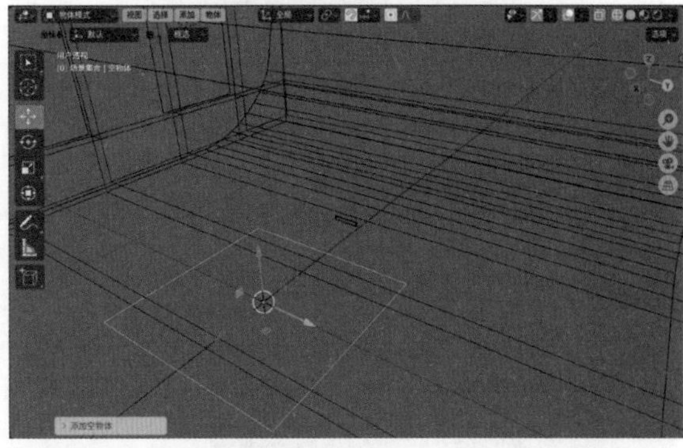

图8-64

13 使用“缩放”工具和“移动”工具调整图像的大小和位置至图8-65所示。

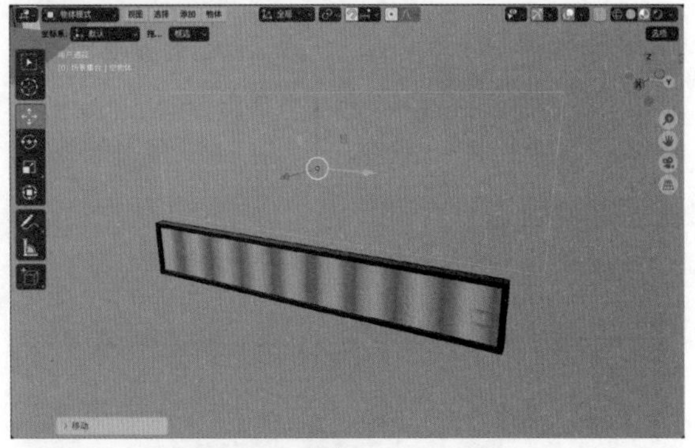

图8-65

14 选择电子屏模型，在“表（曲）面”卷展栏中，单击“矢量”后面的蓝色圆点按钮，如图8-66所示。

15 在弹出的菜单中执行“纹理坐标”下方的“物体”命令，如图8-67所示。

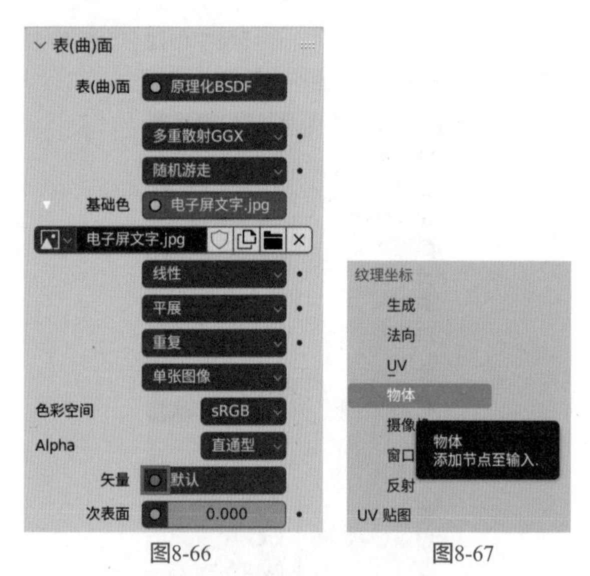


图8-66　　图8-67

16 在“表(曲)面”卷展栏中，设置“物体”为“空物体”，如图8-68所示。

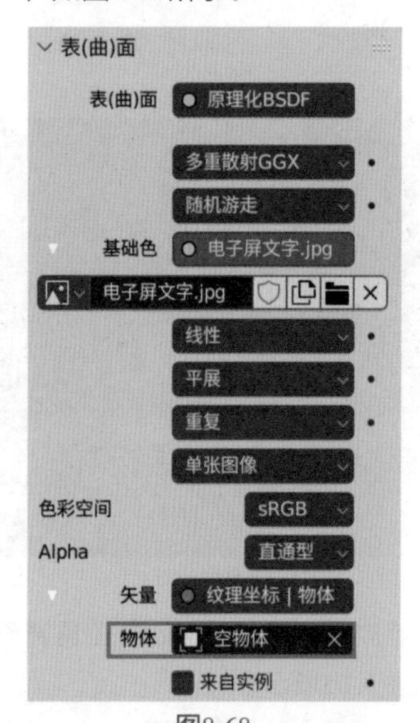


图8-68

17 设置完成后，即可通过调整场景中名称为“空物体”图像的位置和大小来控制电子屏模型上的贴图，如图8-69所示。

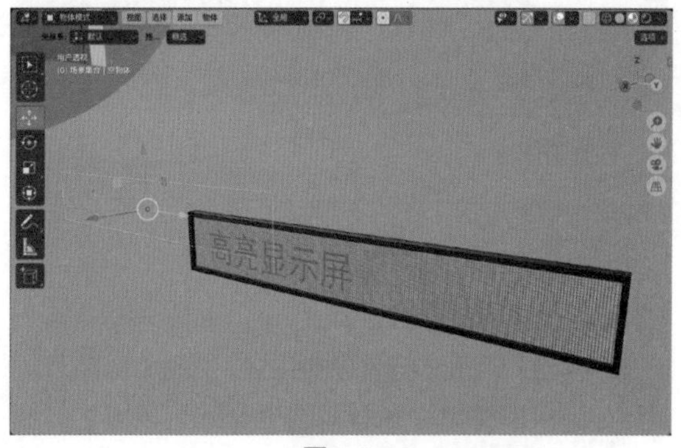


图8-69

18 在1帧位置处选择图像，在“变换”卷展栏中，为其“位置Y”属性设置关键帧，如图8-70所示。

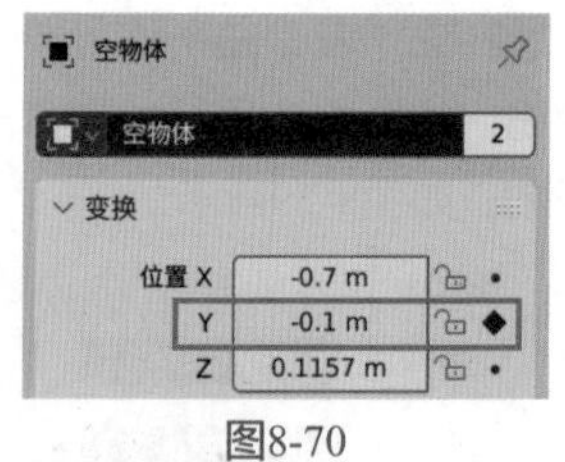


图8-70

19 在250帧位置处，沿Y轴向移动图像的位置至图8-71所示。

图8-71

20 在“变换”卷展栏中，为其“位置Y”属性再次设置关键帧，如图8-72所示。

21 设置完成后，播放场景动画，可以看到随着图像的移动，电子屏模型上的文字也产生了慢慢移动的动画效果，如图8-73所示。

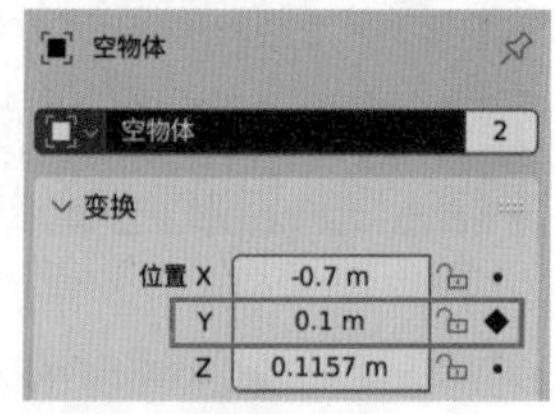


图8-72

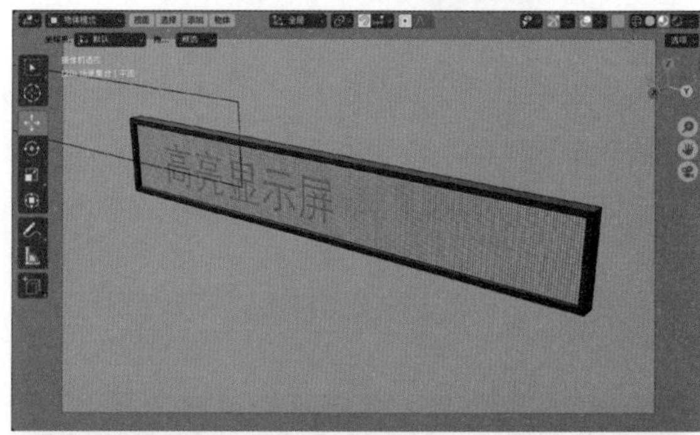


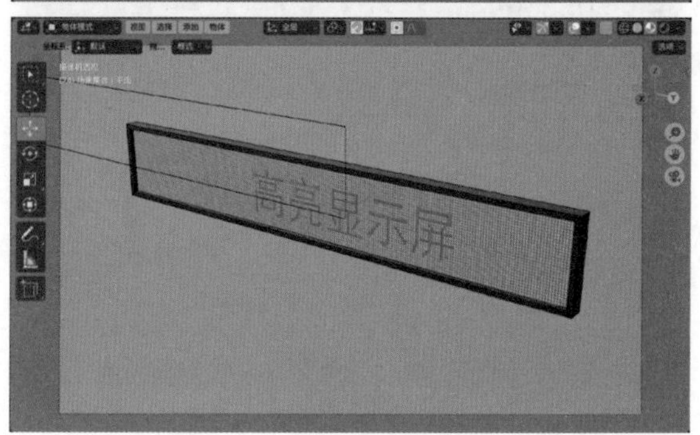


图8-73

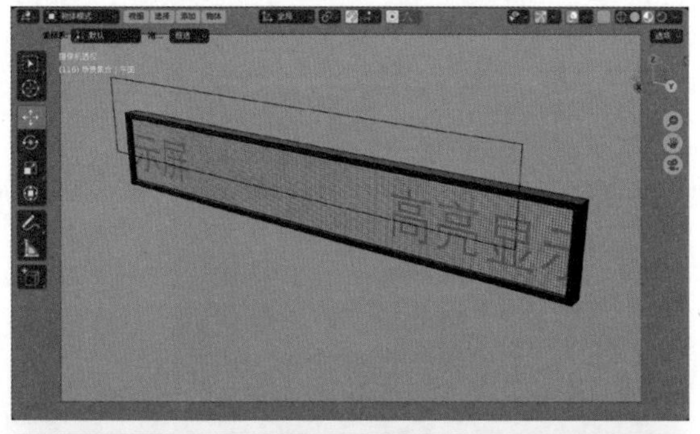


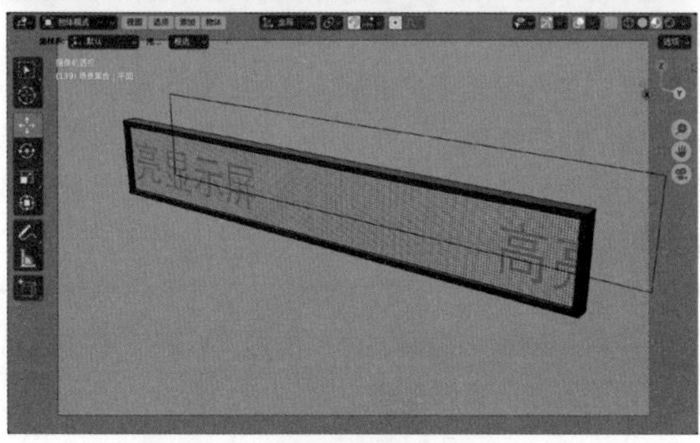


图8-73（续）

## 8.2.4　实例：制作旋转循环动画

本实例使用关键帧动画技术制作风力发电机扇叶旋转的循环动画效果。图8-74所示为本实例的最终完成效果。

01 启动中文版Blender 4.0软件，打开配套场景文件“风力发电机.blend”，里面有一个风力发电机模型，并且已经设置好了灯光及摄像机，如图8-75所示。

图8-74

图8-74（续）

图8-75

02 在场景中选择扇叶模型，如图8-76所示。

图8-76

03 在1帧位置处，在“变换”卷展栏中，为“旋转X”属性设置关键帧，如图8-77所示。

04 在30帧位置处，在“变换”卷展栏中，设置“旋转X”为-180°，并为该属性设置关键帧，如图8-78所示。

05 执行菜单栏中的“窗口”｜“新建窗口”命令，如图8-79所示。

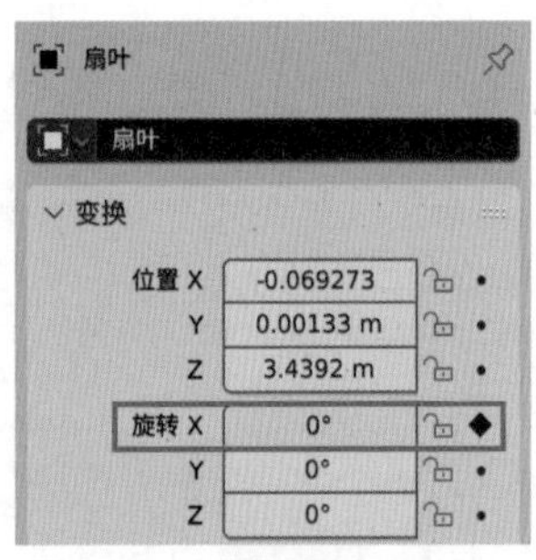

图8-77

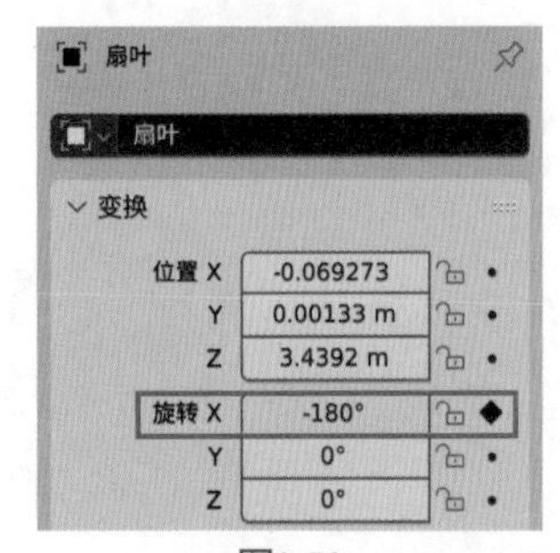

图8-78

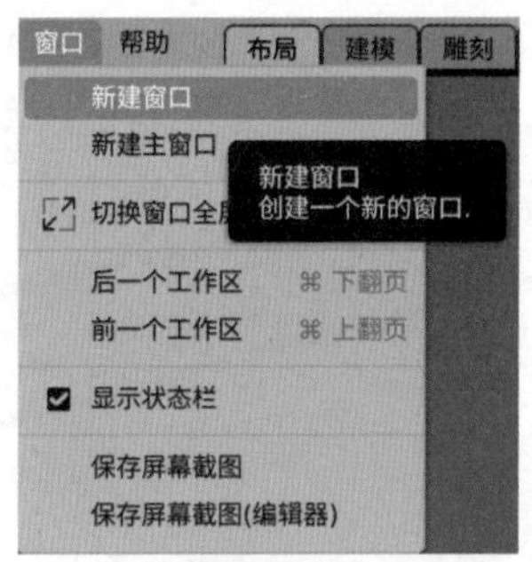

图8-79

06 在新建窗口中，单击“编辑器类型”按钮，将其切换至“曲线编辑器”面板，如图8-80所示。

07 在“曲线编辑器”面板中，执行菜单栏中的“视图”｜“框显全部”命令，如图8-81所示，即可查看到刚刚制作的扇叶旋转动画曲线，如图8-82所示。

08 选择如图8-83所示的关键点，在“活动关键帧”卷展栏中，设置“插值”为“线性”，即可使旋转动画呈匀速运动的直线形态。

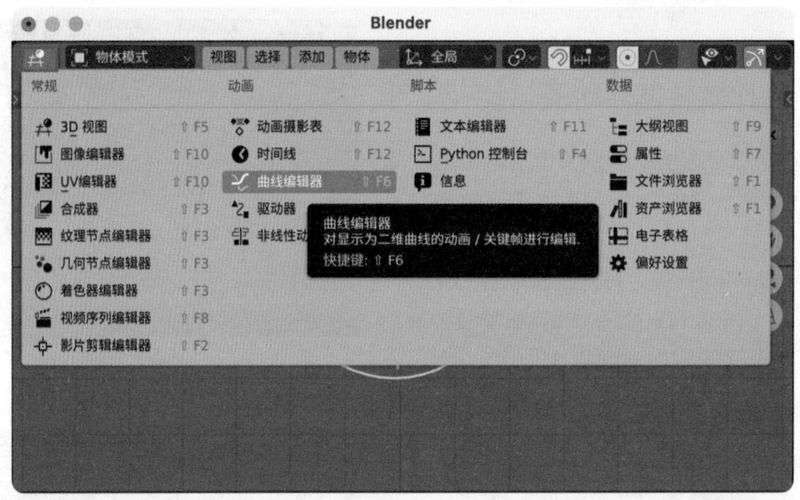

图8-80

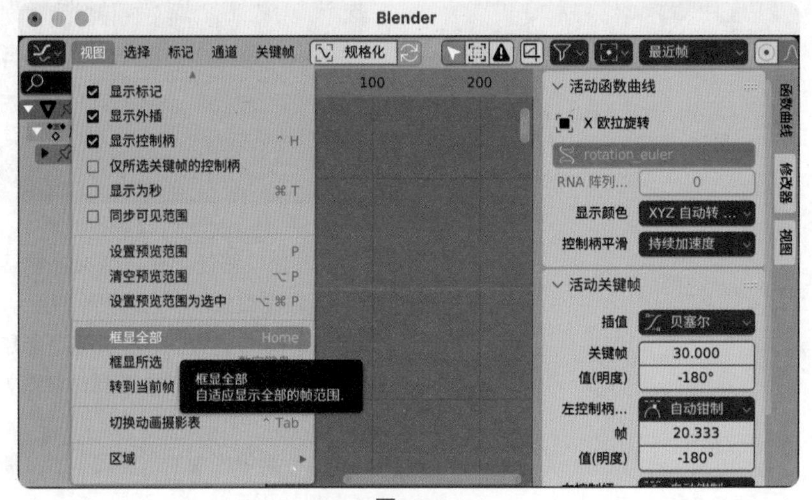

图8-81

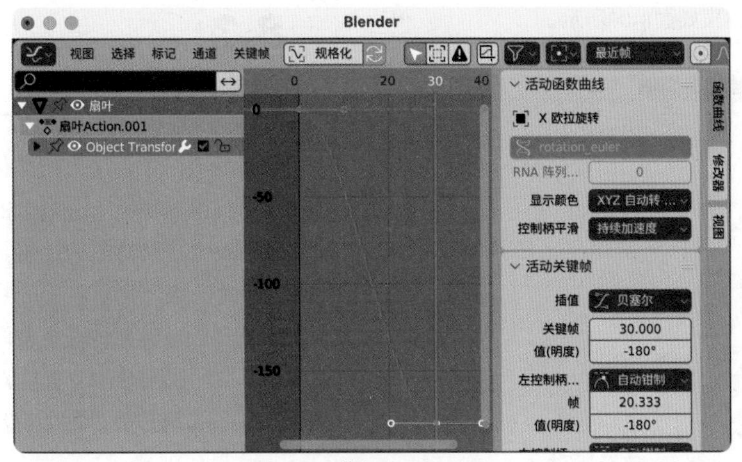

图8-82

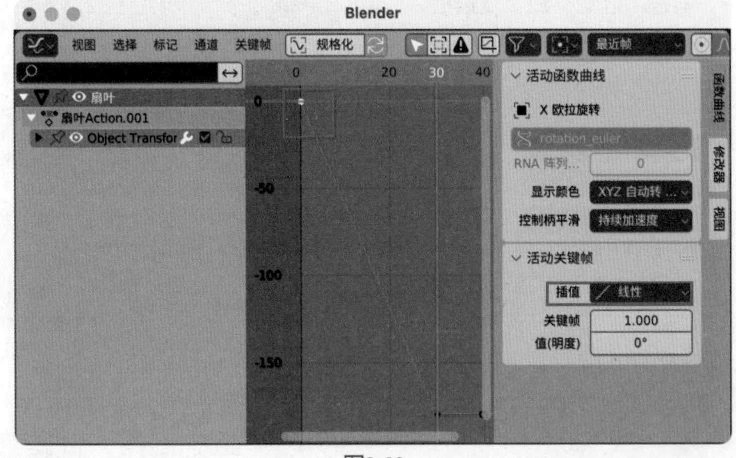

图8-83

09 在“添加修改器”面板中，为曲线添加“循环”修改器，如图8-84所示。

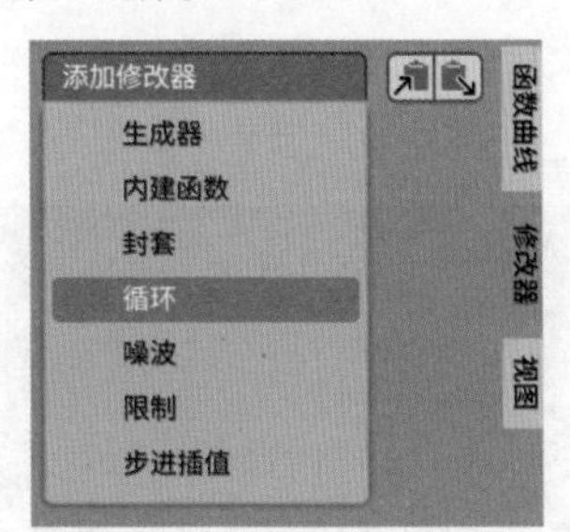

图8-84

## 技巧与提示

“循环”修改器添加完成后，在“修改器”面板中则显示其英文名称Cycles。

10 在“修改器”面板中，设置“之前模式”为“带偏移重复”、“之后模式”为“带偏移重复”，如图8-85所示。

11 设置完成后，在“曲线编辑器”面板中观察扇叶的动画曲线，如图8-86所示。播放场景动画，可以看到风力发电机的扇叶模型会一直不断地旋转下去。

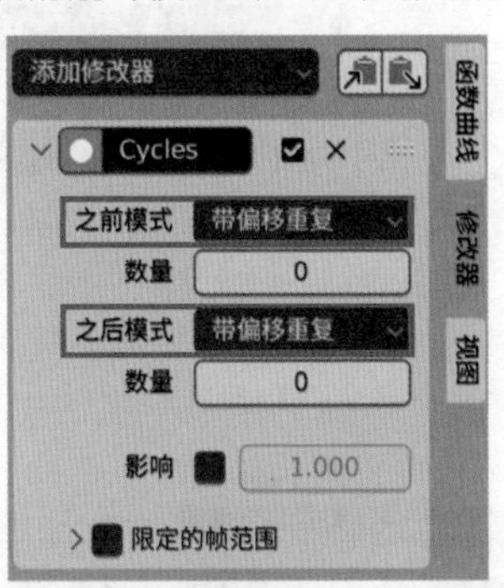

图8-85

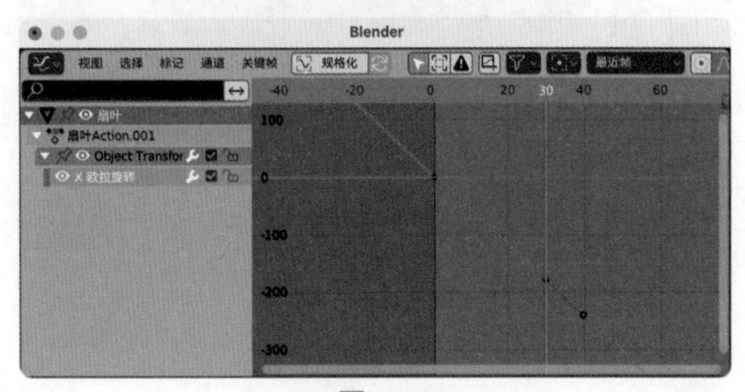

图8-86

**12** 渲染场景，渲染结果如图8-87所示。

图8-87

**13** 在“渲染”面板中，勾选“运动模糊”复选框，设置“快门”为2.00，如图8-88所示。

图8-88

**14** 渲染场景，本实例的最终渲染结果如图 8-89所示。

图8-89

# 8.3 约束动画

约束是可以帮助用户自动化动画过程的特殊类型控制器。通过与另一个对象的绑定关系，用户可以使用约束来控制对象的位置、旋转或缩放。通过对对象设置约束，可以将多个物体的变换约束到一个物体上，从而极大地减少动画师的工作量，也便于项目后期的动画修改。在“约束”面板中，即可看到Blender为用户提供的所有约束命令，如图8-90所示。

图8-90

## 8.3.1 基础操作：创建复制旋转约束

**【知识点】“约束”面板、复制旋转约束。**

**01** 启动中文版Blender 4.0软件，选择场景中自带的立方体模型，如图8-91所示。

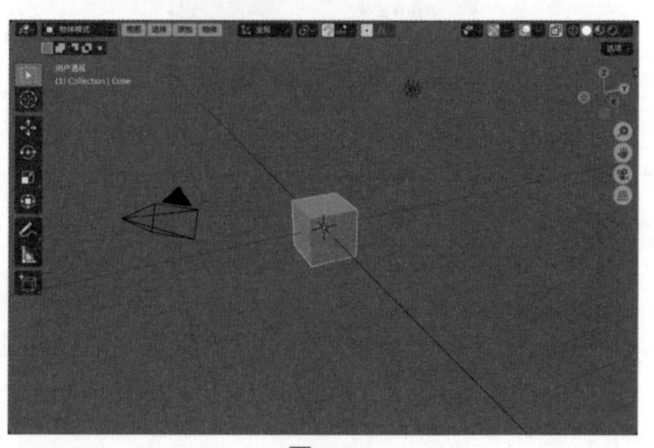

图8-91

**02** 按Shift+D组合键，再按Y键，复制一个立方体模型，并沿Y轴向移动至图8-92所示。

**03** 选择刚刚复制出来的立方体模型，在“约束”面板中，为其添加“复制旋转”约束，如图8-93所示。

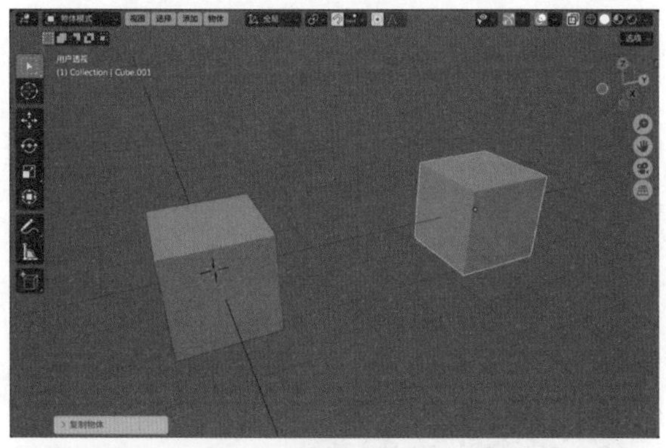

图8-92

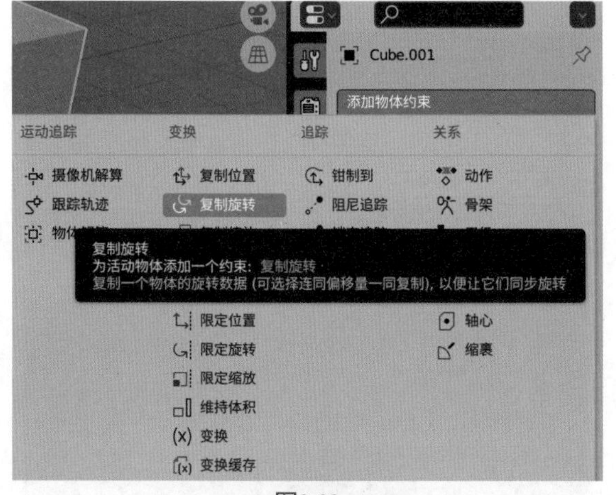


图8-93

**04** 在“约束”面板中，设置“目标”为场景中名称为Cube的立方体模型，如图8-94所示。

图8-94

**05** 设置完成后，在“大纲视图”面板中，可以看到添加了“复制旋转”约束的立方体模型名称后面会显示出约束标记，如图8-95所示。

图8-95

**06** 选择场景中自带的立方体模型，使用“旋转”工具调整其角度，这时，可以看到添加了“复制旋转”约束的另一个立方体模型也会跟着一起旋转，如图8-96所示。

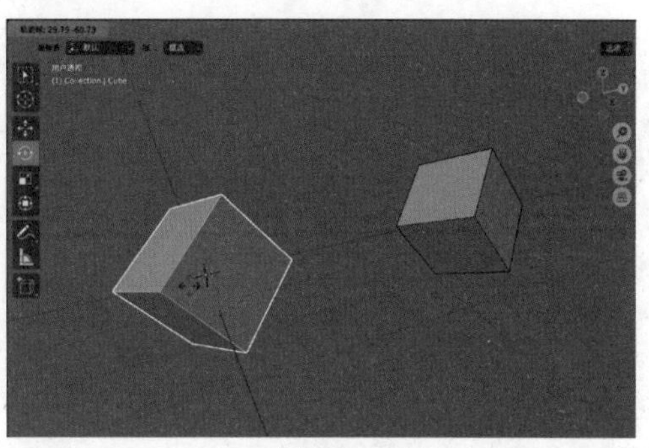

图8-96

## 8.3.2 基础操作：设置驱动器约束

【知识点】驱动器约束。

**01** 启动中文版Blender 4.0软件，选择场景中自带的立方体模型，如图8-97所示。

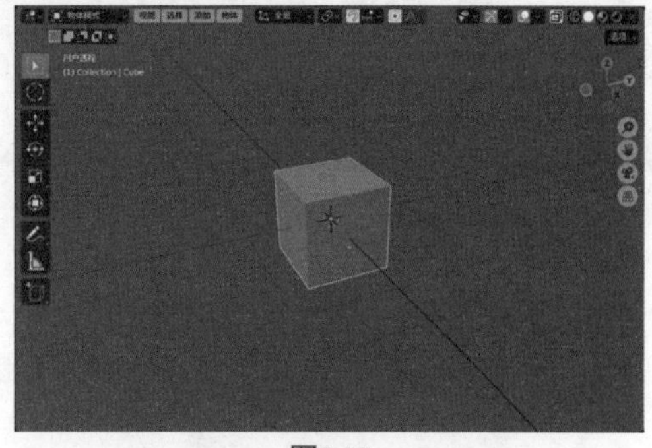

图8-97

**02** 在“材质”面板中，展开“视图显示”卷展栏，设置“颜色”为红色，如图8-98所示。

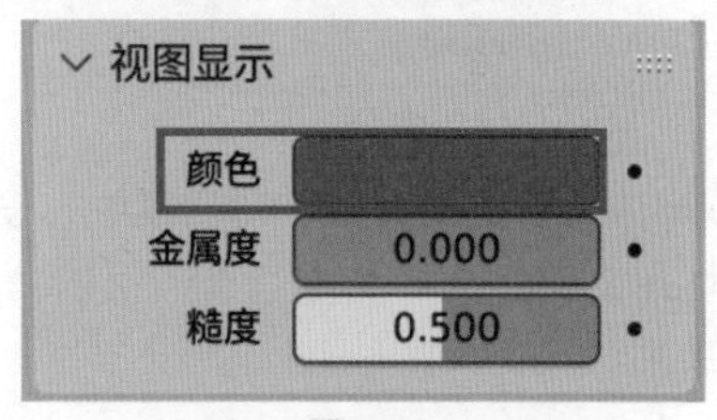


图8-98

**03** 按Shift+D组合键，再按Y键，复制一个立方体模型，并沿Y轴向移动至图8-99所示。

**04** 选择新复制出来的立方体模型，使用同样的操作步骤更改其“颜色”为蓝色，如图8-100所示。

**05** 设置使用蓝色的立方体模型的旋转属性来控制红色立方体模型的位移属性。这就需要使用驱动器方面的知识。选择场景中红色的立方体模型，在“变换”卷展栏中，将光标放置于“位置X”属性上，右击并在弹出的快捷菜单中执行“添加驱动器”命令，如图8-101所示。

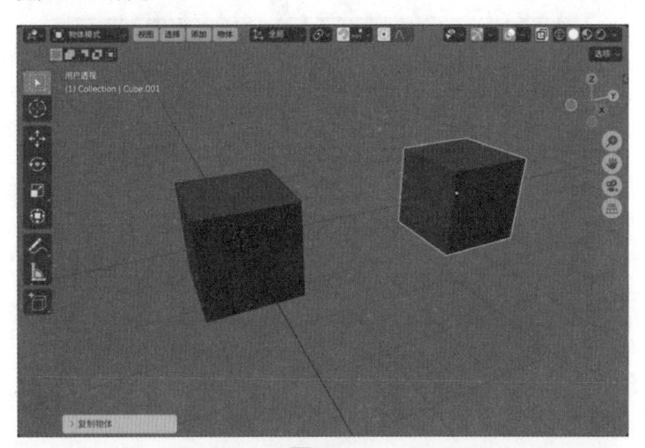

图8-99

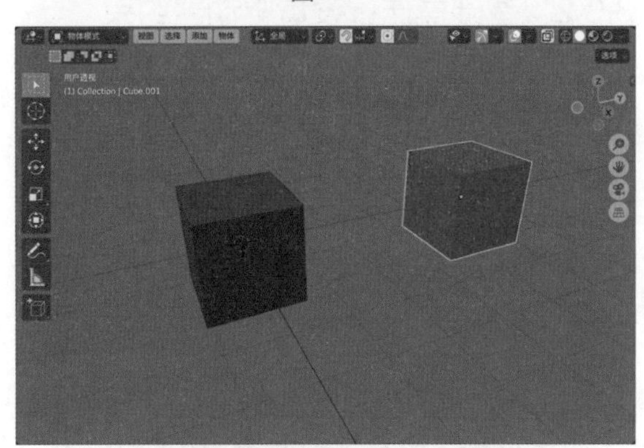

图8-100

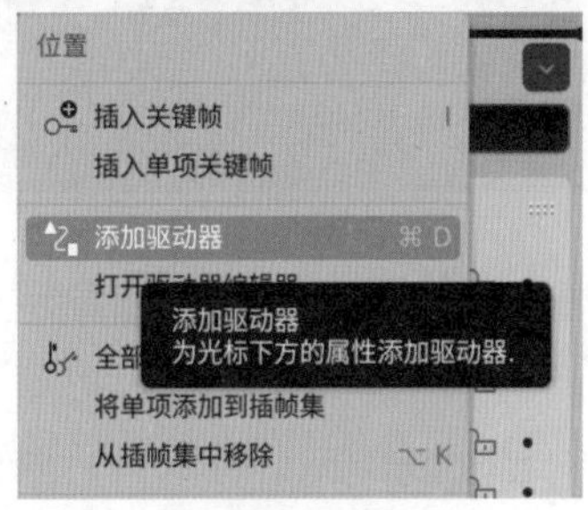


图8-101

06 在弹出的“被驱动属性”对话框中，设置“物体”为Cube.001、“类型”为“Z旋转”，如图8-102所示。

07 设置完成后，在“变换”卷展栏中，可以看到红色立方体模型的“位置X”属性值背景色呈紫色显示，说明该值受驱动影响，如图8-103所示。

08 选择场景中的蓝色立方体模型，使用“旋转”工具对其绕Z轴向进行旋转，即可看到红色的立方体模型会受其旋转角度的影响在X轴向上产生位移效果，如图8-104所示。

图8-102

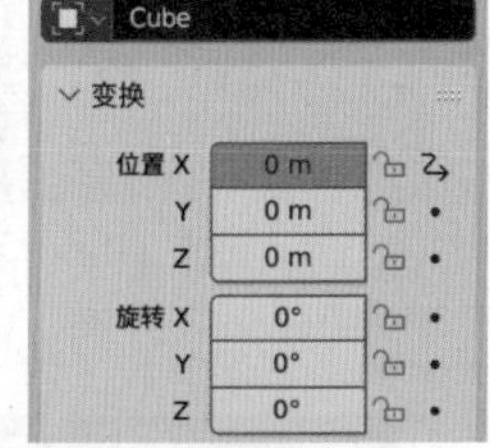


图8-103

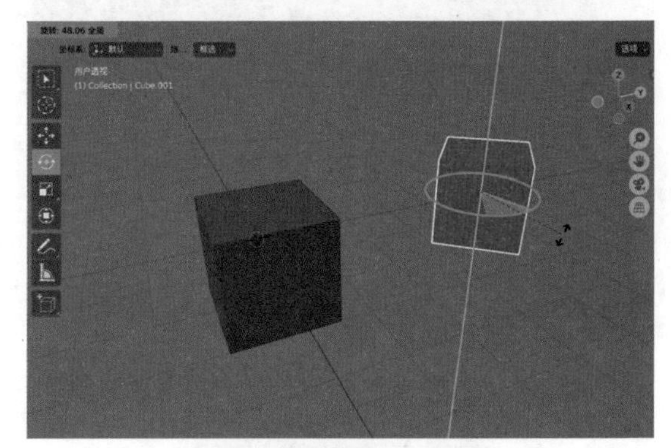

图8-104

## 8.3.3 实例：制作蜡烛燃烧动画

本实例使用约束动画技术制作蜡烛燃烧的动画效果。图8-105所示为本实例的最终完成效果。

01 启动中文版Blender 4.0软件，打开配套场景文件“蜡烛.blend”，里面有一个蜡烛模型，并且已经设置好了灯光及摄像机，如图8-106所示。

图8-105

图8-105（续）

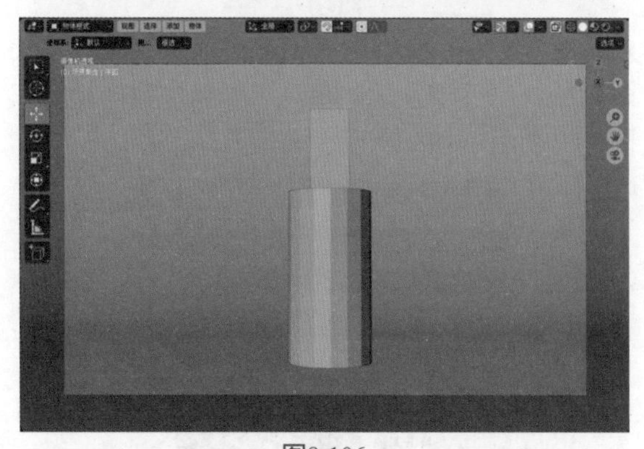

图8-106

02 执行菜单栏中的“添加”|“空物体”|“纯轴”命令，如图8-107所示，在场景中创建一个纯轴。

03 在“添加空物体”卷展栏中，设置“半径”为0.05m，如图8-108所示。

04 设置完成后，调整纯轴的位置至图8-109所示。

05 先选择纯轴，按Shift键，再加选择场景中的蜡烛模型，如图8-110所示。

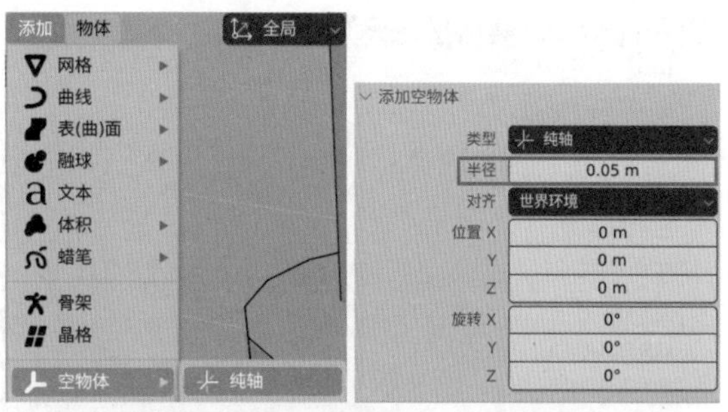


图8-107 图8-108

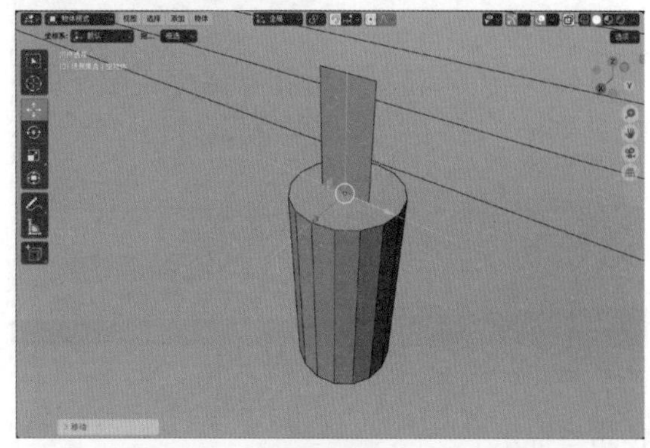

图8-109

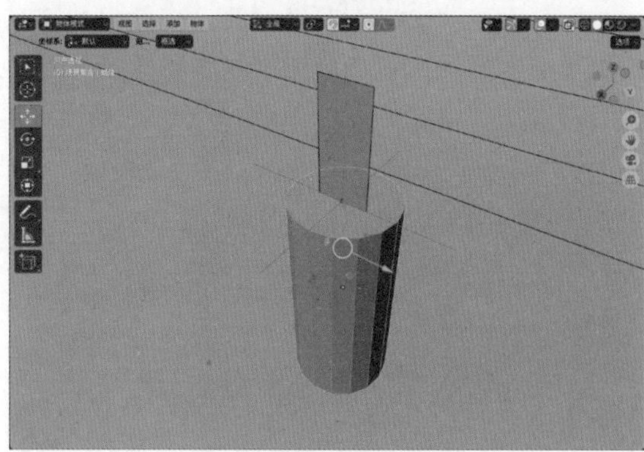

图8-110

06 按Tab键，在“编辑模式”中选择如图8-111所示的顶点。

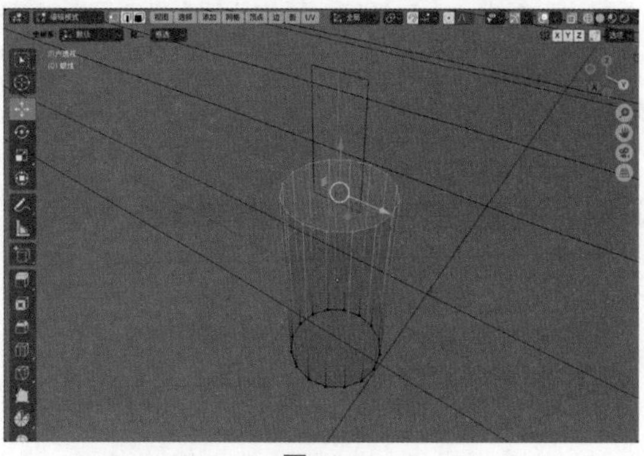

图8-111

07 执行菜单栏中的“顶点”|“钩挂”|“钩挂到选中的物体”命令，如图8-112所示。

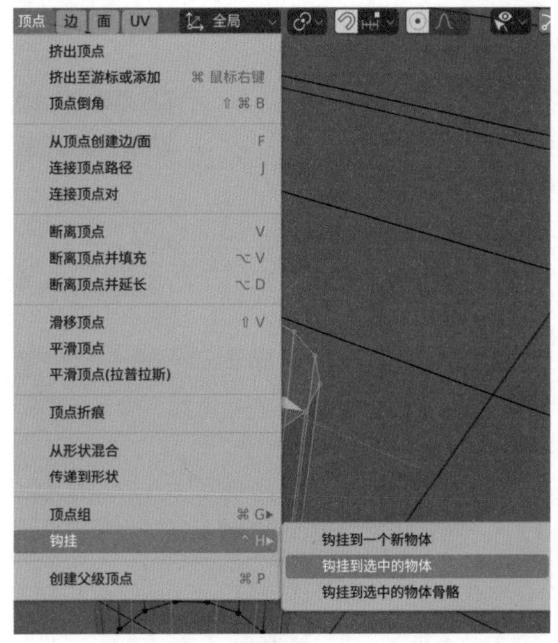

图8-112

## 技巧与提示

我们还可以按Ctrl+H组合键，在弹出的“钩挂”菜单中执行“钩挂到选中的物体”命令，如图8-113所示。

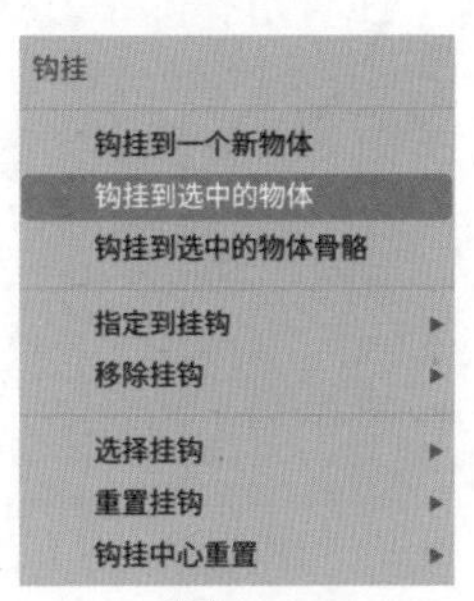

图8-113

08 退出“编辑模式”，选择蜡烛模型，在“添加修改器”面板中，为其添加“重构网格”修改器，然后单击“平滑”按钮，设置“八叉树算法深度”为5，如图8-114所示。

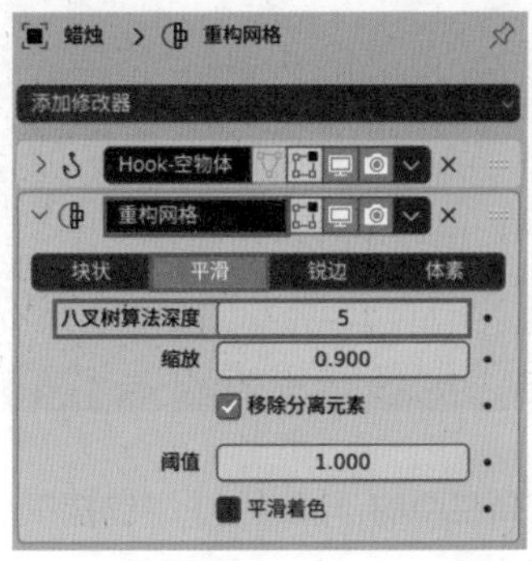

图8-114

09 设置完成后，蜡烛模型的视图显示结果如图8-115所示。

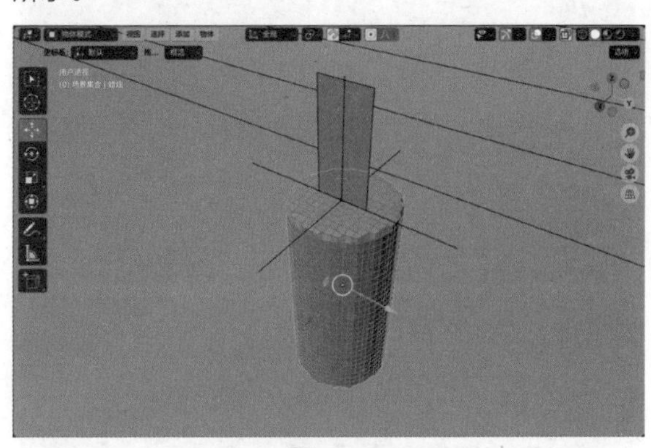
图8-115

10 在“添加修改器”面板中，为其添加“置换”修改器，设置“强度/力度”为0.010，再单击“新建”按钮，如图8-116所示。

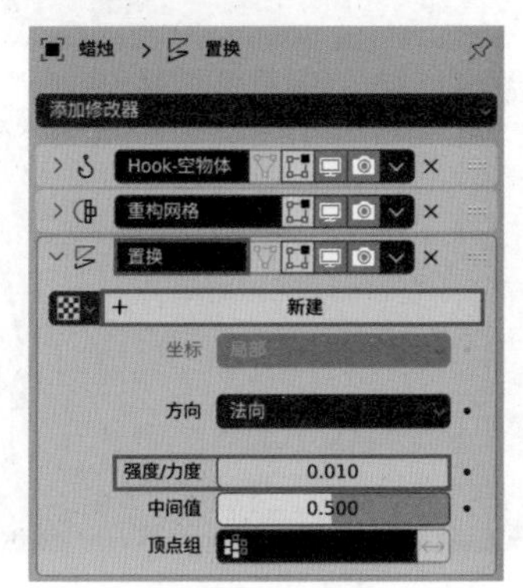

图8-116

11 在“纹理”面板中，设置“类型”为“马氏分形”、“尺寸”为0.04、“强度”为0.35，如图8-117所示。

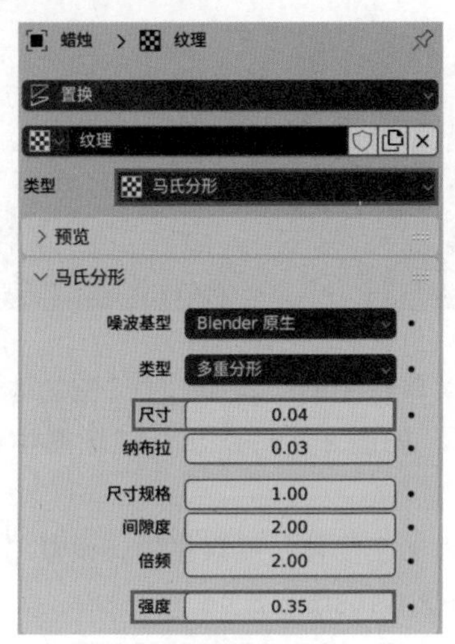

图8-117

12 设置完成后，蜡烛模型的视图显示结果如图8-118所示。

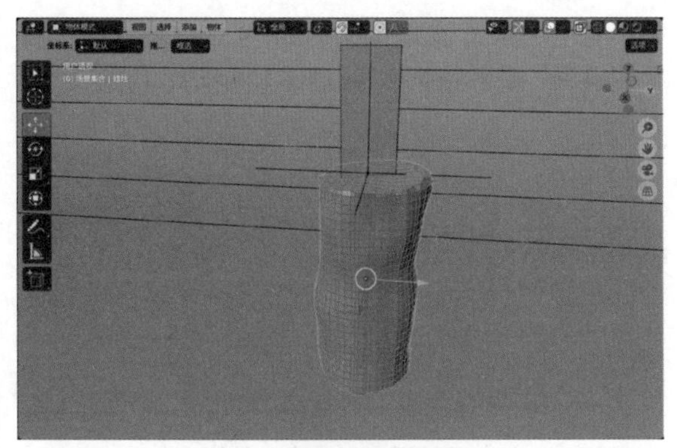

图8-118

**13** 选择纯轴，在1帧位置处，在“变换”卷展栏中，为“位置Z”属性设置关键帧，如图8-119所示。

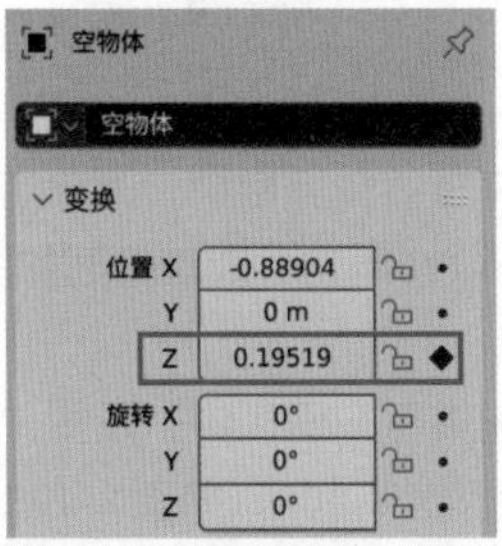

空物体
空物体
变换
位置 X
-0.88904
Y
0 m
Z
0.19519
旋转 X
0°
Y
0°
Z
0°

图8-119

**14** 在250帧位置处，沿Z轴向下移动纯轴的位置至图8-120所示。

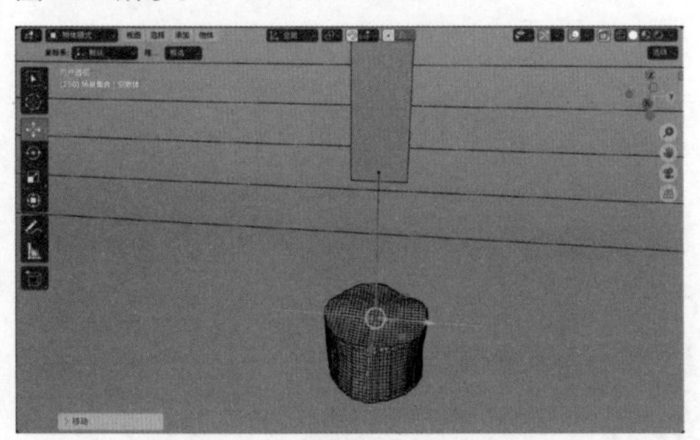

图8-120

**15** 在“变换”卷展栏中，再次为纯轴的“位置Z”属性设置关键帧，如图8-121所示。

空物体
空物体
变换
位置 X
-0.88904
Y
0 m
Z
0.12758
旋转 X
0°
Y
0°
Z
0°

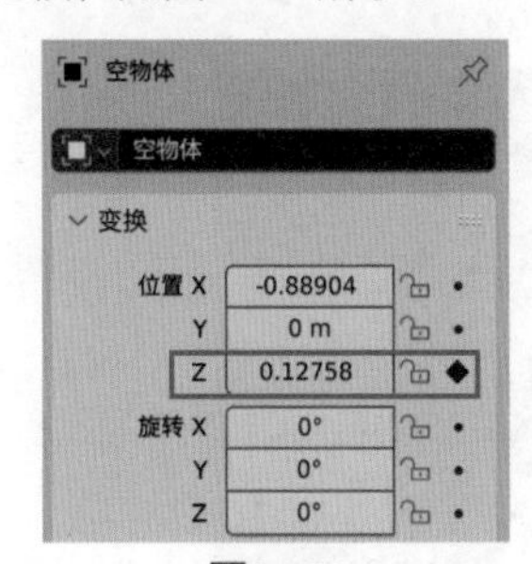

图8-121

**16** 在1帧位置处，选择蜡烛上面的火苗模型，如图8-122所示。

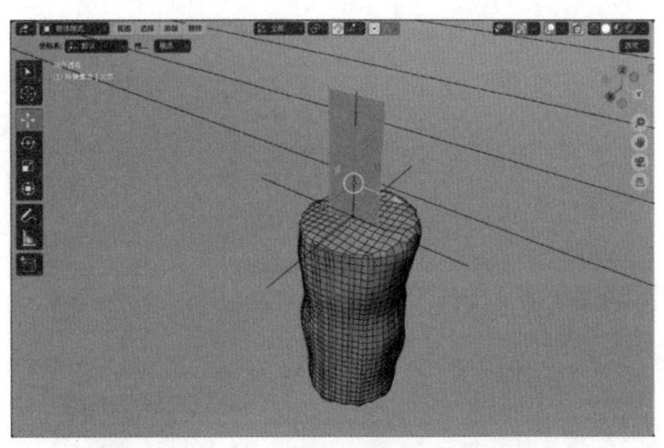

图8-122

**17** 在“约束”面板中，为其添加“复制位置”约束，并设置“目标”为“空物体”，如图8-123所示。

火苗
添加物体约束
复制位置
目标
空物体
轴向
X
Y
Z
反转
X
Y
Z
偏移量
目标
世界空间
拥有者
世界空间
影响
1.000

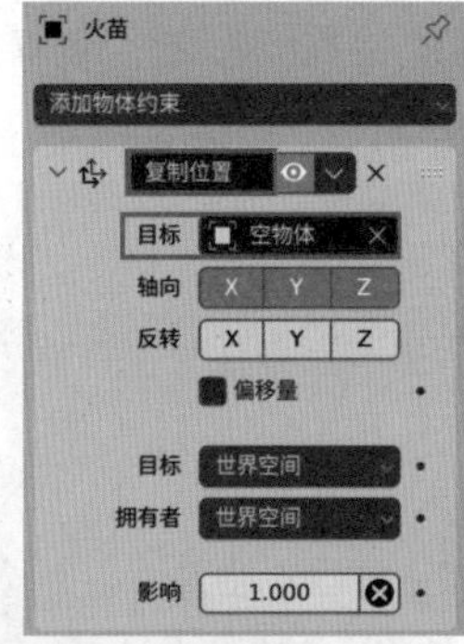

图8-123

**18** 在“材质”预览中，可以看到现在火苗的位置已经穿插到蜡烛模型中了，如图8-124所示。

**19** 按Tab键，在“编辑模式”中，调整火苗的顶点至图8-125所示，使其位于蜡烛模型之上。

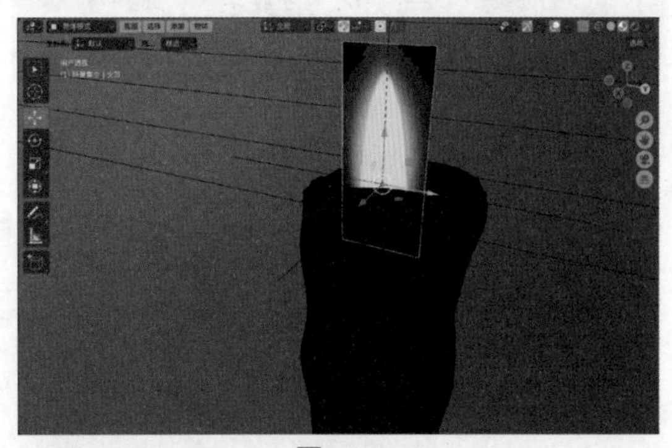

图8-124

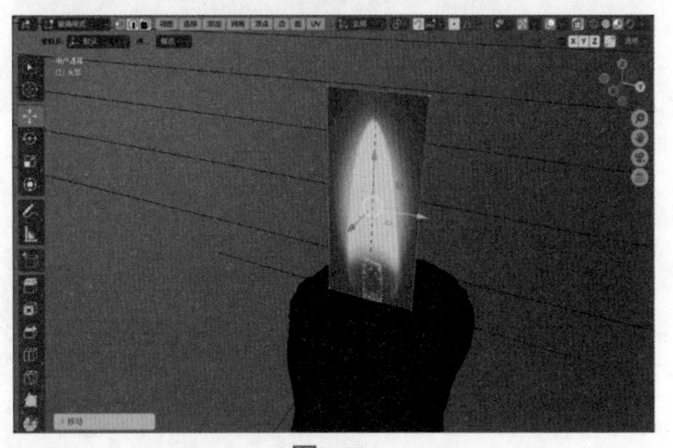

图8-125

**20** 退出“编辑模式”，在“形态键”卷展栏中，连续单击+号形状的“添加形态键”按钮两次，如图8-126所示。分别创建名称为“基型”和名称为“键1”的形态键，如图8-127所示。

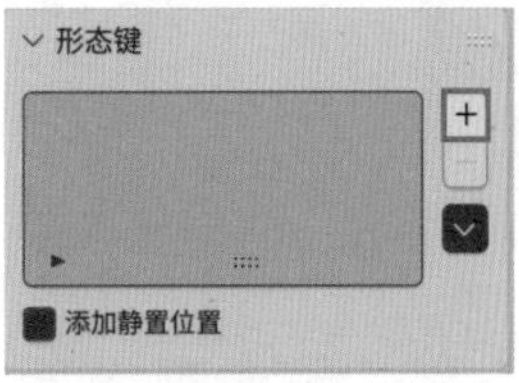

图8-126

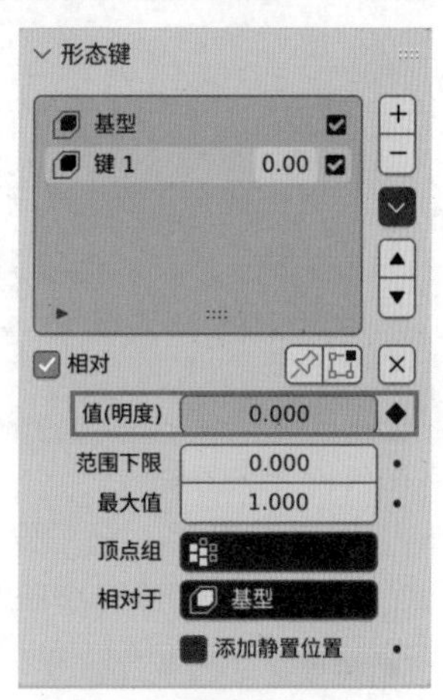


图8-127

21 按Tab键，在“编辑模式”中，调整火苗的顶点至图8-128所示位置处，得到火苗的拉长效果。

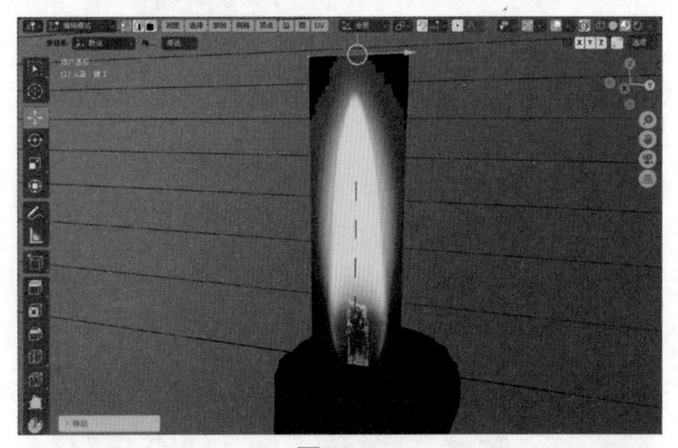

图8-128

22 退出“编辑模式”后，在1帧位置处，为“值（明度）”设置关键帧，如图8-129所示。

图8-129

23 在“曲线编辑器”面板中，为火苗添加“噪波”修改器，如图8-130所示，即可得到如图8-131所示的动画曲线效果。

24 在“曲线编辑器”面板中，设置“噪波”修改器的“强度/力度”为8.000，如图8-132所示。设置完成后，火苗的动画曲线显示结果如图8-133所示。

25 设置完成后，播放场景动画，可以看到随着蜡烛火苗的抖动，蜡烛模型也慢慢缩短的动画效果，如图8-134所示。

图8-130

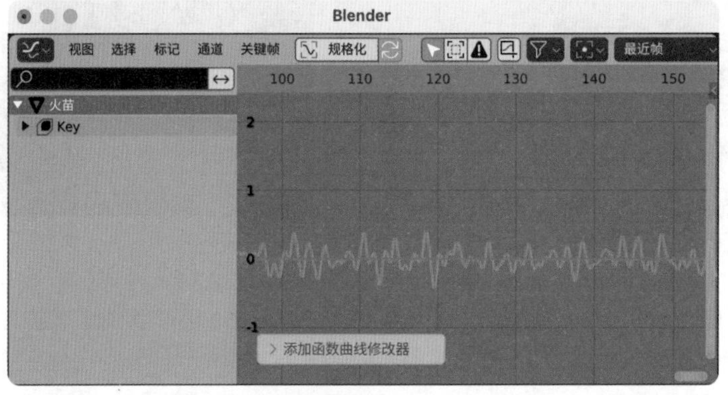


图8-131

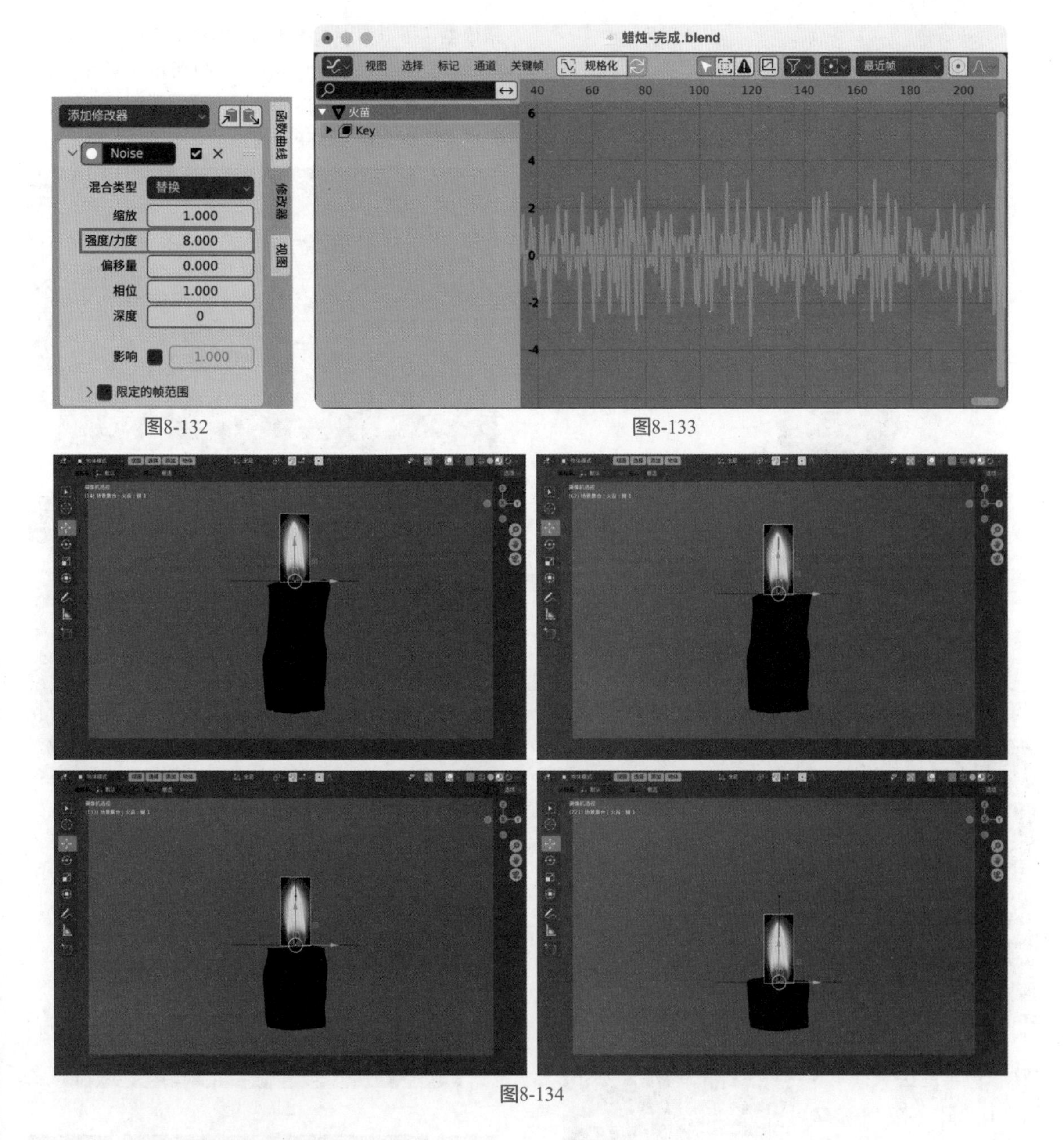


图8-132　　图8-133

图8-134

## 8.3.4　实例：制作直升机飞行动画

本实例使用约束动画技术制作直升机飞行的动画效果。图8-135所示为本实例的最终完成效果。

图8-135

图8-135（续）

**01** 启动中文版Blender 4.0软件，打开配套场景文件“直升机.blend”，里面有一架直升机模型，并且已经设置好了材质、灯光及摄像机，如图8-136所示。

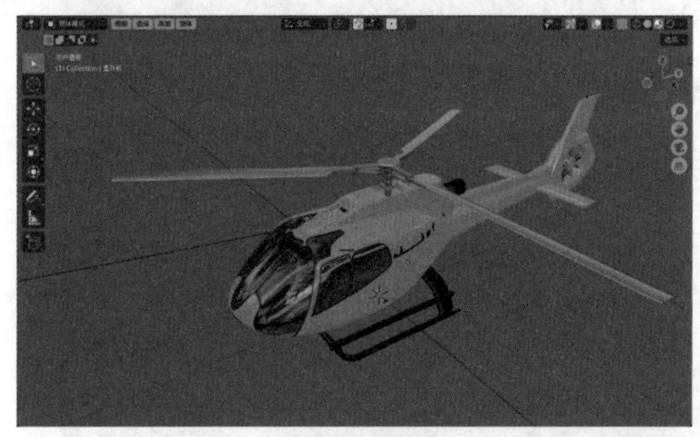

图8-136

**02** 执行菜单栏中的“添加”|“空物体”|“立方体”命令，如图8-137所示，在场景中创建一个名称为“空物体”的立方体，如图8-138所示。

图8-137

**03** 先选择螺旋桨模型和直升机模型，最后加选立方体，如图8-139所示。

**04** 按Ctrl+P组合键，在弹出的“设置父级目标”菜单中执行“物体”命令，如图8-140所示。

**05** 设置完成后，观察场景模型，可以看到有虚线将立方体与螺旋桨模型和直升机模型连接在一起，如图8-141所示。读者可以在场景中尝试更改立方体的位置，可以看到现在整个直升机模型也会随之改变位置。

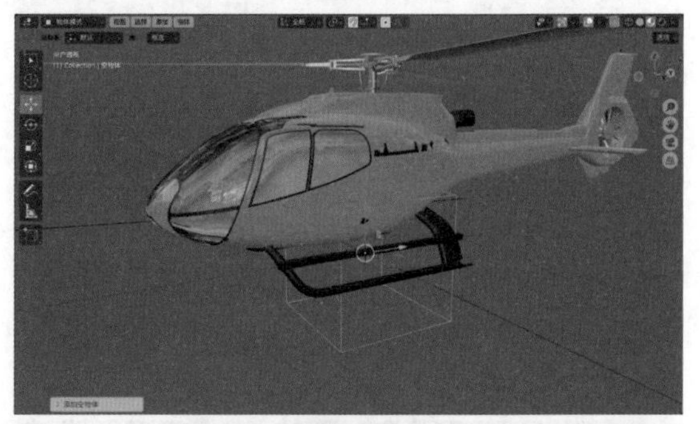

图8-138

图8-139

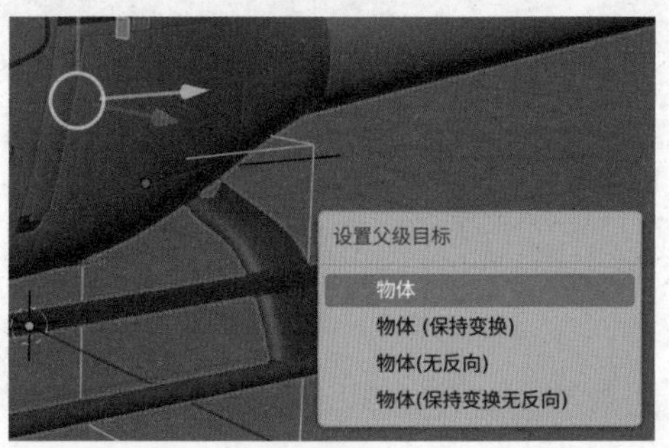


图8-140

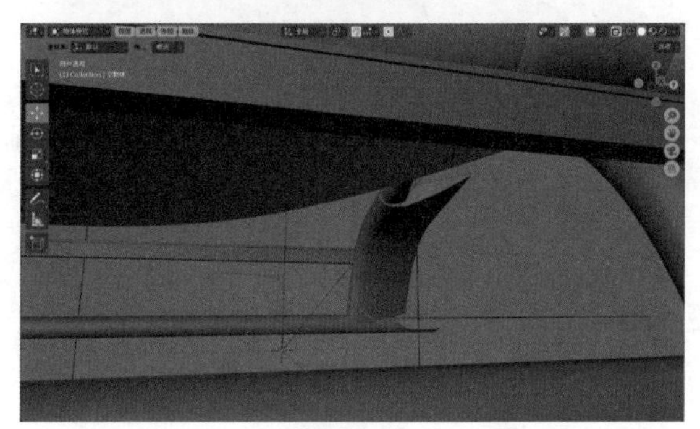

图8-141

## 技巧与提示

读者在Blender软件中移动物体时，按住鼠标左键拖动的同时按下鼠标右键，则模型会恢复至初始位置，这一操作与3ds Max软件是一样的。

**06** 在1帧位置处，选择直升机顶部的螺旋桨模型，如图8-142所示。

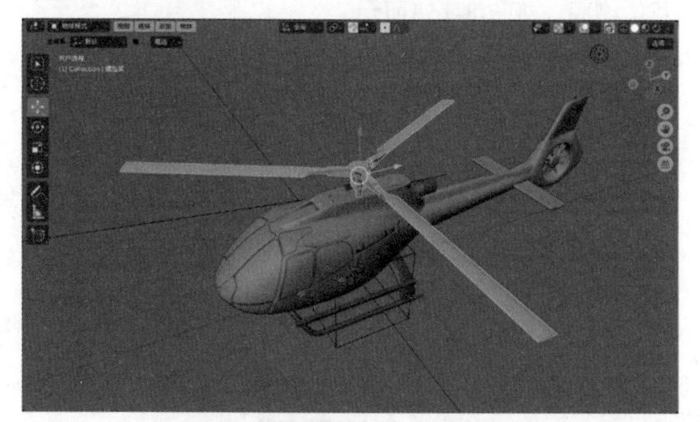

图8-142

**07** 在“变换”卷展栏中，为“旋转Z”属性设置关键帧，如图8-143所示。

**08** 在20帧位置处，设置“旋转Z”为360°，并再次为该属性设置关键帧，如图8-144所示。

图8-143　图8-144

**09** 在“曲线编辑器”面板中，观察螺旋桨的动画曲线如图8-145所示。

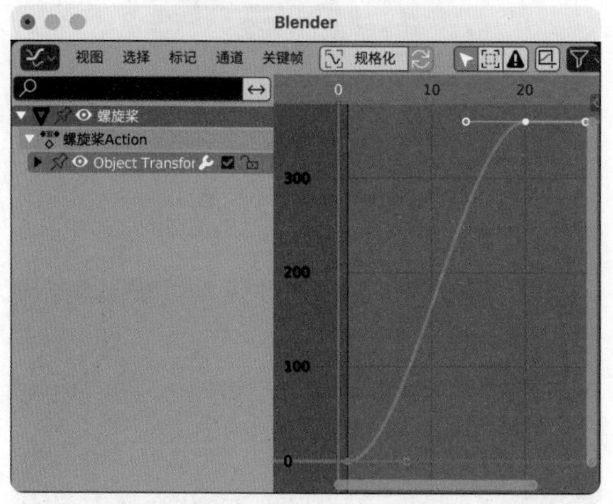


图8-145

**10** 选择“曲线编辑器”面板中如图8-146所示的关键点，在“活动关键帧”卷展栏中，设置“插值”为“线性”，如图8-147所示。

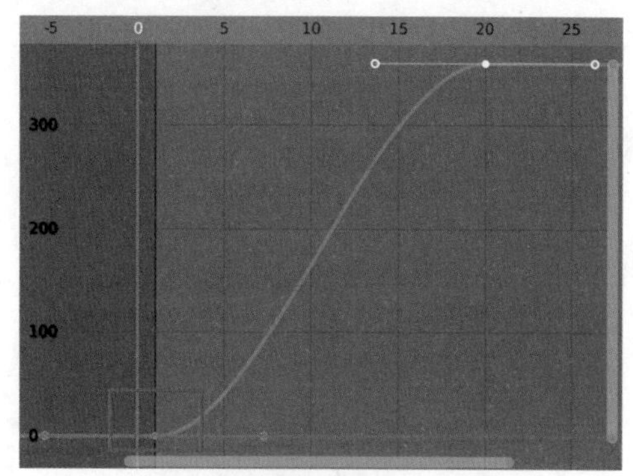

图8-146

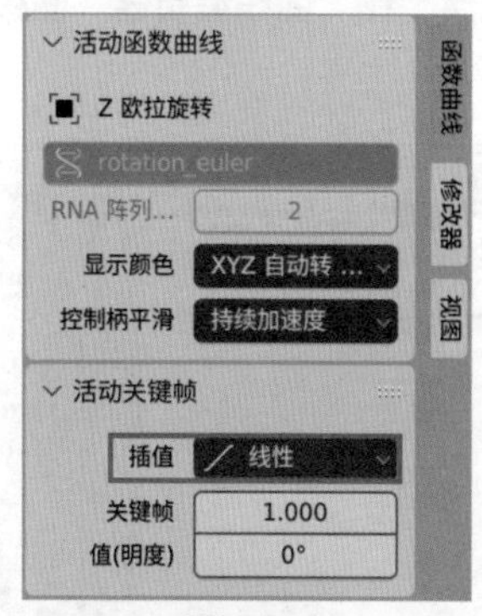


图8-147

**11** 设置完成后，螺旋桨旋转动画的动画曲线显示结果如图8-148所示。

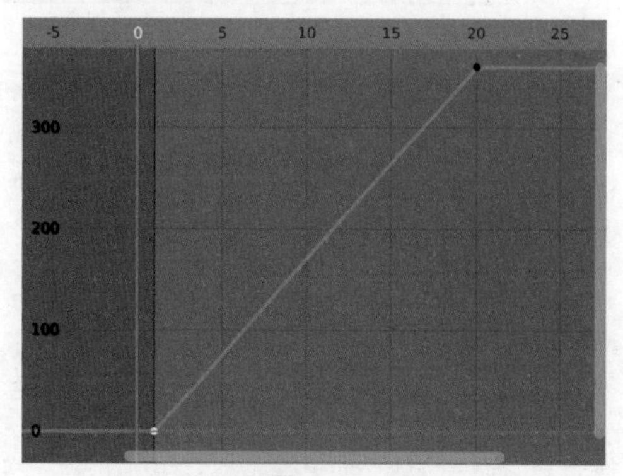

图8-148

**12** 在“添加修改器”面板中，为曲线添加“循环”修改器，如图8-149所示。

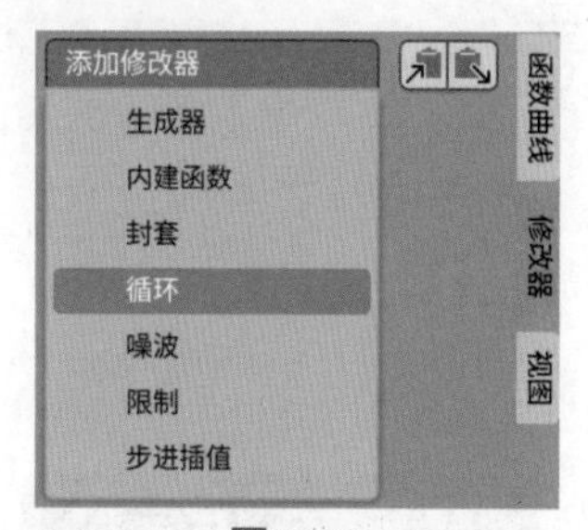


图8-149

**13** 在“添加修改器”面板中，设置“之前模式”为“带偏移重复”、“之后模式”为“带偏移重复”，如图8-150所示。

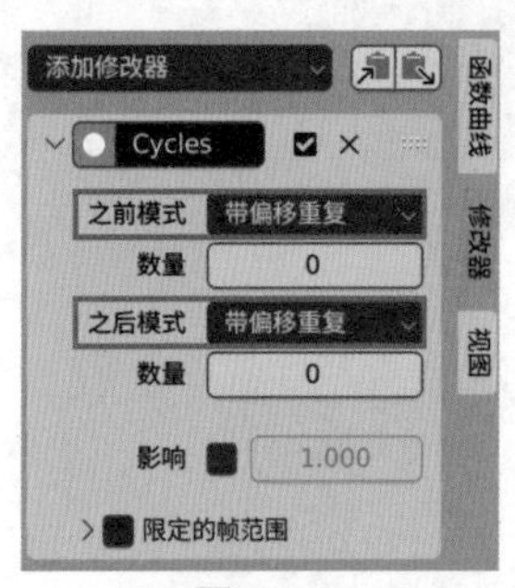


图8-150

14 设置完成后，在“曲线编辑器”面板中观察螺旋桨的动画曲线，如图8-151所示。播放场景动画，可以看到螺旋桨模型会一直不断地旋转下去。

15 选择场景中的立方体，如图8-152所示。

16 在“添加物体约束”面板中，为其添加“跟随路径”约束，如图8-153所示。

17 在“添加物体约束”面板中，设置“目标”为贝塞尔曲线、“前进轴”为-Y，勾选“跟随曲线”复选框，最后单击“动画路径”按钮，生成动画，如图8-154所示。

18 播放动画，本实例制作完成的动画效果如图8-155所示。

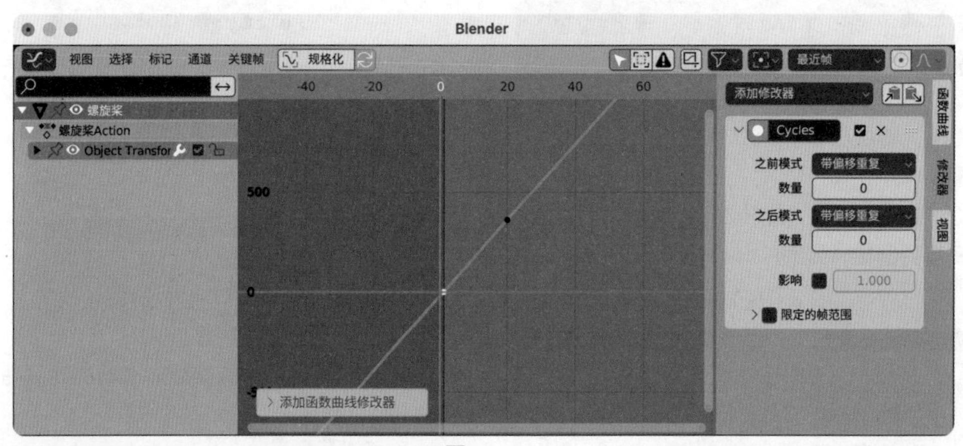


图8-151

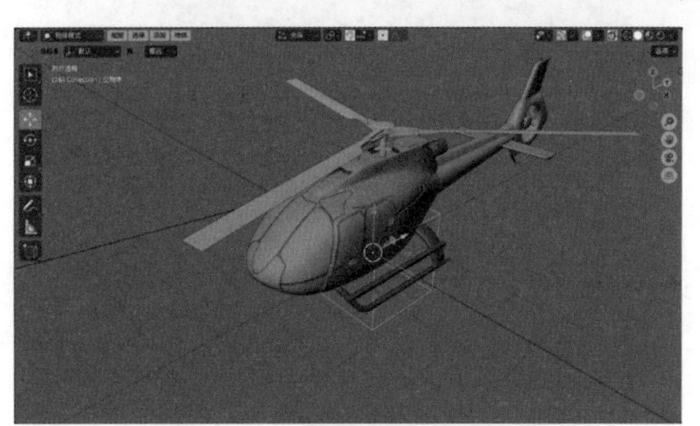

图8-152

图8-154

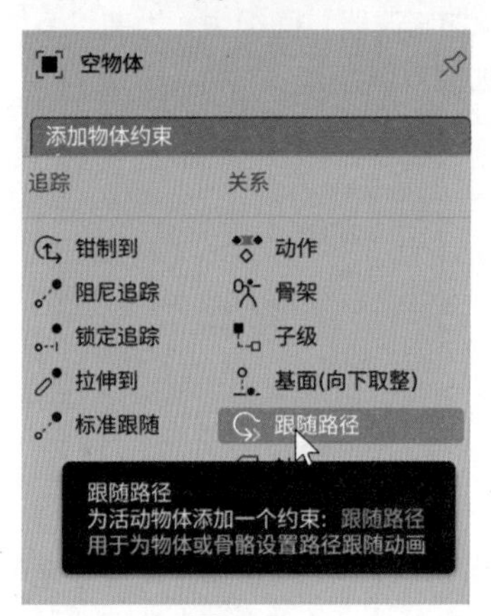


图8-153

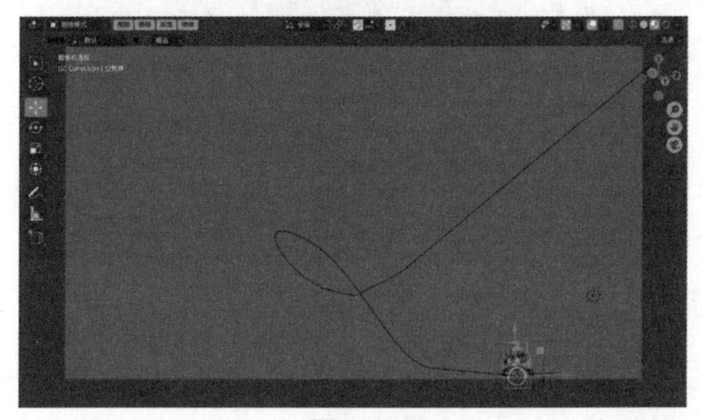

图8-155

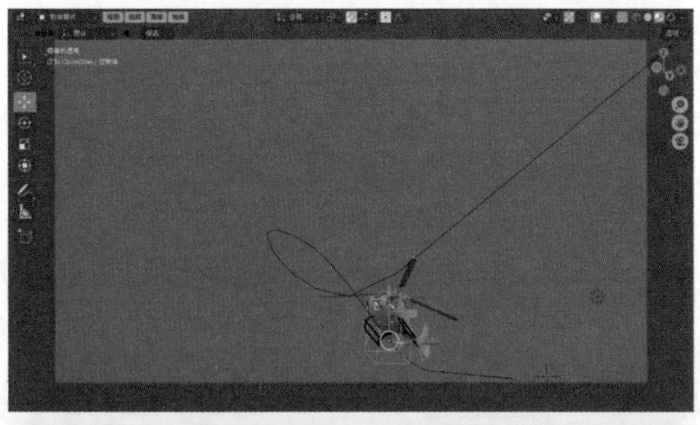

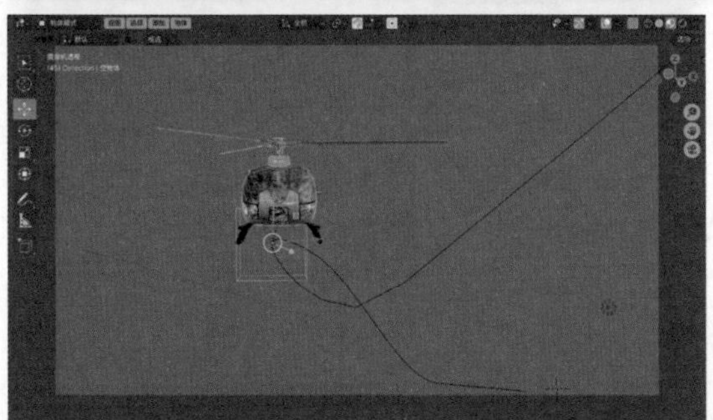

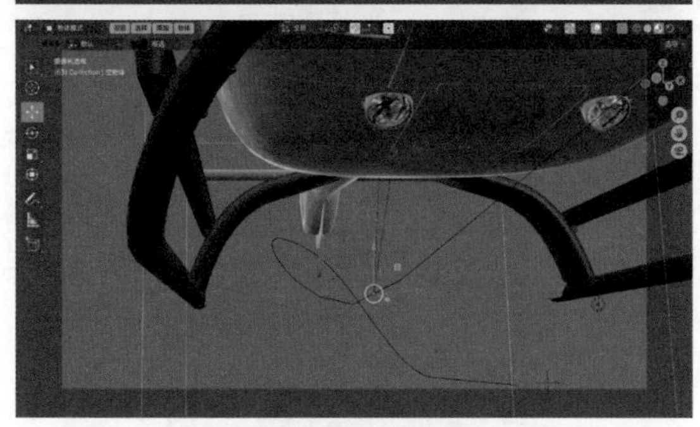

图8-155（续）

## 8.3.5　实例：制作方体滚动动画

本实例使用约束动画技术制作方体滚动动画效果。图8-156所示为本实例的最终完成效果。

01 启动中文版Blender 4.0软件，打开配套场景文件“方体.blend”，里面有一个方体模型，并且已经设置好了材质、灯光及摄像机，如图8-157所示。

02 在场景中选择方体模型，如图8-158所示。可以看到其轴心点的位置处于模型的中心位置处。

图8-156

图8-156（续）

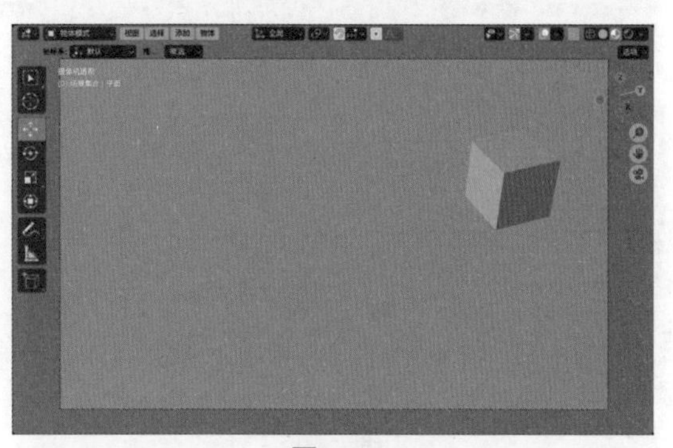

图8-157

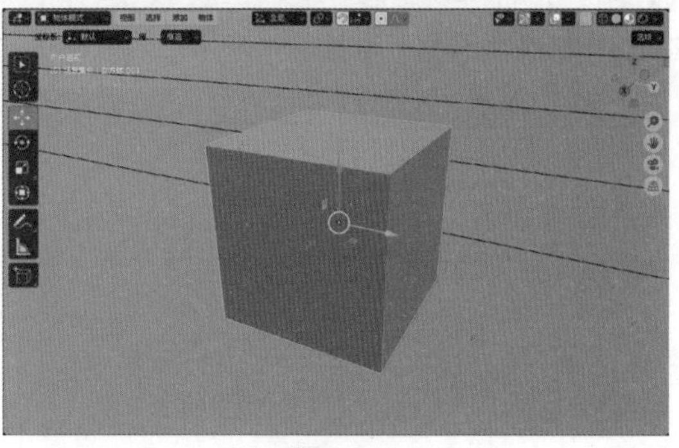

图8-158

03 在“选项”菜单中，勾选“原点”复选框，如图8-159所示。

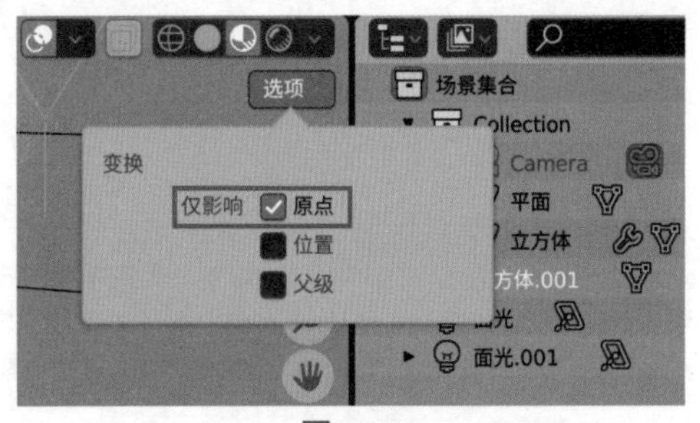


图8-159

04 单击“吸附”按钮，并设置“吸附至”为“顶点”，如图8-160所示。

图8-160

05 设置完成后，调整方体坐标轴的位置至图8-161所示。

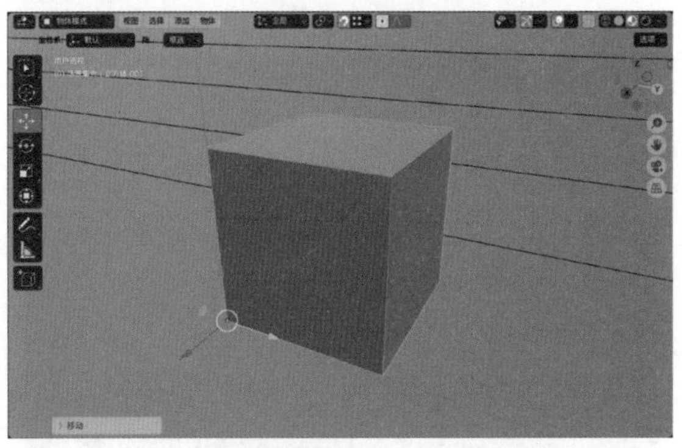

图8-161

06 更改方体的坐标轴后，在“选项”菜单中，取消勾选“原点”复选框，如图8-162所示。

图8-162

07 在1帧位置处，在“变换”卷展栏中，为方体的“旋转Y”属性设置关键帧，如图8-163所示。

08 在40帧位置处，设置“旋转Y”为-90°，并为其设置关键帧，如图8-164所示。

图8-163

图8-164

09 执行菜单栏中的“添加”|“空物体”|“纯轴”命令，如图8-165所示，在场景中创建一个纯轴。

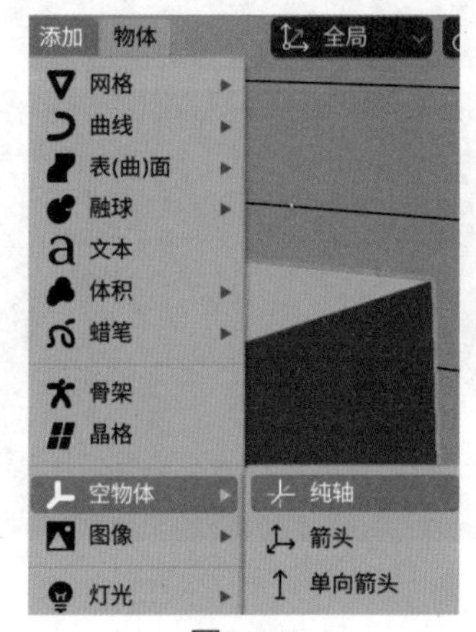


图8-165

10 在“添加空物体”卷展栏中，设置纯轴的“半径”为0.05m，如图8-166所示，并调整其位置至图8-167所示。

11 选择方体模型，在“添加物体约束”面板中，为其添加“子级”约束，并设置“目标”为场景中名称为“空物体”的纯轴，如图8-168所示。

12 选择纯轴，在40帧位置处，在“变换”卷展栏中，为纯轴的“旋转X”属性设置关键帧，如图8-169所示。

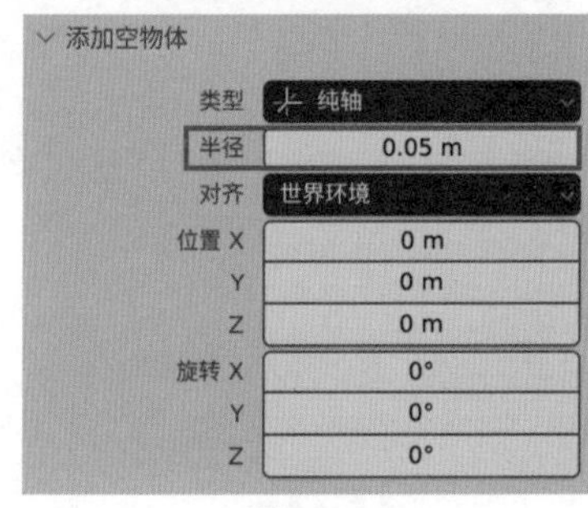


图8-166

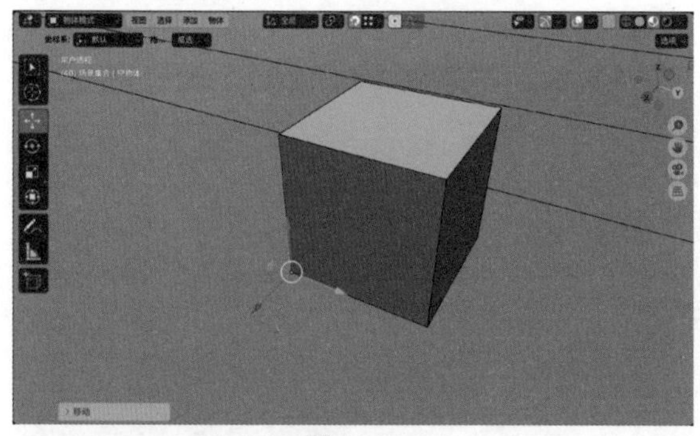

图8-167

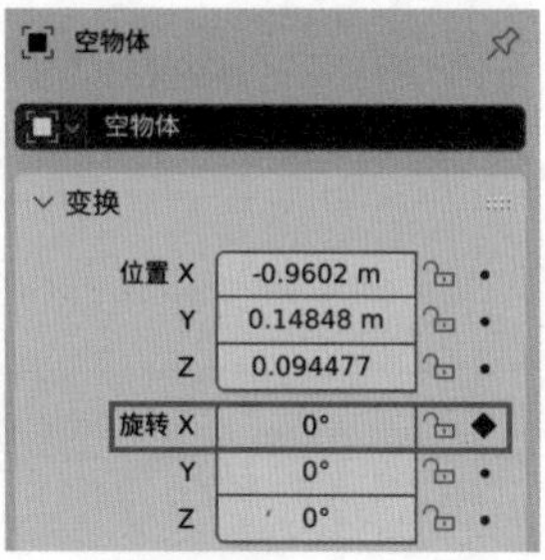

图8-168

空物体
空物体
变换
位置 X -0.9602 m
Y 0.14848 m
Z 0.094477
旋转 X 0°
Y 0°
Z 0°

图8-169

⑬ 在80帧位置处，设置“旋转X”为90°，并为其设置关键帧，如图8-170所示。

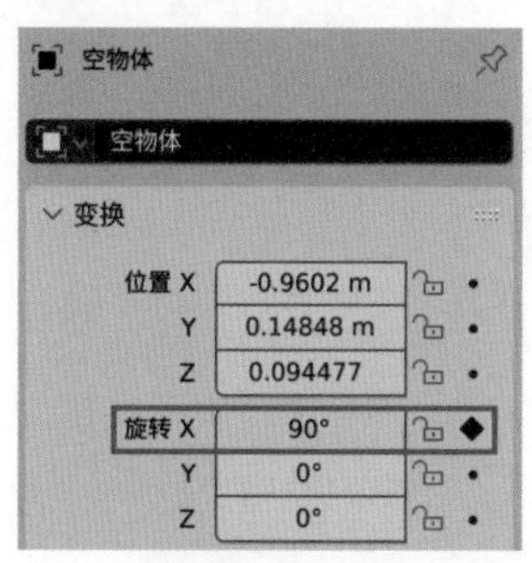


图8-170

⑭ 设置完成后，播放动画，即可看到方体在地面上产生的滚动效果，如图8-171所示。

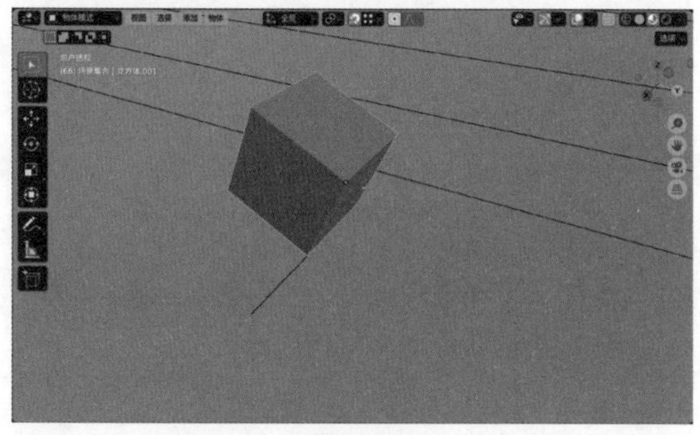

图8-171

⑮ 以同样的操作步骤再次创建一个纯轴，并在80帧位置处调整其位置至图8-172所示。

⑯ 选择场景中创建的第一个纯轴，如图8-173所示。

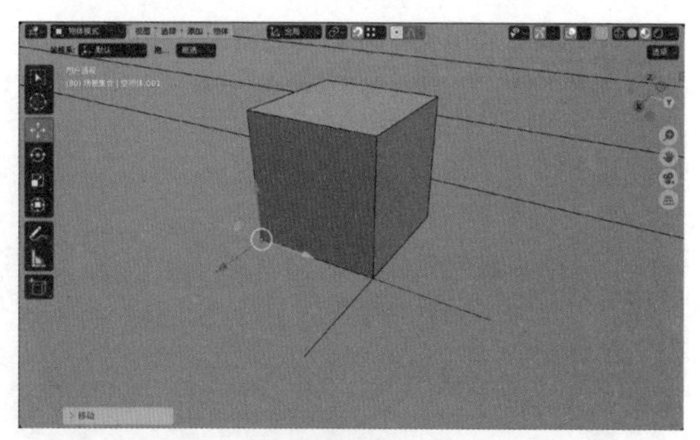

图8-172

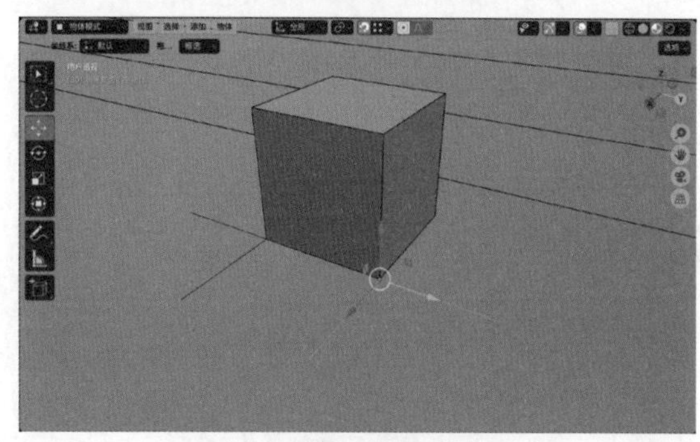

图8-173

⑰ 在“添加物体约束”面板中，为其添加“子级”约束，并设置“目标”为场景中名称为“空物体.001”的纯轴，如图8-174所示。

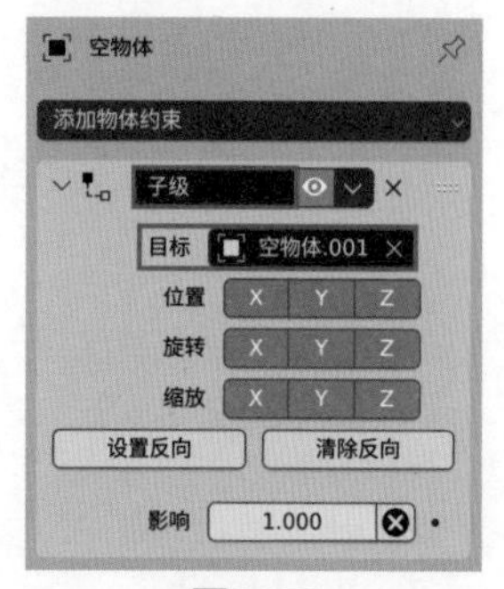


图8-174

⑱ 选择后创建的纯轴，在80帧位置处，在“变换”卷展栏中，为纯轴的“旋转Y”属性设置关键帧，如图8-175所示。

⑲ 在120帧位置处，设置“旋转Y”为90°，并为其设置关键帧，如图8-176所示。

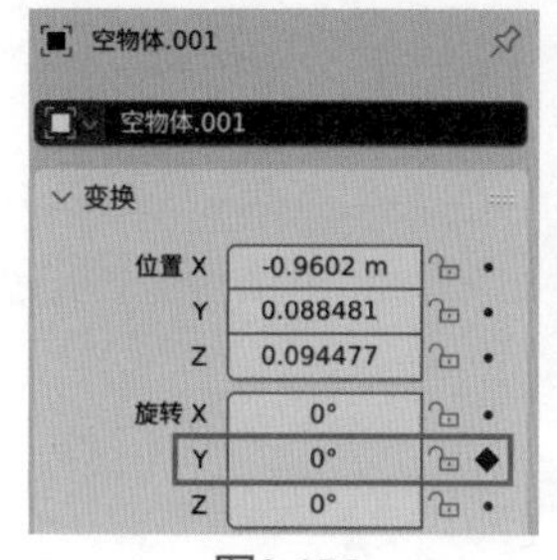


图8-175

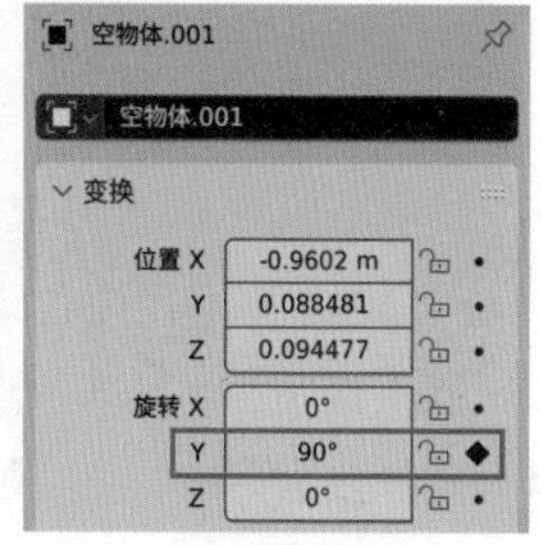


图8-176

⑳ 播放动画，本实例制作完成的动画效果如图8-177所示。

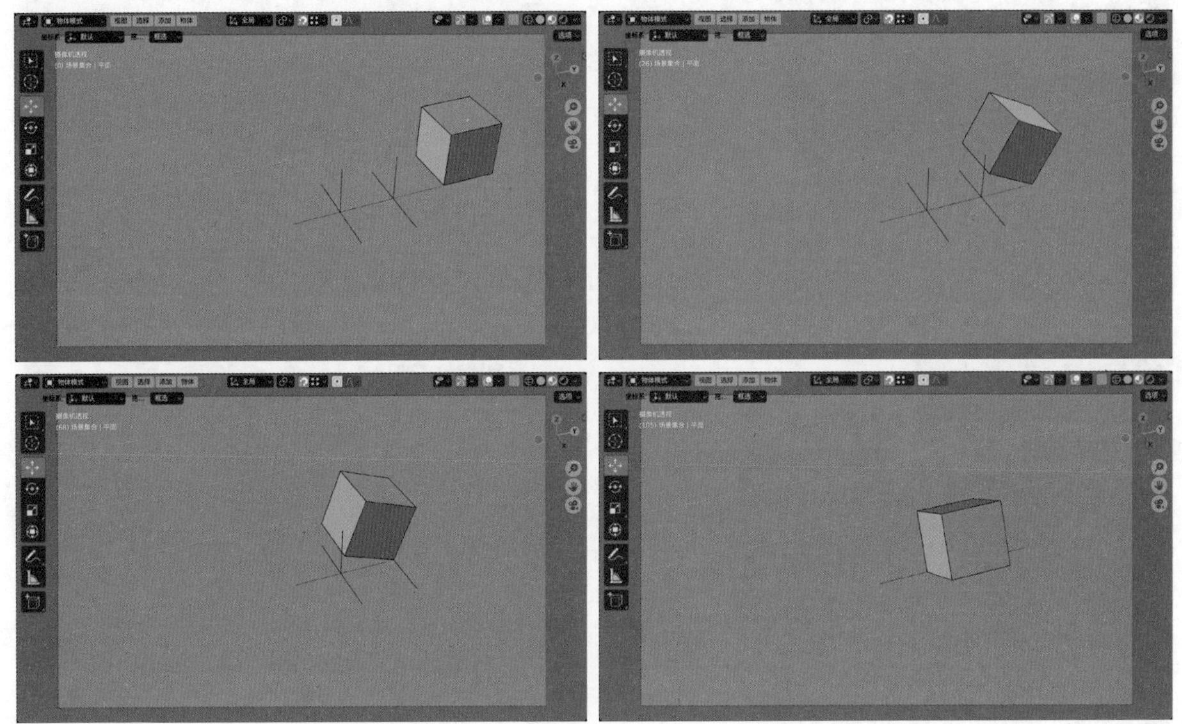

图8-177

# 第 9 章 物理动力学

## 9.1 动力学概述

中文版Blender 4.0为动画师提供了多个功能强大且易于掌握的动力学动画模拟系统，主要分为“物理”和“粒子”两大类动力学系统。其中，“物理”动力学包含布料、刚体、流体和软体动力学等，主要用来制作运动规律较为复杂的布料形变动画、刚体碰撞动画、烟雾流动动画和软体特效动画；“粒子”动力学则可以与“物理”动力学中的力场、刚体等对象产生交互，制作出更为复杂的群组动力学动画效果。本章主要讲解“物理”动力学系统的使用方法，读者在学习“物理”动力学相关的知识时，可以多多参考现实生活中与其相关的照片或者视频素材。图9-1和图9-2所示为拍摄的一些相关照片。

图9-1

图9-2

## 9.2 “物理”动力学

在“物理”面板中，可以找到Blender为用户提供的动力学相关按钮，如图9-3所示。

图9-3

### 9.2.1 基础操作：刚体碰撞动画测试

【知识点】“活动项”刚体、“被动”刚体。

01 启动中文版Blender 4.0软件，选择场景中自带的立方体模型，如图9-4所示。

02 在Cube面板中，单击“刚体”按钮，如图9-5所示，将其设置为刚体。

03 在“刚体”卷展栏中，可以看到默认状态下，刚体的“类型”为“活动项”，如图9-6所示，说明这是一个可以产生动力学动画的刚体类型。

04 设置完成后，调整立方体模型的位置和角度至图9-7所示。

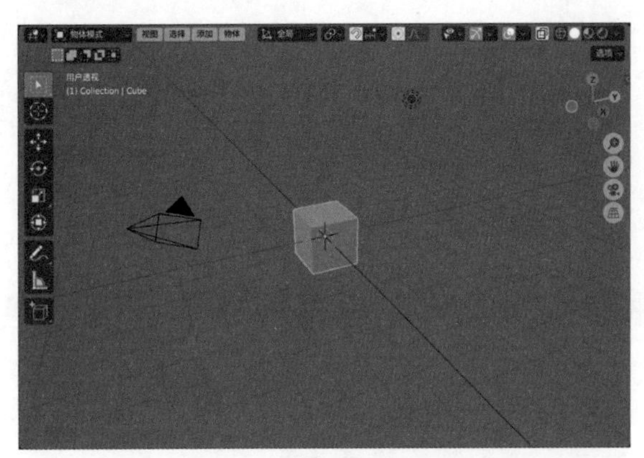

图9-4

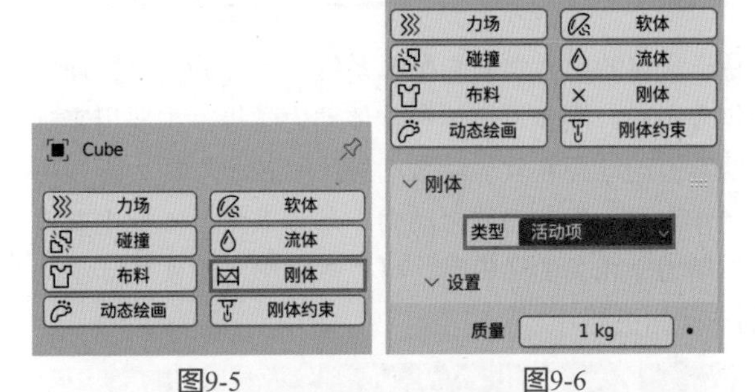


图9-5　图9-6

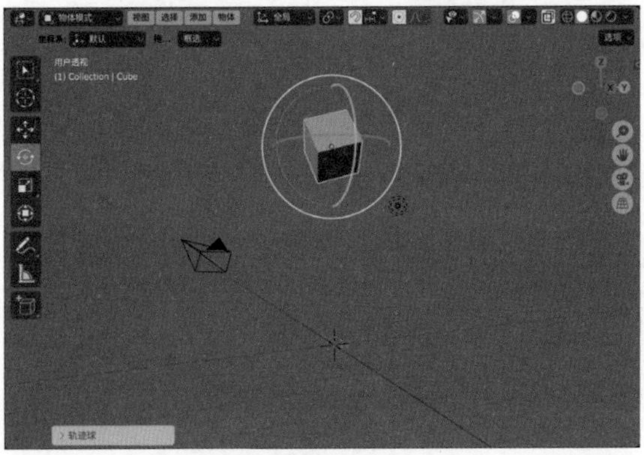

图9-7

05 执行菜单栏中的“添加”|“网格”|“平面”命令，如图9-8所示，在场景中创建一个平面模型。

图9-8

06 在“添加平面”卷展栏中，设置“尺寸”为20m，如图9-9所示。

07 设置完成后，平面模型的视图显示结果如图9-10所示。

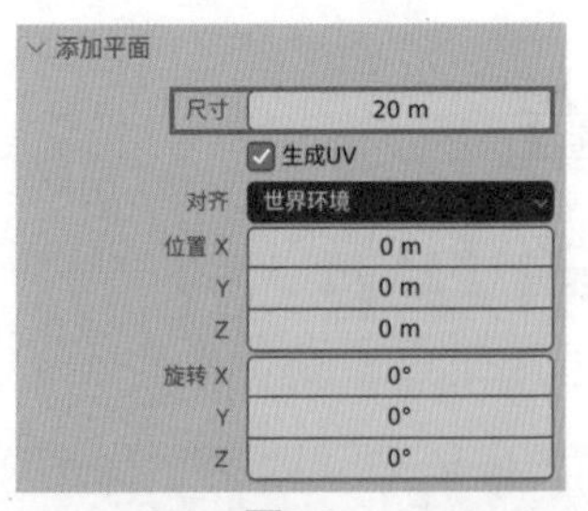


图9-9

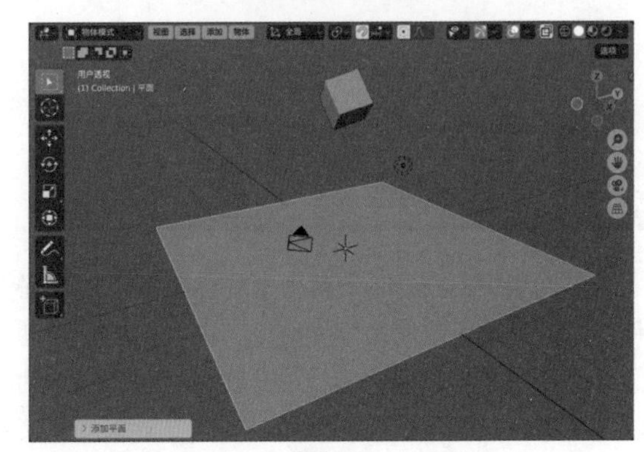

图9-10

08 选择平面模型，在“平面”面板中，单击“刚体”按钮，如图9-11所示，也将其设置为刚体。

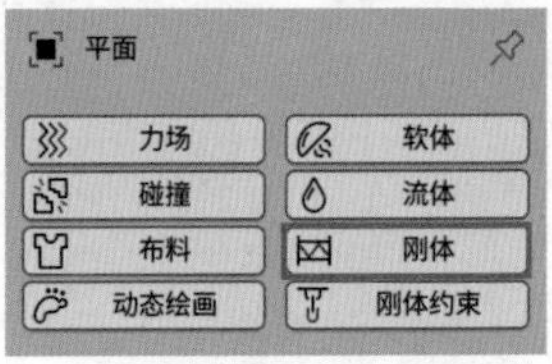

图9-11

09 在“刚体”卷展栏中，设置刚体的“类型”为“被动”，如图9-12所示，说明这是一个不产生动画的刚体类型。“被动”类型的刚体通常作为动力学动画中被碰撞的对象，如地面或墙体等。

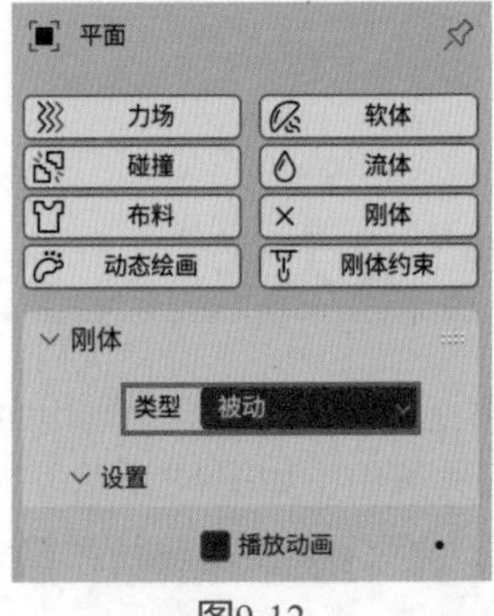


图9-12

10 设置完成后，播放场景动画，即可看到立方体模型下落并与平面模型产生碰撞的动画效果，如图9-13所示。

11 选择立方体模型，在“表面响应”卷展栏中，设置“弹跳力”为1.000，如图9-14所示。

12 选择平面模型，在“表面响应”卷展栏中，设置“弹跳力”为1.000，如图9-15所示。

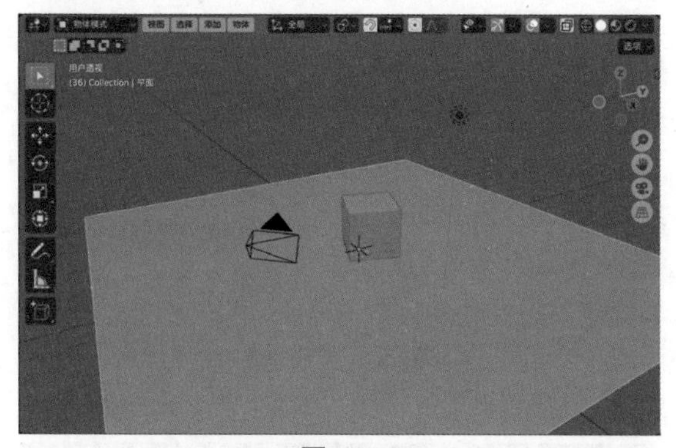

图9-13

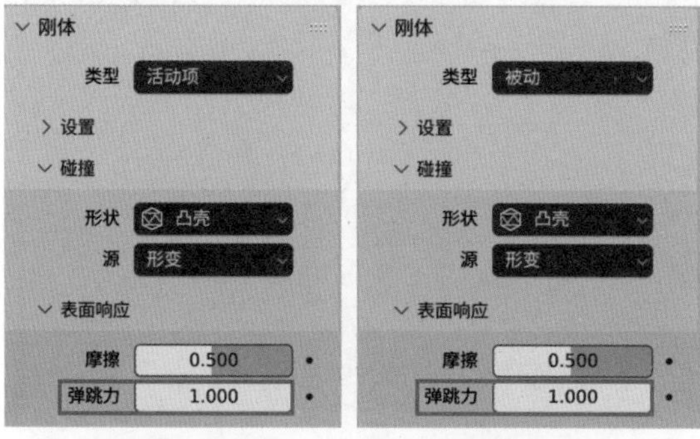


图9-14　　图9-15

13 再次播放动画，可以看到这一次立方体模型与平面模型产生碰撞后，会产生明显的弹跳效果，如图9-16所示。

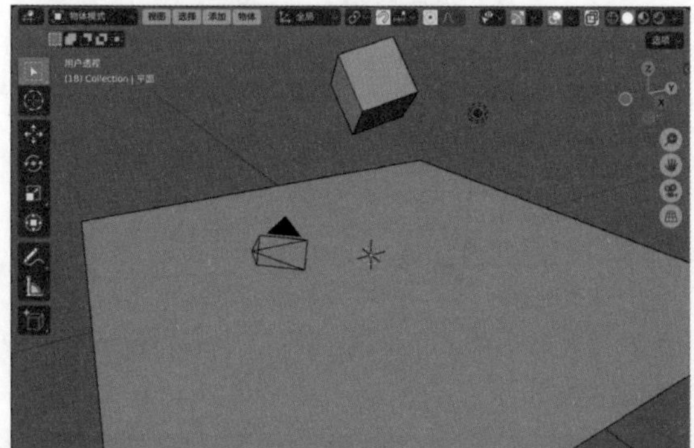

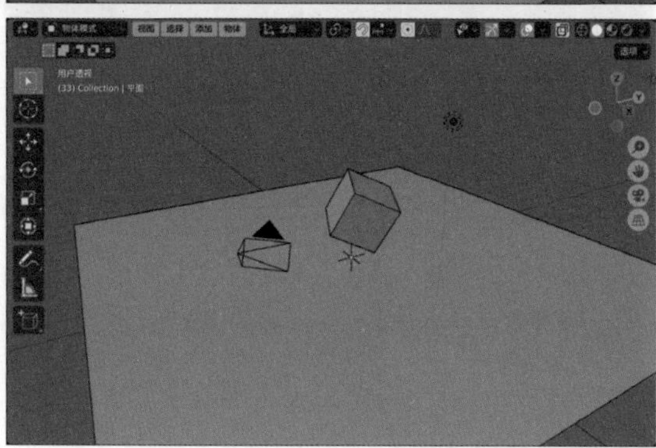

图9-16

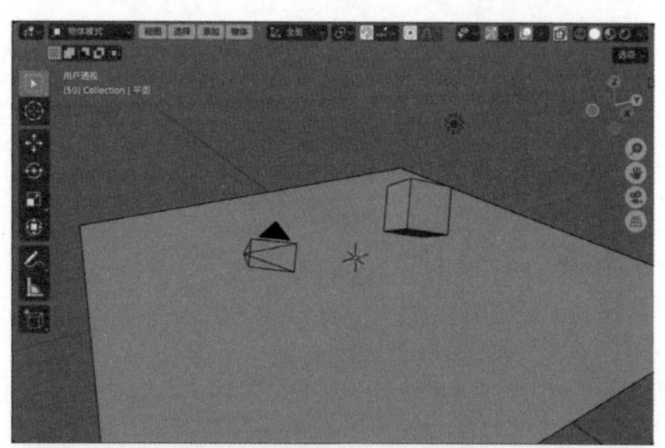

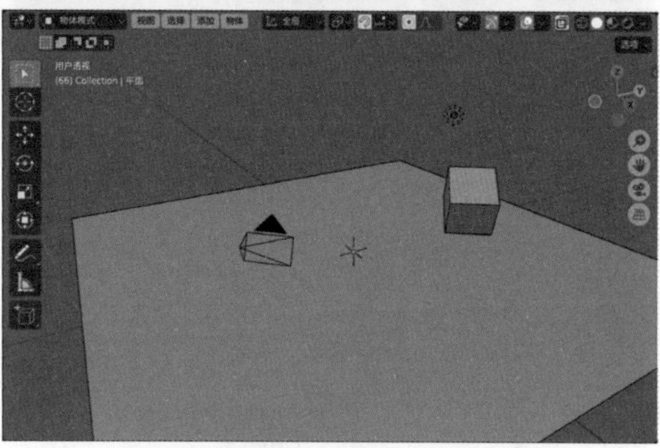

图9-16（续）

## 9.2.2 基础操作：布料碰撞动画测试

**【知识点】碰撞体、布料。**

01 启动中文版Blender 4.0软件，选择场景中自带的立方体模型，如图9-17所示。

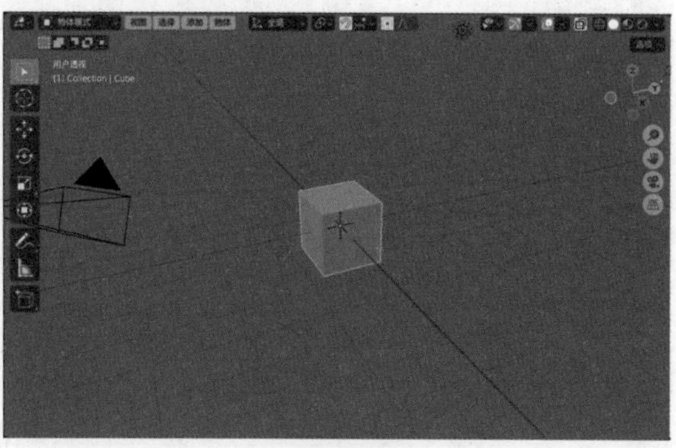

图9-17

02 在Cube面板中，单击“碰撞”按钮，如图9-18所示，将其设置为碰撞体。

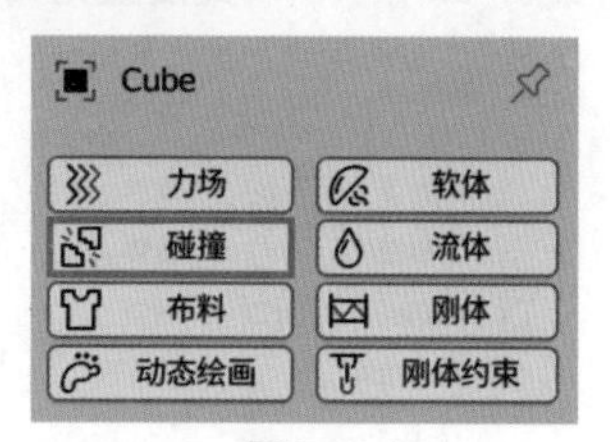


图9-18

03 执行菜单栏中的“添加”|“网格”|“栅格”命令，如图9-19所示，在场景中创建一个栅格。

图9-19

04 在“添加栅格”卷展栏中，设置“X向细分”为30、“Y向细分”为30、“尺寸”为5m，如图9-20所示。

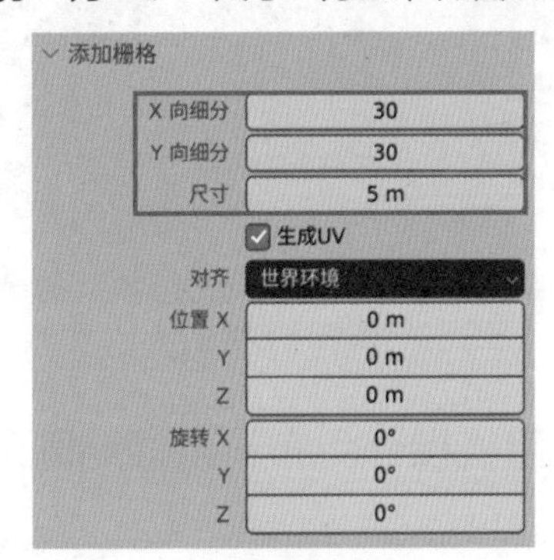

图9-20

05 设置完成后，调整栅格模型的位置至图9-21所示，使其位于立方体模型的上方。

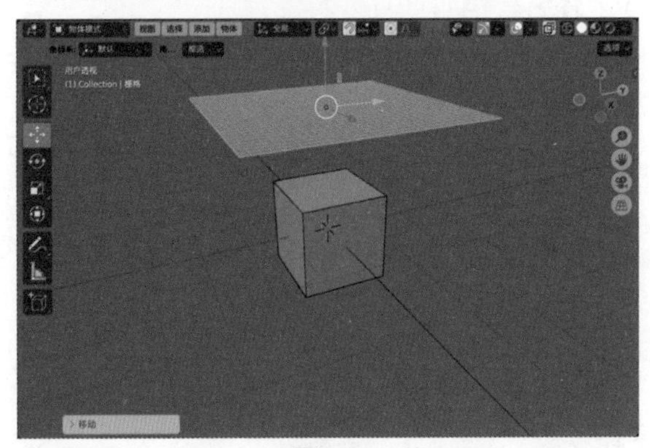
图9-21

06 选择栅格模型，在“栅格”面板中，单击“布料”按钮，如图9-22所示，将其设置为布料。

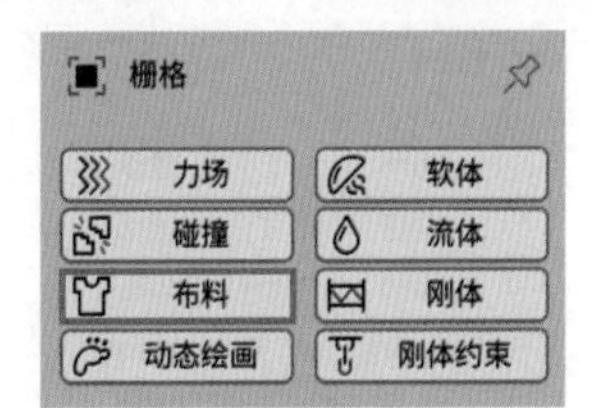

图9-22

07 在“碰撞”卷展栏中，勾选“自碰撞”复选框，如图9-23所示。

图9-23

08 设置完成后，播放场景动画，栅格模型下落后与立方体模型产生的碰撞效果如图9-24所示。

09 选择栅格模型，在“添加修改器”面板中，为其添加“表面细分”修改器，设置“视图层级”为2，如图9-25所示。

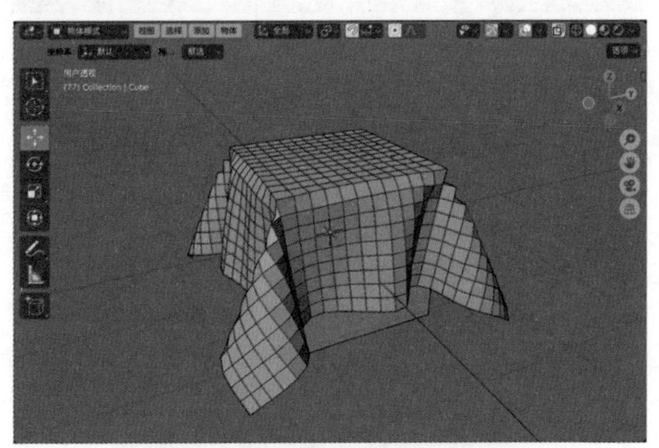
图9-24

图9-25

10 设置完成后，本实例最终模拟出来的布料碰撞效果如图9-26所示。

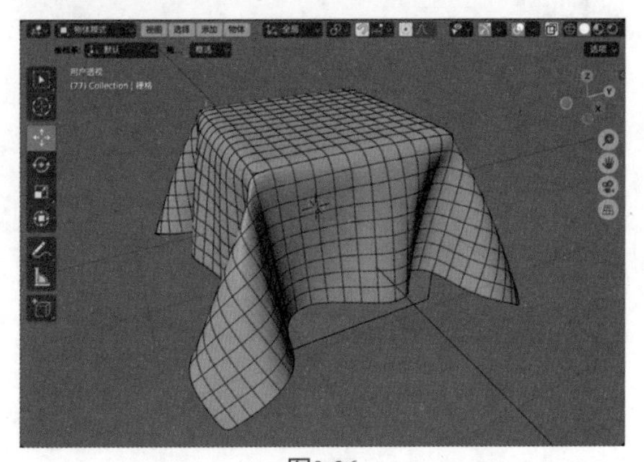
图9-26

### 9.2.3　实例：制作水果掉落动画

本实例使用动力学动画技术制作水果掉落的动画效果。图9-27所示为本实例的最终完成效果。

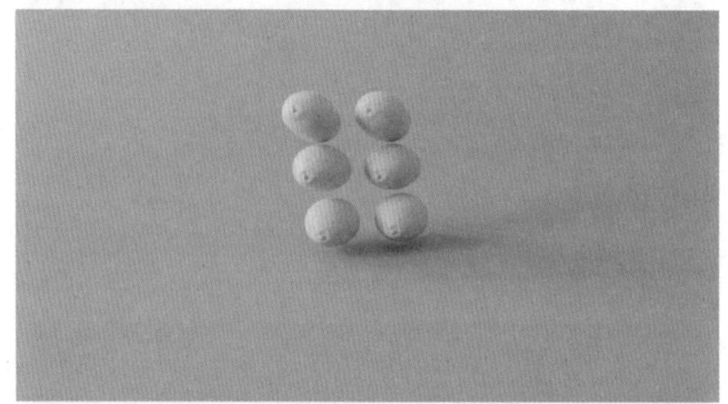

图9-27

**01** 启动中文版Blender 4.0软件，打开配套场景文件“水果.blend”，里面有6个水果模型，并且已经设置好了灯光及摄像机，如图9-28所示。

**02** 选择如图9-29所示的水果模型，在“柠檬”面板中，单击“刚体”按钮，如图9-30所示，将其设置为刚体。

**03** 在“表面响应”卷展栏中，设置“弹跳力”为0.600，如图9-31所示。

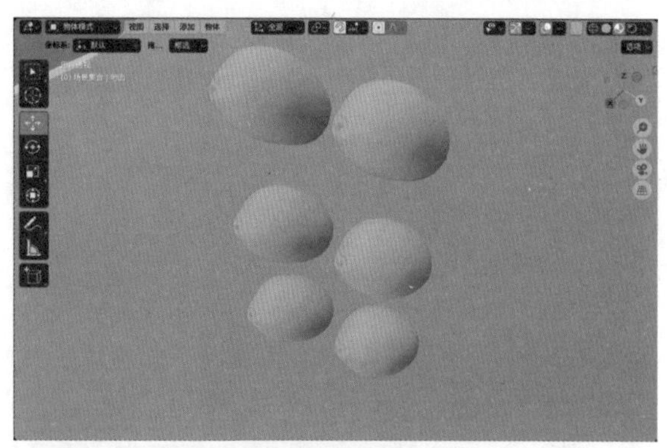

图9-28

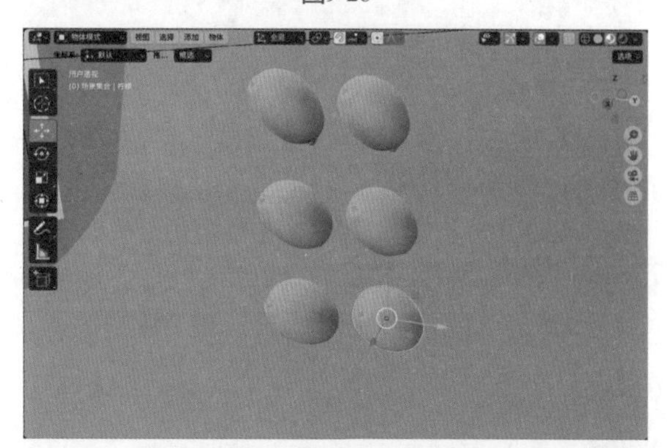

图9-29

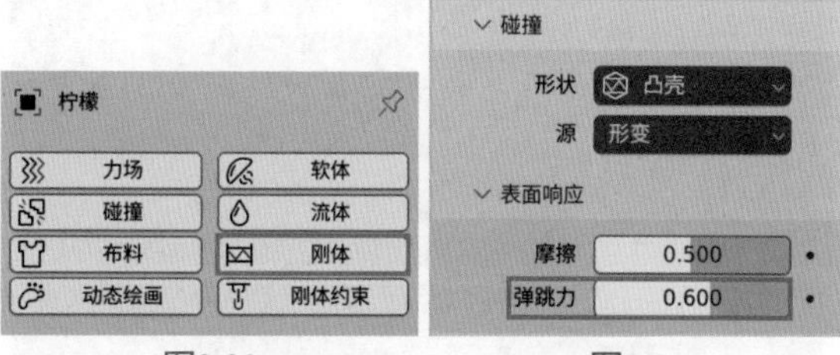


图9-30　　图9-31

**04** 选择场景中的地面模型，如图9-32所示。

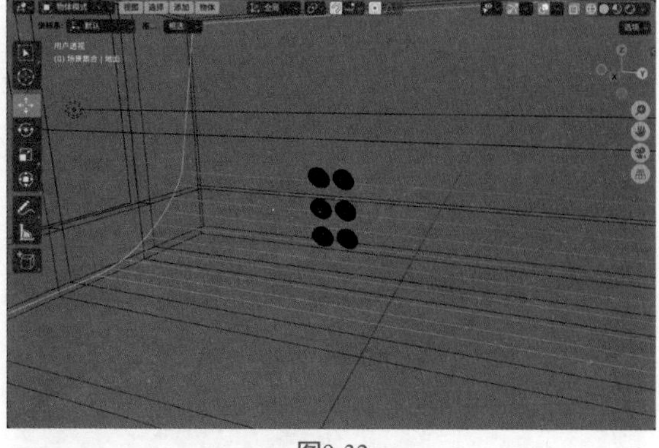

图9-32

**05** 在“地面”面板中，单击“刚体”按钮，如图9-33所示，将其设置为刚体。

**06** 在“刚体”卷展栏中，设置“类型”为“被动”、“形状”为“网格”、“弹跳力”为0.500、“边距”为0.01m，如图9-34所示。

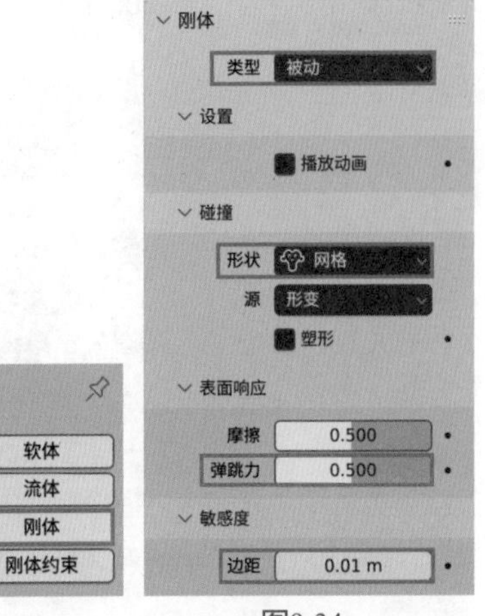


图9-33　　图9-34

**07** 设置完成后，播放动画，可以看到水果掉落的动画效果，如图9-35所示。

**08** 在场景中先选择另外5个水果模型，最后加选设置了刚体的水果模型，如图9-36所示。

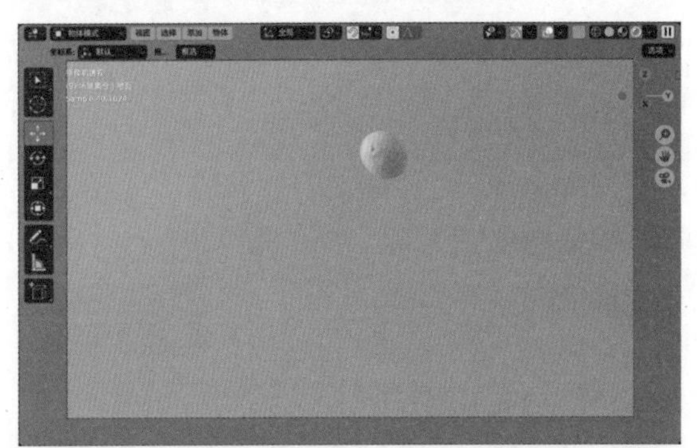

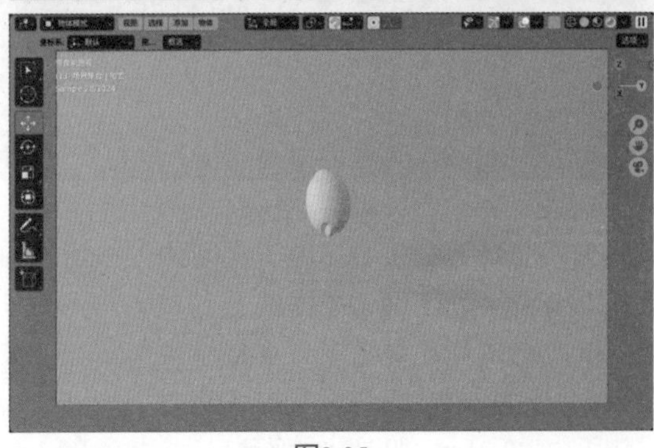

图9-35

图9-35（续）

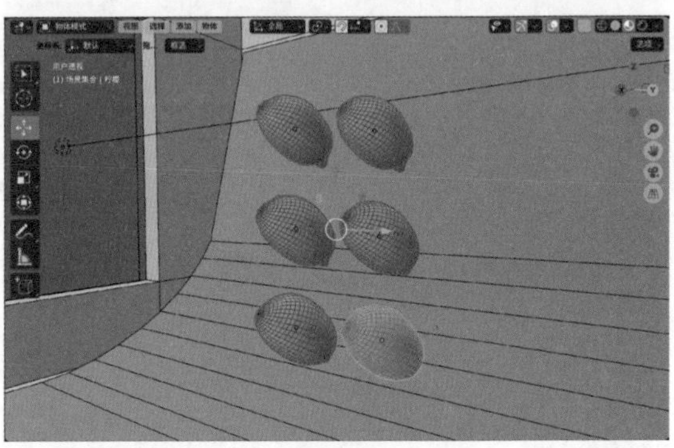

图9-36

**09** 执行菜单栏中的“物体”｜“刚体”｜“从活动项复制”命令，如图9-37所示。

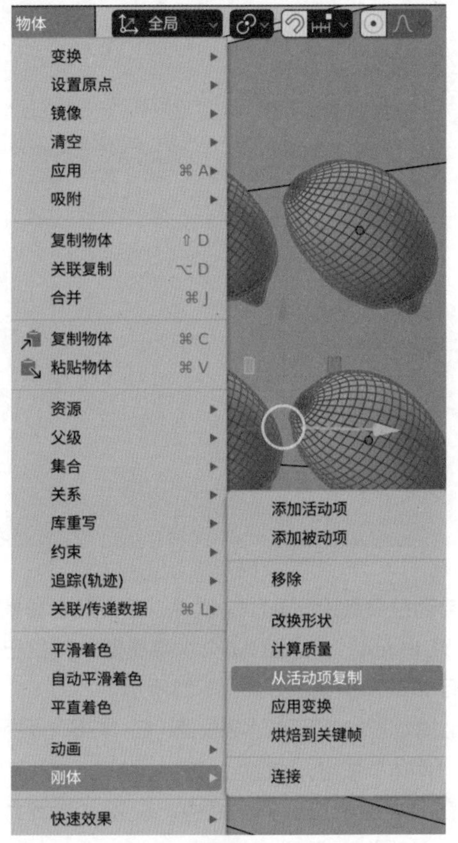


图9-37

**10** 再次播放场景动画，本实例的最终动画效果如图9-38所示。

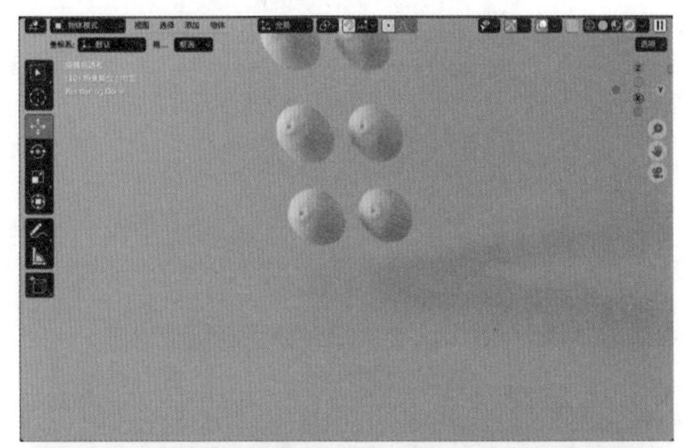

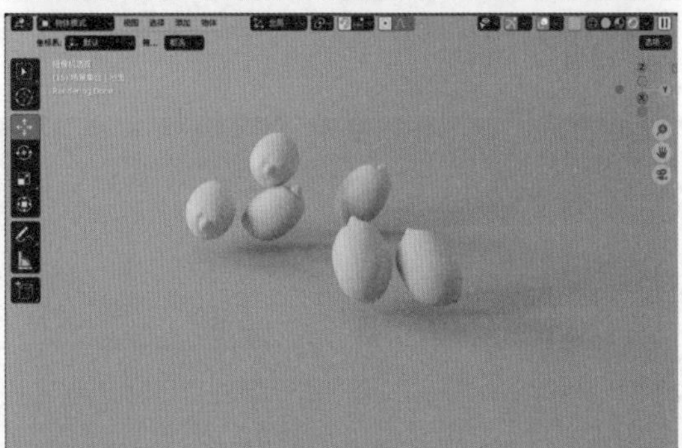

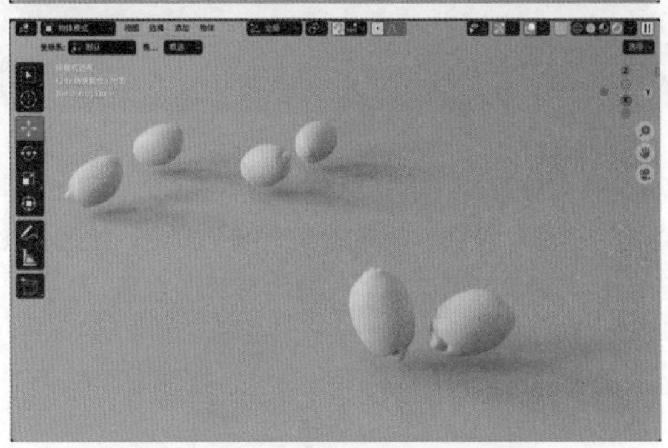

图9-38

## 9.2.4　实例：制作布料包裹动画

本实例使用动力学动画技术制作布料包裹物体的动画效果。图9-39所示为本实例的最终完成效果。

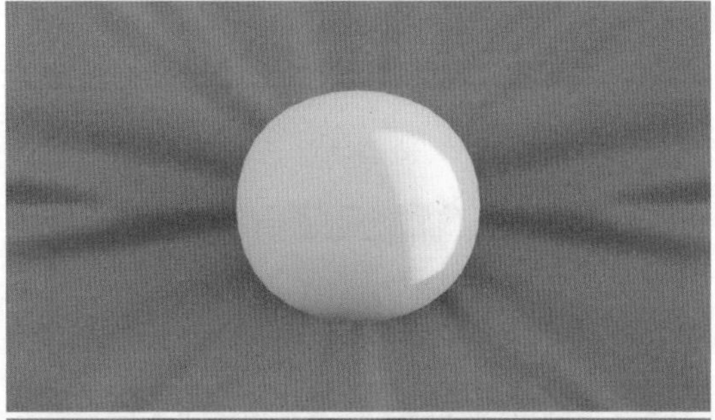

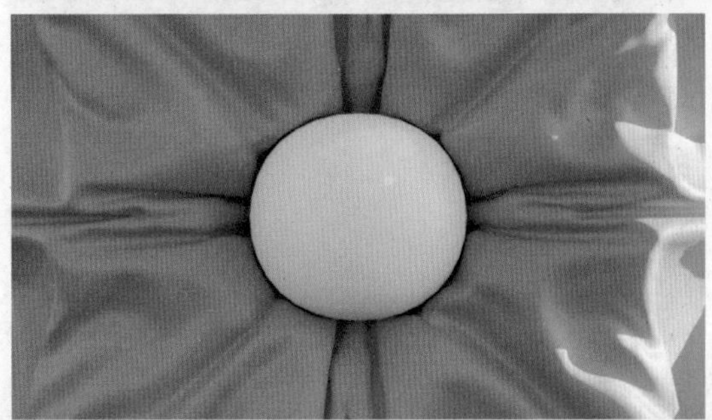

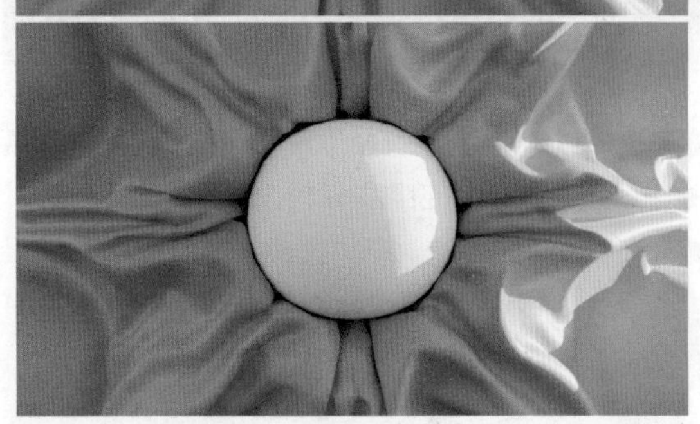

图9-39

**01** 启动中文版Blender 4.0软件，选择场景中自带的立方体模型，如图9-40所示。

图9-40

02 在“添加修改器”面板中，为其添加“表面细分”修改器，并设置“视图层级”为2，如图9-41所示。

图9-41

03 设置完成后，立方体模型的视图显示结果如图9-42所示，可以看到其现在已经更改为一个球体模型。

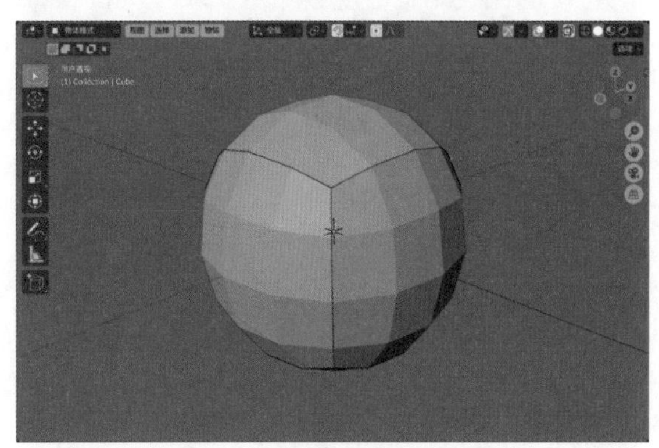

图9-42

04 选择球体模型，在1帧位置处，在“变换”卷展栏中，为“位置Y”设置关键帧，如图9-43所示。

05 在100帧位置处，在“变换”卷展栏中，设置“位置Y”为1m，并再次为其设置关键帧，如图9-44所示。

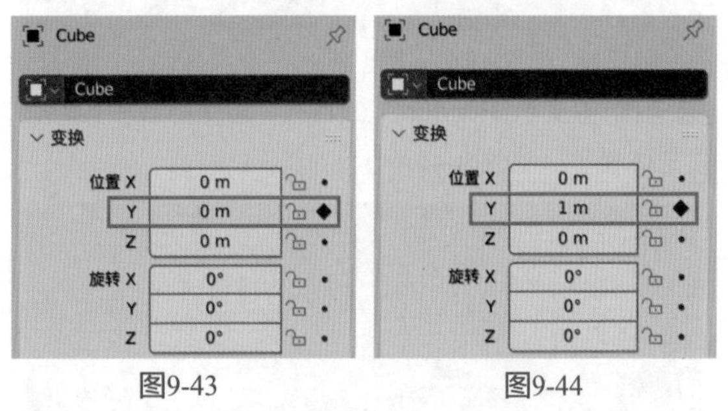


图9-43　　图9-44

06 执行菜单栏中的“添加”｜“网格”｜“栅格”命令，如图9-45所示，在场景中创建一个栅格。

07 在“添加栅格”卷展栏中，设置“X向细分”为100、“Y向细分”为100、“尺寸”为10m、“位置Y”为1m、“旋转X”为90°，如图9-46所示。

图9-45

添加栅格

| | |
|---|---|
| X 向细分 | 100 |
| Y 向细分 | 100 |
| 尺寸 | 10 m |
| | 生成UV |
| 对齐 | 世界环境 |
| 位置 X | 0 m |
| Y | 1 m |
| Z | 0 m |
| 旋转 X | 90° |
| Y | 0° |
| Z | 0° |

图9-46

08 设置完成后，栅格的视图显示结果如图9-47所示。

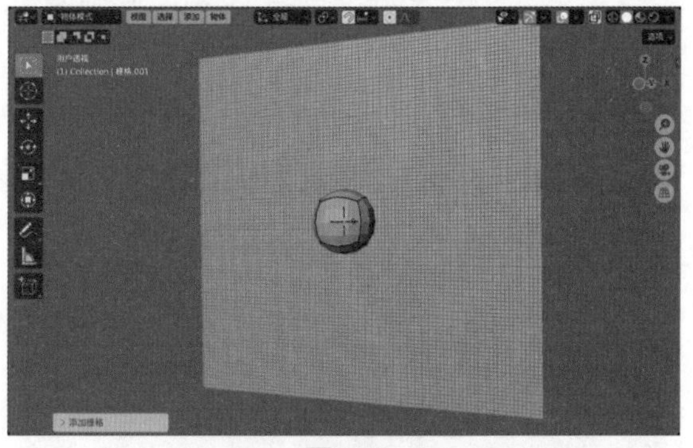

图9-47

09 在1帧位置处，选择球体模型，在Cube面板中，单击“碰撞”按钮，再单击“力场”按钮，如图9-48所示，将其设置为碰撞体，并为其添加力场。

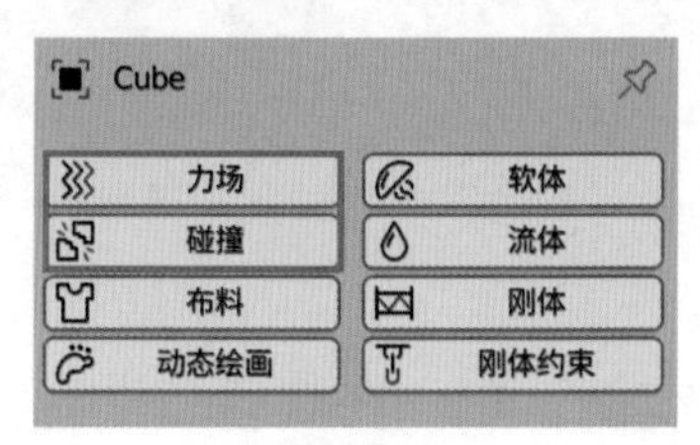


图9-48

10 在“力场”卷展栏中，设置“强度/力度”为-200.000，如图9-49所示。设置完成后，球体模型的视图显示结果如图9-50所示。

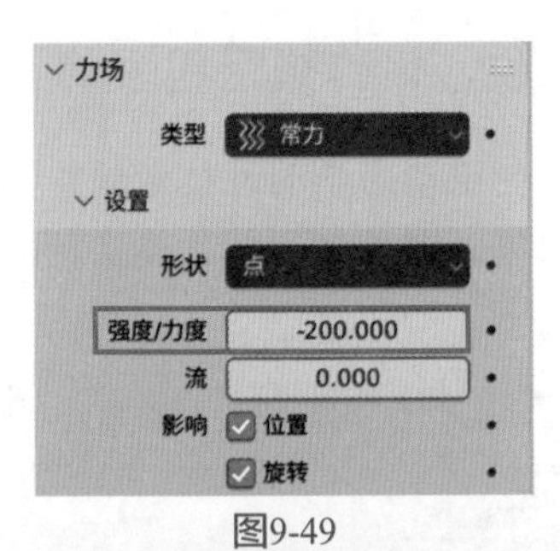


图9-49

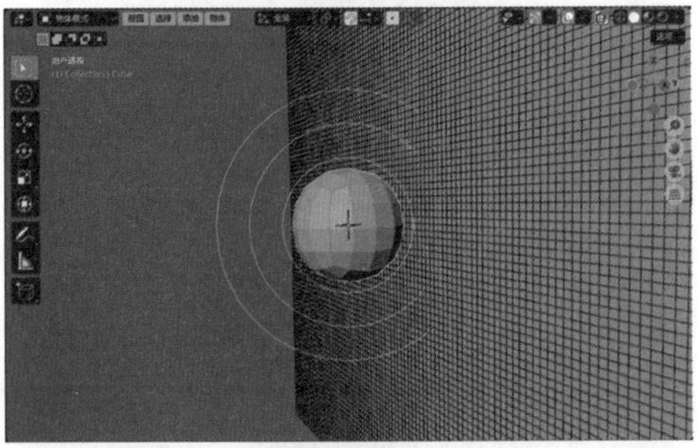

图9-50

**11** 选择栅格模型，在“栅格”面板中，单击“布料”按钮，如图9-51所示，将其设置为布料。

图9-51

**12** 在“硬度”卷展栏中，设置“弯曲”为0.100，如图9-52所示。

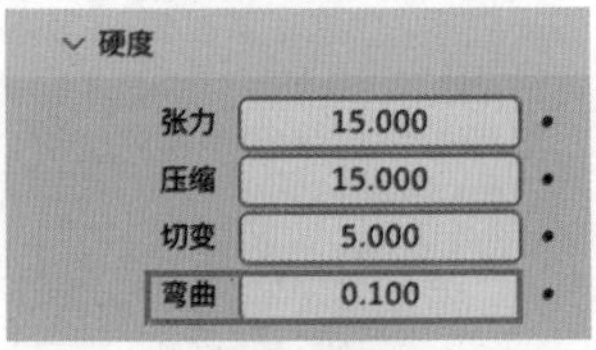

图9-52

**13** 在“碰撞”卷展栏中，设置“品质”为3，在“物体碰撞”卷展栏中，设置“距离”为0.003m，勾选“自碰撞”复选框，设置“距离”为0.003m，如图9-53所示。

**14** 在“力场权重”卷展栏中，设置“重力”为0.000，如图9-54所示。

**15** 设置完成后，播放动画，球体模型与栅格模拟出来的布料碰撞效果如图9-55所示。

**16** 选择栅格，在“缓存”卷展栏中，设置“结束点”为110，单击“烘焙”按钮，如图9-56所示，即可将布料动画进行烘焙。

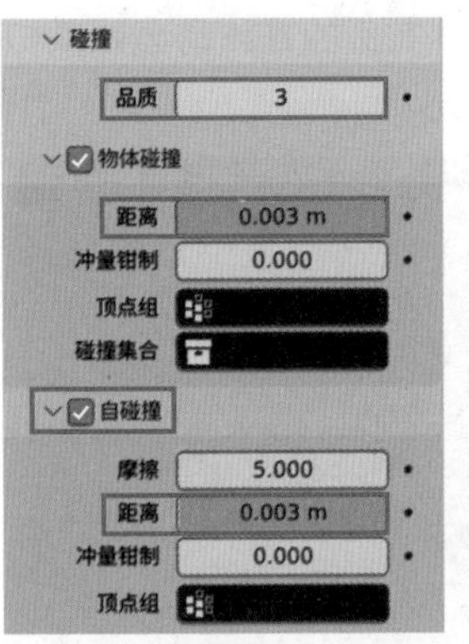


图9-53

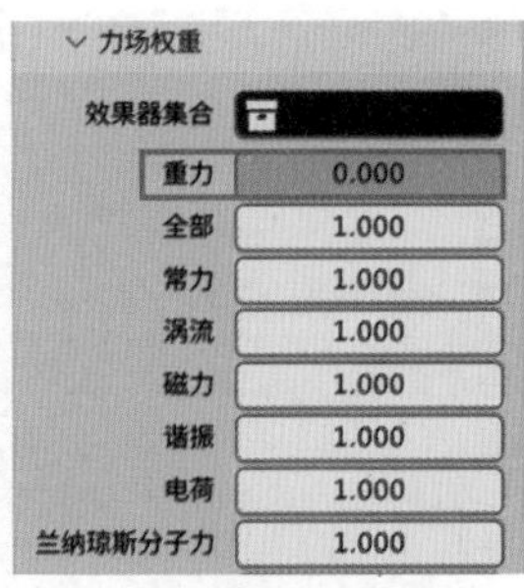


图9-54

图9-55

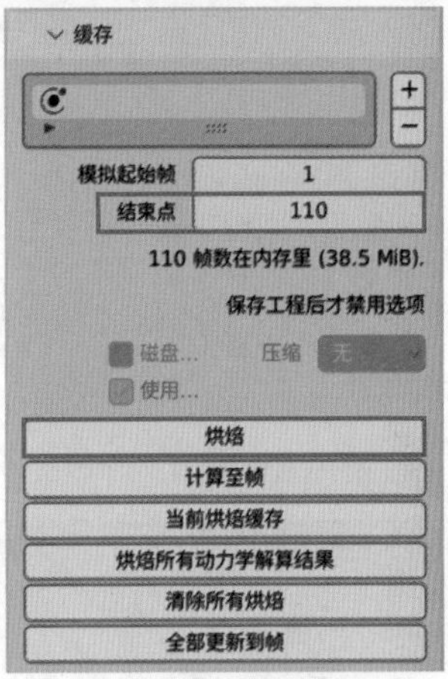

图9-56

**17** 在“添加修改器”面板中，为其添加“表面细分”修改器，并设置“视图层级”为2，如图9-57所示。

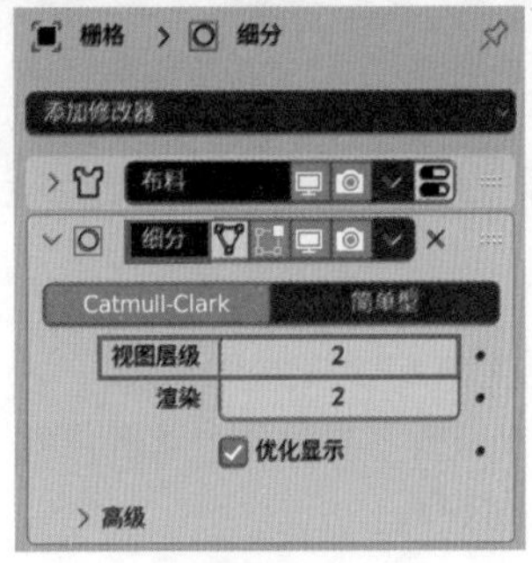


图9-57

18 再次播放场景动画，本实例的最终动画效果如图9-58所示。

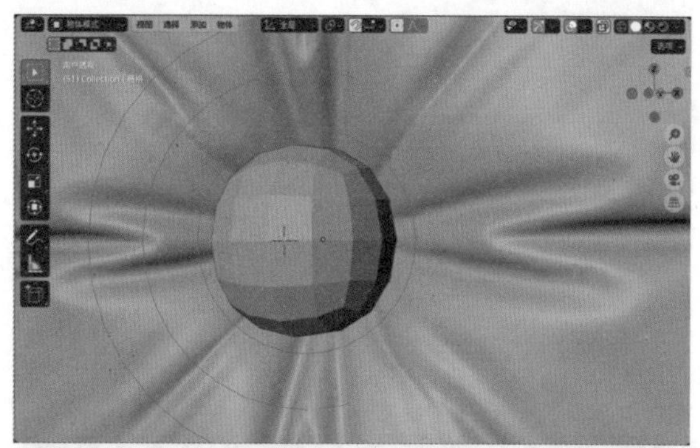

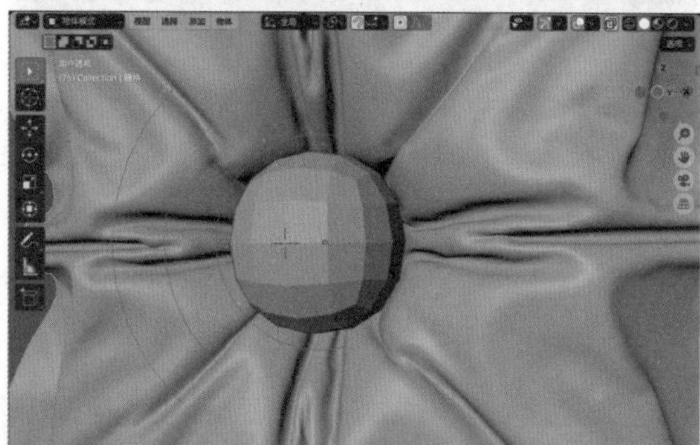

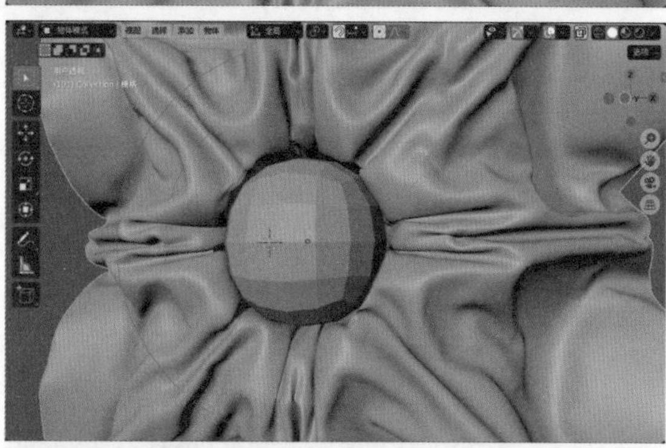

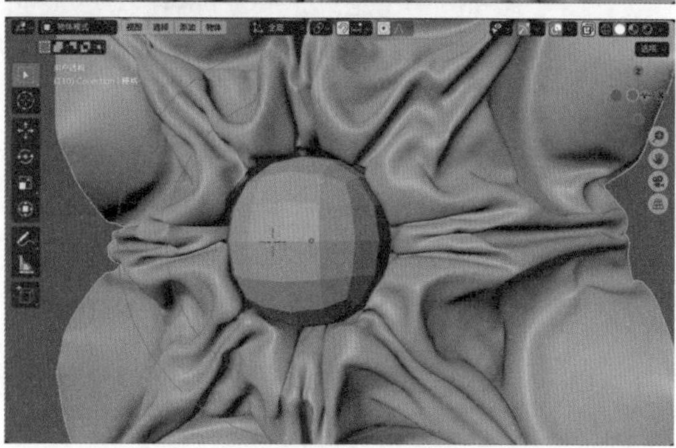

图9-58

## 技巧与提示

在本节视频教学中，还为读者讲解了灯光和材质方面的设置技巧。

## 9.2.5 实例：制作真空包装动画

本实例使用动力学动画技术制作真空包装水果的动画效果。图9-59所示为本实例的最终完成效果。

图9-59

01 启动中文版Blender 4.0软件，打开配套场景文件“水果2.blend”，里面有3个水果模型，并且已经设置好了灯光及摄像机，如图9-60所示。

02 执行菜单栏中的“添加”|“网格”|“立方体”命令，如图9-61所示，在场景中创建一个立方体。

03 在“添加立方体”卷展栏中，设置“尺寸”为0.2m，如图9-62所示。

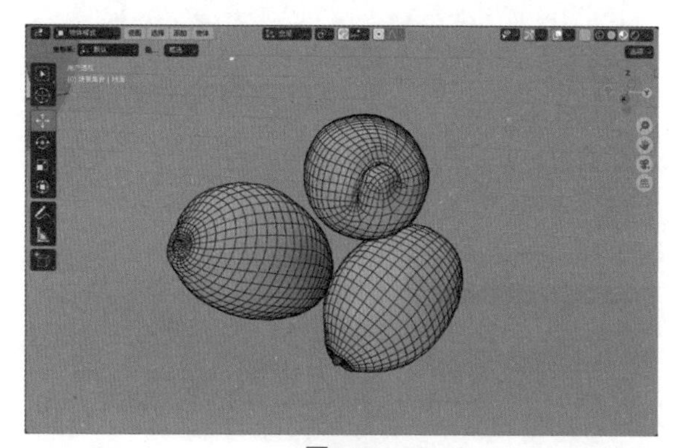

图9-60

添加
物体
全局
网格
曲线
表(曲)面
融球
文本
体积
平面
立方体
圆环
经纬球
棱角球
柱体

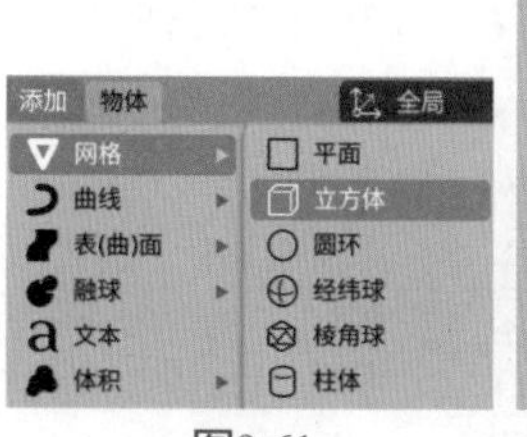

图9-61

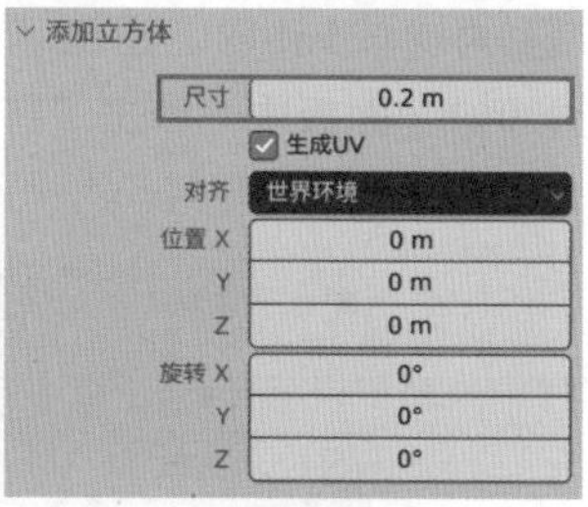

添加立方体
尺寸
0.2 m
生成UV
对齐
世界环境
位置 X
0 m
Y
0 m
Z
0 m
旋转 X
0°
Y
0°
Z
0°

图9-62

**04** 设置完成后，调整立方体模型的位置至图9-63所示。

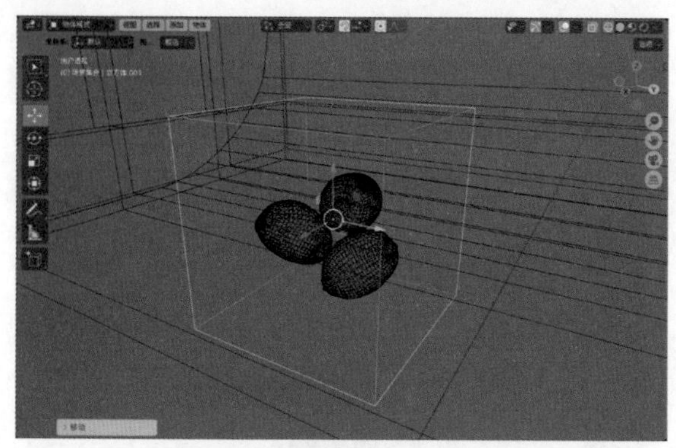

图9-63

**05** 按Tab键，在“编辑模式”中，使用“环切”工具为立方体模型添加边线。在“环切并滑移”卷展栏中，设置“切割次数”为25，如图9-64所示。

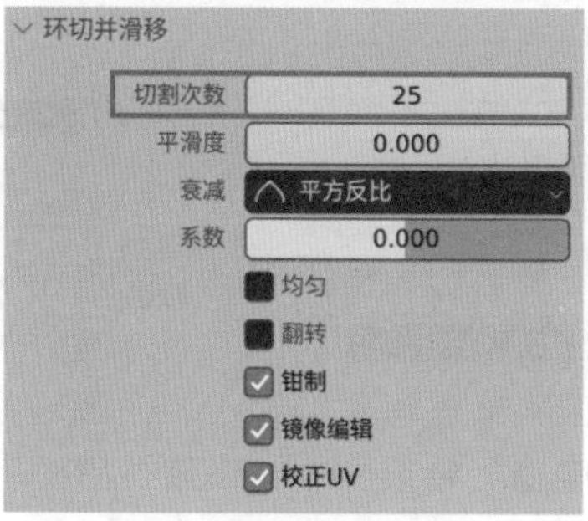

环切并滑移
切割次数
25
平滑度
0.000
衰减
平方反比
系数
0.000
均匀
翻转
钳制
镜像编辑
校正UV

图9-64

**06** 设置完成后，立方体模型的边线显示结果如图9-65所示。

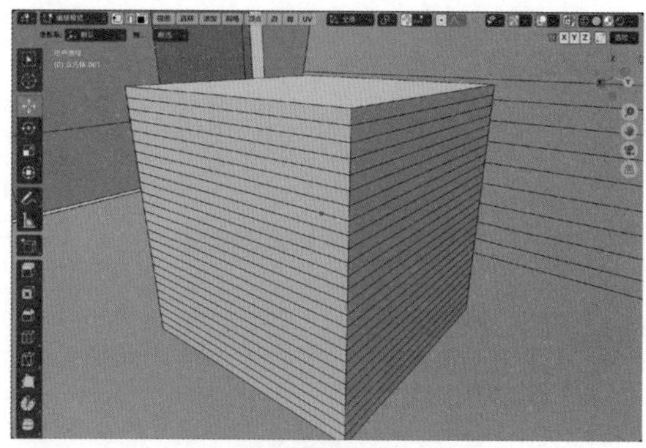

图9-65

**07** 使用同样的操作步骤再次使用“环切”工具为立方体模型添加边线，得到如图9-66所示的模型效果。

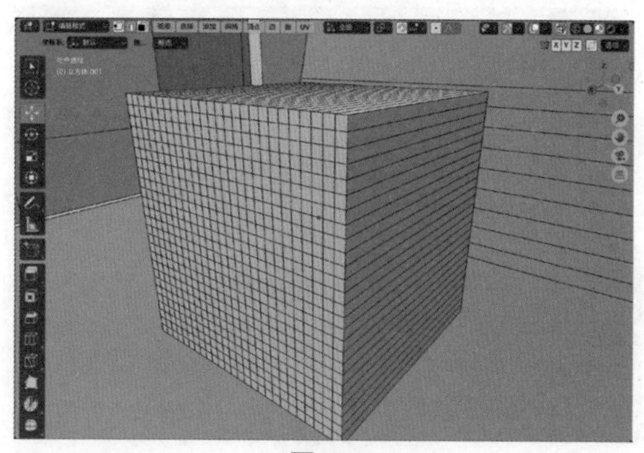

图9-66

**08** 选择如图9-67所示的面，按X键，在弹出的“删除”菜单中执行“仅面”命令，如图9-68所示，得到如图9-69所示的模型显示结果。

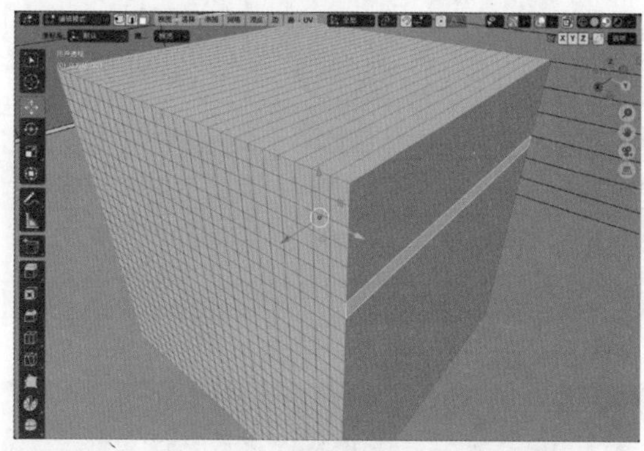

图9-67

**09** 选择立方体模型上的所有面，使用“缩放”工具调整其大小至图9-70所示。

**10** 选择如图9-71所示的边线，在“顶点组”卷展栏中，单击+号形状的“添加顶点组”按钮，如图9-72所示。

**11** 在“顶点组”卷展栏中，单击“指定”按钮，将所选择的边线指定到名称为“群组”的顶点组，如图9-73所示。

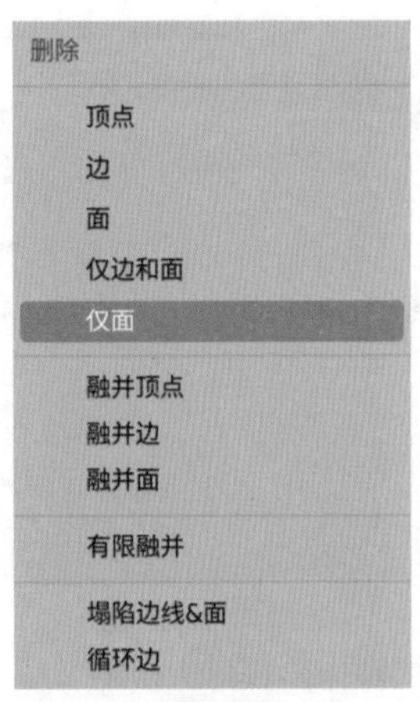


图9-68

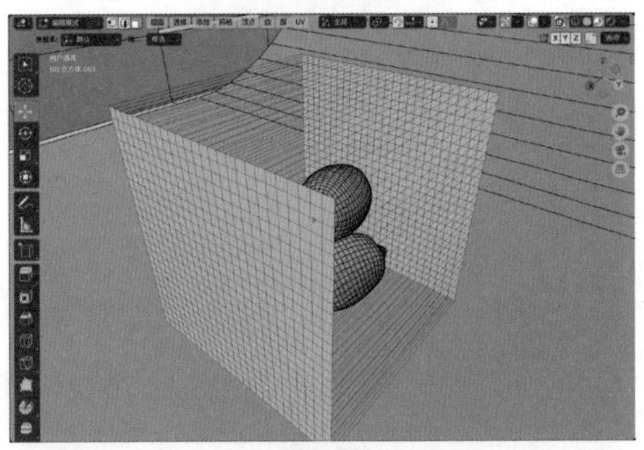

图9-69

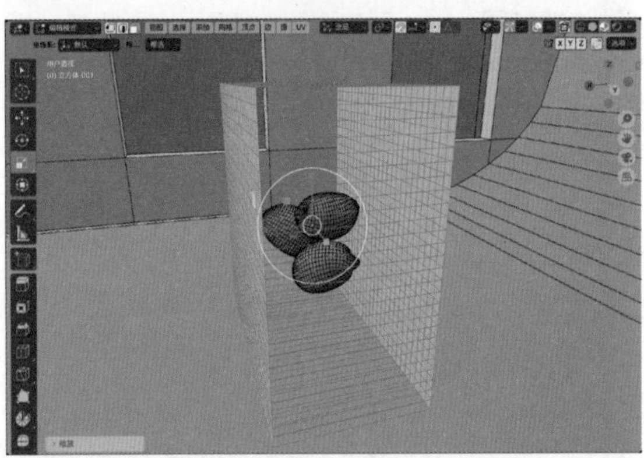

图9-70

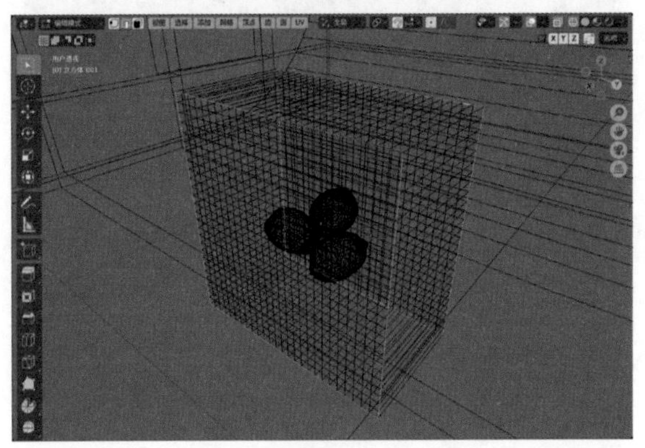

图9-71

图9-72 图9-73

**12** 再次按Tab键，退出“编辑模式”。在“立方体.001”面板中，单击“布料”按钮，如图9-74所示，将其设置为布料。

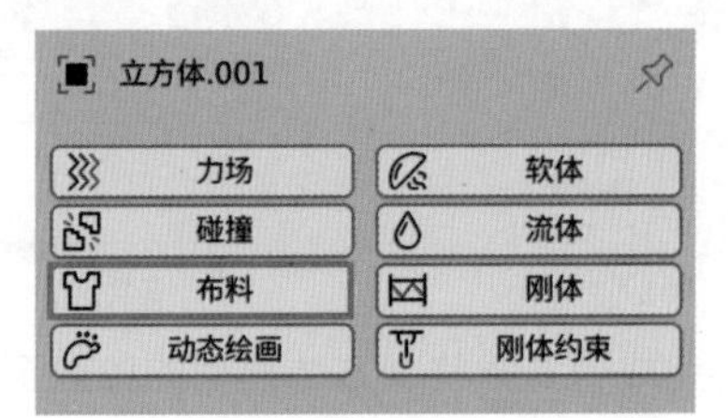


图9-74

**13** 在“布料”卷展栏中，设置“质量步数”为7，如图9-75所示。

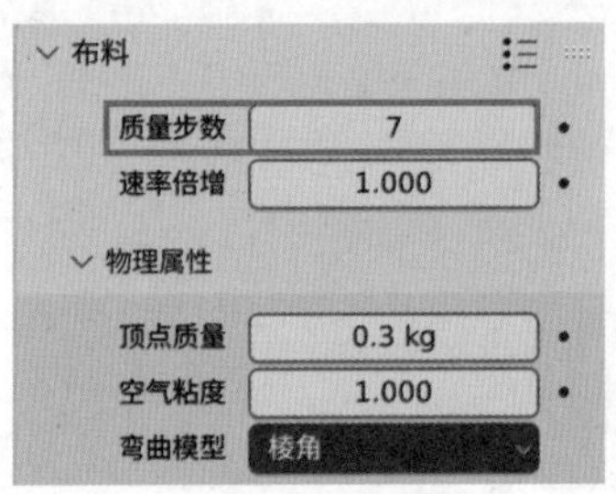


图9-75

**14** 勾选“压力”复选框，设置“压力”为12.000，如图9-76所示。

**15** 在“形状”卷展栏中，勾选“缝合”复选框，如图9-77所示。

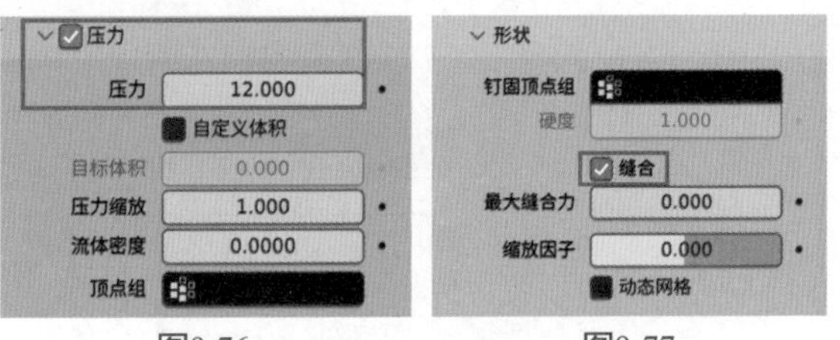


图9-76 图9-77

**16** 在“碰撞”卷展栏中，设置“品质”为3，在“物体碰撞”卷展栏中，设置“距离”为0.003m，勾选“自碰撞”复选框，设置“距离”为0.003m，如图9-78所示。

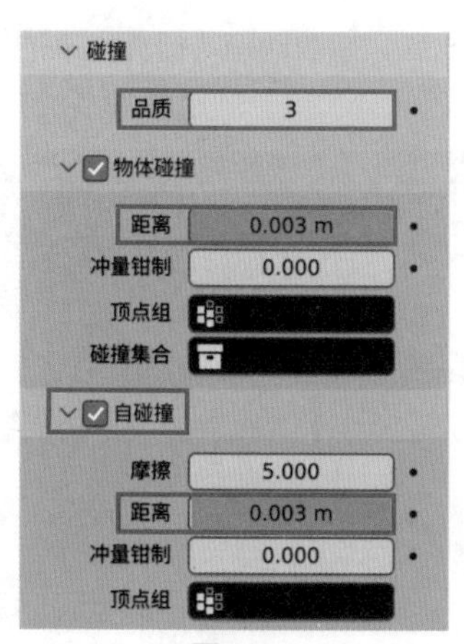


图9-78

**17** 在“力场权重”卷展栏中，设置“重力”为0.000，如图9-79所示。

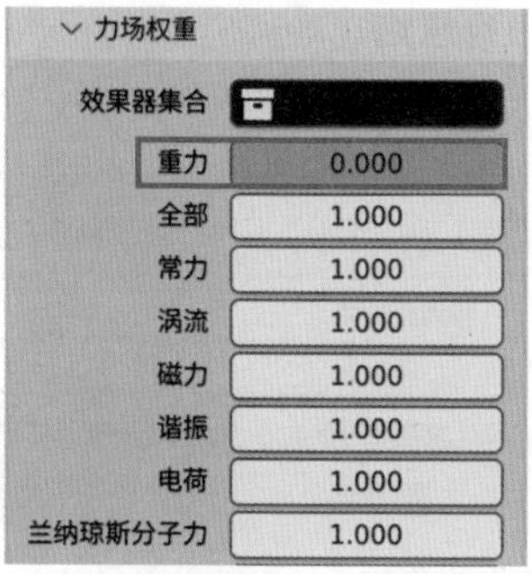

图9-79

**18** 依次选择场景中的3个水果模型，分别在“柠檬”面板中单击“碰撞”按钮，如图9-80所示，将其设置为碰撞体。

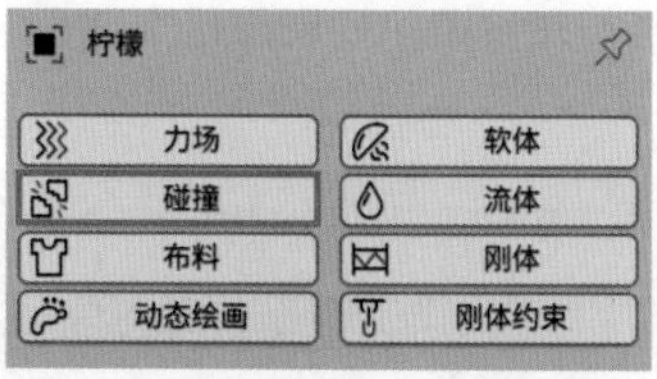

图9-80

**19** 在“碰撞”卷展栏中，设置“外部厚度”为0.001，如图9-81所示。

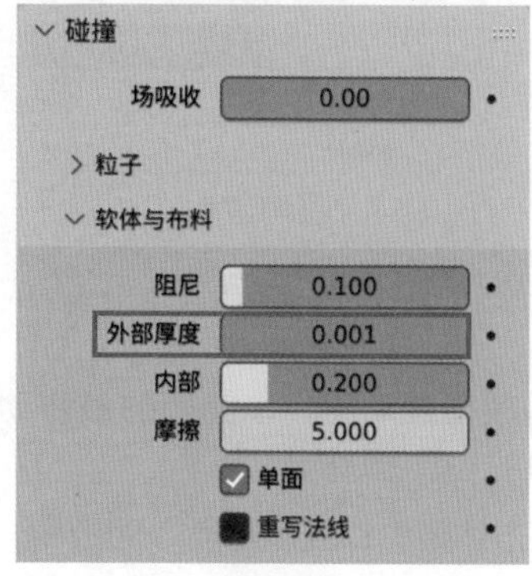


图9-81

**20** 设置完成后，播放动画，计算出来的布料结果如图9-82所示。

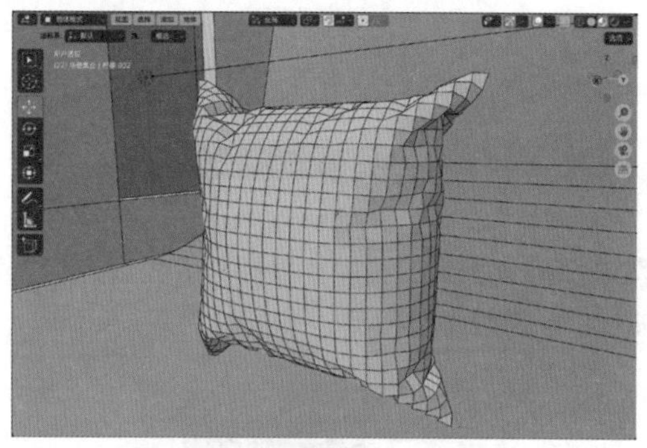

图9-82

**21** 选择立方体模型，在“修改器”面板中，单击“布料”修改器后面的下拉按钮，在弹出的下拉列表中执行“应用”命令，如图9-83所示，即可固定立方体模型当前的计算形态。

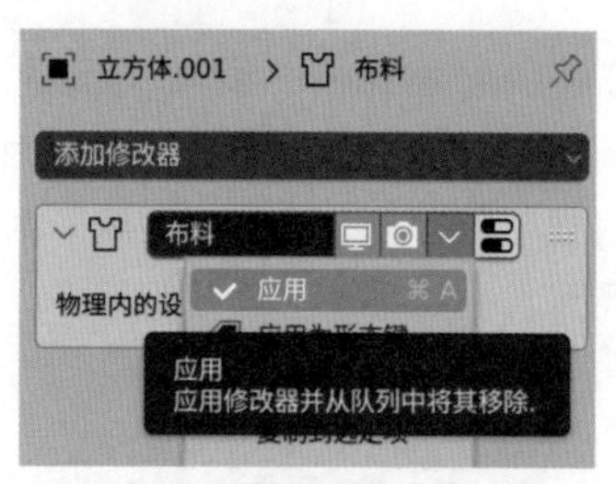


图9-83

**22** 选择立方体模型，在“立方体.001”面板中，单击“布料”按钮，如图9-84所示，将其再次设置为布料。

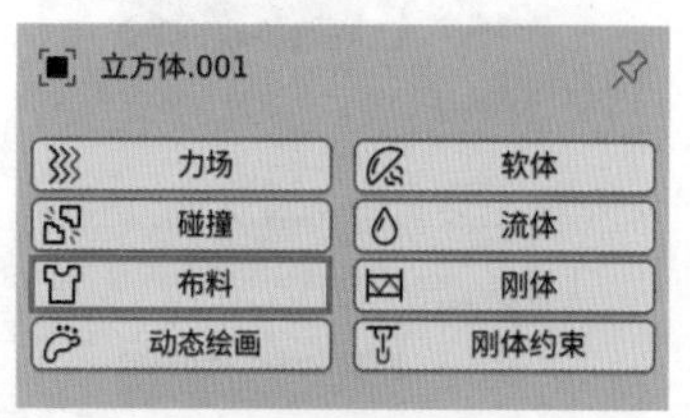


图9-84

**23** 在“布料”卷展栏中，设置“质量步数”为7，如图9-85所示。

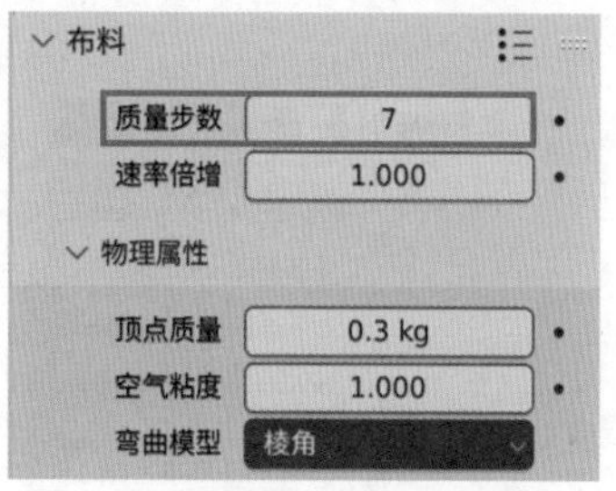


图9-85

**24** 勾选“压力”复选框，设置“压力”为-300.000，如图9-86所示。

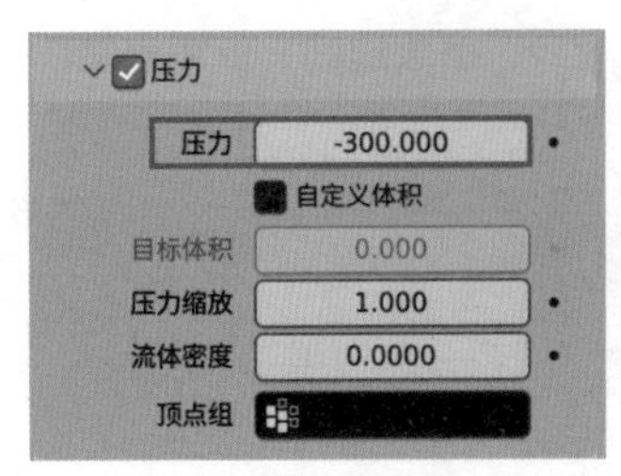


图9-86

25 在“形状”卷展栏中，设置“钉固顶点组”为“群组”，如图9-87所示。

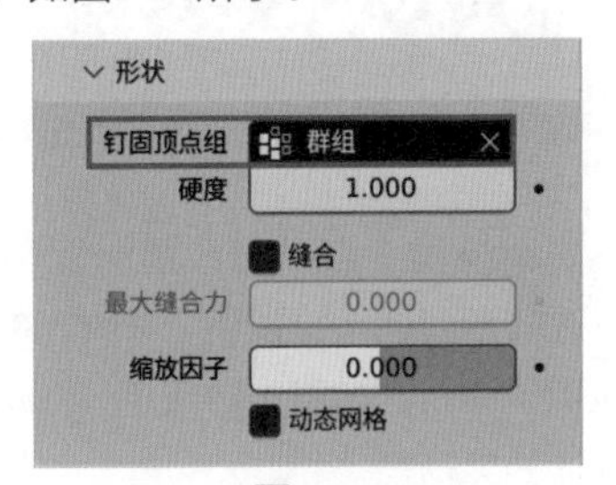


图9-87

26 在“碰撞”卷展栏中，设置“品质”为3，在“物体碰撞”卷展栏中，设置“距离”为0.003m，勾选“自碰撞”复选框，设置“距离”为0.003m，如图9-88所示。

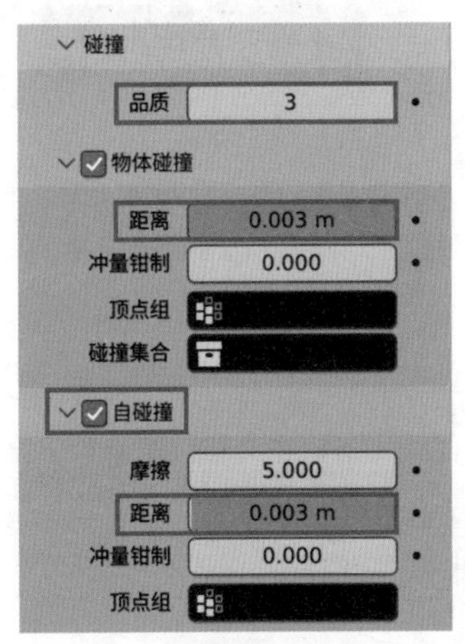


图9-88

27 在“力场权重”卷展栏中，设置“重力”为0.000，如图9-89所示。

力场权重

| 参数 | 值 |
|---|---|
| 效果器集合 | |
| 重力 | 0.000 |
| 全部 | 1.000 |
| 常力 | 1.000 |
| 涡流 | 1.000 |
| 磁力 | 1.000 |
| 谐振 | 1.000 |
| 电荷 | 1.000 |
| 兰纳琼斯分子力 | 1.000 |

图9-89

28 设置完成后，播放动画，计算出来的布料结果如图9-90所示。

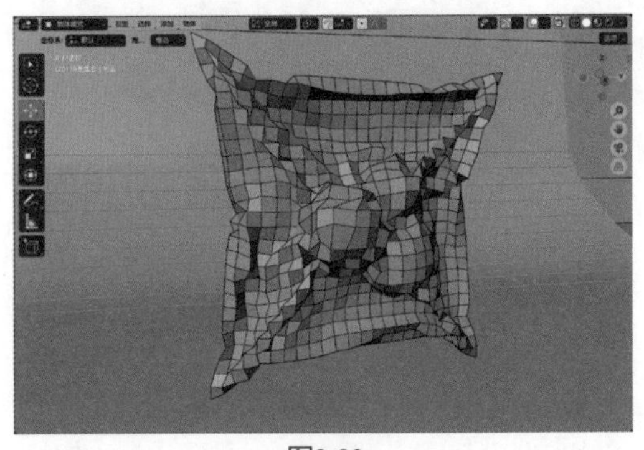

图9-90

29 选择栅格，在“缓存”卷展栏中，设置“结束点”为30，单击“烘焙”按钮，如图9-91所示，即可将布料动画进行烘焙。

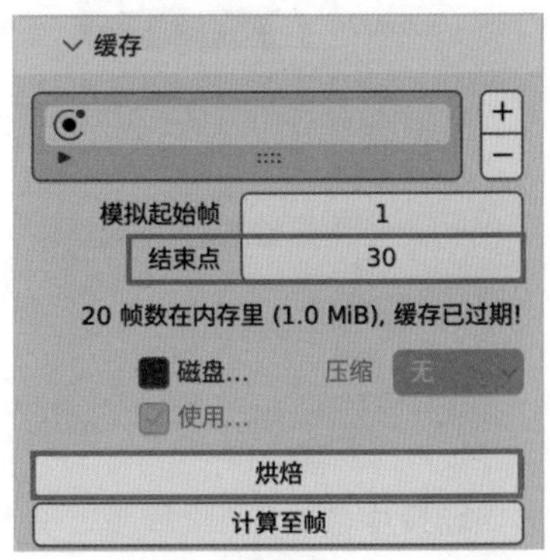


图9-91

30 在“添加修改器”面板中，为其添加“表面细分”修改器，并设置“视图层级”为2，如图9-92所示。

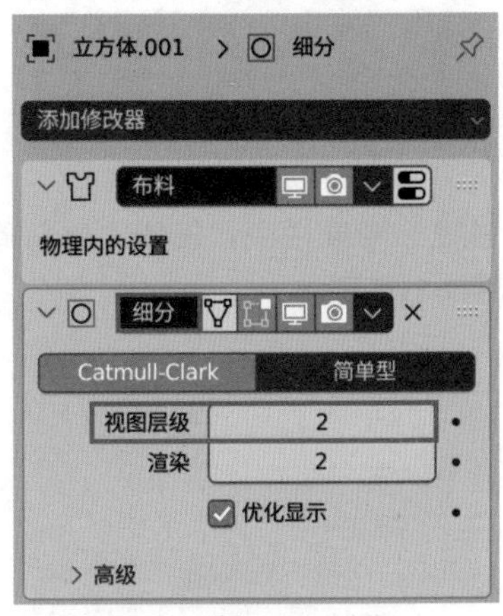


图9-92

31 再次播放场景动画，本实例的最终动画效果如图9-93所示。

32 选择立方体模型，在“材质”面板中，单击“新建”按钮，如图9-94所示。

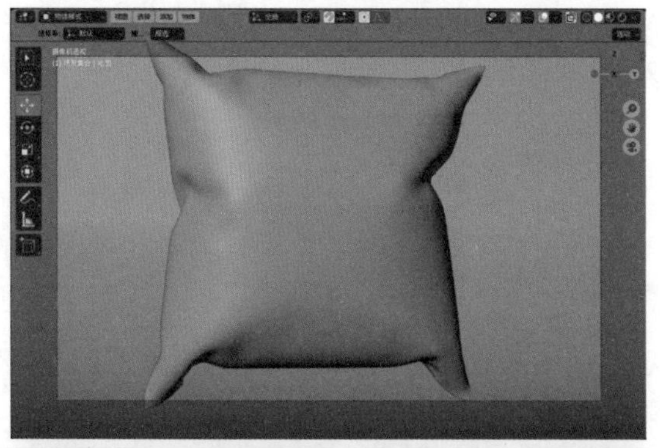

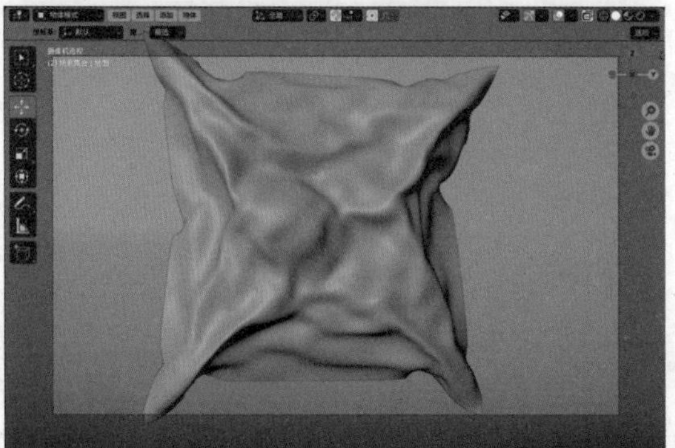

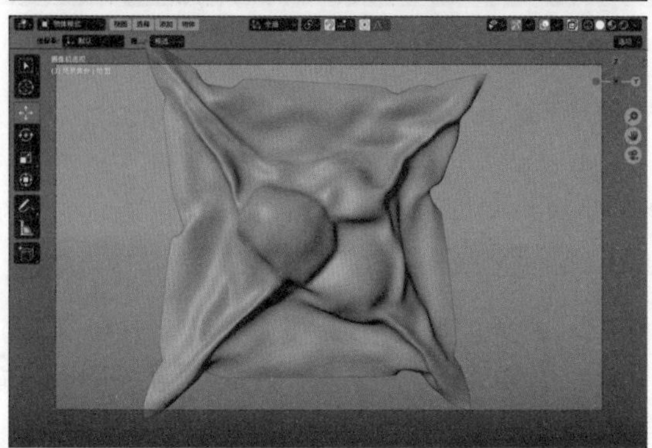

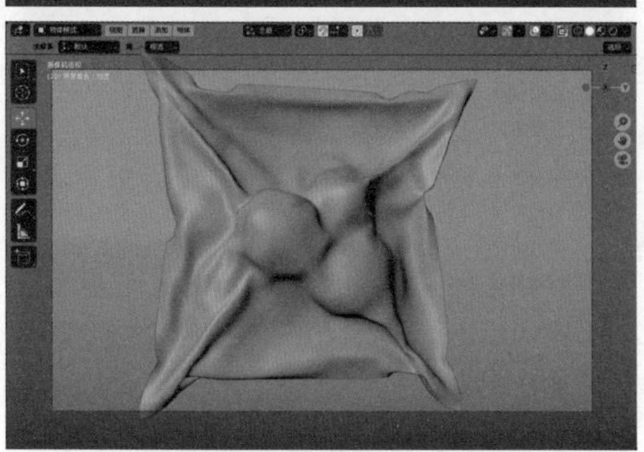

图9-93

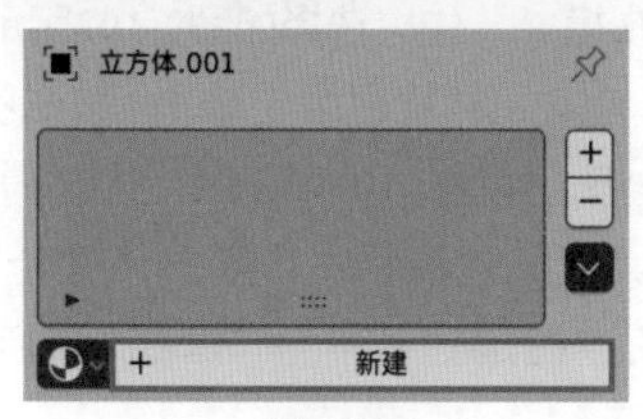


图9-94

33 在“表（曲）面”卷展栏中，设置“高光”为1.000、“糙度”为0.100、“IOR折射率”为1.100、“透射”为1.000，如图9-95所示。

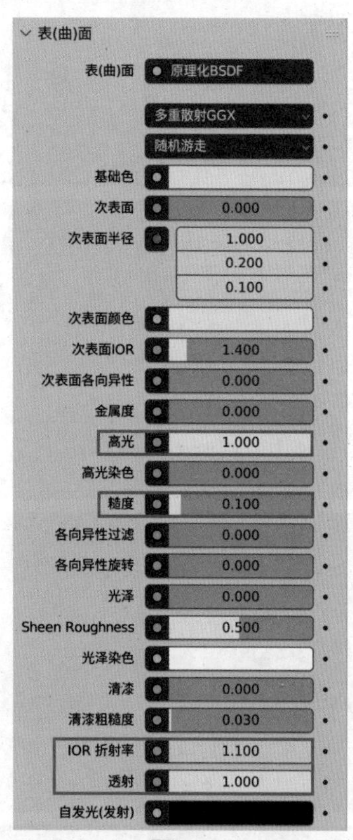


图9-95

34 设置完成后，渲染场景，真空包装袋的渲染结果如图9-96所示。

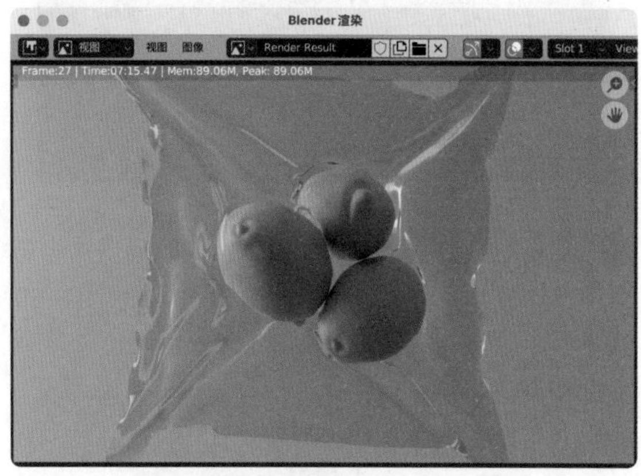


图9-96

## 9.2.6 实例：制作绳子拉扯动画

本实例使用动力学动画技术制作绳子拉扯的动画效果。图9-97所示为本实例的最终完成效果。

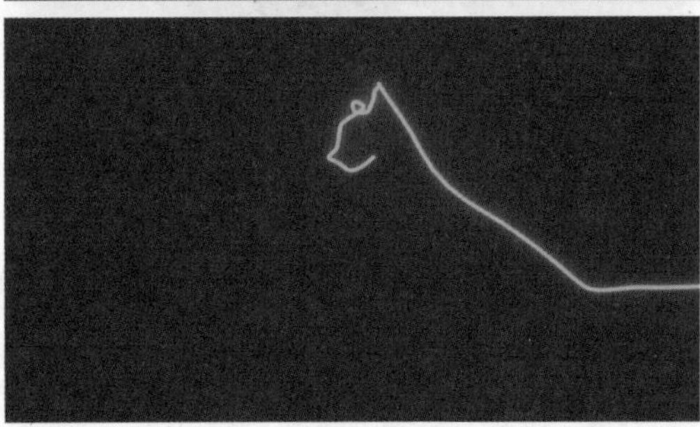

图9-97

**01** 启动中文版Blender 4.0软件，删除场景中自带的立方体模型后，执行菜单栏中的“添加”｜“曲线”｜“贝塞尔曲线”命令，如图9-98所示，在场景中创建一条贝塞尔曲线。

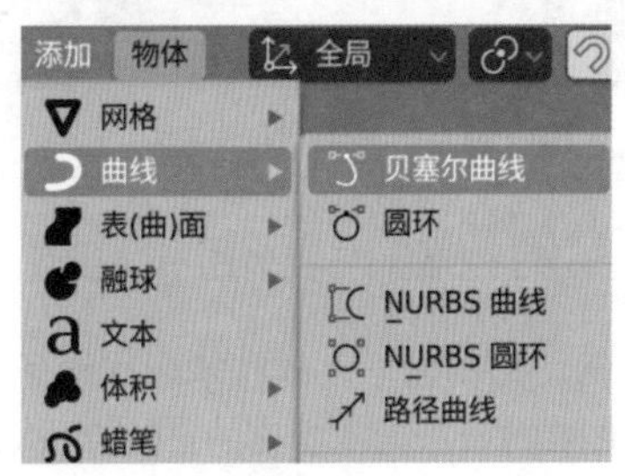


图9-98

**02** 在“编辑模式”中，选择曲线上的所有顶点，按X键，在弹出的“删除”菜单中执行“顶点”命令，如图9-99所示。

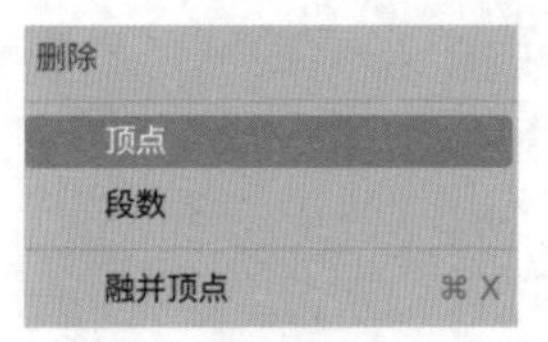


图9-99

**03** 在“正交前视图”中，使用“自由线”工具随意绘制一条曲线，如图9-100所示。

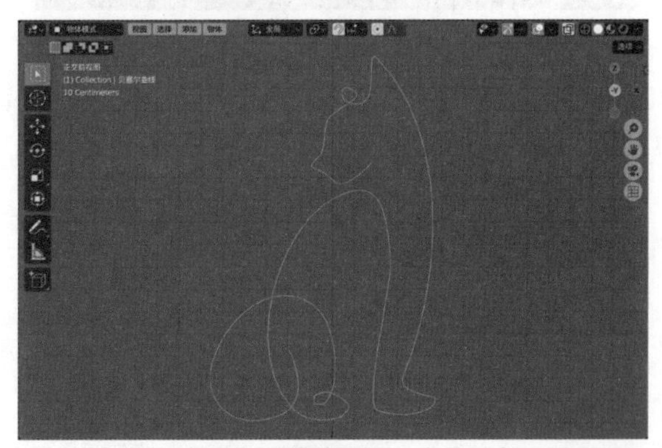

图9-100

## 技巧与提示

在本实例中，使用鼠标绘制了一个小动物的形状，读者也可以尝试使用手绘板绘制出更加复杂的曲线图形或曲线文字效果。

**04** 在“物体”模式中选择曲线，右击并在弹出的“物体上下文菜单”中执行“转换到”｜“网格”命令，如图9-101所示，将曲线转换为网格。

图9-101

**05** 在“编辑模式”中，选择如图9-102所示的顶点。

**06** 在“顶点组”卷展栏中，单击+号形状的“添加顶点组”按钮，如图9-103所示。

**07** 在“顶点组”卷展栏中，单击“指定”按钮，将所选择的顶点指定到名称为“群组”的顶点组，如图9-104所示。

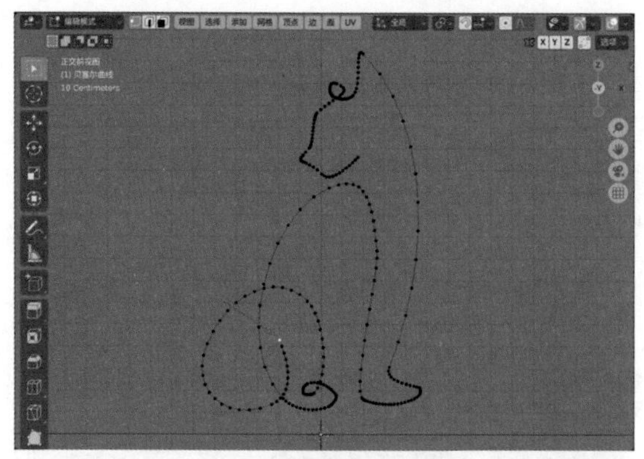

图9-102

图9-103　　图9-104

08 按Ctrl+H组合键，在弹出的“钩挂”菜单中执行“钩挂到一个新物体”命令，如图9-105所示。

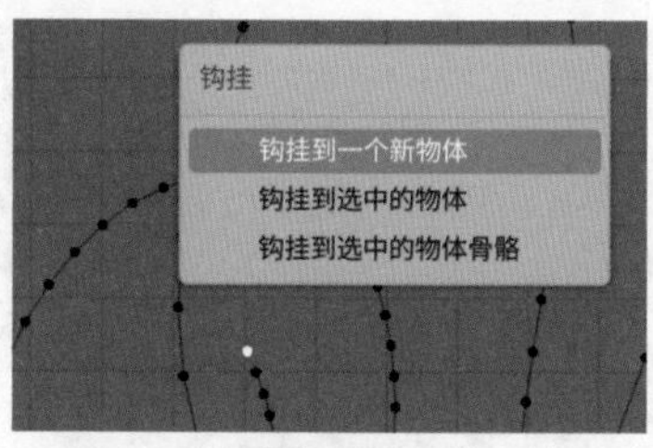


图9-105

09 设置完成后，可以看到之前选择的顶点位置处会生成一个纯轴，如图9-106所示。

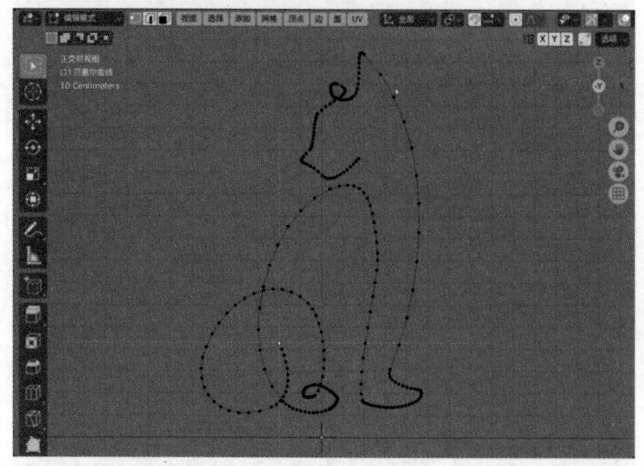

图9-106

10 在“物体”模式中，观察“添加修改器”面板，可以看到系统自动为曲线添加了“钩挂”修改器，如图9-107所示。

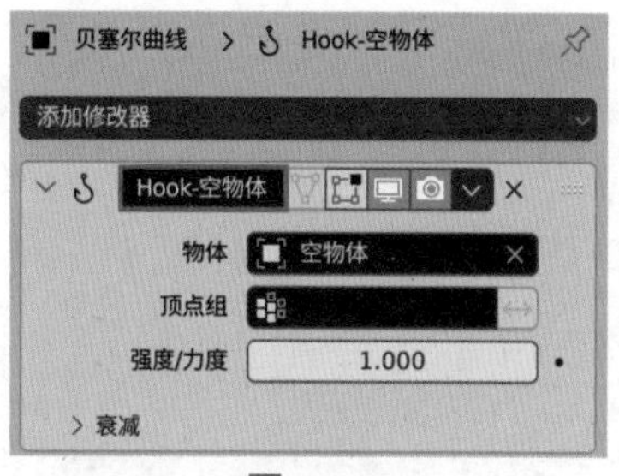


图9-107

## 技巧与提示

执行“钩挂到一个新物体”命令所添加的“钩挂”修改器名称会显示为“Hook-空物体”。

11 选择曲线，在“贝塞尔曲线”面板中，单击“布料”按钮，如图9-108所示，将曲线设置为布料。

12 在“形状”卷展栏中，设置“钉固顶点组”为“群组”，如图9-109所示。

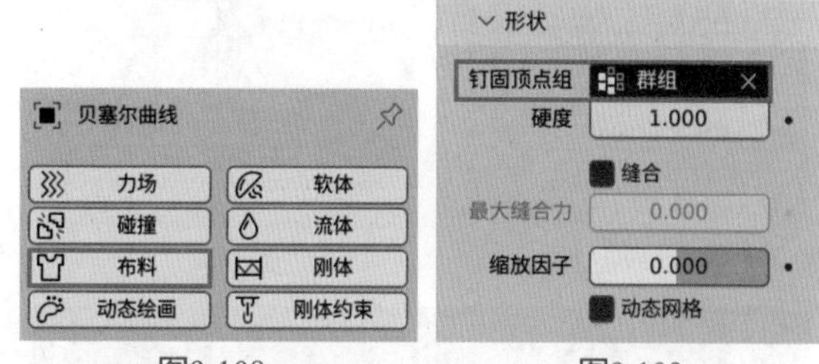


图9-108　　图9-109

13 在“力场权重”卷展栏中，设置“重力”为0.000，如图9-110所示。

14 选择纯轴，在1帧位置处，在“变换”卷展栏中，为“位置X”和“位置Z”设置关键帧，如图9-111所示。

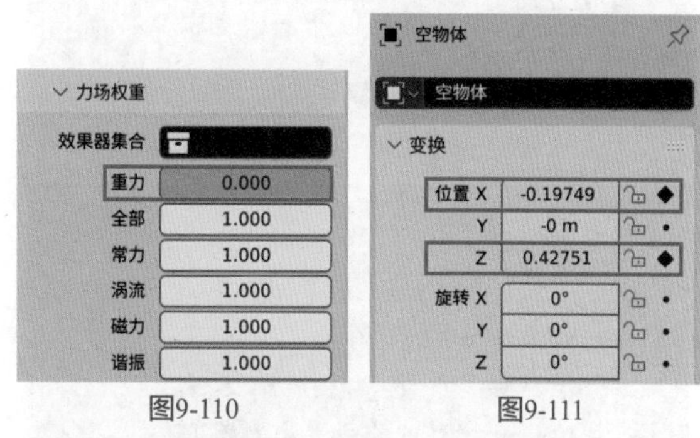


图9-110　　图9-111

15 在200帧位置处，调整纯轴的位置至图9-112所示，并在“变换”卷展栏中，为“位置X”和“位置Z”设置关键帧，如图9-113所示。

16 选择曲线，在“缓存”卷展栏中，单击“烘焙”按钮，如图9-114所示。

17 烘焙计算完成后，制作出来的绳子拉扯动画效果如图9-115和图9-116所示。

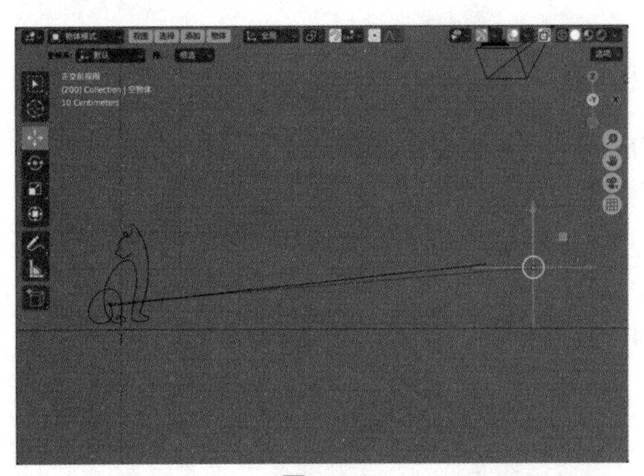
图9-112

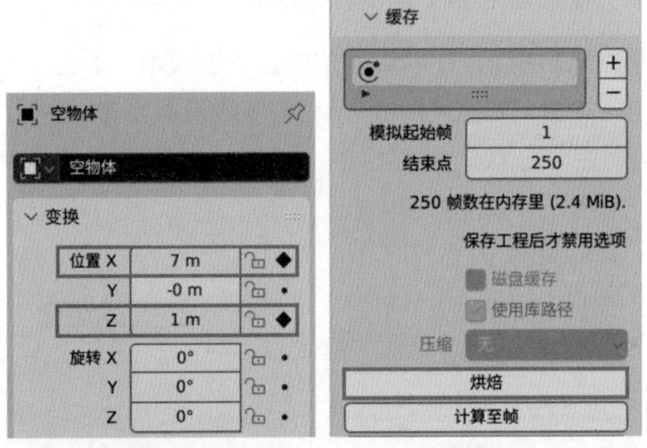

图9-113　　图9-114

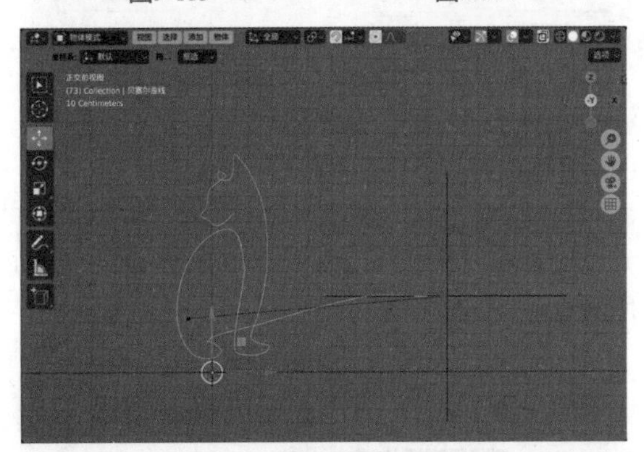
图9-115

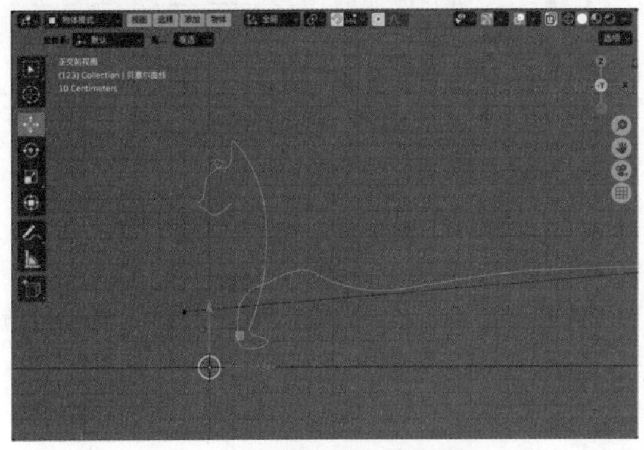
图9-116

18 选择曲线，在“添加修改器”面板中，为其添加“蒙皮”修改器，如图9-117所示。

图9-117

19 设置完成后，曲线的视图显示结果如图9-118所示。

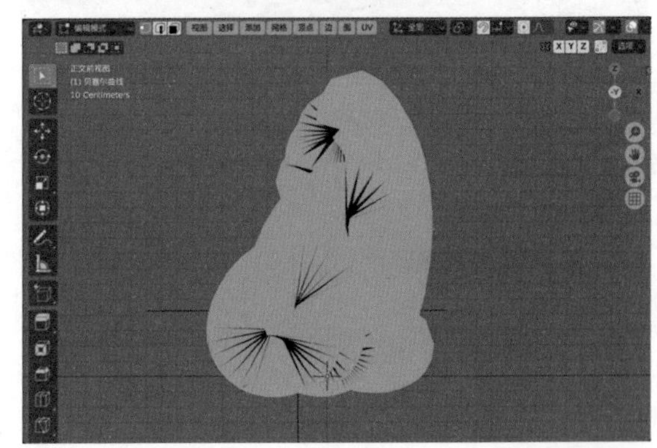
图9-118

20 在“编辑模式”下，按A键，选择曲线上的所有顶点，如图9-119所示。

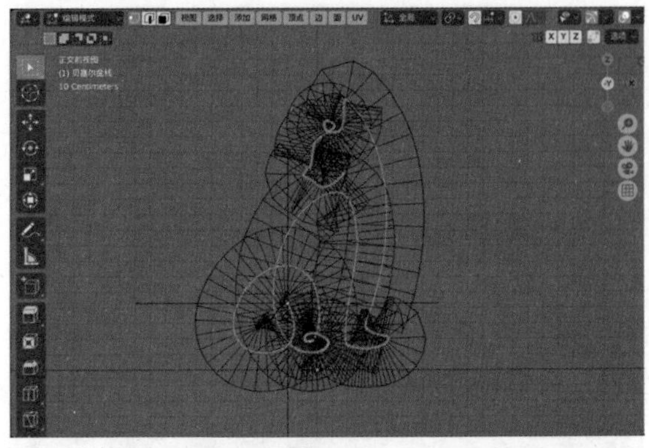
图9-119

21 按Ctrl+A组合键，调整曲线的粗细至图9-120所示。一条由曲线制作出来的绳子模型就完成了。

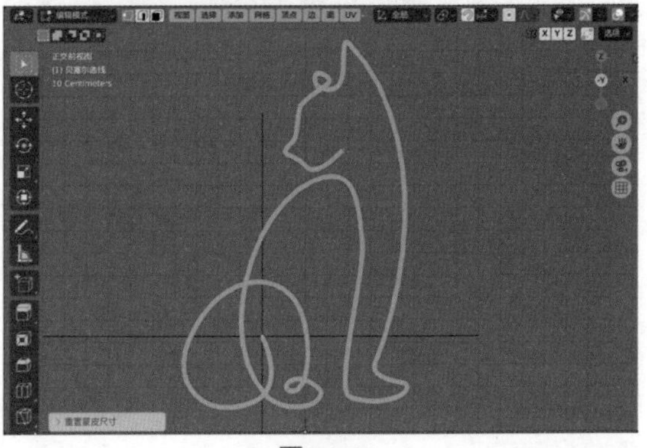
图9-120

22 在“添加修改器”面板中，为其添加“表面细分”修改器，并设置“视图层级”为2，如图9-121所示。可以得到更加平滑的绳子模型，如图9-122所示。

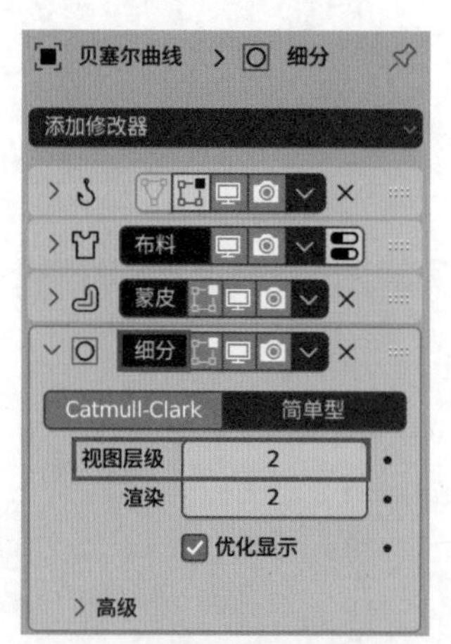


图9-121

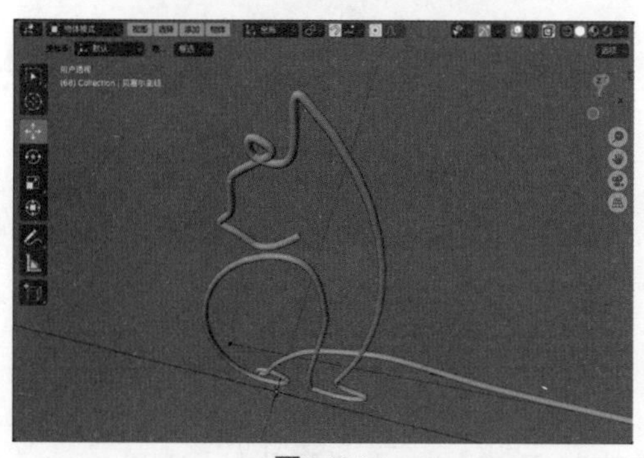

图9-122

23 选择绳子模型，在“材质”面板中，单击“新建”按钮，如图9-123所示，新建一个材质。

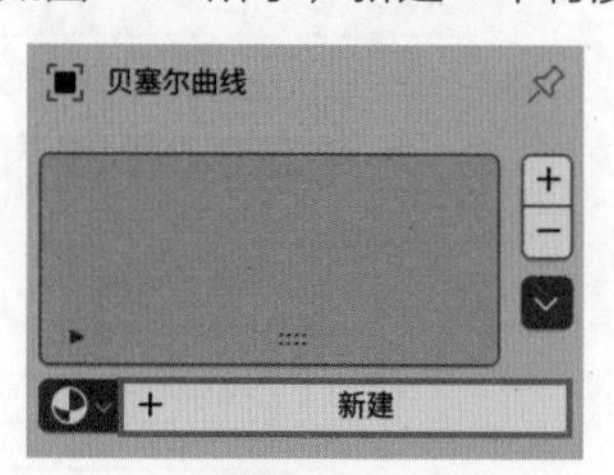


图9-123

24 在“表（曲）面”卷展栏中，设置“表（曲）面”为“自发光（发射）”、“颜色”为红色、“强度/力度”为5.000，如图9-124所示。

图9-124

25 在Scene面板中，勾选“辉光”复选框，设置“强度”为0.100，如图9-125所示。

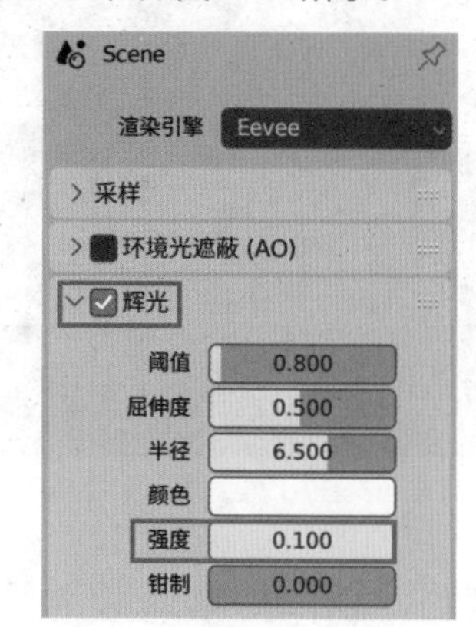


图9-125

26 播放动画，本实例的最终动画效果如图9-126所示。

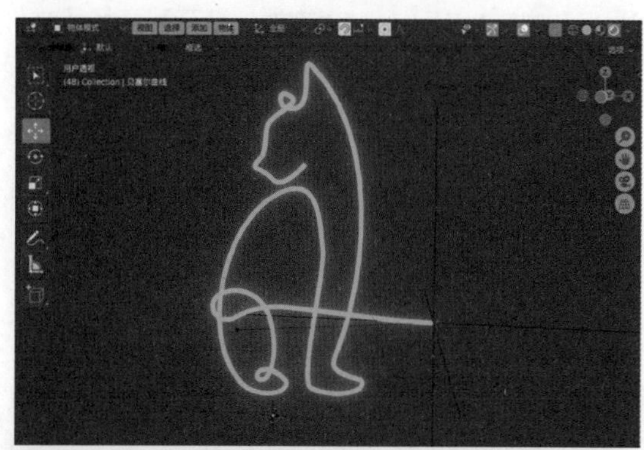

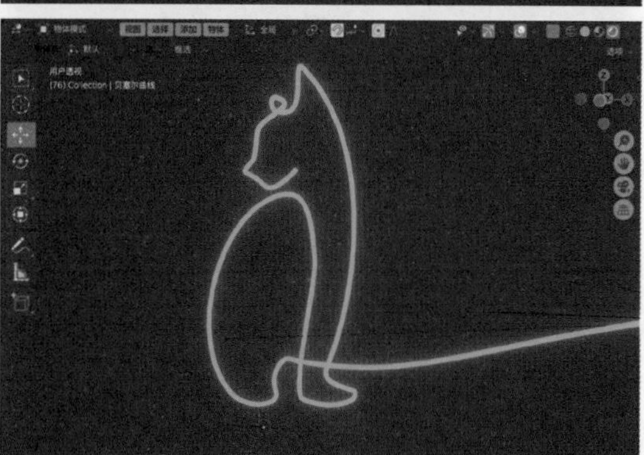

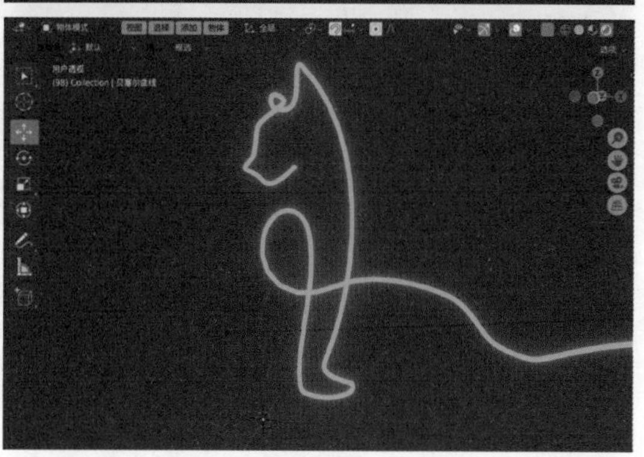

图9-126

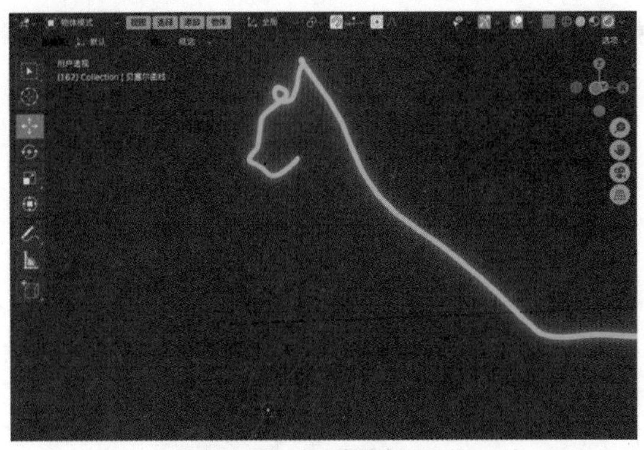

图9-126（续）

## 9.2.7 实例：制作文字消散动画

本实例使用动力学动画技术制作文字消散的动画效果。图9-127所示为本实例的最终完成效果。

01 启动中文版Blender 4.0软件，打开配套场景文件“烟雾.blend”，里面有1个文字模型，并且已经设置好了灯光及摄像机，如图9-128所示。

图9-127

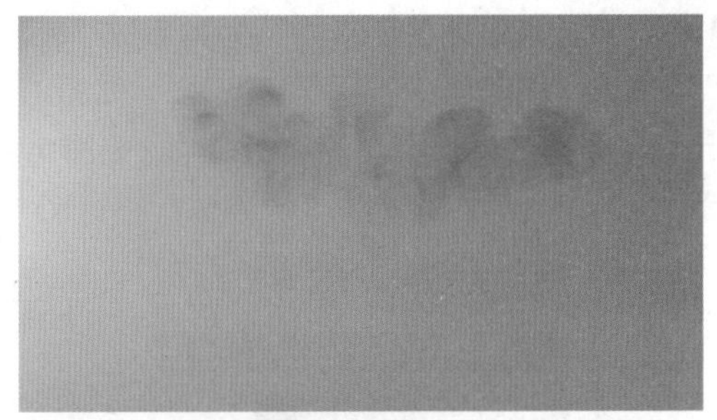

图9-127（续）

图9-128

02 执行菜单栏中的“添加”｜“网格”｜“立方体”命令，如图9-129所示，在场景中创建一个立方体。

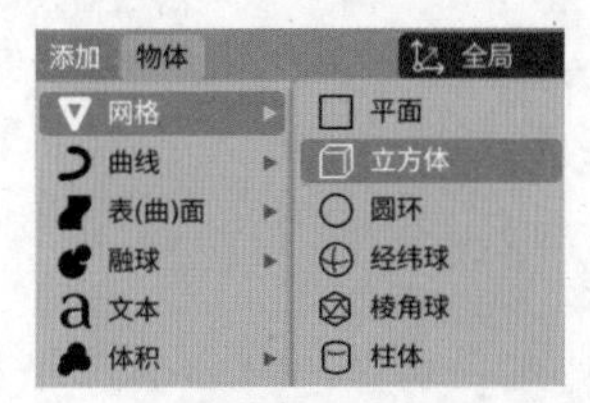


图9-129

03 在“添加立方体”卷展栏中，设置“尺寸”为0.8m，如图9-130所示。

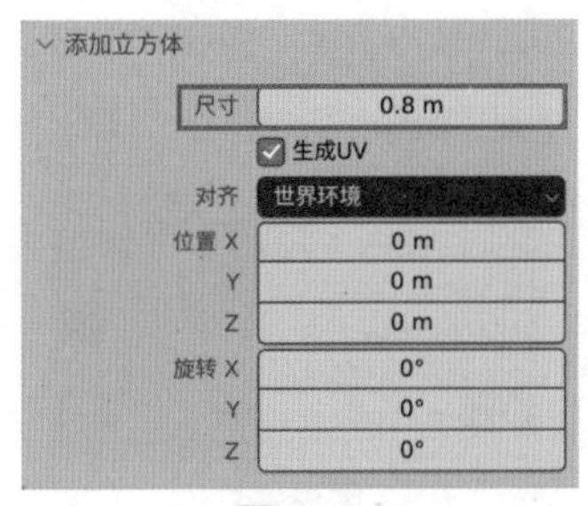


图9-130

04 设置完成后，调整立方体模型的位置至图9-131所示。

05 在“编辑模式”中，使用“缩放”工具调整立方体模型的大小至图9-132所示。

06 退出“编辑模式”，在“立方体.001”面板中，单击“流体”按钮，如图9-133所示，将其设置为流体。

07 在“流体”卷展栏中，设置“类型”为“域”、“细分精度”为64，如图9-134所示。

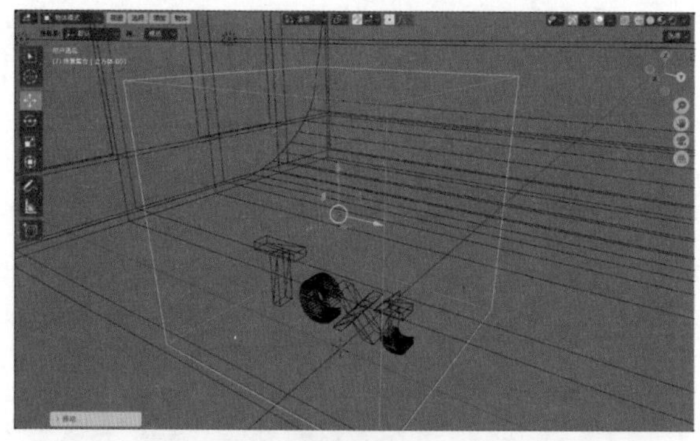

图9-131

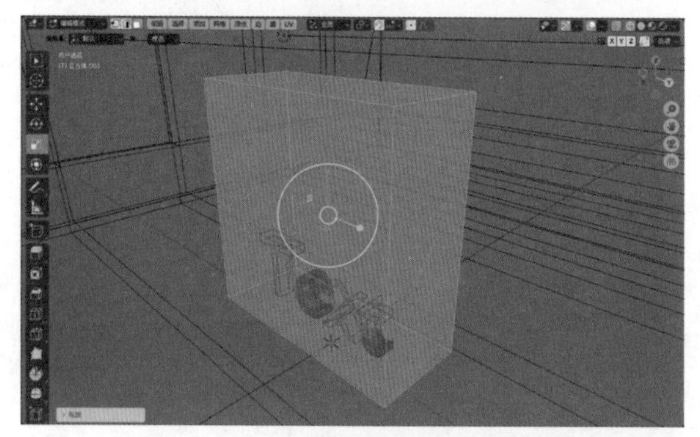

图9-132

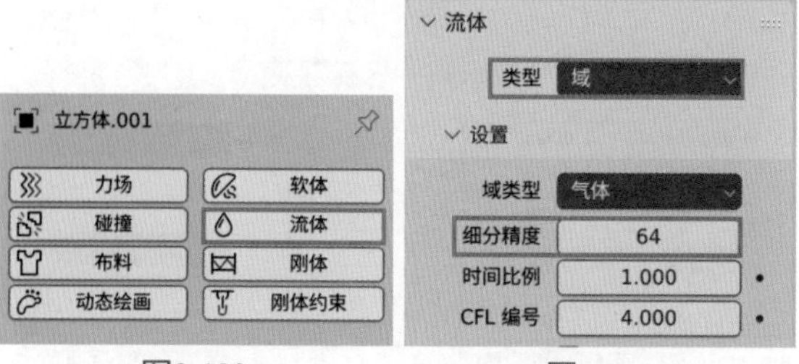


图9-133　图9-134

08 设置完成后，立方体模型的视图显示结果如图9-135所示。

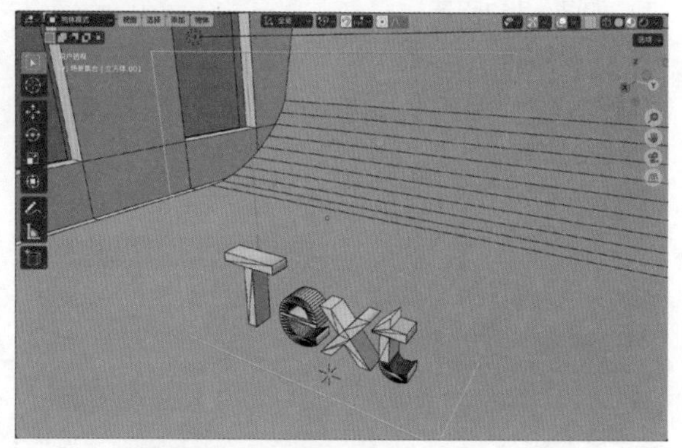

图9-135

09 选择文字模型，在“文本”面板中，单击“流体”按钮，如图9-136所示，将其设置为流体。

10 在“流体”卷展栏中，设置“类型”为“流”，如图9-137所示。

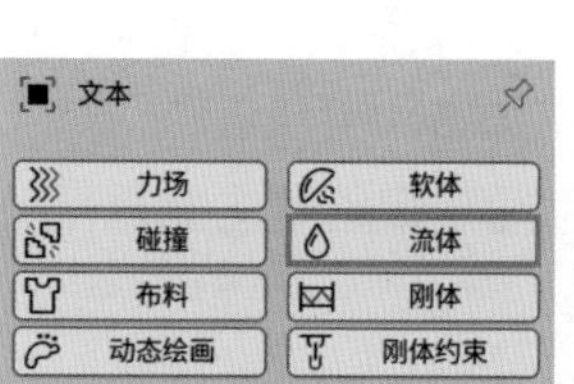


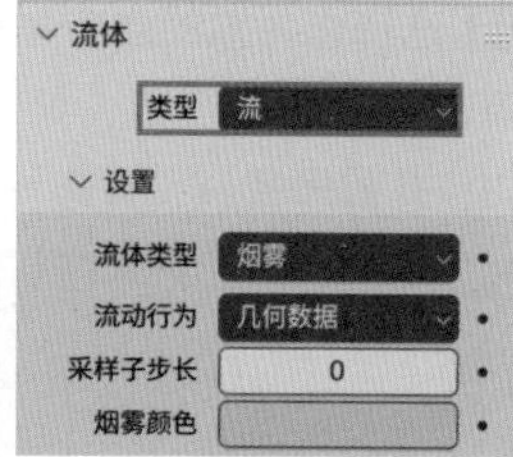


图9-136　图9-137

11 设置完成后，播放动画，即可看到文字模型上有薄薄的烟雾产生，并向上飘散，如图9-138和图9-139所示。

图9-138

图9-139

12 将视图切换至“渲染”，可以看到几乎看不出有任何烟雾产生的效果，如图9-140所示。

图9-140

13 选择作为域的立方体模型，在“材质”面板中，单击“新建”按钮，如图9-141所示，新建一个材质，并重命名为“烟雾”，如图9-142所示。

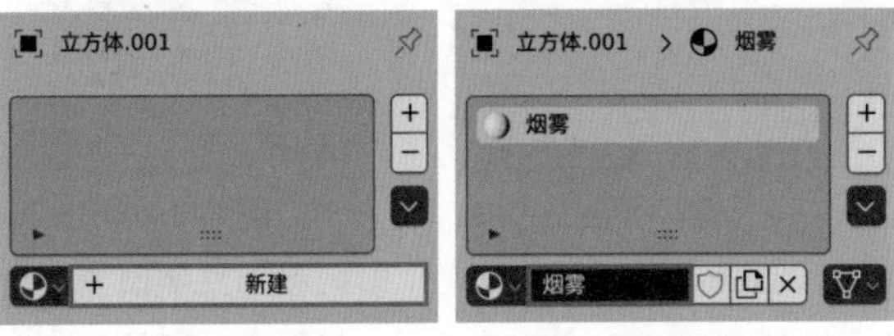


图9-141　图9-142

14 在“表（曲）面”卷展栏中，单击“表（曲）面”后面的绿色圆点按钮，如图9-143所示。

15 在弹出的菜单中执行“删除”命令，如图9-144所示。

图9-143　图9-144

16 在“体积”卷展栏中，单击“体积（音量）”后面的绿色圆点按钮，如图9-145所示。

17 在弹出的菜单中执行“原理化体积”命令，如图9-146所示。

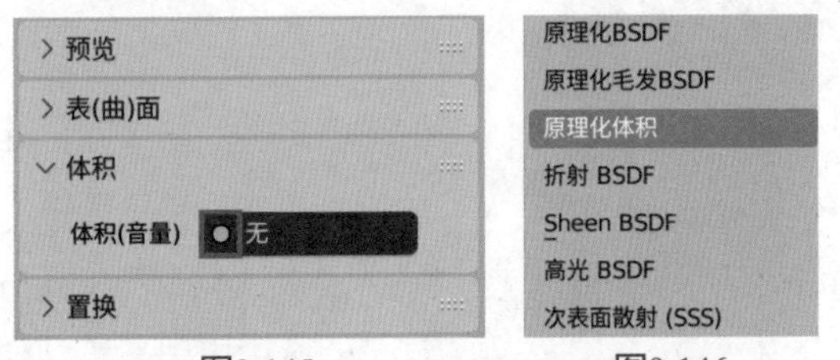


图9-145　图9-146

18 在“体积”卷展栏中，设置“颜色”为深红色、“密度”为50.000，如图9-147所示。

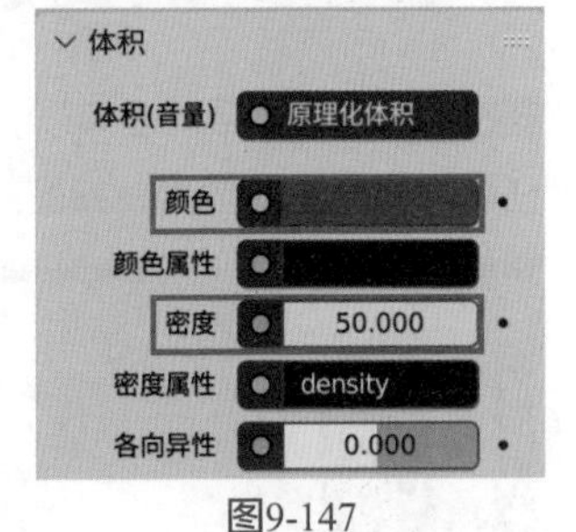


图9-147

19 设置完成后，烟雾的渲染预览结果如图9-148所示。

20 在1帧位置处，将场景中的文字模型隐藏起来，可以看到烟雾组成的文字效果如图9-149所示。

21 选择立方体模型，勾选“消融”复选框，设置“时间”为50，如图9-150所示。

22 在“流体”卷展栏中，设置“细分精度”为128，如图9-151所示。

图9-148

图9-149

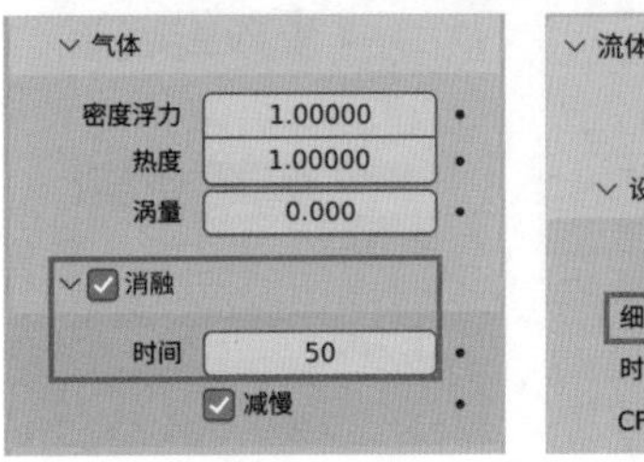


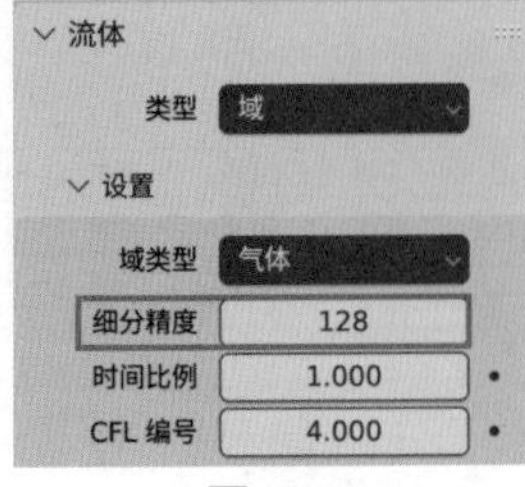


图9-150　图9-151

23 在“流体”卷展栏中，勾选“自适配域”复选框，如图9-152所示。

24 在“缓存”卷展栏中，设置“结束点”为50、“类型”为“全部”，单击“全部烘焙”按钮，如图9-153所示。

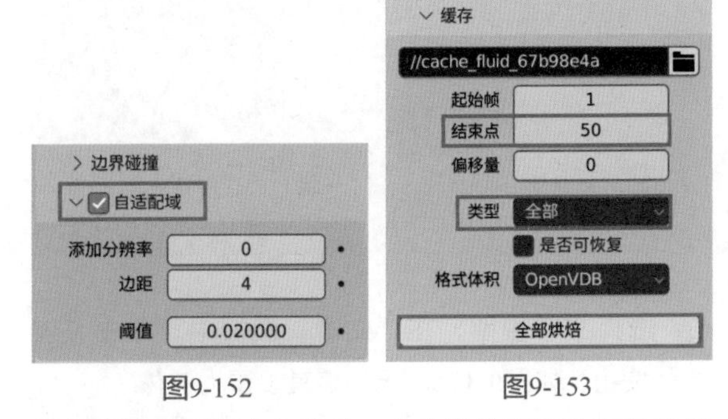


图9-152　图9-153

25 烟雾动画烘焙完成后，本实例的最终动画效果如图9-154所示。

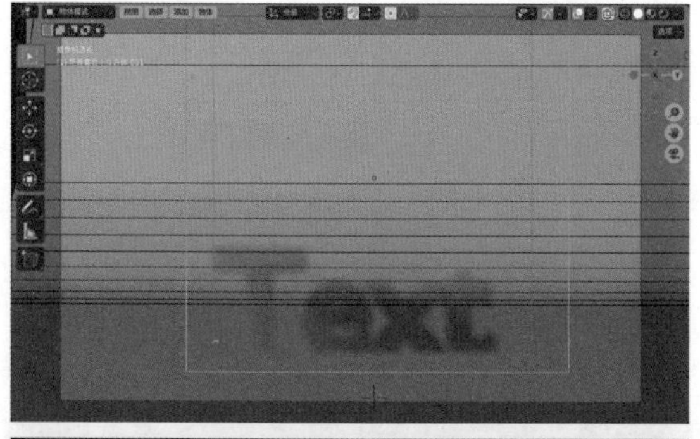

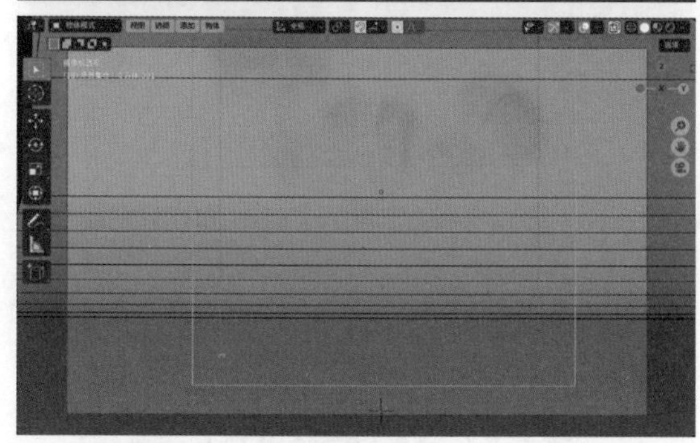

图9-154

## 9.2.8 实例：制作烟雾填充动画

本实例使用动力学动画技术制作烟雾填充的动画效果。图9-155所示为本实例的最终完成效果。

01 启动中文版Blender 4.0软件，打开配套场景文件“水晶球.blend”，里面有1个水晶球模型，并且已经设置好了灯光及摄像机，如图9-156所示。

图9-155

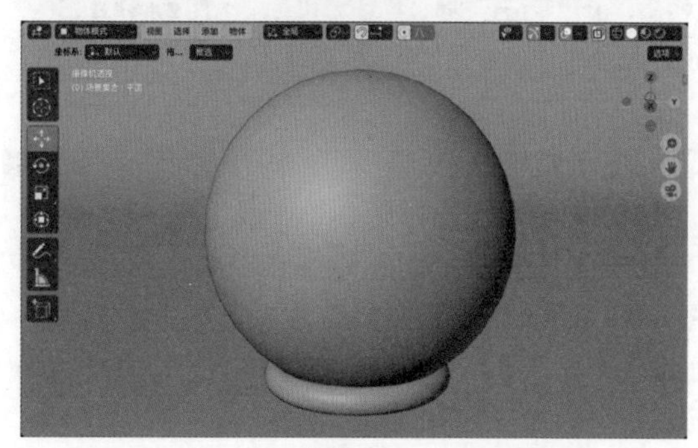

图9-156

02 选择球体模型，在“视图显示”卷展栏中，设置“显示为”为“线框”，如图9-157所示。

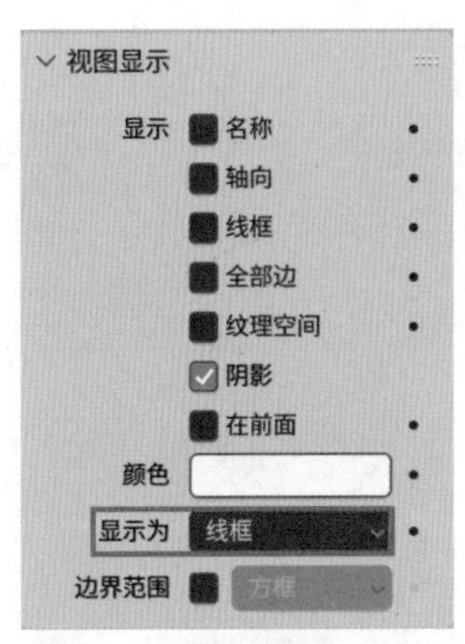


图9-157

03 设置完成后，球体模型的视图显示结果如图9-158所示。

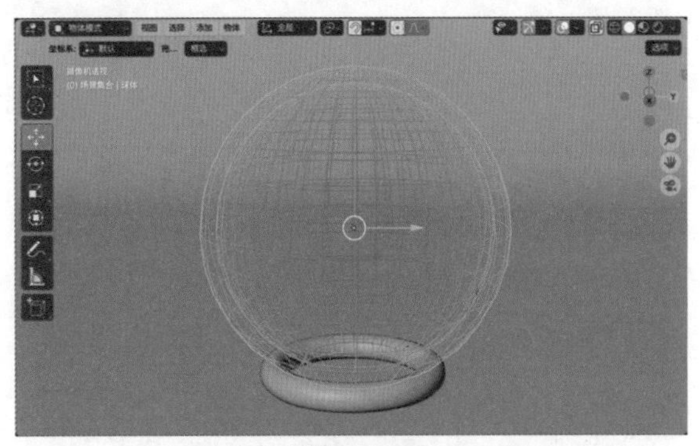

图9-158

04 在“球体”面板中，单击“流体”按钮，如图9-159所示，将其设置为流体。

05 在“流体”卷展栏中，设置“类型”为“效果器”，如图9-160所示。

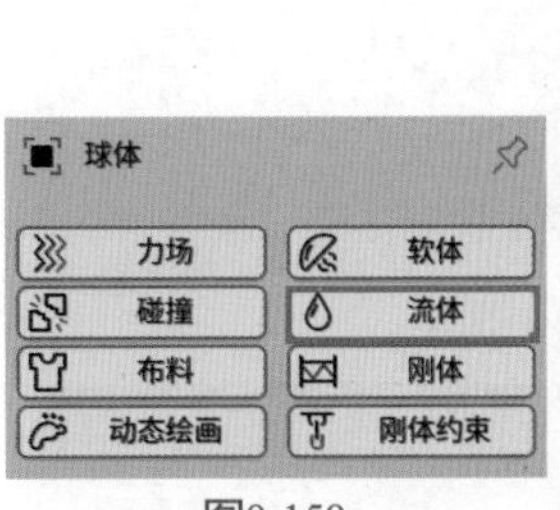


图9-159

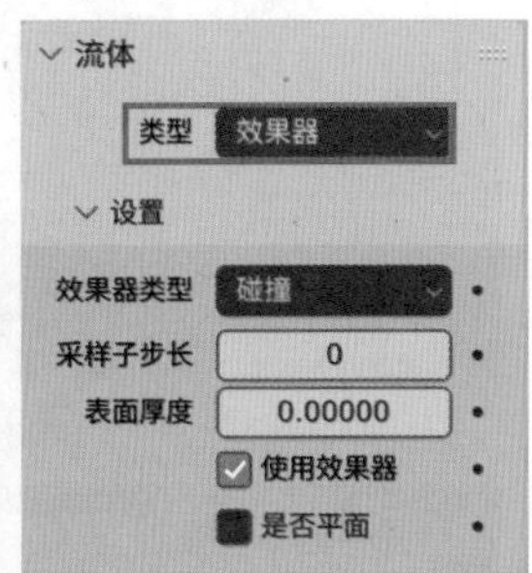


图9-160

06 执行菜单栏中的“添加”|“网格”|“立方体”命令，如图9-161所示，在场景中创建一个立方体。

图9-161

07 在“添加立方体”卷展栏中，设置“尺寸”为0.01m，如图9-162所示。

08 设置完成后，调整立方体模型的位置至图9-163所示，将其放至球体模型的下方。

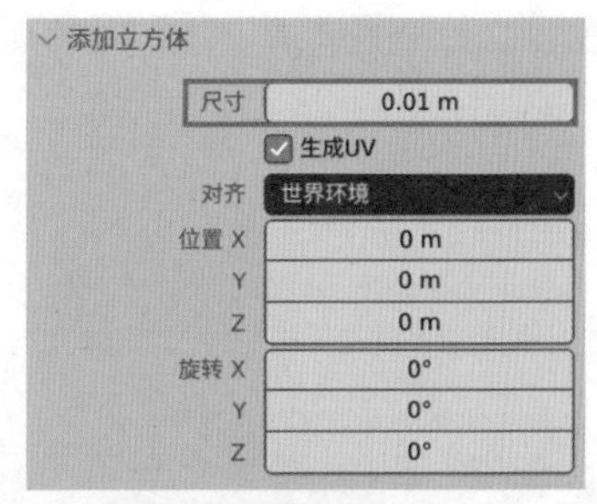


图9-162

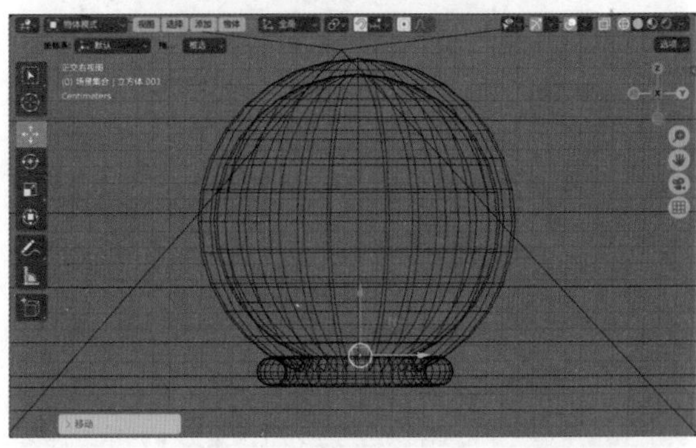

图9-163

09 选择立方体模型，执行菜单栏中的“物体”|“快速效果”|“快速烟雾”命令，如图9-164所示。可以看到场景中会自动生成一个方形的流体域，如图9-165所示。

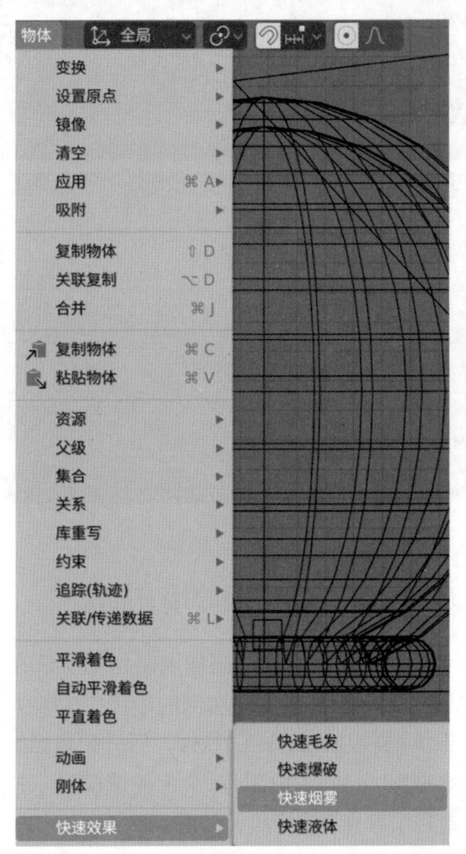


图9-164

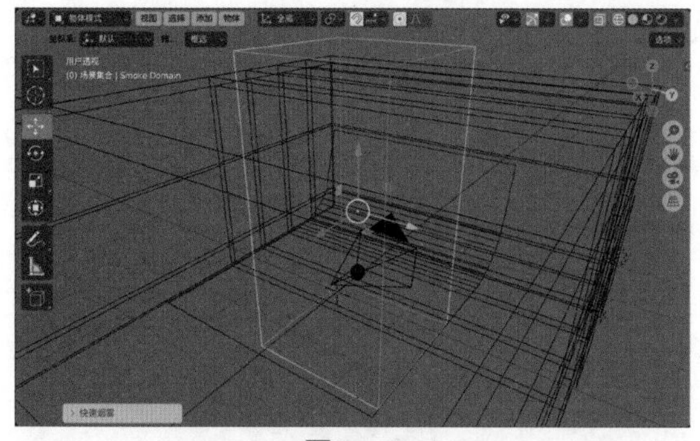

图9-165

**10** 在“编辑模式”中，使用“缩放”工具和“移动”工具调整方体域的大小和位置至图9-166所示。

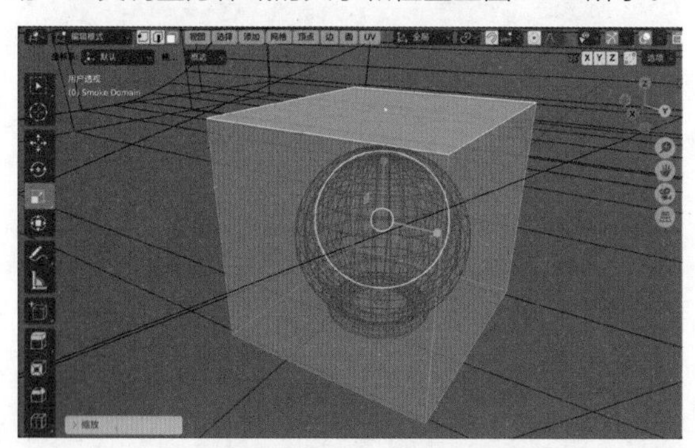

图9-166

**11** 退出“编辑模式”，在“流体”卷展栏中，设置“细分精度”为128，如图9-167所示。

**12** 在“缓存”卷展栏中，设置“结束点”为150、“类型”为“全部”，再单击“全部烘焙”按钮，如图9-168所示。

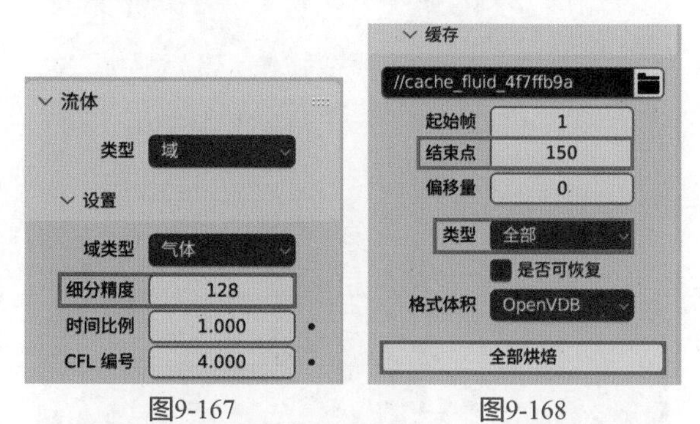


图9-167　　图9-168

**13** 烘焙完成后，在“视图显示”卷展栏中设置“厚（宽）度”为12.000，如图9-169所示。

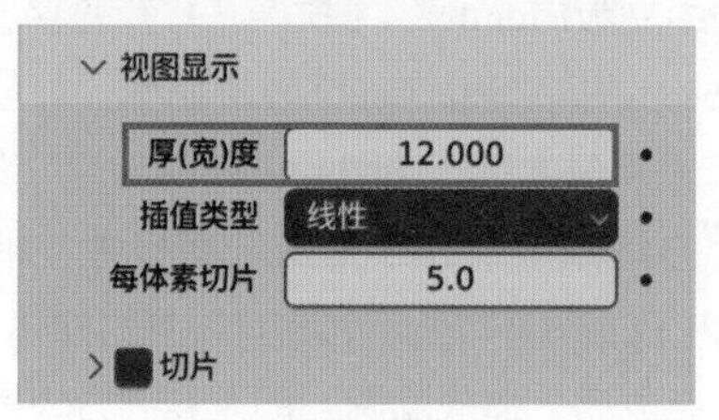


图9-169

**14** 将球体隐藏，计算出来的烟雾填充动画效果如图9-170所示。

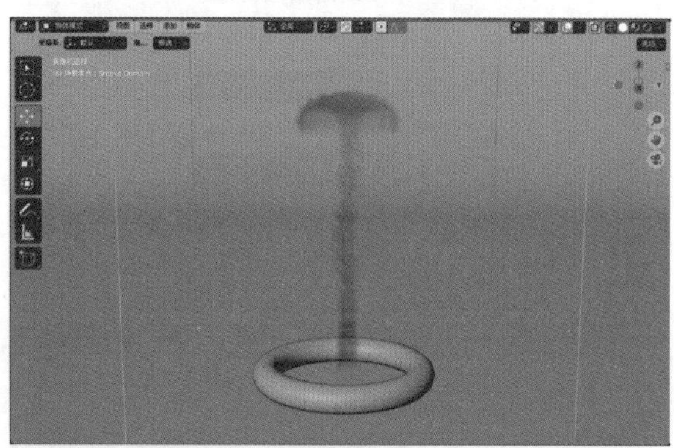

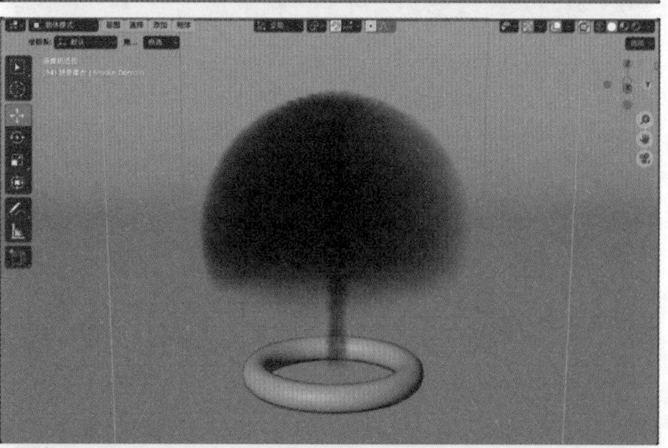

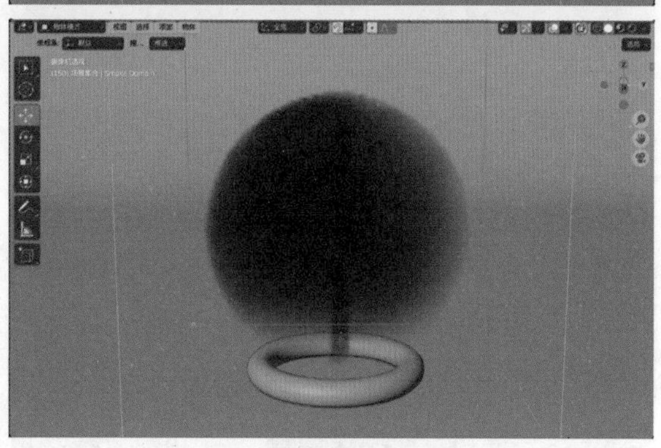

图9-170

**15** 选择方体域，在“材质”面板中，展开“体积”卷展栏，设置“颜色”为绿色、“密度”为100.000，如图9-171所示。

**16** 设置完成后，渲染场景，渲染结果如图9-172所示。

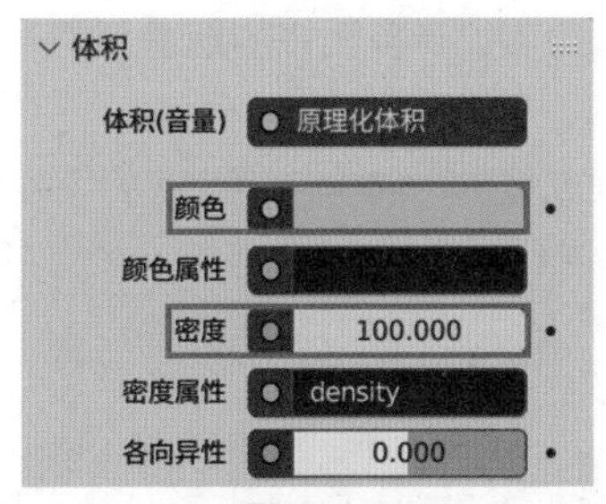


图9-171

图9-172

17 在“光程”卷展栏中，设置“体积”为1，如图9-173所示。

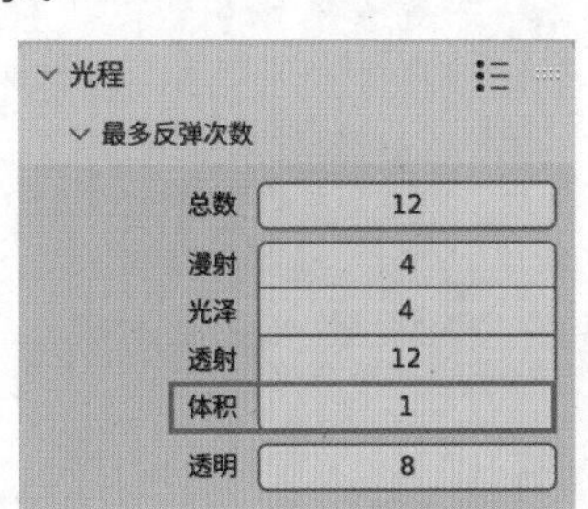


图9-173

18 再次渲染场景，烟雾填充的渲染结果如图9-174所示。

图9-174

## 9.2.9 实例：制作软体掉落动画

本实例使用动力学动画技术制作软体掉落的动画效果。图9-175所示为本实例的最终完成效果。

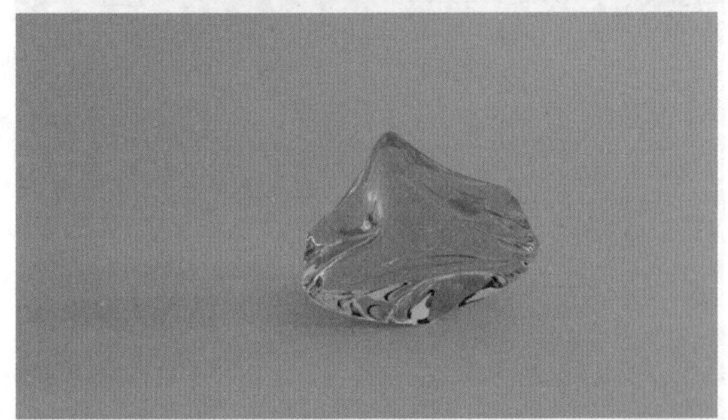

图9-175

01 启动中文版Blender 4.0软件，打开配套场景文件“方块.blend”，里面有1个方块模型，并且已经设置好了灯光及摄像机，如图9-176所示。

02 选择方块模型，在“猴头”面板中，单击“软体”按钮，如图9-177所示，将其设置为软体。

03 设置完成后，播放动画，即可看到方块模型在半空中产生上下晃动的动画效果。在“软体”卷展栏中，取消勾选“目标”复选框，勾选“自碰撞”复选框，如图9-178所示。

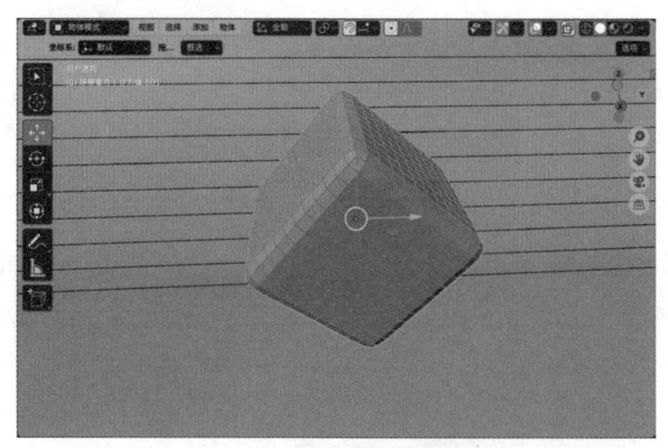

图9-176

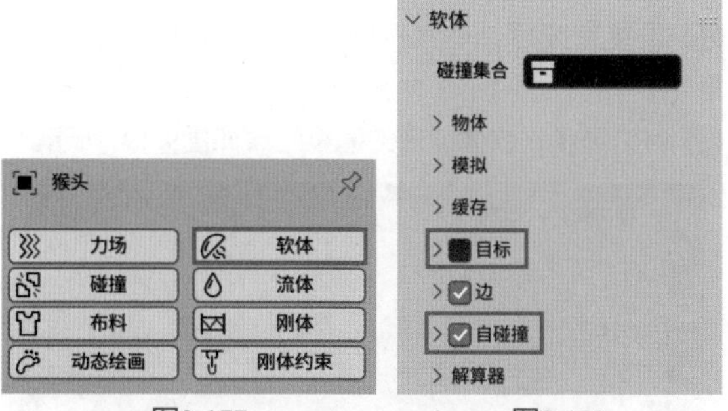


图9-177　　图9-178

**04** 选择地面模型，在“平面”面板中，单击“碰撞”按钮，如图9-179所示，将其设置为碰撞体。

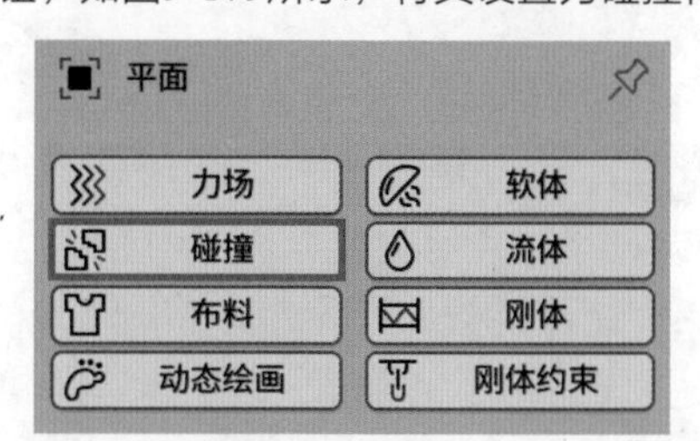


图9-179

**05** 在“软件与布料”卷展栏中，设置“外部厚度”为0.002，如图9-180所示。

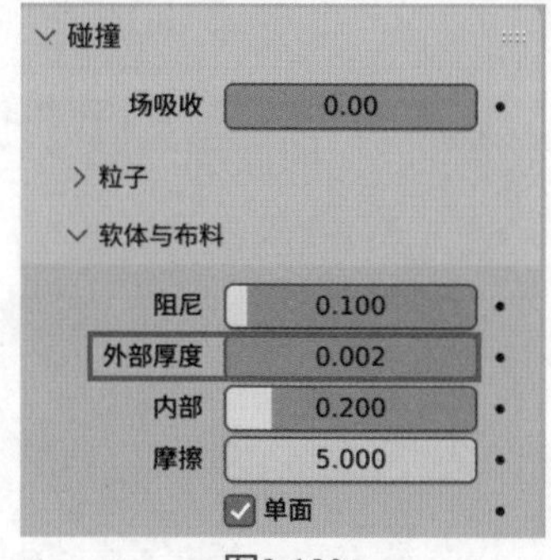


图9-180

**06** 设置完成后，播放动画，可以看到方块模型掉落在地面上产生的变形效果如图9-181所示。

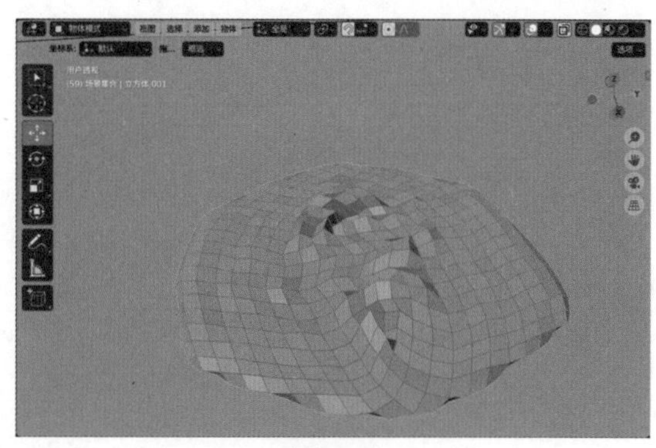

图9-181

**07** 在“边”卷展栏中，设置“弯曲”为8.000，如图9-182所示。

图9-182

**08** 播放动画，方块模型掉落在地面上产生的变形效果如图9-183所示。

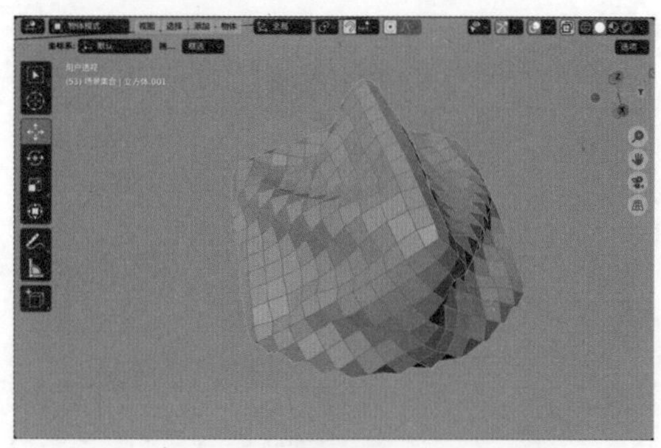

图9-183

**09** 在“边”卷展栏中，设置“推”为0.900，如图9-184所示。

图9-184

**10** 播放动画，方块模型掉落在地面上产生的变形效果如图9-185所示。

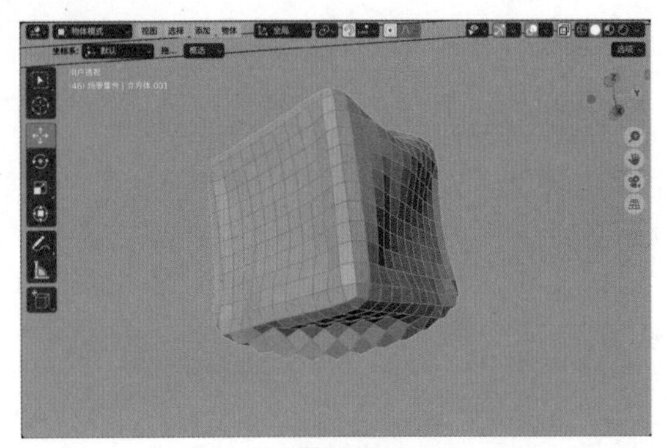

图9-185

11 在“边”卷展栏中，设置“拉”为0.900，如图9-186所示。

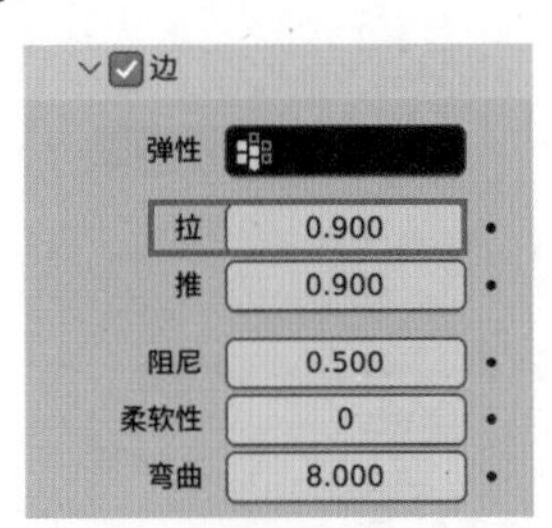


图9-186

12 播放动画，方块模型掉落在地面上产生的变形效果如图9-187所示，这一次可以看到方块模型在地面上保持了较好的原形。

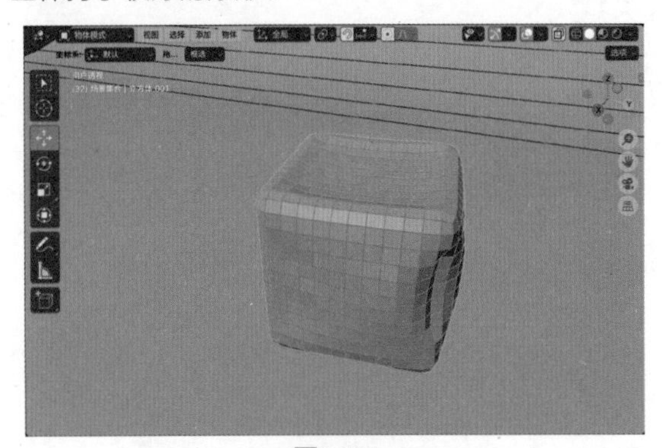

图9-187

13 在“缓存”卷展栏中，设置“结束点”为70，单击“烘焙”按钮，如图9-188所示。

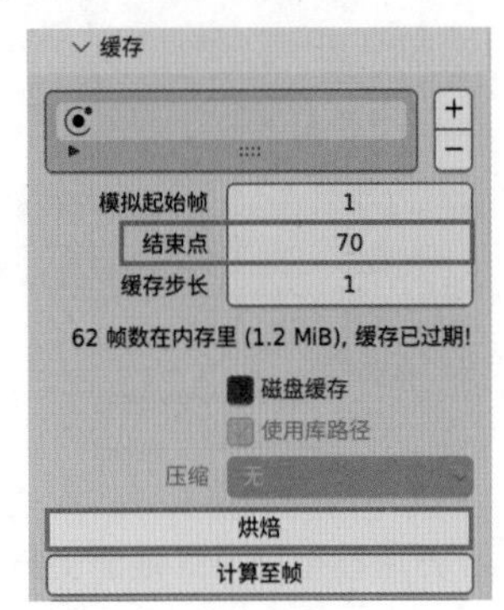


图9-188

14 在“添加修改器”面板中，为其添加“表面细分”修改器，设置“视图层级”为2，如图9-189所示。

图9-189

15 设置完成后，本实例的最终动画效果如图9-190所示。

16 渲染场景，软体掉落的渲染结果如图9-191所示。

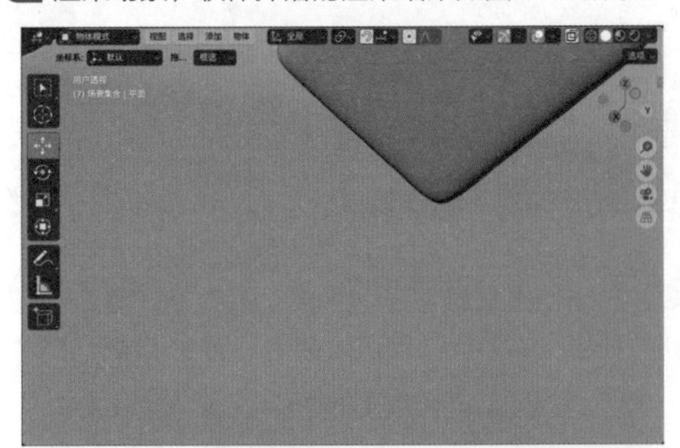

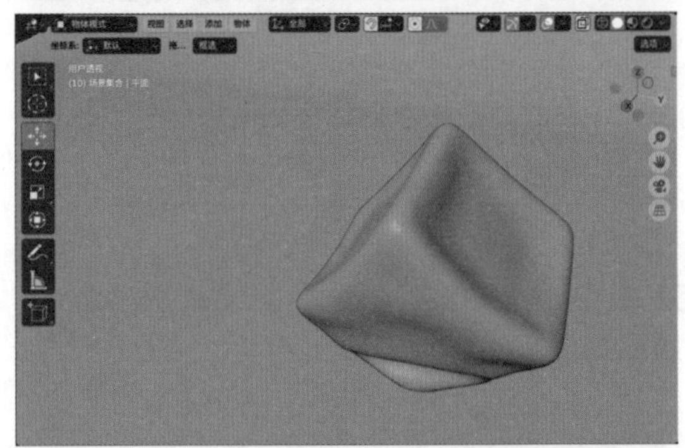

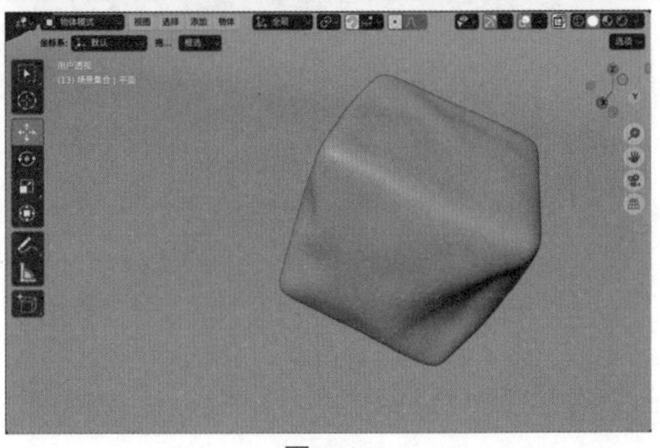

图9-190

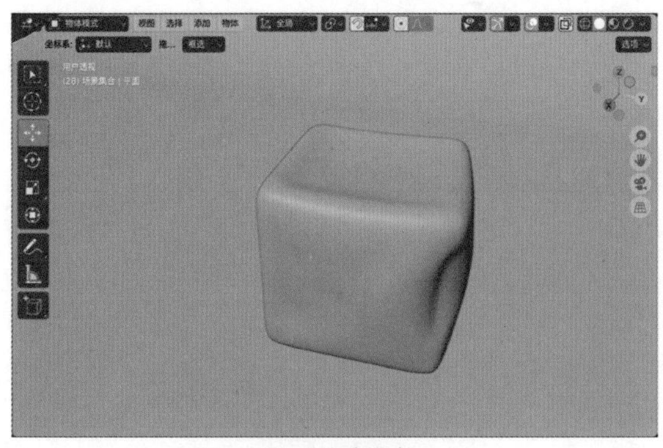

图9-190（续）

图9-191

## 9.2.10 实例：制作液体碰撞动画

本实例使用动力学动画技术制作液体碰撞的动画效果。图9-192所示为本实例的最终完成效果。

图9-192

图9-192（续）

01 启动中文版Blender 4.0软件，打开配套场景文件“水杯.blend”，里面有1个杯子模型、1个饮料模型和一个冰块模型，并且已经设置好了灯光及摄像机，如图9-193所示。

图9-193

02 选择场景中的杯子里的饮料模型，如图9-194所示。

图9-194

**03** 执行菜单栏中的“物体”|“快速效果”|“快速液体”命令，如图9-195所示。可以看到场景中会自动生成一个方形的流体域，如图9-196所示。

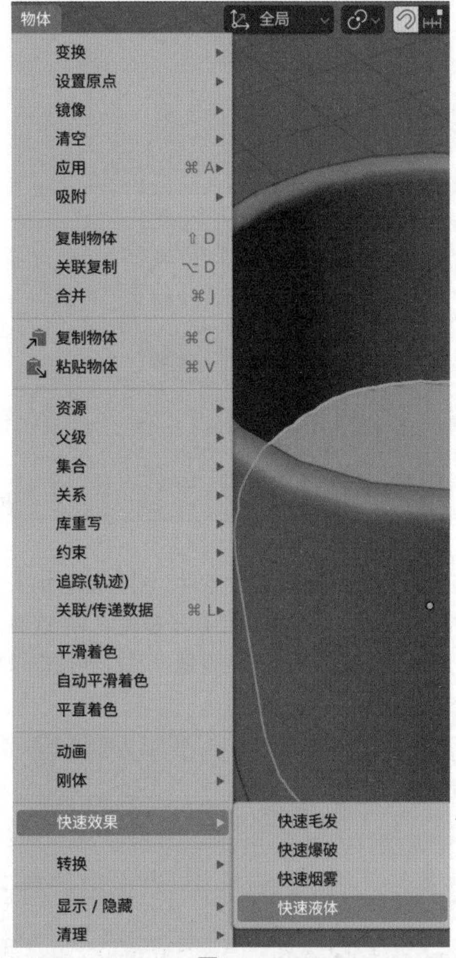


图9-195

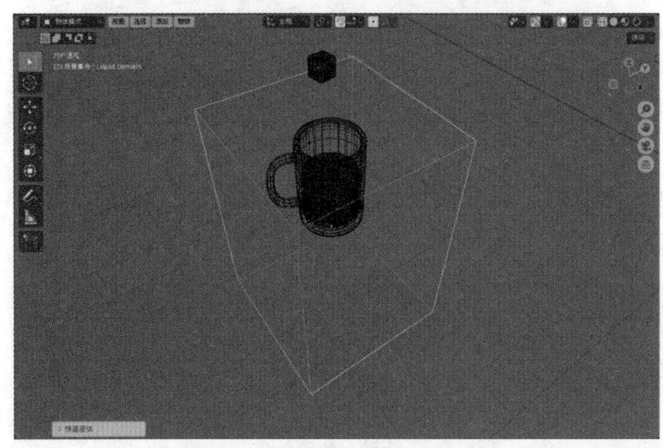

图9-196

**04** 在“编辑模式”中，使用“缩放”工具和“移动”工具调整流体域的大小至图9-197所示。

## 技巧与提示

流体域的大小需要将杯子和冰块模型全部包括进来。

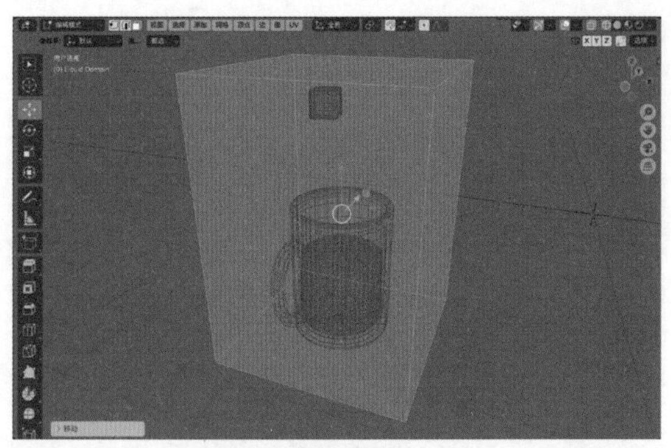

图9-197

**05** 设置完成后，播放场景动画，可以看到会有蓝色的粒子在饮料模型的内部生成，并受重力影响向下掉落，最后与流体域产生碰撞的动画效果，如图9-198～图9-201所示。

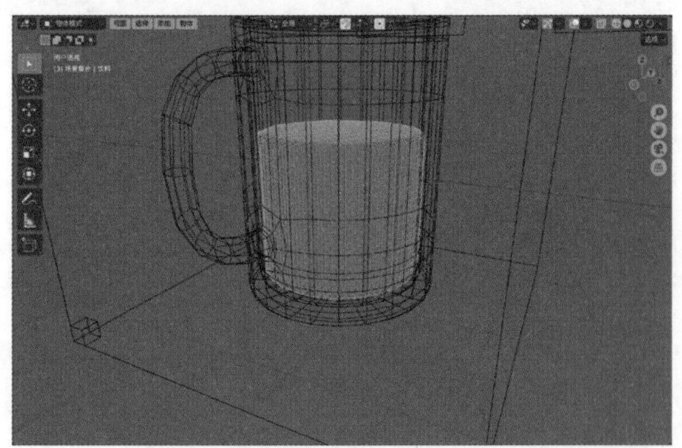

图9-198

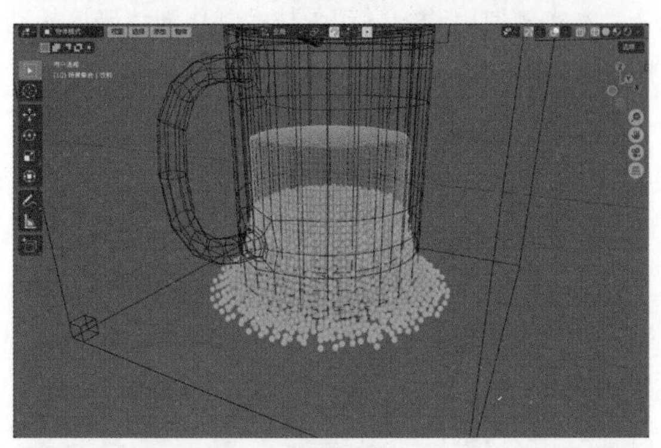

图9-199

图9-200

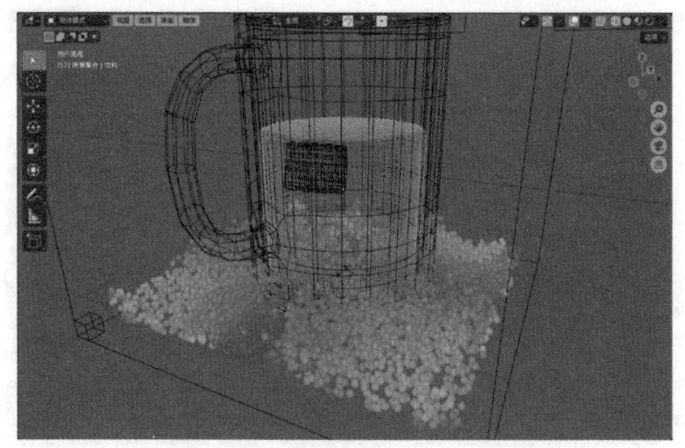

图9-201

06 接下来，将场景中的杯子模型和冰块模型设置为碰撞对象。选择杯子模型，在“杯子”面板中，单击“流体”按钮，如图9-202所示。

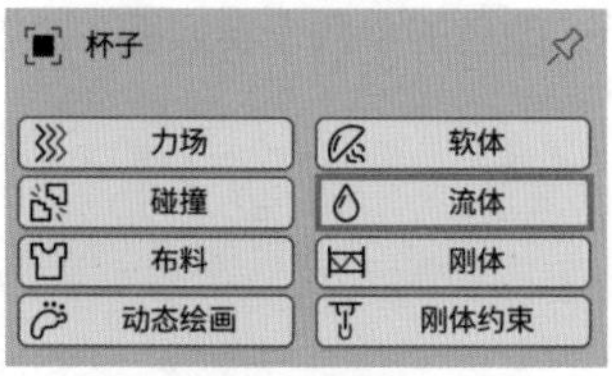

图9-202

07 在“流体”卷展栏中，设置“类型”为“效果器”，如图9-203所示。

图9-203

08 选择冰块模型，在“添加修改器”面板中，为其添加“重构网格”修改器，单击“平滑”按钮，如图9-204所示。

图9-204

09 设置完成后，冰块模型的视图显示结果如图9-205所示。

10 选择冰块模型，在“冰块”面板中，单击“流体”按钮，如图9-206所示。

11 在“流体”卷展栏中，设置“类型”为“效果器”，如图9-207所示。

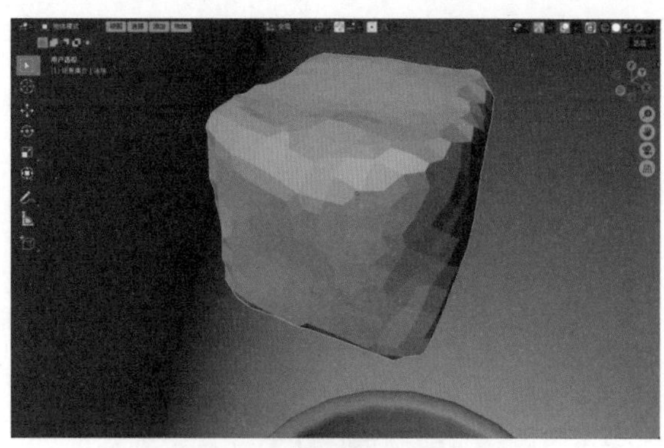

图9-205

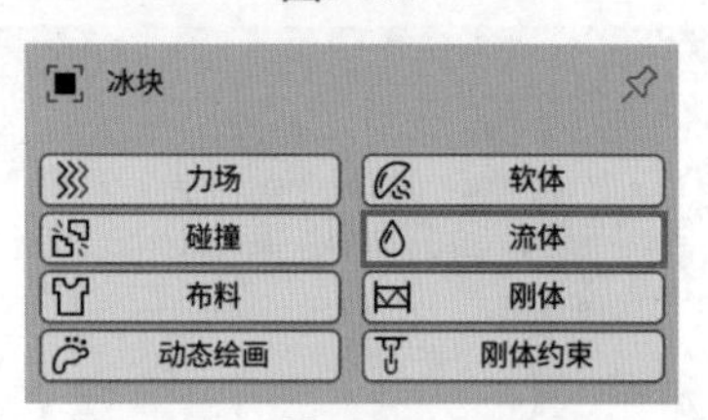


图9-206

图9-207

12 选择流体域，在“设置”卷展栏中，设置“细分精度”为128，如图9-208所示。

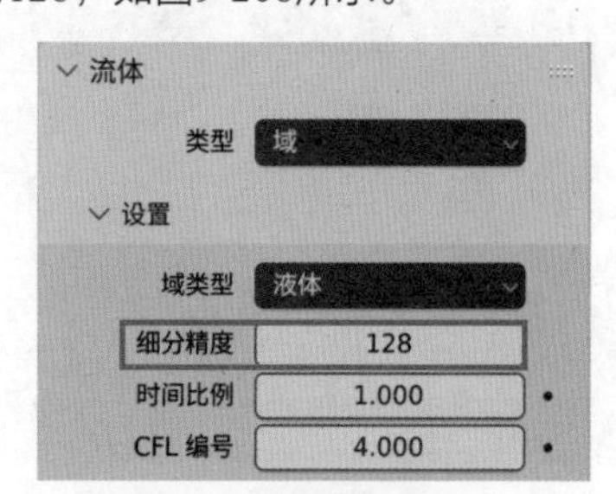


图9-208

13 在“流体”卷展栏中，取消勾选“液体”复选框，勾选“网格”复选框，如图9-209和图9-210所示。

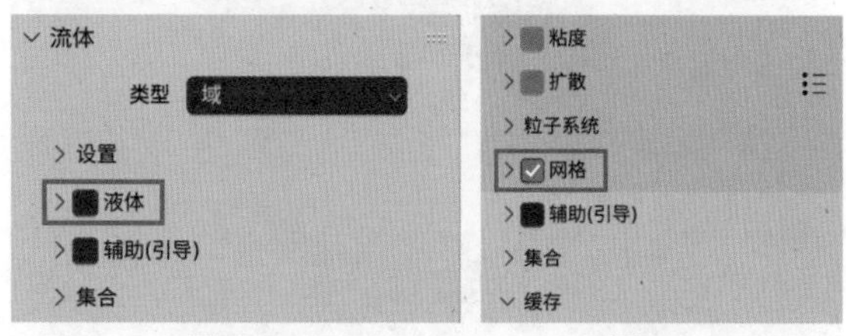


图9-209 图9-210

14 在“缓存”卷展栏中，设置“结束点”为180、“类型”为“全部”，单击“全部烘焙”按钮，如图9-211所示。

15 缓存烘焙完成后，播放动画，可以看到模拟出来的液体效果如图9-212～图9-215所示。

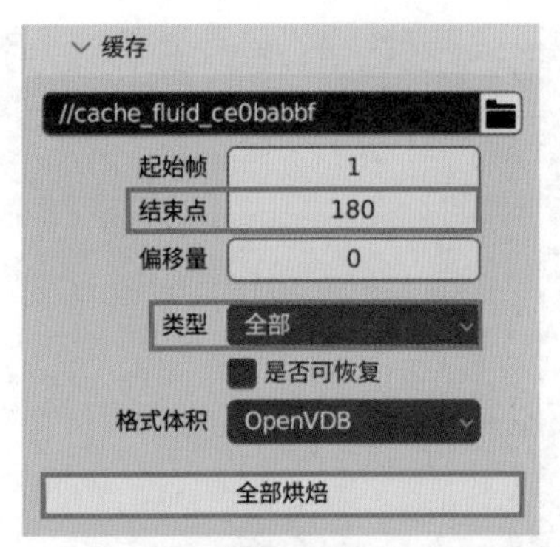


图9-211

图9-212

图9-213

图9-214

图9-215

16 选择液体模型，在“材质”面板中，可以看到系统会自动为其添加一个“玻璃BSDF”材质，在“表（曲）面”卷展栏中，设置“颜色”为橙色，如图9-216所示。颜色的参数设置如图9-217所示。

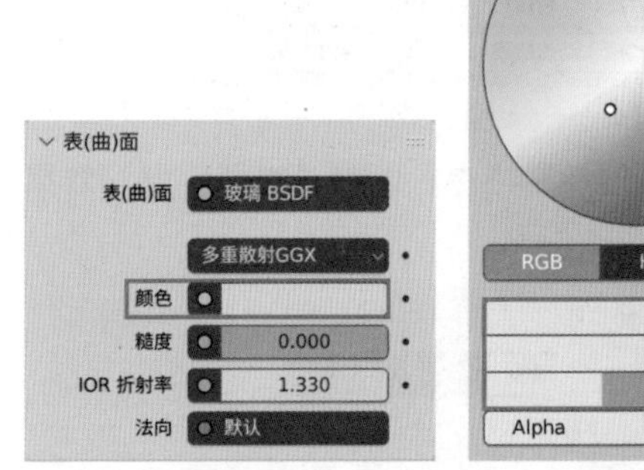


图9-216　图9-217

17 设置完成后，渲染场景，冰块与饮料碰撞的渲染结果如图9-218所示。

图9-218

# 第 10 章 粒子动力学

## 10.1 粒子概述

粒子特效一直在众多影视特效中占据首位，无论是烟雾特效、爆炸特效、光特效还是群组动画特效等，在这些特效当中都可以看到粒子特效的影子，也就是说粒子特效是融合在这些特效当中的，它们不可分割，却又自成一体。如图10-1所示，这是一个导弹发射烟雾拖尾的特效，从外观形状上来看，这属于烟雾特效，但是从制作技术角度上来看，这又属于粒子特效。

图10-1

## 10.2 “粒子”动力学

在“粒子”面板中，选择场景中的模型，单击+号形状的“添加一个粒子系统槽”按钮，即可将所选择模型添加粒子系统，如图10-2所示。

图10-2

### 10.2.1 基础操作：创建粒子发射器

【知识点】创建粒子发射器，粒子碰撞。

01 启动中文版Blender 4.0软件，选择场景中自带的立方体模型，如图10-3所示。

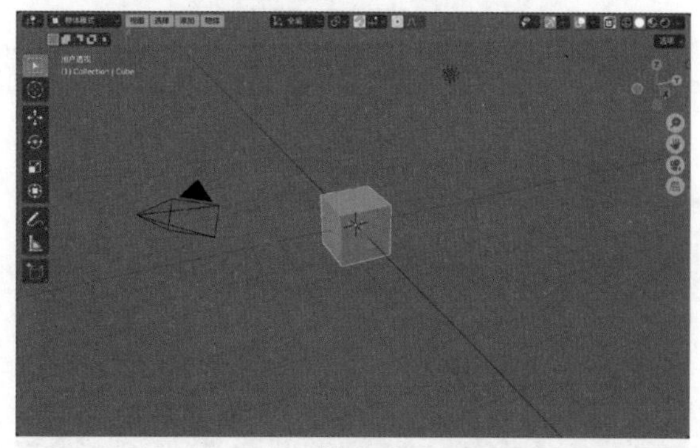

图10-3

02 在“粒子”面板中，单击+号形状的“添加一个粒子系统槽”按钮，如图10-4所示，即可将所选择模型添加粒子系统。

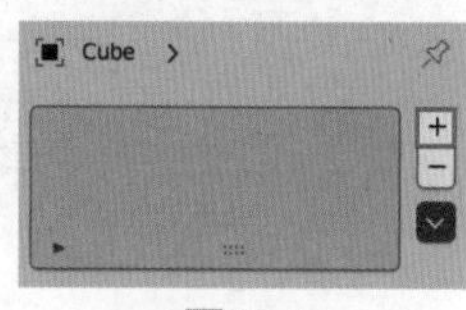


图10-4

03 设置完成后，播放动画，即可看到有白色的球状粒子从立方体模型的表面产生并向下掉落，如图10-5所示。

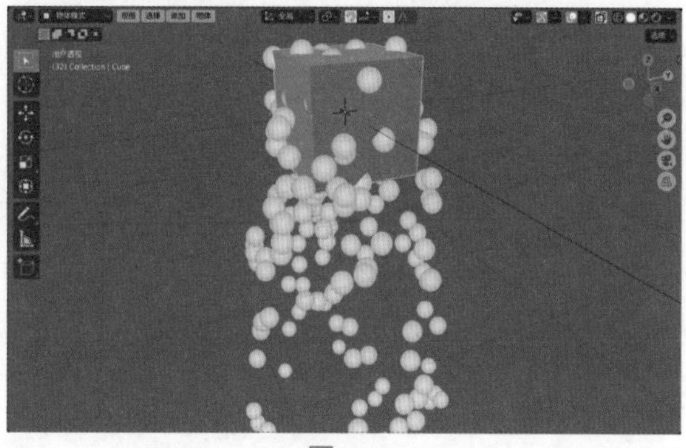

图10-5

04 在“自发光（发射）”卷展栏中，设置“数量”

为100、“结束点”为50.000，如图10-6所示，代表在1～50帧共计发射100个粒子。

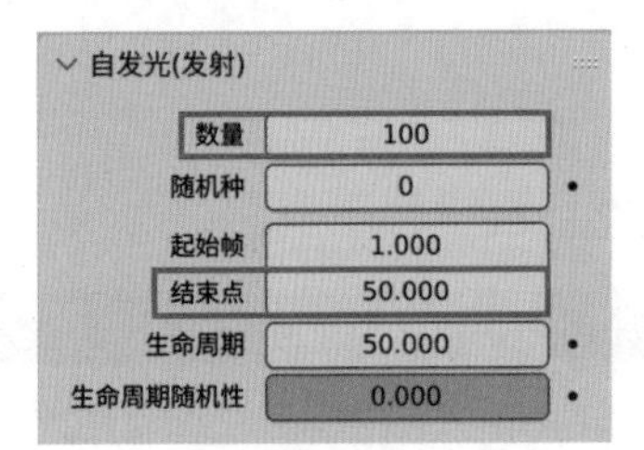

图10-6

05 在“视图显示”卷展栏中，设置“尺寸”为0.05m，如图10-7所示。

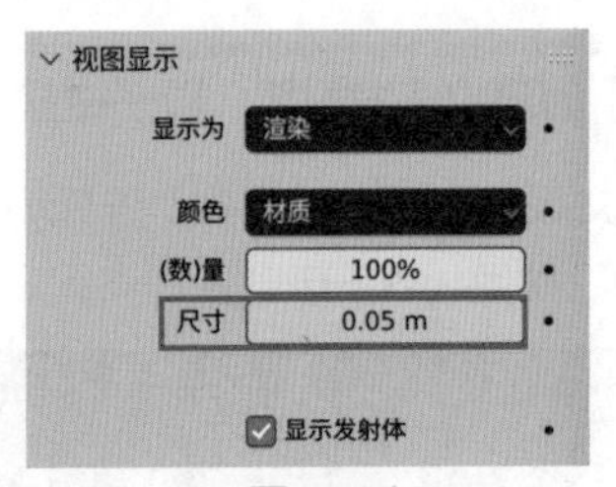

图10-7

06 播放动画，可以看到粒子的数量明显减少了，并且粒子的形状也变小了，如图10-8所示。

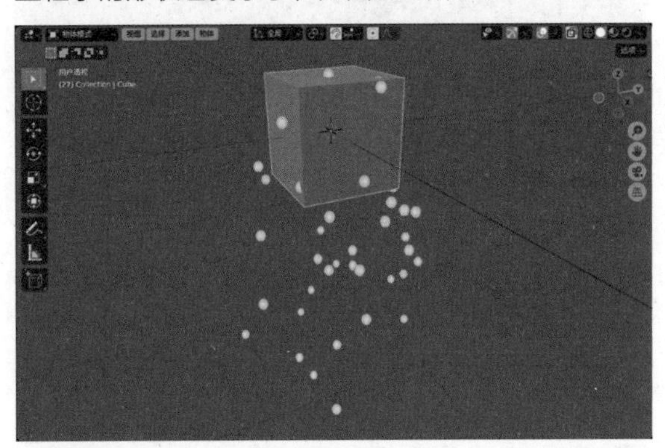
图10-8

07 在“速度”卷展栏中，设置“法向”为10m/s，如图10-9所示。

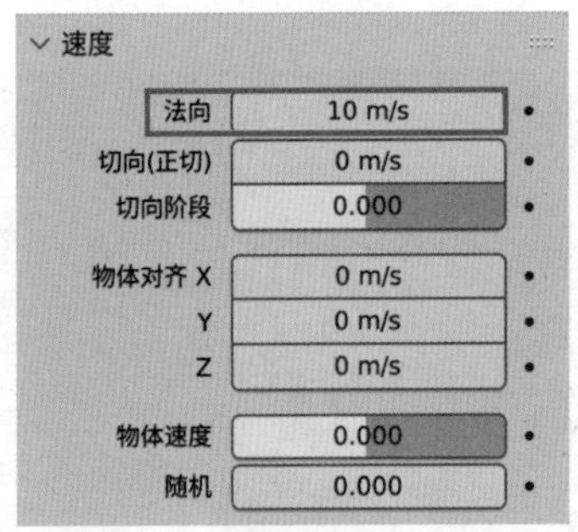

图10-9

08 播放动画，则可以看到粒子产生了明显地向四面八方发射的效果，如图10-10所示。

09 在“速度”卷展栏中，设置“法向”为0m/s后，执行菜单栏中的“添加”|“网格”|“锥体”命令，如图10-11所示，在场景中创建一个锥体。

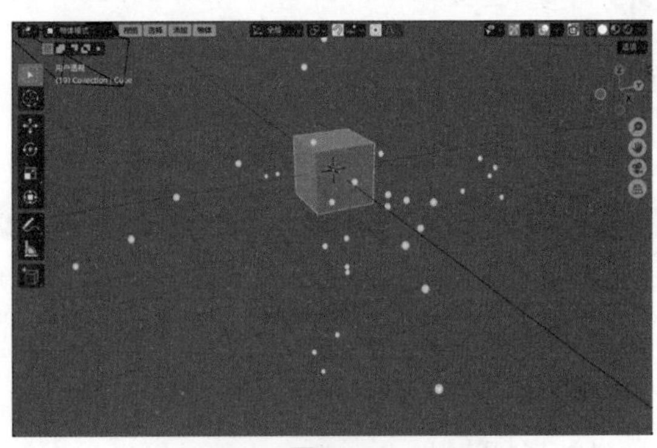
图10-10

图10-11

10 在“添加锥体”卷展栏中，设置“半径1”为3m、“深度”为1m、“位置Z”为-3m，如图10-12所示。

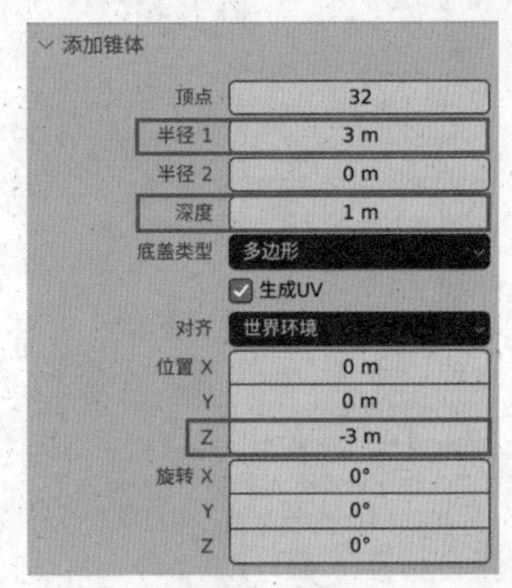

图10-12

11 设置完成后，锥体模型的视图显示结果如图10-13所示。

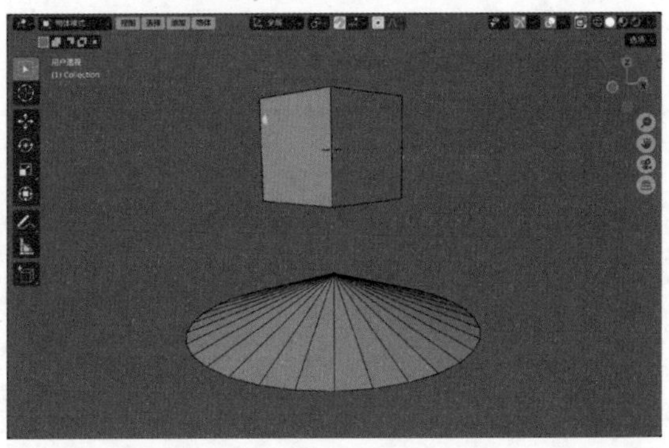
图10-13

**12** 选择锥体，在“锥体”面板中，单击“碰撞”按钮，如图10-14所示。

| 锥体 | |
|---|---|
| 力场 | 软体 |
| 碰撞 | 流体 |
| 布料 | 刚体 |
| 动态绘画 | 刚体约束 |

图10-14

**13** 播放动画，可以看到粒子与锥体所产生的碰撞效果如图10-15所示。

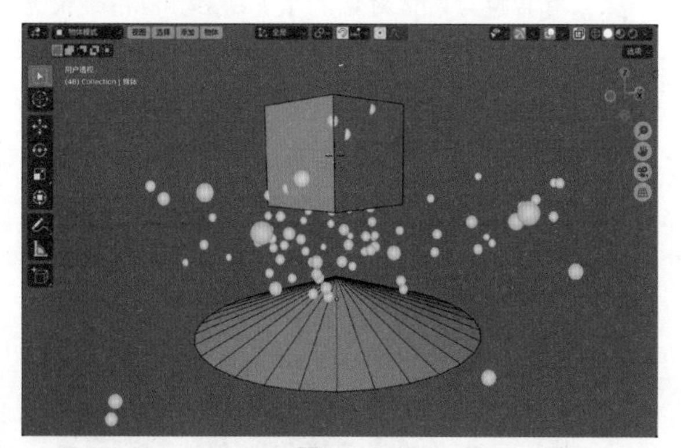

图10-15

## 10.2.2　实例：制作文字破碎动画

本实例使用粒子动画技术制作文字破碎的动画效果。图10-16所示为本实例的最终完成效果。

图10-16

图10-16（续）

**01** 启动中文版Blender 4.0软件，删除场景中自带的立方体模型后，执行菜单栏中的“添加”｜“文本”命令，如图10-17所示，在场景中创建一个文本模型。

**02** 在“添加文本”卷展栏中，设置“旋转X”为90°，如图10-18所示。

图10-17

| 添加文本 | |
|---|---|
| 半径 | 1 m |
| 对齐 | 世界环境 |
| 位置 X | 0 m |
| Y | 0 m |
| Z | 0 m |
| 旋转 X | 90° |
| Y | 0° |
| Z | 0° |

图10-18

**03** 在“几何数据”卷展栏中，设置“挤出”为0.1m、“深度”为0.01m，如图10-19所示。

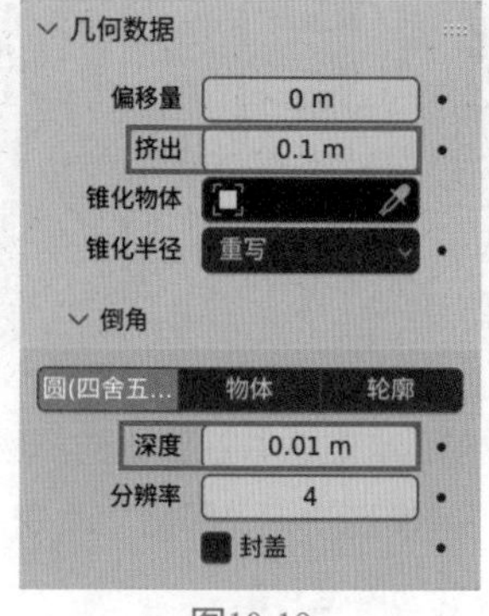


图10-19

04 设置完成后，文本模型的视图显示结果如图10-20所示。

图10-20

05 在“添加修改器”面板中，为其添加“重构网格”修改器，单击“平滑”按钮，设置“八叉树算法深度”为7，取消勾选“移除分离元素”复选框，如图10-21所示。

图10-21

06 设置完成后，文本模型的视图显示结果如图10-22所示。

图10-22

07 选择文本模型，右击并在弹出的“物体上下文菜单”中执行“转换到”|“网格”命令，如图10-23所示，将其转换为网格对象。

图10-23

## 技巧与提示

只有转换为网格对象，才可以对其应用“快速爆破”命令。

08 执行菜单栏中的“物体”|“快速效果”|“快速爆破”命令，如图10-24所示。

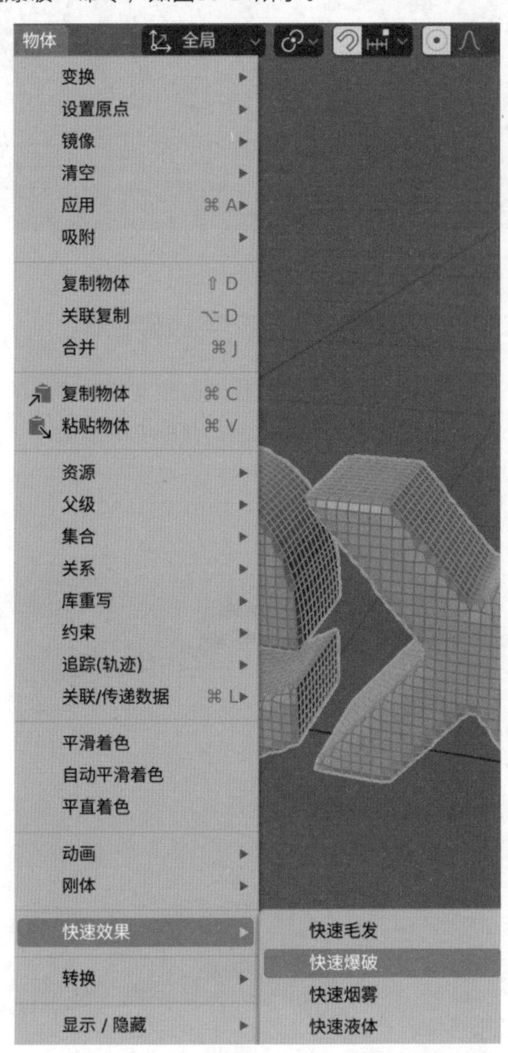


图10-24

09 设置完成后，播放动画，即可看到文本模型被爆破成碎片的效果，如图10-25所示。

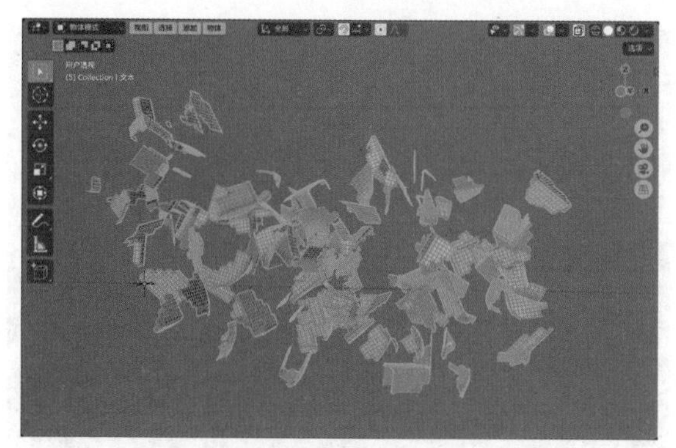

图10-25

10 在“自发光（发射）”卷展栏中，设置“数量”为1000、“结束点”为50.000、“生命周期”为250.000，如图10-26所示。

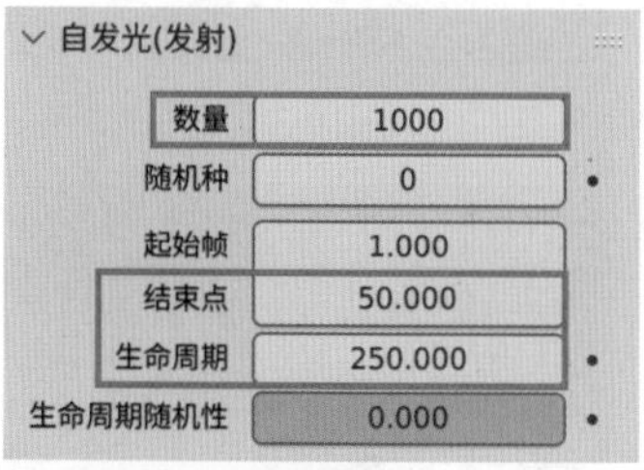

| 自发光(发射) | |
|---|---|
| 数量 | 1000 |
| 随机种 | 0 |
| 起始帧 | 1.000 |
| 结束点 | 50.000 |
| 生命周期 | 250.000 |
| 生命周期随机性 | 0.000 |

图10-26

11 设置完成后，播放动画，可以看到文本模型的动画效果如图10-27～图10-30所示。

12 在“源”卷展栏中，勾选“使用修改器堆栈”复选框，如图10-31所示。

图10-27

图10-28

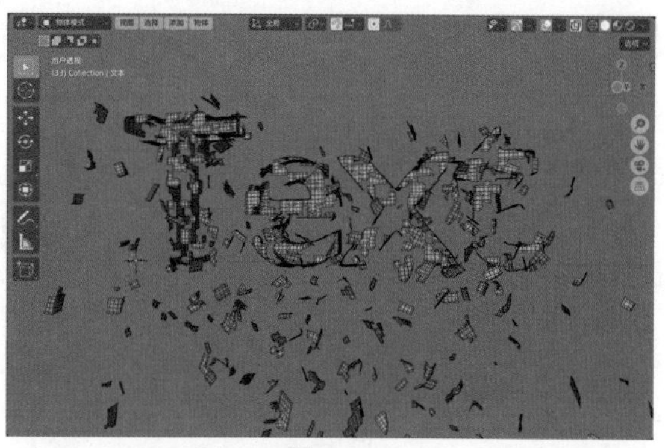

图10-29

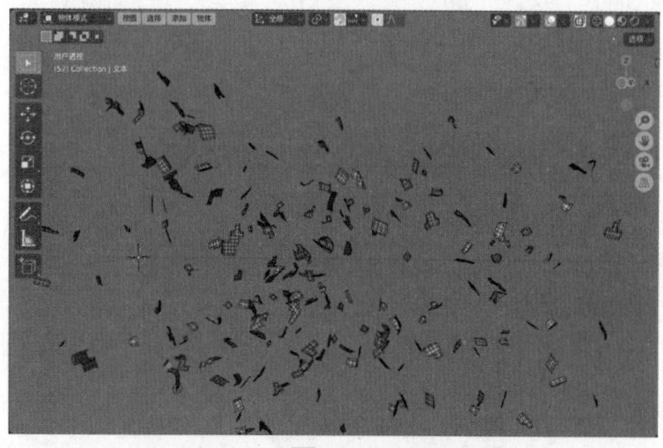

图10-30

13 在“添加修改器”面板中，为文本模型添加“实体化”修改器，并设置“厚（宽）度”为0.03m，如图10-32所示。

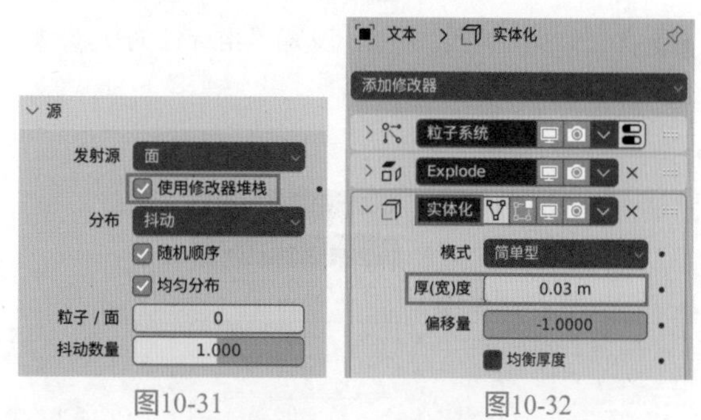


图10-31　图10-32

14 设置完成后，播放动画，可以看到文本模型破碎后的碎片厚度明显增加了许多，如图10-33所示。

图10-33

15 在“粒子”面板中，展开“纹理”卷展栏，单击“新建”按钮，如图10-34所示，新建一个纹理。

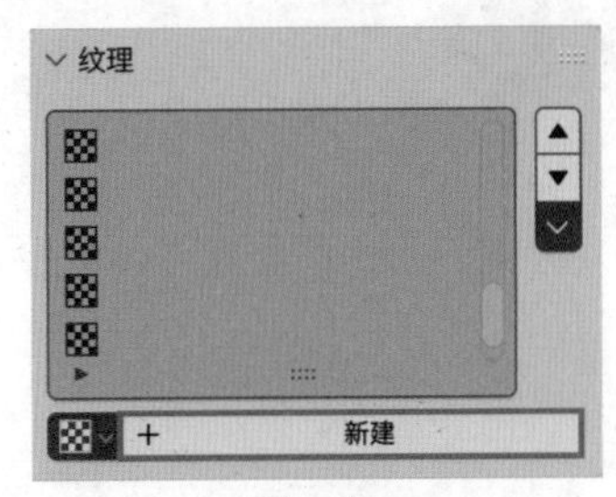


图10-34

16 在“纹理”面板中，设置“类型”为“混合”，如图10-35所示。

图10-35

17 在“映射”卷展栏中，设置“坐标”为UV，如图10-36所示。

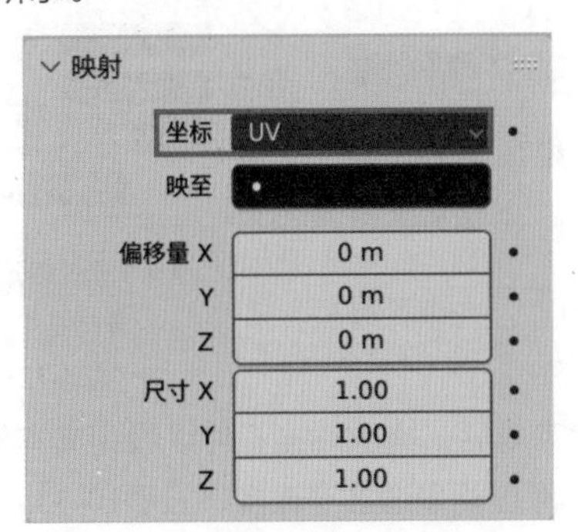


图10-36

18 在“编辑模式”中，按A键，选择文本模型上的所有顶点，如图10-37所示。

19 在“数据”面板中，展开“UV贴图”卷展栏，单击+号形状的“添加UV贴图”按钮，如图10-38所示，新建一个名称默认为“UV贴图”的UV贴图，如图10-39所示。

20 在“正交前视图”中，按U键，在弹出的“UV映射”菜单中执行“从视角投影（限界）”命令，如图10-40所示。设置完成后，退出“编辑模式”。

图10-37

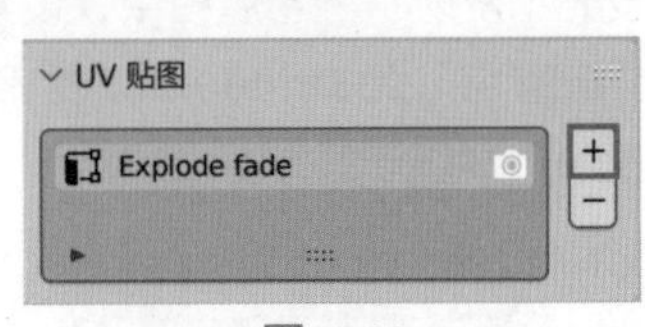


图10-38

图10-39

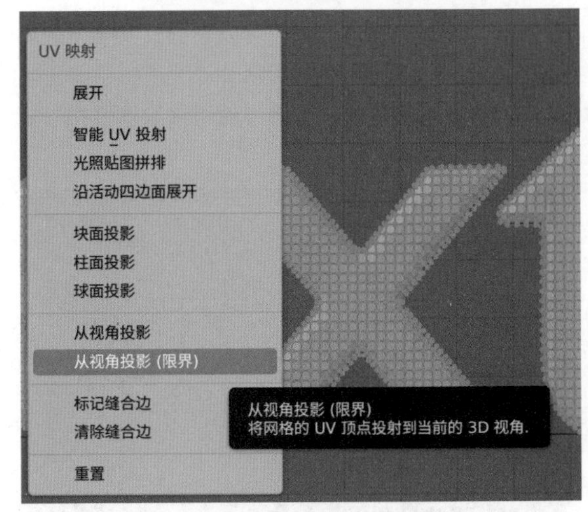


图10-40

21 在“纹理”面板中，展开“映射”卷展栏，设置“映至”为“UV贴图”，如图10-41所示。

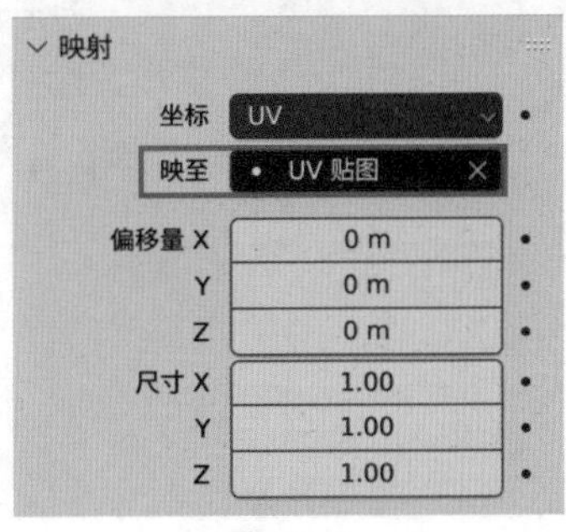


图10-41

22 设置完成后，播放动画，可以看到文本模型由左侧开始向右逐渐产生破碎动画效果，如图10-42所示。

图10-42

23 执行菜单栏中的“添加”｜“网格”｜“平面”命令，如图10-43所示，在场景中创建一个平面。

图10-43

24 在“添加平面”卷展栏中，设置“尺寸”为20m，如图10-44所示。

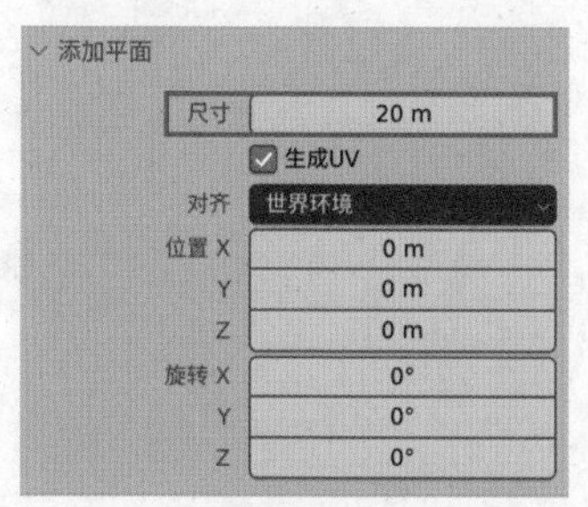


图10-44

25 设置完成后，调整平面模型的位置至图10-45所示。

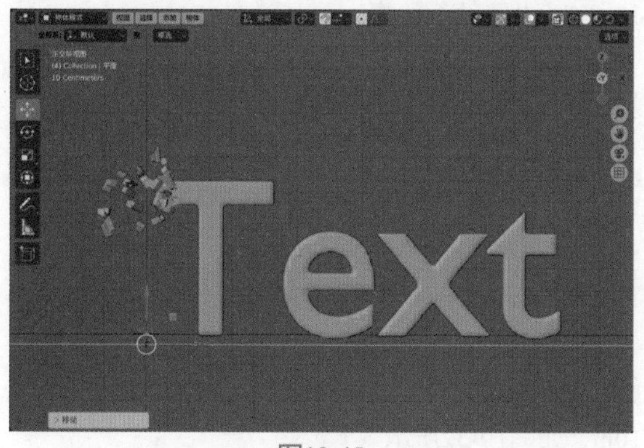

图10-45

26 选择平面模型，在“平面”面板中，单击“碰撞”按钮，如图10-46所示。

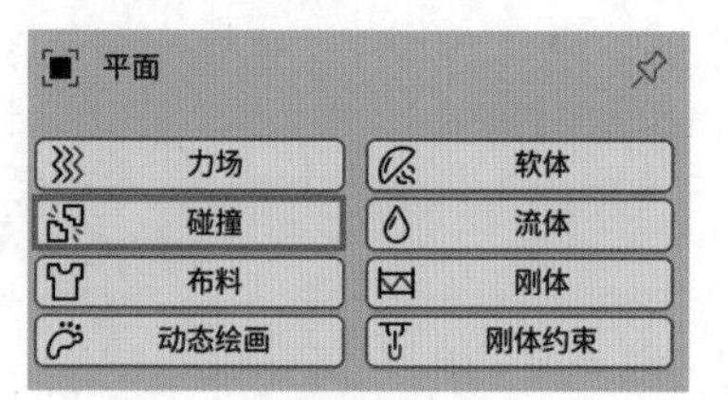


图10-46

27 在“碰撞”卷展栏中，设置“阻尼”为0.600、“随机”为0.100、“摩擦”为0.600、“随机”为0.300，如图10-47所示。

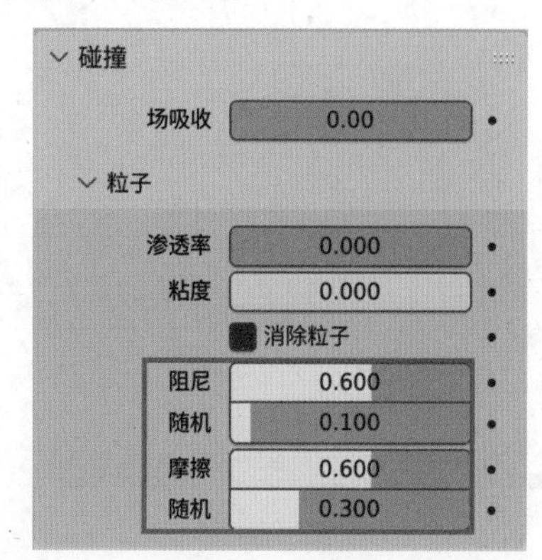


图10-47

28 设置完成后，播放动画，本实例制作完成的动画效果如图10-48所示。

图10-48

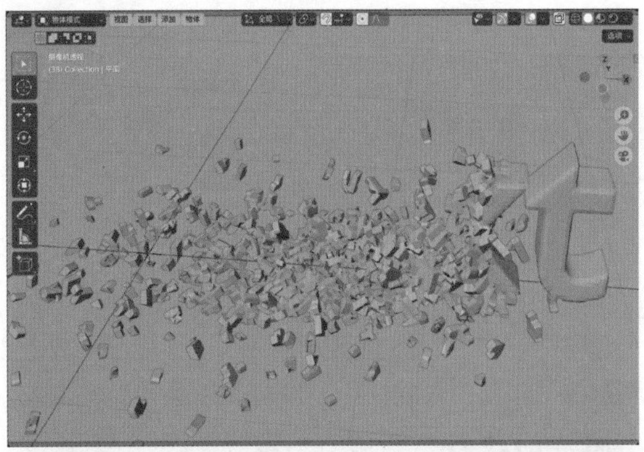

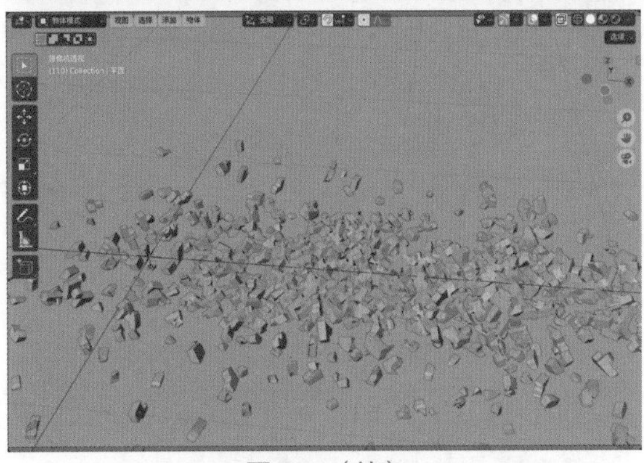

图10-48（续）

## 10.2.3 实例：制作雨滴波纹动画

本实例使用粒子动画技术制作雨滴落在水面上产生的涟漪波纹动画效果。图10-49所示为本实例的最终完成效果。

图10-49

图10-49（续）

01 启动中文版Blender 4.0软件，打开配套场景文件“雨滴.blend”，里面有1个雨滴模型，并且已经设置好了灯光及摄像机，如图10-50所示。

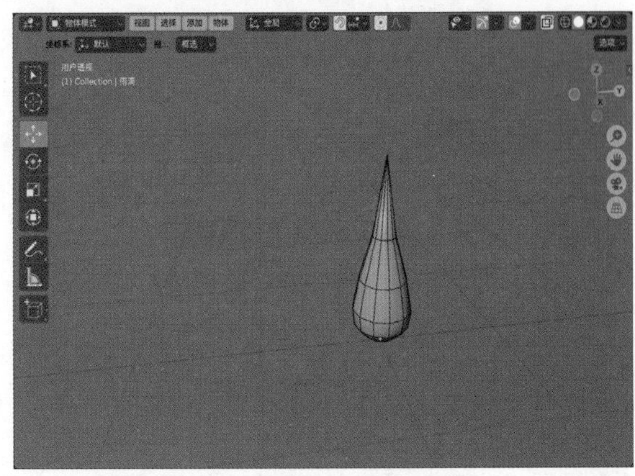

图10-50

02 执行菜单栏中的“添加”|“网格”|“平面”命令，如图10-51所示，在场景中创建一个平面。

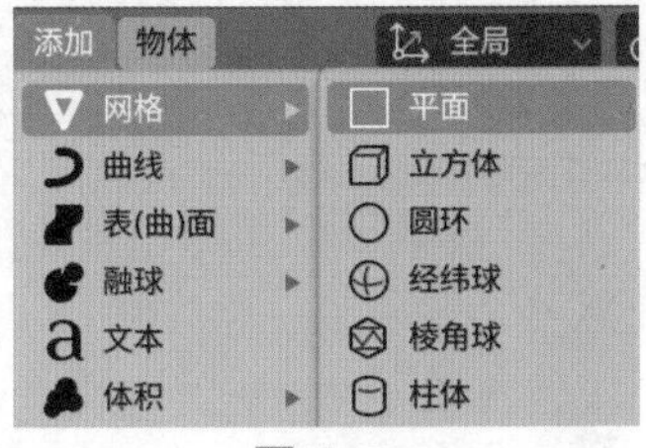


图10-51

03 在“添加平面”卷展栏中，设置“尺寸”为10m，如图10-52所示。

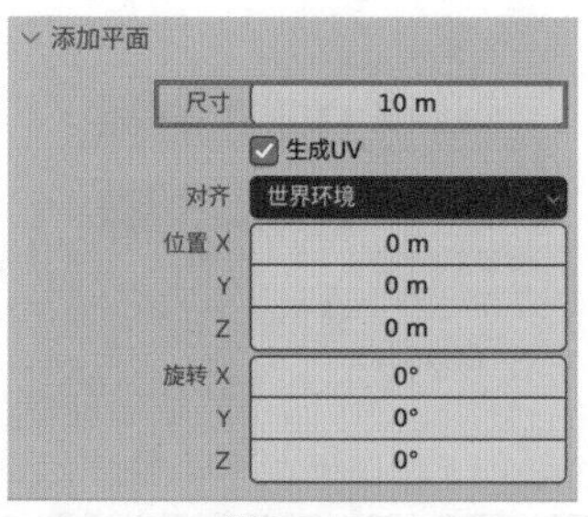


图10-52

04 设置完成后，平面模型的视图显示结果如图10-53所示。

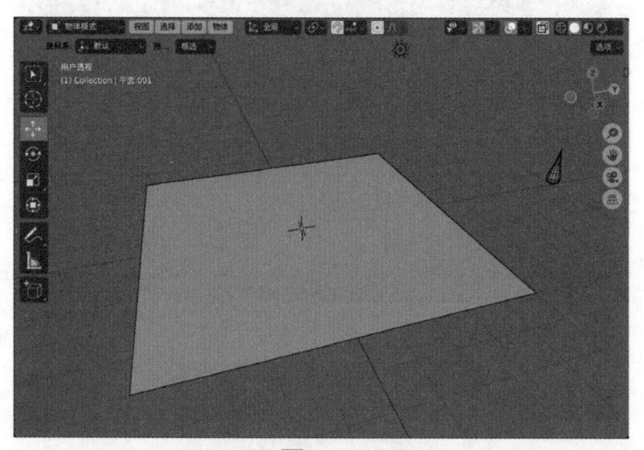

图10-53

05 选择平面模型，按Shift+D组合键，再按Z键，复制一个平面模型并沿Z轴向向上移动至图10-54所示位置处。

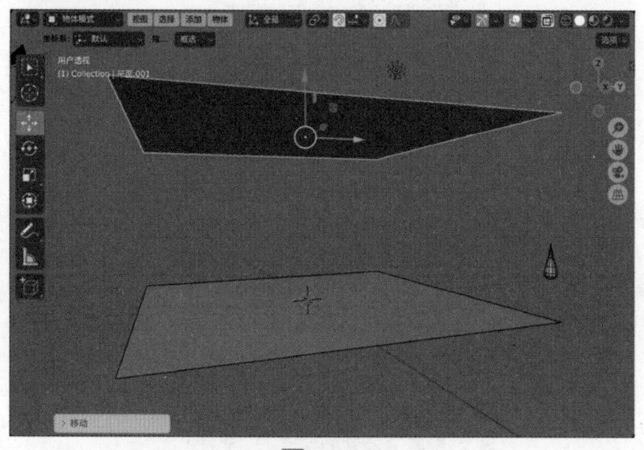

图10-54

06 在“粒子”面板中，单击+号形状的“添加一个粒子系统槽”按钮，如图10-55所示。

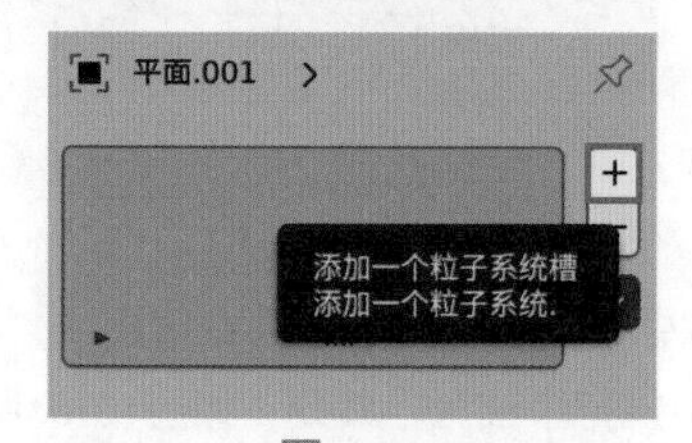


图10-55

07 在“自发光（发射）”卷展栏中，设置“数量”为50、“结束点”为100.000、“生命周期”为50.000，如图10-56所示。

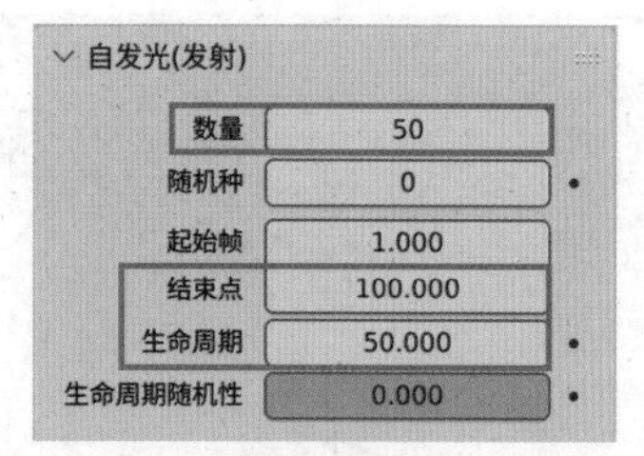


图10-56

08 设置完成后，播放动画，可以看到有白色的球状粒子从上面的平面模型上产生并向下掉落，如图10-57所示。

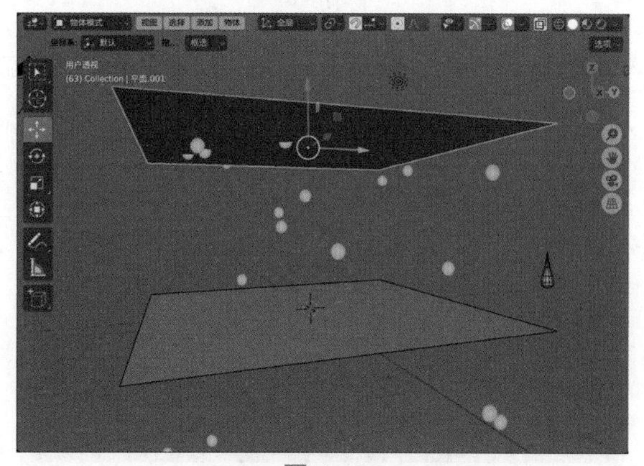

图10-57

09 在“渲染”卷展栏中，设置“渲染为”为“物体”、“缩放”为0.100、“实例物体”为“雨滴”，如图10-58所示。

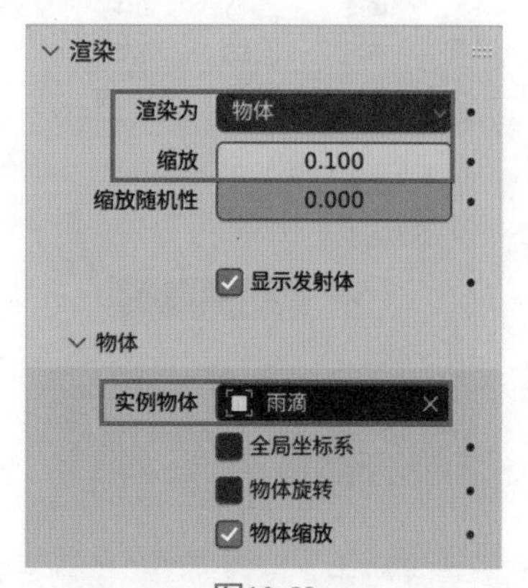


图10-58

10 设置完成后，播放动画，可以看到有白色的球状粒子被替换成场景中的雨滴模型，如图10-59所示。

11 选择上面的平面模型，如图10-60所示。

12 在“平面.001”面板中，单击“动态绘画”按钮，如图10-61所示。

13 在“动态绘画”卷展栏中，设置Type（类型）

为Brush（笔刷），再单击“添加笔刷”按钮，如图10-62所示。

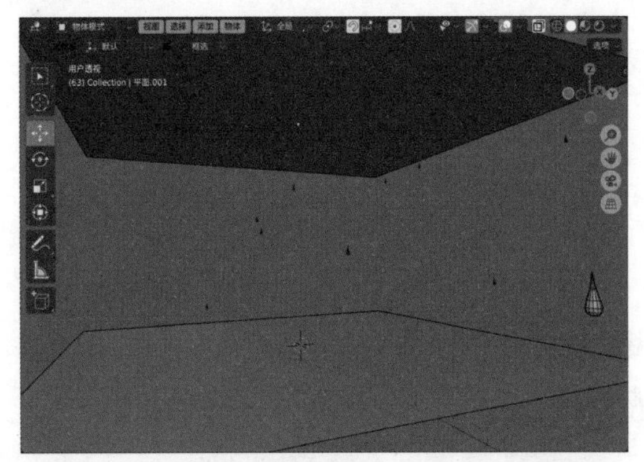

图10-59

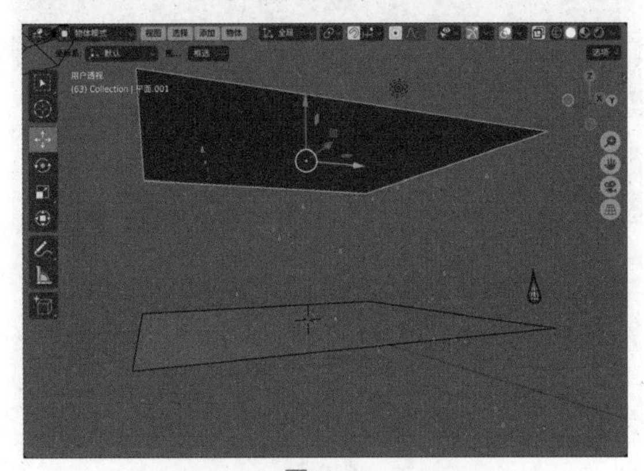

图10-60

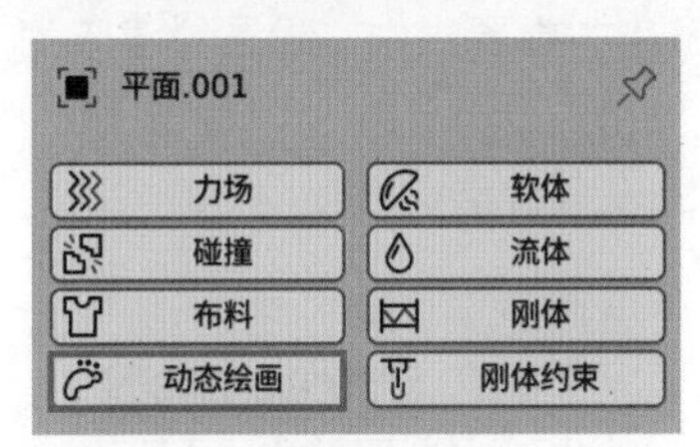


图10-61

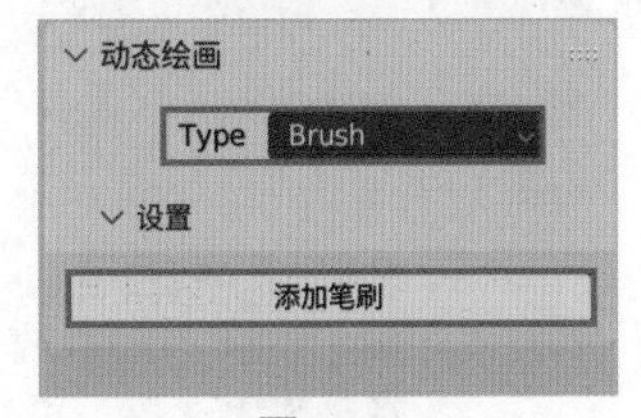


图10-62

14 在“源”卷展栏中，设置“图像绘制”为“粒子系统”、“粒子系统”为“粒子系统”，如图10-63所示。

15 选择下方的平面模型，如图10-64所示。

16 在“平面”面板中，单击“动态绘画”按钮，如图10-65所示。

17 在“动态绘画”卷展栏中，单击“添加画布”按钮，如图10-66所示。

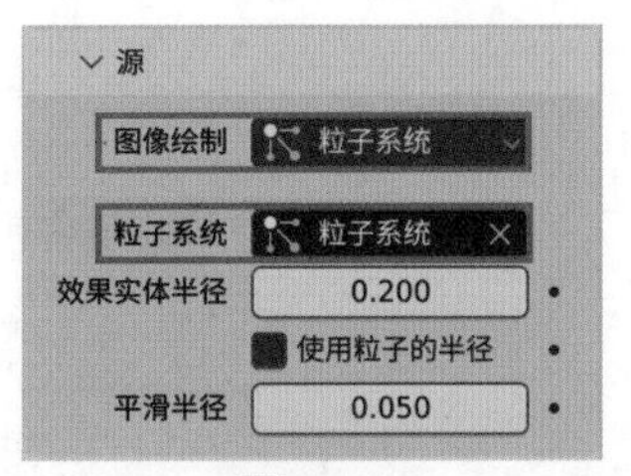


图10-63

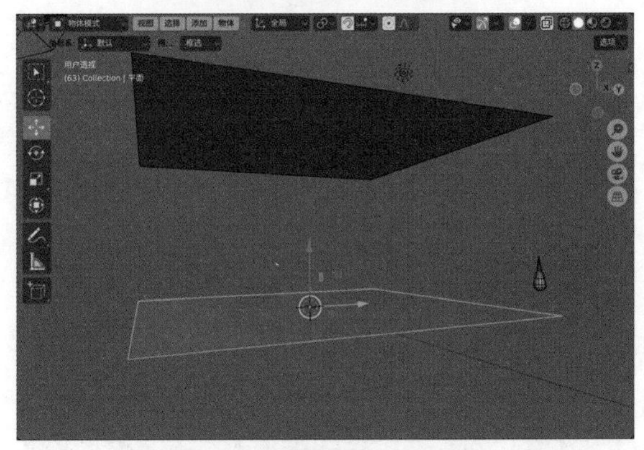

图10-64

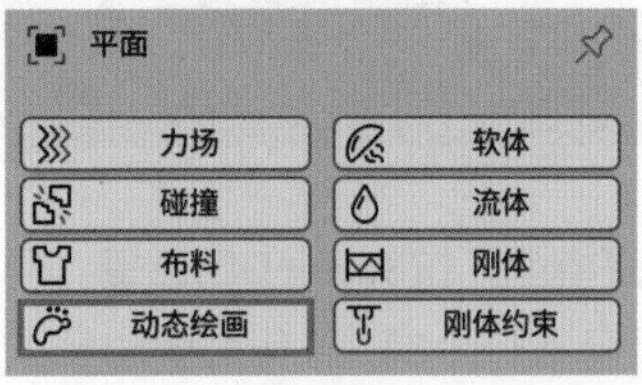

图10-65

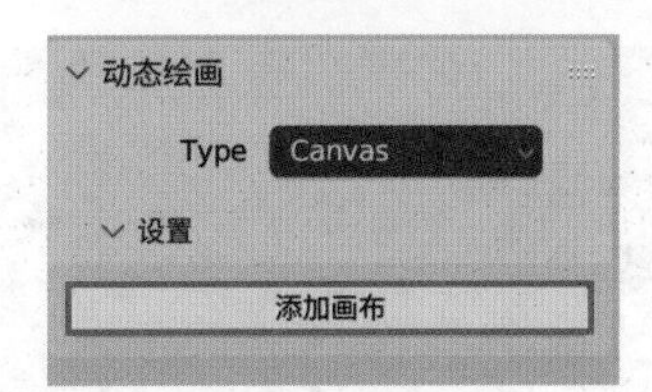


图10-66

18 在“表（曲）面”卷展栏中，设置“表面类型”为“波浪”，如图10-67所示。

图10-67

19 在“编辑模式”中，右击并在弹出的“顶点上下文菜单”中执行“细分”命令，如图10-68所示。

20 在“细分”卷展栏中，设置“切割次数”为100，如图10-69所示。

图10-68

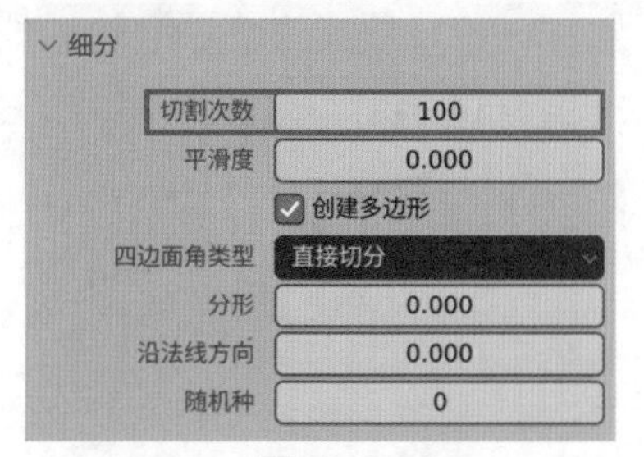


图10-69

21 退出“编辑模式”，播放动画，可以看到雨滴掉落在平面上后所产生的圆形涟漪效果，如图10-70所示。

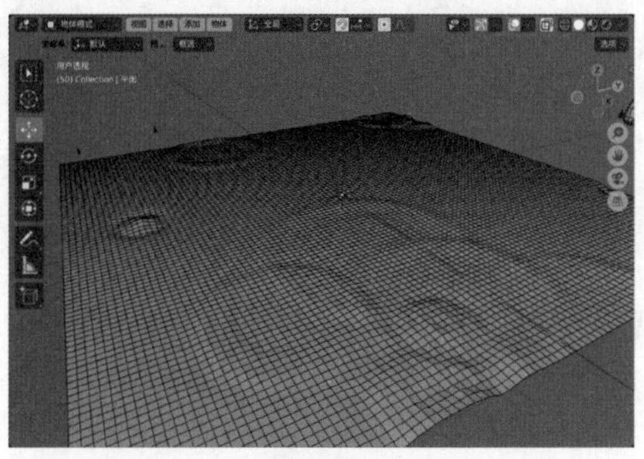

图10-70

### 技巧与提示

在“源”卷展栏中，更改“效果实体半径”可以控制涟漪的大小，如图10-71所示。图10-72和图10-73所示分别为该值是0.1和0.5的涟漪效果对比。

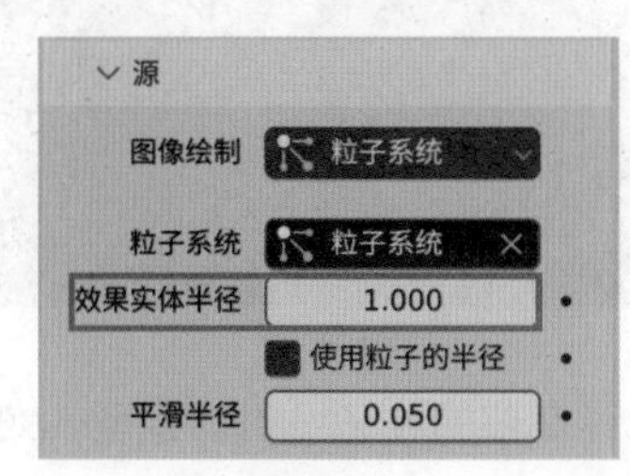


图10-71

22 在“添加修改器”面板中，为水面模型添加“表面细分”修改器，并设置“视图层级”为2，如图10-74所示。

图10-72

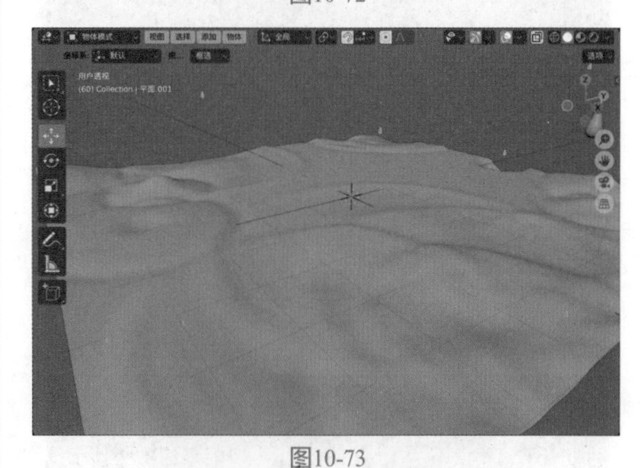

图10-73

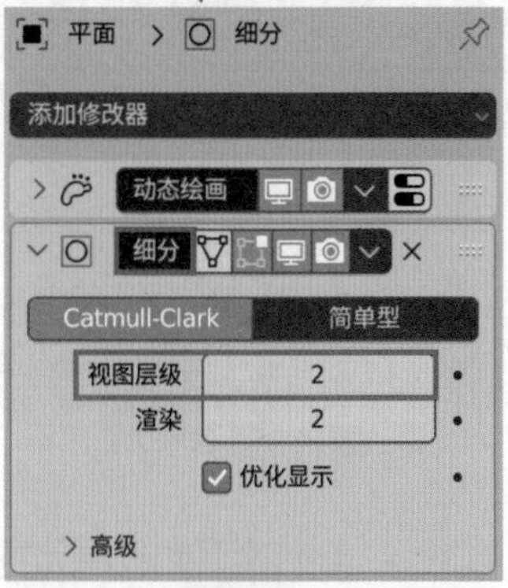

平面 > 细分
添加修改器
动态绘画
细分
Catmull-Clark　简单型
视图层级　2
渲染　2
优化显示
高级

图10-74

23 本实例制作完成的动画效果如图10-75所示。

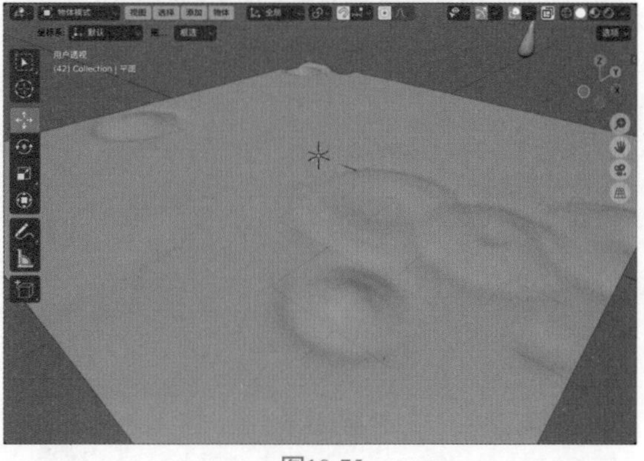

图10-75

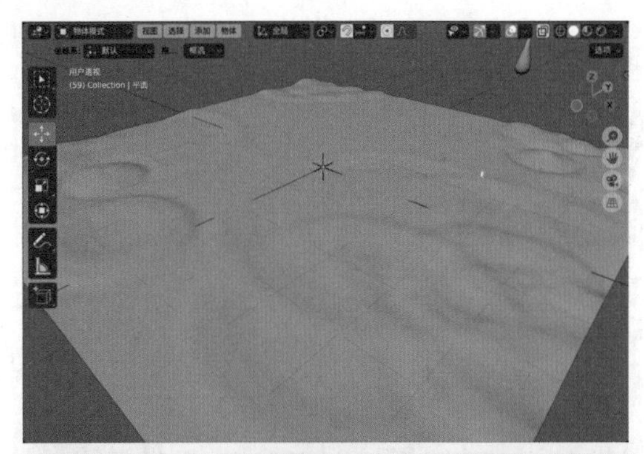

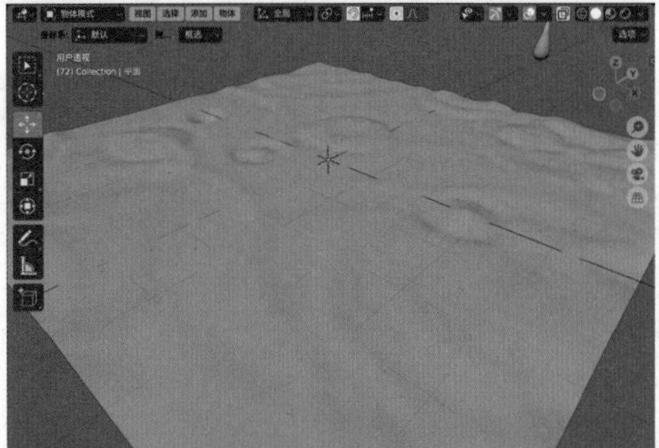

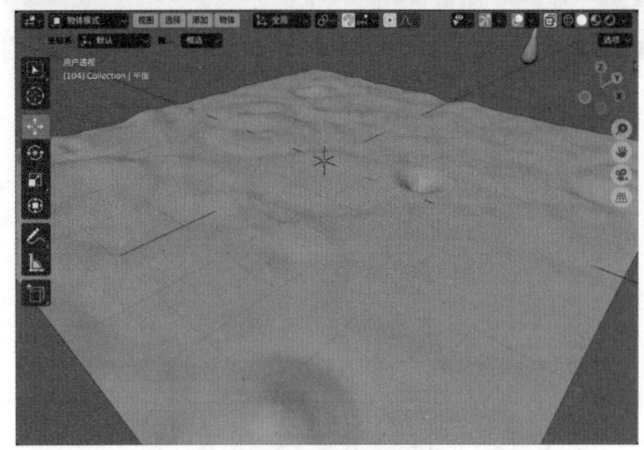

图10-75（续）

## 10.2.4 实例：制作炮弹拖尾动画

本实例使用粒子动画技术制作炮弹拖尾的卡通动画效果。图10-76所示为本实例的最终完成效果。

图10-76

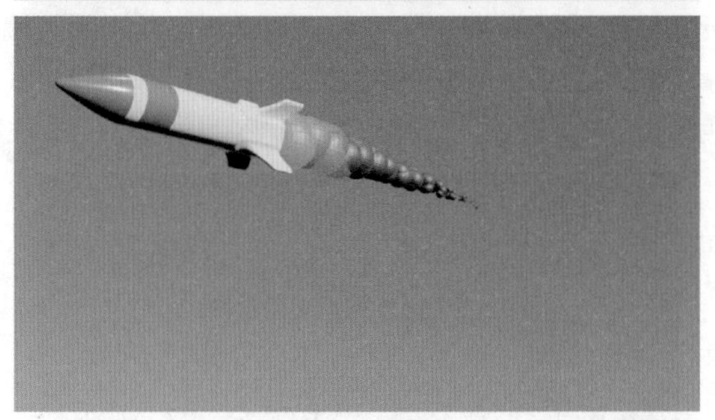

图10-76（续）

01 启动中文版Blender 4.0软件，打开配套场景文件“炮弹.blend”，里面有1个炮弹模型和1条曲线，并且已经设置好了材质、灯光及摄像机，如图10-77所示。

图10-77

02 选择炮弹底部的粒子发射器模型，如图10-78所示。

03 在“添加物体约束”面板中，为其添加“子级”约束，并设置“目标”为“炮弹”，如图10-79所示。

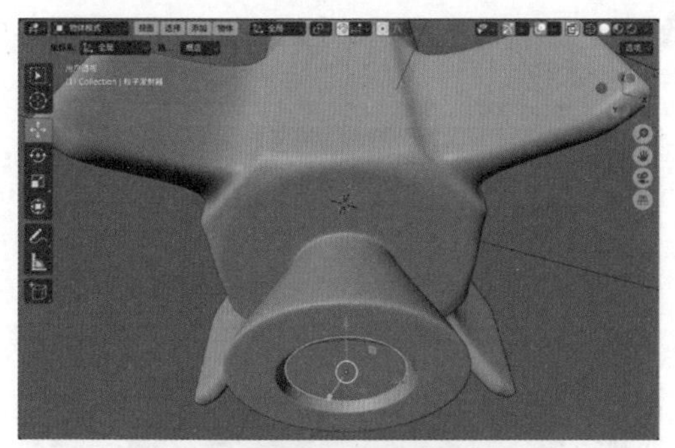

图10-78

图10-79

04 选择场景中的炮弹模型，如图10-80所示。

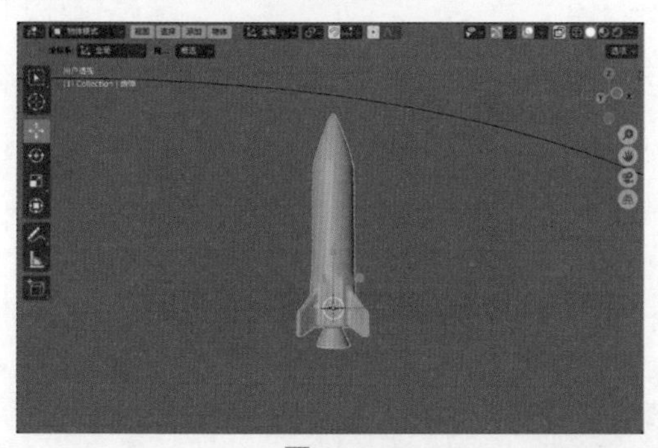

图10-80

05 在“添加物体约束”面板中，为其添加“跟随路径”约束，设置“目标”为“贝塞尔曲线”、“前进轴”为Z、“向上坐标轴”为X，勾选“跟随曲线”复选框，最后再单击“动画路径”按钮，如图10-81所示。

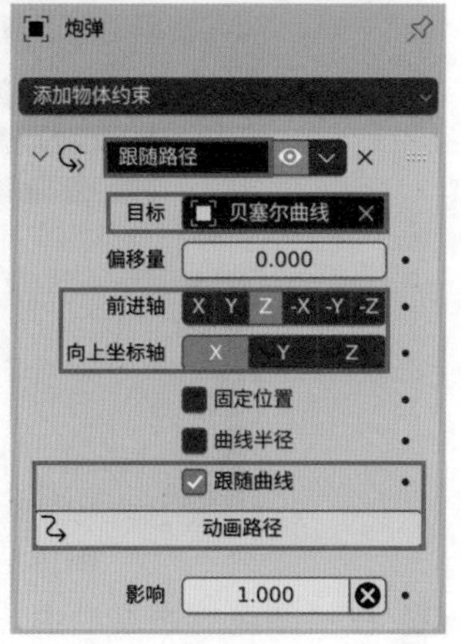


图10-81

06 设置完成后，播放动画，即可看到炮弹模型沿曲线运动的效果，如图10-82所示。

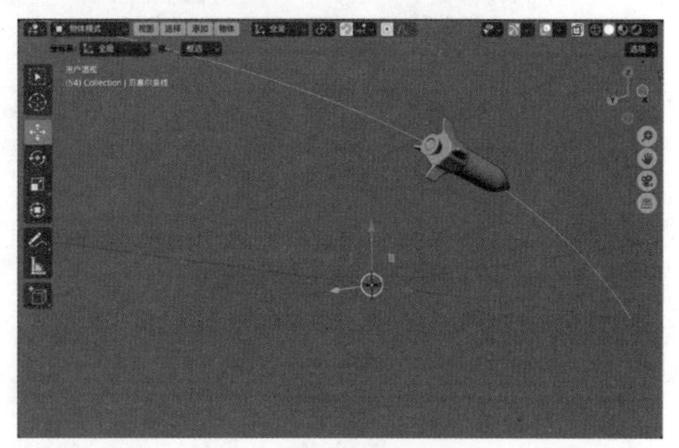

图10-82

07 选择炮弹尾部的粒子发射器模型，在“粒子”面板中，单击+号形状的“添加一个粒子系统槽”按钮，如图10-83所示。

图10-83

08 设置完成后，即可看到有白色的球状粒子从粒子发射器模型上产生，如图10-84所示。

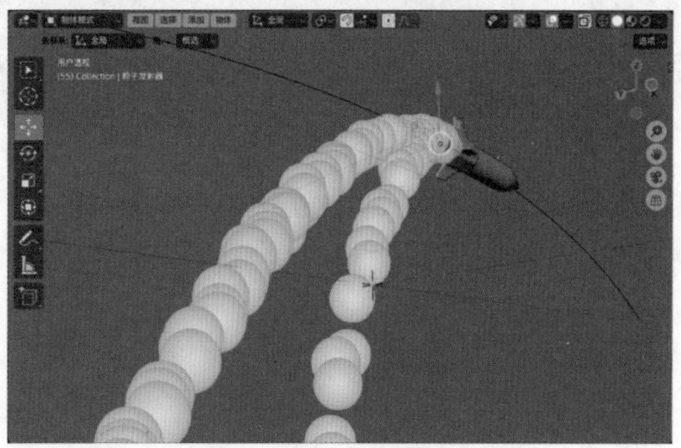

图10-84

09 执行菜单栏中的“添加”|“网格”|“经纬球”命令，如图10-85所示，在场景中创建一个经纬球模型。

图10-85

10 选择粒子发射器模型，在“渲染”卷展栏中，设置“渲染为”为“物体”、“缩放”为0.050、“缩放随机性”为0.500、“实例物体”为“球体”，如图10-86所示。

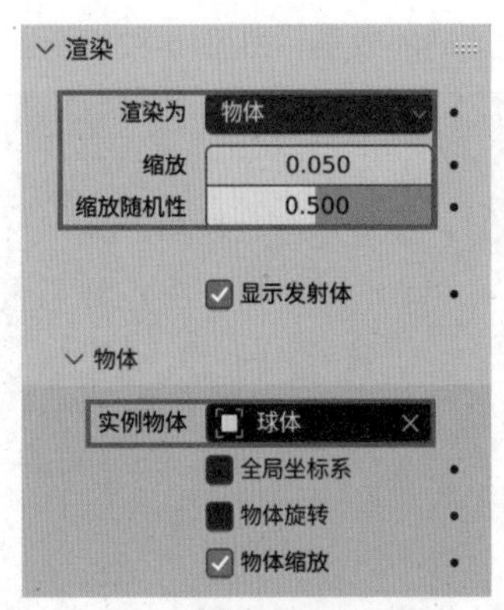


图10-86

11 设置完成后，隐藏场景中的球体模型，即可看到白色的球状粒子被替换成大小随机的球体模型，如图10-87所示。

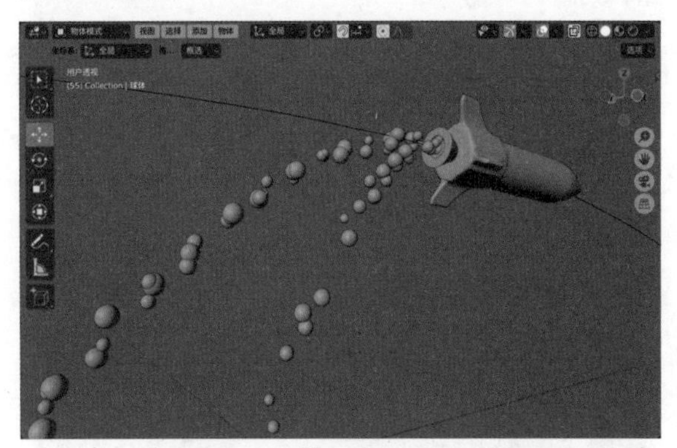

图10-87

12 在“自发光（发射）”卷展栏中，设置“数量”为3000、“结束点”为100.000、“生命周期”为15.000，如图10-88所示。

| 自发光(发射) | |
|---|---|
| 数量 | 3000 |
| 随机种 | 0 |
| 起始帧 | 1.000 |
| 结束点 | 100.000 |
| 生命周期 | 15.000 |
| 生命周期随机性 | 0.000 |

图10-88

13 在Scene（场景）面板中，取消勾选“重力”复选框，如图10-89所示。

图10-89

14 设置完成后，炮弹尾部的粒子显示效果如图10-90所示。

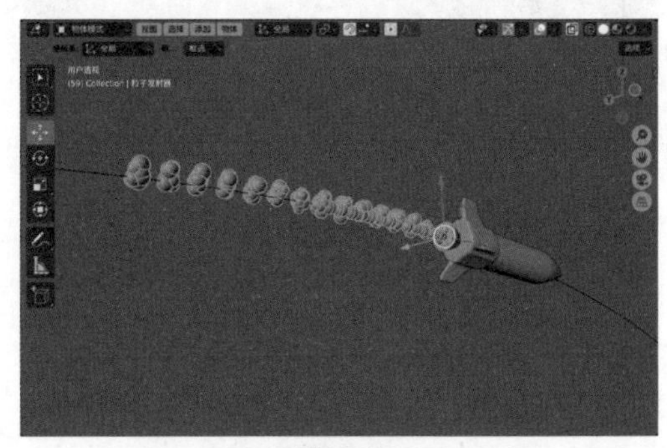

图10-90

15 在“纹理”卷展栏中，单击“新建”按钮，如图10-91所示。创建一个默认名称为“纹理”的纹理，如图10-92所示。

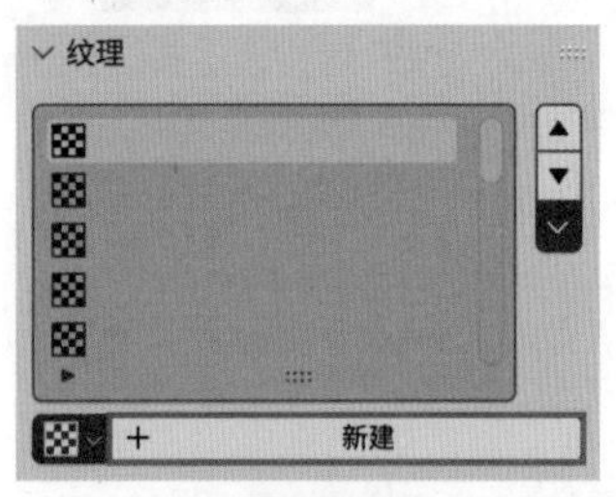


图10-91

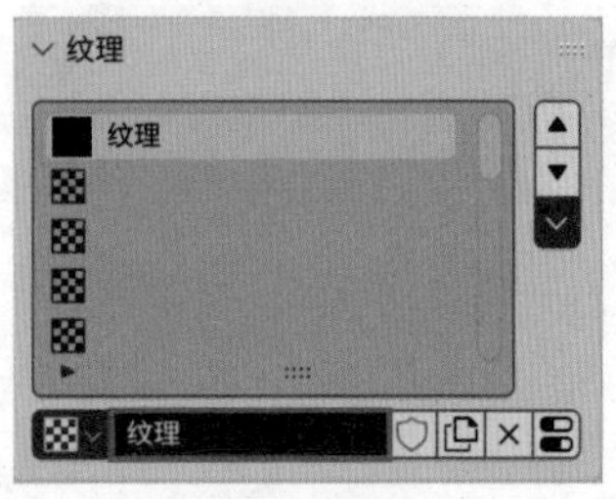


图10-92

16 在“纹理”面板中，设置“类型”为“混合”，如图10-93所示。

图10-93

17 在“颜色”卷展栏中，勾选“颜色渐变”复选框，设置“插值类型”为“缓动”，如图10-94所示。

图10-94

18 在“映射”卷展栏中，设置“坐标”为“发股/粒子”，如图10-95所示。

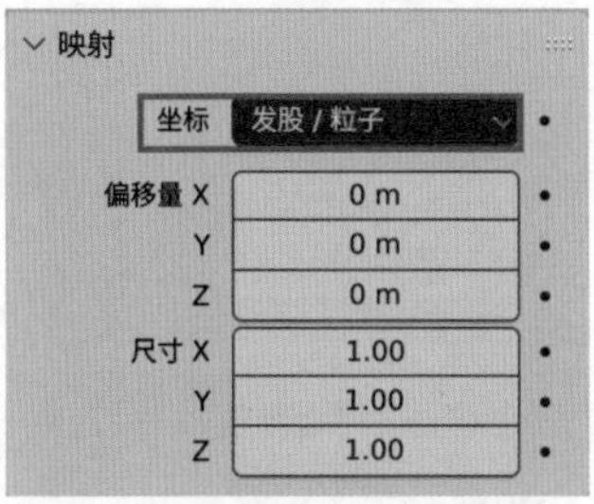

映射
坐标 发股 / 粒子
偏移量 X 0 m
Y 0 m
Z 0 m
尺寸 X 1.00
Y 1.00
Z 1.00

图10-95

19 在“影响”卷展栏中，取消勾选General Time（常规时间）复选框，勾选“尺寸”复选框，如图10-96所示。

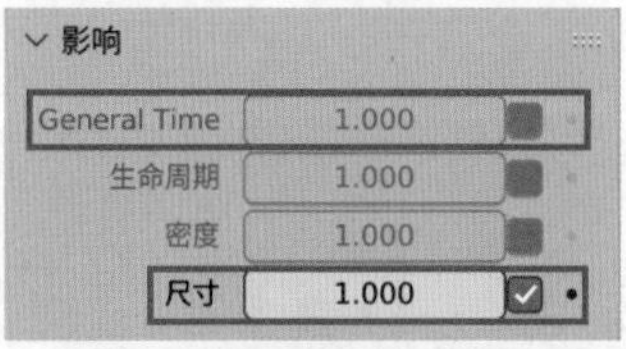

影响
General Time 1.000
生命周期 1.000
密度 1.000
尺寸 1.000

图10-96

20 设置完成后，炮弹尾部的粒子显示效果如图10-97所示。

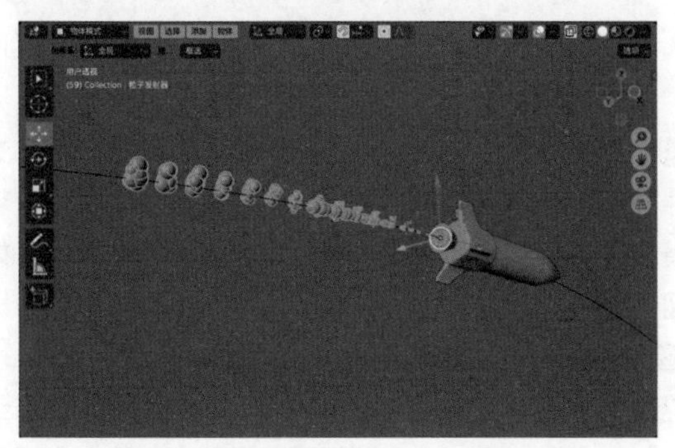

图10-97

21 在“颜色渐变”卷展栏中，调整颜色的位置至图10-98所示。

图10-98

22 在“渲染”卷展栏中，设置“缩放”为0.200，如图10-99所示。

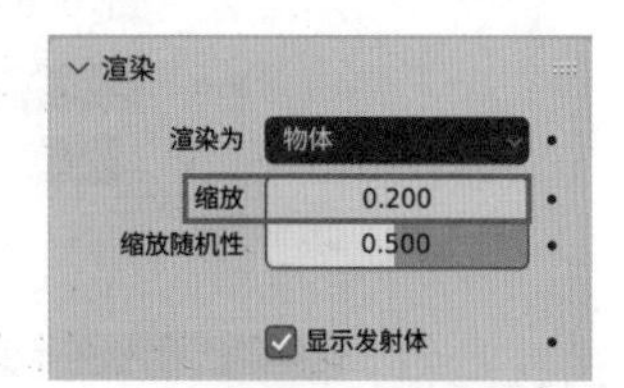


图10-99

23 设置完成后，炮弹尾部的粒子显示效果如图10-100所示。

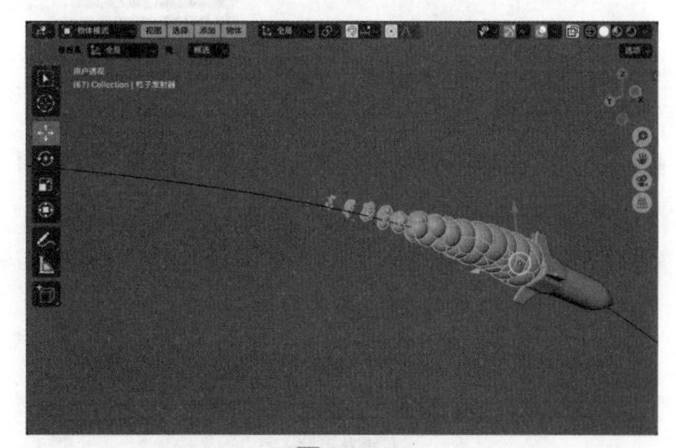

图10-100

24 选择球体模型，在“材质”面板中，单击“新建”按钮，如图10-101所示，新建一个材质。

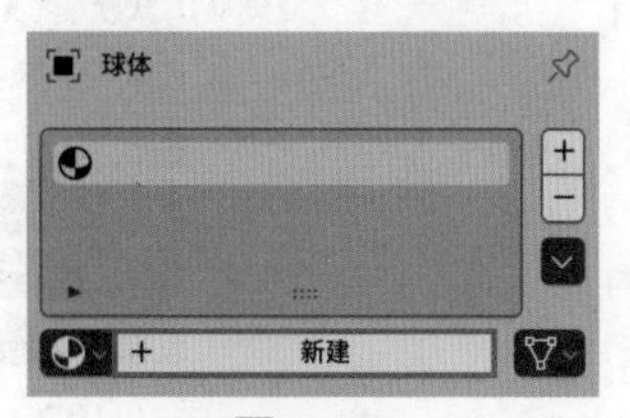


图10-101

25 在“表（曲）面”卷展栏中，设置“基础色”为灰色，如图10-102所示。

图10-102

26 单击“自发光（发射）”后面的黄色圆点按钮，

如图10-103所示。

27 在弹出的菜单中执行“颜色渐变”命令，如图10-104所示。

28 单击“系数”后面的灰色圆点按钮，如图10-105所示。

图10-103

图10-104　　图10-105

29 在弹出的菜单中执行“粒子信息”｜“尺寸”命令，如图10-106所示。

30 在“表（曲）面”卷展栏中，设置“自发光强度”为30.000，调整颜色渐变至图10-107所示。

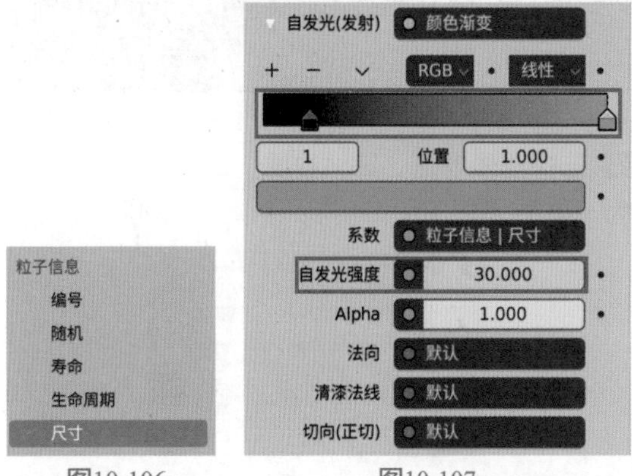


图10-106　　图10-107

31 设置完成后，渲染场景，渲染结果如图10-108所示。

图10-108

## 10.2.5　实例：制作气泡上升动画

本实例使用粒子动画技术制作气泡上升的动画效果。图10-109所示为本实例的最终完成效果。

图10-109

01 启动中文版Blender 4.0软件，打开配套场景文件“水杯.blend”，里面有1个水杯模型和1个饮料模型，并且已经设置好了材质、灯光及摄像机，如图10-110所示。

02 选择杯子里的饮料模型，如图10-111所示。

03 执行菜单栏中的“添加”｜“网格”｜“经纬球”命令，如图10-112所示。在场景中创建一个经纬球模型。

04 在“粒子”面板中，单击+号形状的“添加一个粒子系统槽”按钮，如图10-113所示。

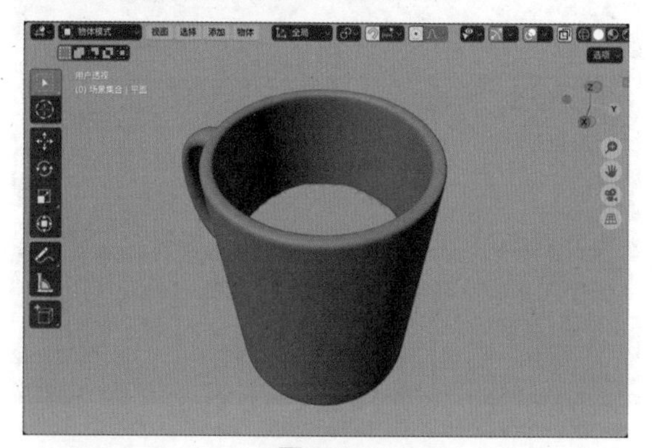

图10-110

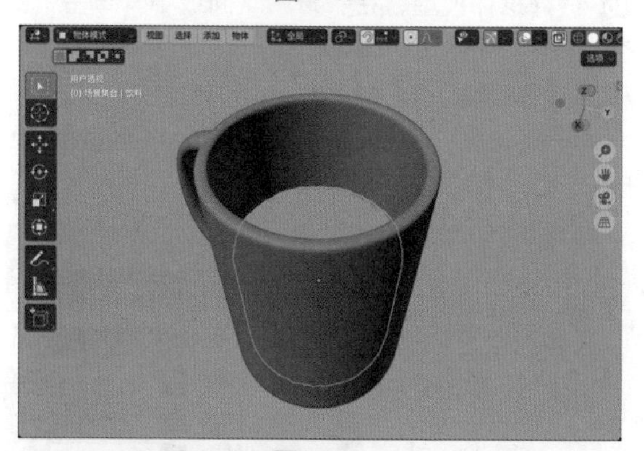

图10-111

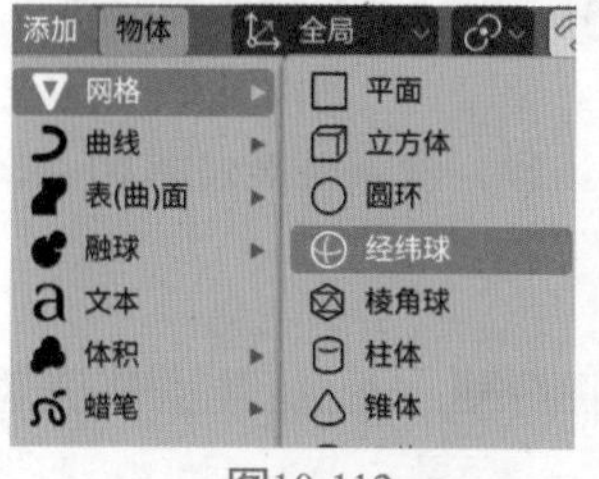


图10-112

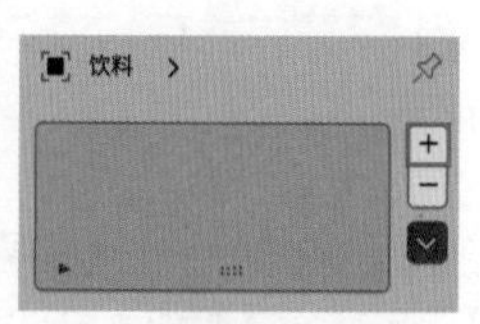


图10-113

05 在“渲染”卷展栏中，设置“渲染为”为“物体”、“缩放”为0.030、“缩放随机性”为1.000、“实例物体”为“球体”，如图10-114所示。

06 在“自发光（发射）”卷展栏中，设置“结束点”为100、“生命周期”为20.000，如图 10-115所示。

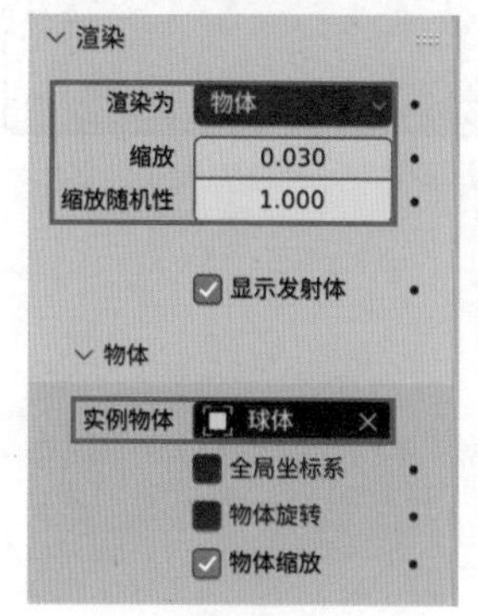


图10-114

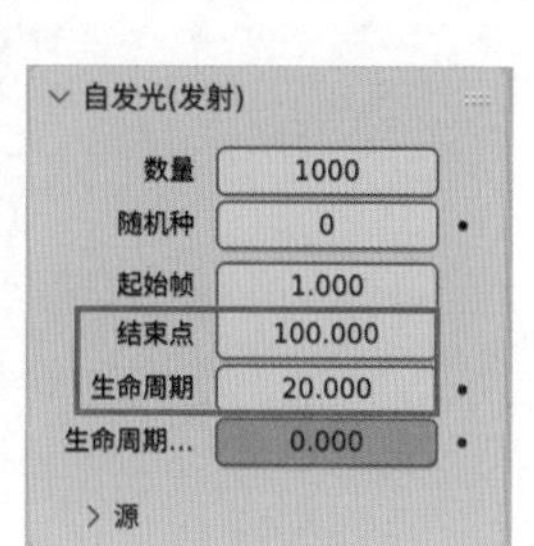


图10-115

07 在“源”卷展栏中，设置“发射源”为“体积（音量）”，如图10-116所示。

08 在“速度”卷展栏中，设置“法向”为0m/s，如图10-117所示。

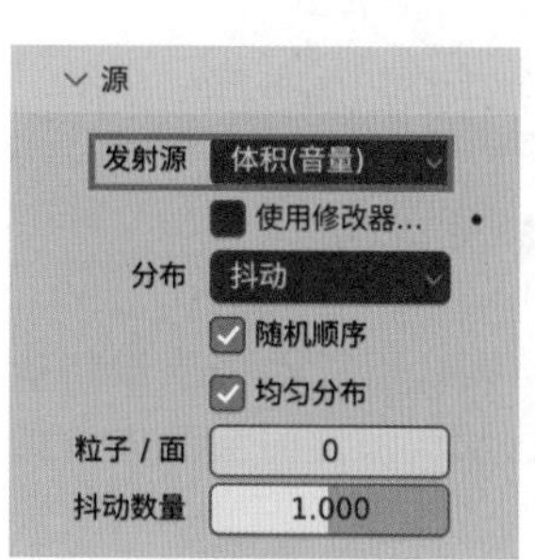


图10-116

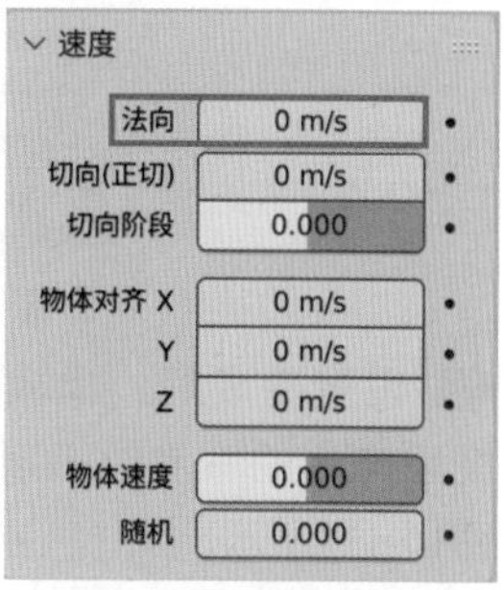

图10-117

09 在“力场权重”卷展栏中，设置“重力”为-0.300，如图 10-118所示。

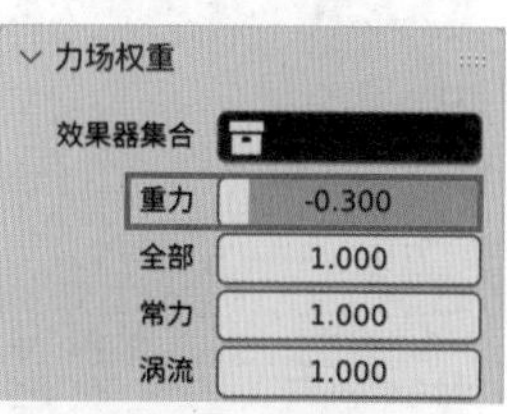


图10-118

10 设置完成后，播放动画，可以看到饮料模型里产生的粒子效果如图10-119所示。

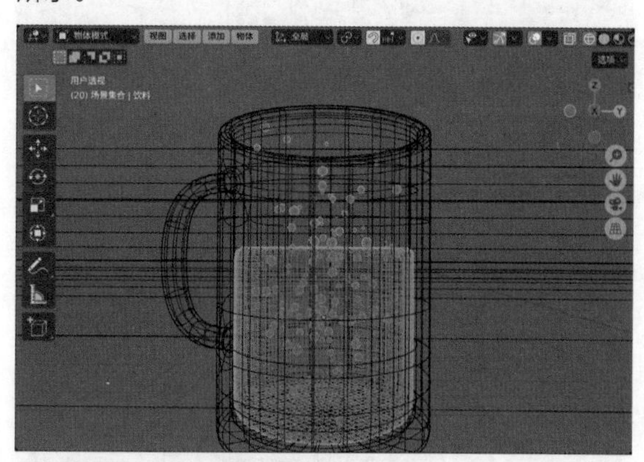

图10-119

11 选择饮料模型，按Shift+D组合键，再按Enter键，原地复制出一个饮料模型。在“粒子”面板中，单击-号形状的“移除粒子系统槽”按钮，如图10-120所示。

12 在“饮料.001”面板中，单击“碰撞”按钮，如图10-121所示。

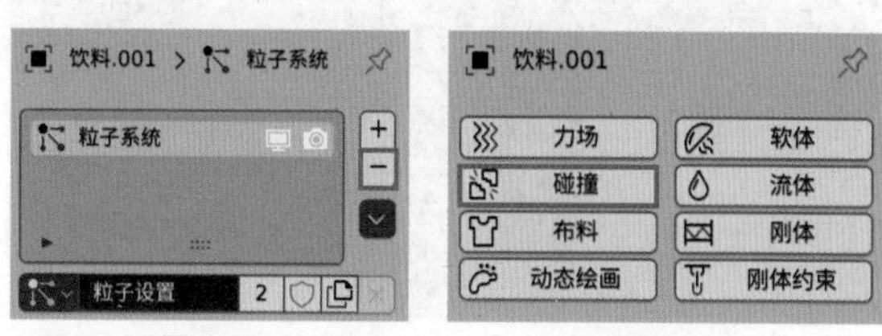


图10-120 图10-121

13 在“碰撞”卷展栏中，勾选“消除粒子”复选框，如图10-122所示。

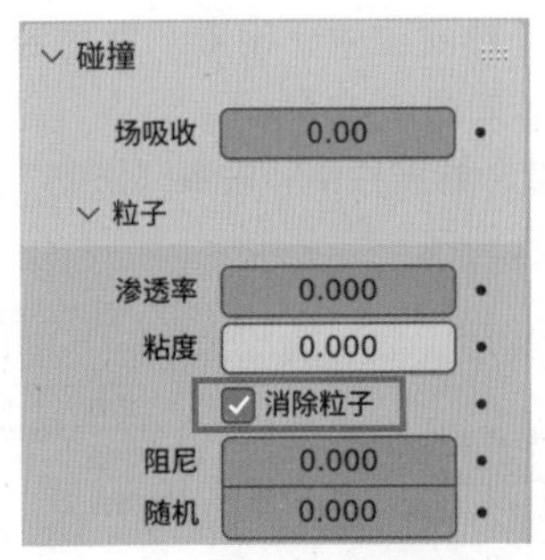


图10-122

14 设置完成后，播放动画，可以看到当饮料模型里产生的气泡粒子到达饮料顶部时会消失，如图10-123所示。

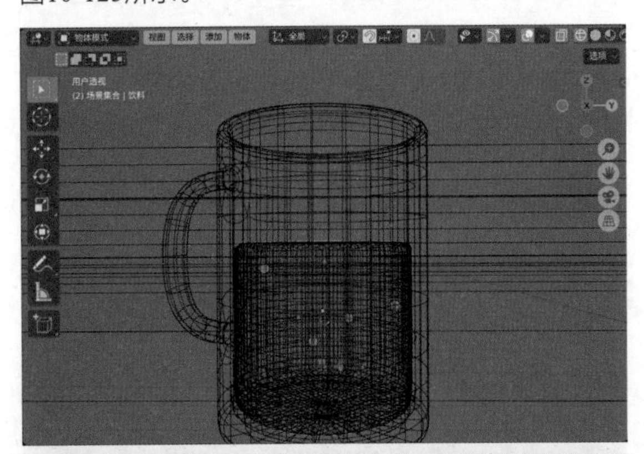

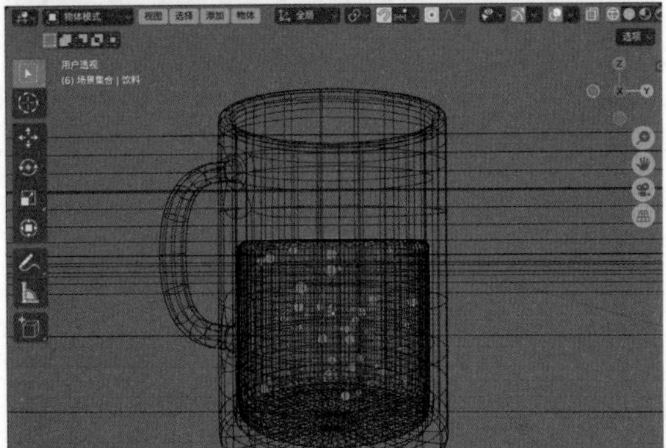

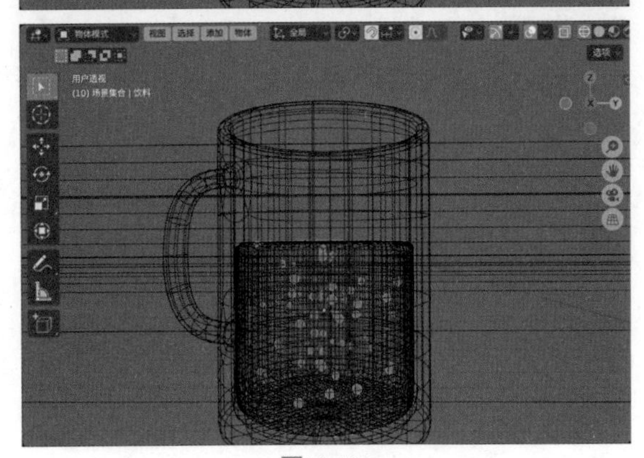

图10-123

图10-123（续）

15 选择球体模型，在“材质”面板中，单击“新建”按钮，如图10-124所示。

16 在“表（曲）面”卷展栏中，设置“表（曲）面”为“玻璃BSDF”材质、“糙度”为0.000，如图10-125所示。

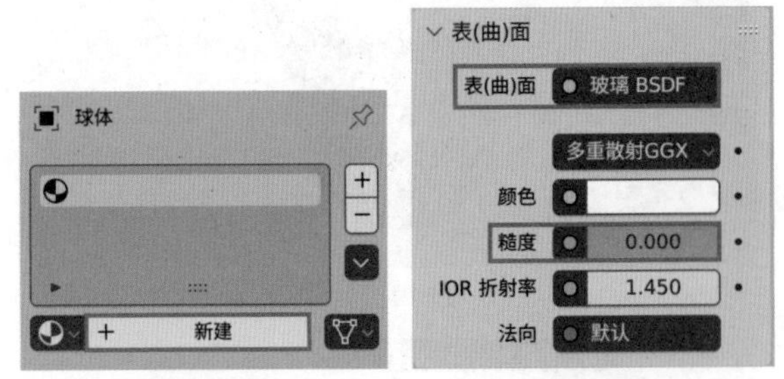


图10-124　图10-125

17 设置完成后，渲染场景，渲染结果如图10-126所示。

图10-126